Leonhard Eulers Einleitung in die Analysis des Unendlichen.

Aus dem Lateinischen übersetzt
und mit Anmerkungen und Zusätzen begleitet
von
Johann Andreas Christian Michelsen.

Zweites Buch.

Die Theorie der krummen Linien, nebst einem Anhange von den Oberflächen.

Mit Kupfern.

Neue unveränderte berichtigte Auflage.

Berlin,
bei G. Reimer.
1836.

Vorrede.

Ich übergebe hiermit den Freunden von Herrn Eulers Schriften die Uebersetzung des zweiten Theils seiner Einleitung in die Analysis des Unendlichen, und zwar nach eben den Regeln bearbeitet, nach welchen ich mich beim ersten Theile gerichtet habe. Was die hinzugefügten Anmerkungen betrifft, so habe ich dieselben, wo es mir zur Erläuterung nothig schien, sogleich dem Texte einverleibt, und zur Unterscheidung in Klammern einschließen lassen, ich habe mich aber in Ansehung ihrer kürzer fassen mussen als beim ersten Theile, -weil sonst der gegenwärtige zu stark geworden seyn würde. Aus eben dem Grunde habe ich den Vorsatz müssen fahren lassen, in einem Anhange theils den Inhalt tabellarisch darzustellen, theils manche von den abgehandelten Materien weiter aus einander zu setzen, und so den gegenwartigen zweiten Theil dem ersten ganz ähnlich zu machen. So ungern ich dieses gethan habe, so durfte ich es gleichwohl den Herren Verleger, insbesondere da zu diesem zweiten Theile so viele Kupfer nöthig waren, nicht anmuthen, für den einmal festgesetzten Preis auch die sonst schon ausgearbeiteten Zusätze zu liefern, und ich hoffe daher, daß man mir darüber keinen Vorwurf machen werde, zumal, da ich, um dergleichen gänzlich zu vermeiden, die gedachten Zusätze nebst den in der Vorrede zum ersten Theile erwähnten Abhandlungen, so wie auch die S. 289 gedachte Untersuchung, die ebenfalls für den gegenwärtigen Ort zu weitläuftig geworden ist, sobald sich der Herr Verleger dazu bereitwillig finden lassen wird, in einem dritten Bande liefern werde. Uebrigens statte ich meinen Herren Recensenten, die insgesammt den ersten Theil mit so vieler Güte und Nachsicht angezeigt und beurtheilt haben, meinen verbindlichsten Dank ab, und wünsche, daß der gegenwärtige zweite Theil gleiche Güte und Nachsicht erfahren möge.

Inhalt
des
zweiten Buchs.

Anhang von den Flächen.

Zweites Buch.

Erstes Capitel.

Von den krummen Linien (Curven) überhaupt.

§. 1.

Da eine veränderliche Größe nichts anders als eine allgemeine Größe ist, die alle bestimmte Größen unter sich begreift: so läßt sich dieselbe geometrisch sehr passend durch eine unbegrenzte gerade Linie RS (Fig. 1.) darstellen. Denn da man auf einer unbegrenzten Linie jedes bestimmte Stück zu nehmen im Stande ist, so gewähret sie eben den Begriff, den man bei einer veränderlichen Größe hat. Zuerst aber muß man in der unbegrenzten Linie RS einen Punkt A annehmen, um denselben als den Anfangspunkt aller auf der gedachten Linie zu nehmenden bestimmten Stücke zu betrachten, und dann stellt jeder bestimmte Theil von ihr, AP, einen in der veränderlichen Größe begriffenen bestimmten Werth vor.

§. 2.

Ist also x die veränderliche Größe, welche durch die unbegrenzte gerade Linie RS (Fig. 1.) vorgestellt wird, so ist offenbar, daß alle bestimmte Werthe von x, vorausgesetzt, daß sie reell sind, durch bestimmte Stücke, die man auf der geraden Linie RS abschneidet, vorgestellet werden können. Nimmt man nemlich den Punkt P in A selbst, so drückt das verschwindende Stück AP den Werth $x = 0$ aus; je weiter man aber den Punkt P von A entfernt, desto größer ist der Werth von x, der durch AP vorgestellt wird.

Dergleichen Stücke, wie AP, werden Abscissen genannt, und es stellen also die Abscissen bestimmte Werthe der veränderlichen Größe x vor.

§. 3.

Da sich aber die unbegrenzte gerade Linie RS (Fig. 1.) zu beiden Seiten von A ins Unendliche erstreckt, so kann man auch darauf jeden Werth von x auf eine doppelte Art nehmen. Schneidet man indeß die positiven Werthe von x auf der rechten Seite von A ab, so geben die Stücke Ap auf der linken Seite die negativen Werthe von x. Da nemlich AP einen desto größern Werth von x anzeigt, je weiter der

Punkt P von A entfernt wird, so muß umgekehrt der Werth von x desto kleiner werden, je weiter man denselben nach der Linken fortgehen läßt, und wenn P nach A kommt = o werden. Läßt man also P sich noch weiter nach der Linken bewegen, so kommt man dadurch zu Werthen von x, die kleiner als Null, d. h. negativ sind, und es müssen also die auf der linken Seite abgeschnittenen Stücke Ap negative Werthe von x anzeigen, wenn die auf der rechten Seite genommenen Stücke AP positive Werthe vorstellen sollen. Es ist indeß gleichgültig, was man für eine Seite zu den positiven Werthen von x wählen will, indem allemal die entgegengesetzte Seite den negativen Werthen desselben zugehört.

§. 4.

Da also die unbegrenzte gerade Linie RS (Fig. 2.) die veränderliche Größe x vorstellt, so wollen wir nun untersuchen, wie jede Funktion von x auf eine bequeme Art geometrisch dargestellt werden kann. Es sey y irgend eine Funktion von x, so daß also y einen bestimmten Werth bekommt, wenn man für x einen bestimmten Werth setzt. Auf der zur Darstellung der Werthe von x angenommenen geraden Linie RAS richte man für jeden bestimmten Werth von x die senkrechte Linie PM auf, und mache sie dem zugehörigen Werthe von y gleich. Ist der Werth von y positiv, so stelle man PM oberhalb, und wird y negativ, so nehme man PM unterhalb der RS. Läßt man nemlich die oberhalb liegenden Linien die positiven Werthe von y bedeuten, so fallen die verschwindenden Werthe desselben in die gerade Linie RS, und die negativen unterhalb derselben.

§. 5.

Die zweite Figur stellt daher eine solche Funktion y von x vor, die für x = o den positiven Werth y = AB, für x = AP den Werth y = PM, für x = AD den Werth y = o, und für x = AP′ den negativen Werth y = P′M′ erhält, wo also P′M′ unter der RS zu liegen kommt. Auf eine ähnliche Art stellt man die Werthe von y, die den negativen Werthen von x entsprechen, oberhalb der RS vor, wenn sie positiv, und unterhalb derselben, wenn sie negativ sind, wie pm; wenn aber für irgend einen Werth von x, z. B. für — x = AE, y = o wird, so verschwindet daselbst die auf RS senkrecht aufzurichtende Linie.

§. 6.

Wenn man daher auf diese Art für alle bestimmte Werthe von x die zugehörigen Werthe von y sucht, und (Fig. 2.) aus allen Punkten P der Linie RS auf derselben senkrechte Linien PM aufrichtet, welche die Werthe von y ausdrücken: so liegen die einen Endpunkte P der Linien PM in RS selbst, die andern aber fallen entweder oberhalb derselben, wenn y positiv, oder unterhalb derselben, wenn y negativ, oder endlich in sie, wenn y = o ist, wie in den Punkten D und E. Die Endpunkte M der Linien PM stellen also irgend eine Linie, eine gerade oder krumme, vor, und es wird daher diese Linie durch die Funktion y bestimmt. Es enthält demnach jede Funktion von x, wenn man sie auf die angezeigte Art geometrisch behandelt, die Bestimmung irgend einer geraden oder krummen Linie, deren Natur von der Natur der Funktion y abhängt.

§. 7.

Auf diese Art lernt man die krumme Linie, welche aus der Funktion y entspringt, vollkommen kennen, weil alle ihre Punkte durch diese Funktion bestimmt werden. Wo man nemlich auch P annimmt, so kennt man die Länge der Linie PM, deren Endpunkt M in der krummen Linie liegt, und es lassen sich also alle ihre Punkte finden. Auch mag eine krumme Linie beschaffen seyn, wie sie will, so kann man doch aus jedem ihrer Punkte eine senkrechte Linie auf die gerade Linie RS herabfällen, und so AP für die veränderliche Größe x, und PM für y erhalten. Es läßt sich daher kein Punkt in einer krummen Linie denken, welchen man nicht auf diese Art bestimmen könnte.

§. 8.

Obgleich mehrere krumme Linien durch eine stetige Bewegung eines Punktes mechanisch beschrieben, und so ganz und auf einmal dem Auge vorgelegt werden können, so werden wir dennoch hier vorzüglich die beschriebene Entstehungsart der krummen Linien aus den Funktionen betrachten, weil sich dabei ein weiteres Feld öffnet, und der Calcul bequemer gebraucht werden kann. Es führt also jede Funktion von x auf irgend eine Linie, eine gerade entweder oder eine kumme, und umgekehrt läßt sich jede krumme Linie auf eine Funktion zurückführen. Es wird nemlich die Natur einer krummen Linie durch eine solche Funktion von x ausgedrückt, woraus man, wenn man die Stücke AP zwischen A und den aus den Punkten der Curve M auf RS senkrecht herabgefällten Linien PM für die veränderliche Größe x setzt, allemal den wahren Werth von PM findet.

§. 9.

Diese Vorstellung von den krummen Linien führt sogleich auf die Eintheilung derselben in continuirliche (stetige) und discontinuirliche oder vermischte. Man nennt nemlich eine krumme Linie alsdann continuirlich, wenn ihre Natur durch eine einzige bestimmte Funktion von x ausgedrückt wird; dagegen sie discontinuirlich oder vermischt und **irregulär** heißt, wenn sie so beschaffen ist, daß verschiedene Theile von ihr, BM, MD, DM rc., durch verschiedene Funktionen von x ausgedrückt werden, so daß, nachdem der eine Theil BM nach einer gewissen Funktion von x beschrieben worden ist, der andere MD aus einer andern Funktion gefunden wird. Der Name dieser letztern Art der krummen Linien gründet sich darauf, weil dieselben nicht nach einem beständigen Gesetze fortgehen, sondern aus Theilen verschiedener continuirlichen Linien zusammengesetzt sind.

§. 10.

Es werden aber in der Geometrie vorzüglich die continuirlichen Curven betrachtet, und es wird unten gezeigt werden, daß eben die Curven, die durch eine einförmige Bewegung nach einer gewissen beständigen Regel mechanisch beschrieben werden können, sich auch durch eine einzige Funktion ausdrücken lassen, und also zu den continuirlichen Curven gehören. Ist daher die Linie mEBMDM (Fig. 2.) eine continuirliche krumme Linie, deren Natur durch irgend eine Funktion y von x ausgedrückt wird: so ist aus dem Vorhergehenden bekannt, daß, wenn man die bestimmten Werthe von x auf der geraden Linie RS vom Punkte A annimmt, die zugehörigen Werthe von y die Länge der senkrechten Linien PM darstellen.

§. 11.

Bei der gegenwärtigen Untersuchung der krummen Linien hat man gewisse Namen zu merken, deren Gebrauch sehr häufig ist.

So heißt die gerade Linie RS, auf welcher man die Werthe von x abschneidet, die **Axe**, oder **Abscissen-Linie** (Linea directrix).

Der Punkt A, von welchem an die Werthe von x genommen werden, wird der **Anfangspunkt der Abscissen** genannt.

Unter **Abscissen** versteht man die Theile der Axe AP, welche die bestimmten Werthe von x ausdrücken. [§. 2.]

Endlich belegt man die senkrechten Linien PM, die aus den Endpunkten der Abscissen P nach der Curve gezogen werden, mit dem Namen der **Applicaten**.

Den letzten Ausdruck gebraucht man aber auch für Linien wie PM, wenn gleich der Winkel, den sie mit der Axe machen, kein rechter, sondern ein schiefer Winkel ist, und unterscheidet daher noch die senkrechten und schiefen Applicaten von einander. Wofern nicht ausdrücklich das Gegentheil angezeigt ist, muß man in den folgenden Untersuchungen immer senkrechte Applicaten verstehen.

§. 12.

Wenn man also eine Abscisse AP durch die veränderliche Größe x anzeigt, oder AP = x setzt, so drückt die Funktion y die Größe der Applicate PM aus, und es wird also PM = y. Wenn daher die Curve continuirlich ist, so wird ihre Natur aus der Beschaffenheit der Funktion y, oder aus dem Verhältnisse erkannt, welches y und x gegen einander haben. Ferner ist der Theil AS der Axe RS das Stück derselben, worauf die positiven, und der Theil AR dasjenige, worauf die negativen Werthe von x genommen werden, so wie über der Axe RS die positiven, und unter derselben die negativen Applicaten liegen.

§. 13.

Da sich also aus jeder Funktion von x eine krumme Linie ergiebt, so läßt sich diese Curve auch aus der Funktion erkennen und darnach beschreiben. Setzt man nemlich für x nach und nach von o bis zum ∞ alle positive Werthe, und sucht zu einem jeden die zugehörigen Werthe von y, so kann man jedes y durch eine, je nachdem es positiv oder negativ ist, oberhalb oder unterhalb RS gestellte Applicate ausdrükken, und so den Theil der Curve BMM (Fig. 2.) finden. Legt man nun auf eine ähnliche Art x alle negative Werthe von o bis zum — ∞ bei, so bestimmen die zugehörigen Werthe von y den Theil der Curve BEm, und man findet also auf diesem Wege die ganze in der Funktion enthaltene Curve.

§. 14.

Da y eine Funktion von x ist, so ist y entweder einer entwickelten Funktion von x gleich, oder man hat eine Gleichung, in welcher y durch x bestimmt wird; in beiden Fällen aber ist eine Gleichung gegeben, von der man sagt, daß sie die Curve ausdrücke. Es wird daher die Natur einer jeden Curve durch eine Gleichung zweier veränderlicher Größen x und y dargestellt, wovon die eine x die Abscissen vom Punkte A an, die andere y aber die senkrechten Applicaten bedeutet. Abscissen und Applicaten, zusammen betrachtet, werden rechtwinklige Coordinaten genannt; und man sagt deswegen, daß die Natur einer Curve durch eine Gleichung zwischen rechtwinkligen Coordinaten ausgedrückt sey, wenn man eine Gleichung hat, die bestimmt, was für eine Funktion y von x ist.

§. 15.

Da man also bei der Untersuchung der krummen Linien von Funktionen ausgehen kann, so muß es so viel Geschlechter der krummen Linien geben, als wir oben [im ersten Capitel des ersten Buchs] Geschlechter der Funktionen kennen gelernt haben. Man theilt daher die krummen Linien, so wie die Funktionen, sehr bequem in Algebraische und in Transcendente ein. Eine Curve ist nemlich algebraisch, wenn ihre Applicate y eine algebraische Funktion von der Abscisse x ist, oder wenn die Natur dieser Curve durch eine algebraische Gleichung zwischen den Coordinaten x und y ausgedrückt werden kann. Diese Curven pflegt man auch mit dem Namen, geometrische Curven, zu belegen. Dagegen ist eine Curve transcendent, wenn ihre Natur durch eine transcendente Gleichung zwischen x und y ausgedrückt wird, oder, wobei y eine transcendente Funktion von x ist. Diese Eintheilung der krummen Linien in algebraische und transcendente muß als die Hauptabtheilung derselben betrachtet werden.

§. 16.

Wenn man eine krumme Linie nach einer gegebenen Funktion von x, welche die Applicate y ausdrückt, beschreiben will, so muß man die Natur der gedachten Funktion sorgfältig überdenken, und wohl bemerken, ob sie eine einförmige oder vielförmige Funktion ist. Ist zuvörderst y eine einförmige Funktion von x, oder $y = P$, so daß P irgend eine einförmige Funktion von x bedeutet: so kommt, weil alsdann y für jeden bestimmten Werth von x nicht mehr als einen bestimmten Werth erhält, jeder Abscisse nicht mehr als eine Applicate zu; und es ist daher die Curve so beschaffen, daß jede gerade auf der Axe RS (Fig. 2.) aus einem Punkte P aufgerichtete senkrechte Linie PM allemal die Curve, aber in nicht mehr als in einem Punkte M, schneidet. Es entspricht also in diesem Falle jedem Punkte in der Axe ein Punkt in der Curve, und es erstreckt sich die Curve, da die Axe auf beiden Seiten ohne Ende fortläuft, ebenfalls auf beiden Seiten ins Unendliche. Mit andern Worten: Eine Curve, die aus einer solchen Funktion entspringt, geht continuirlich und ohne irgend eine Unterbrechung auf beiden Seiten der Axe ohne Ende fort, so wie die Linie mEBMDM Fig. 2.

§. 17.

Nun sey y eine zweiförmige Funktion von x, oder es sey, wenn P und Q einförmige Funktionen von x bedeuten, $yy = 2Py - Q$, und folglich $y = P \pm \sqrt{(PP - Q)}$. In diesem Falle kommt also jeder Abscisse x eine doppelte Applicate zu, und dabei sind entweder beide Applicaten reell, oder beide imaginär. Jenes findet statt, wenn PP größer, und dieses, wenn PP kleiner als Q ist. So lange daher beide Werthe von y reell sind, so hat jede Abscisse AP (Fig. 3.) zwei Applicaten PM, PM, oder, so schneidet die auf der

Axe in P senkrecht aufgerichtete Linie die Curve in zweien Punkten M und M. Wenn aber PP kleiner als Q ist, so kommen den Abscissen gar keine Applicaten zu, oder es begegnet alsdann die auf der Axe senkrecht aufgerichtete Linie der Curve nirgends, wie z. B. in p. Da aber vorher PP größer als Q war, so kann PP nicht kleiner als Q werden, ohne daß zuvor $PP = Q$ sey, und dies ist daher die Grenze zwischen den reellen und imaginären Applicaten. Da also, wo die reellen Applicaten aufhören, wie in C und G, da wird $y = P \pm o$, oder da werden beide Applicaten einander gleich, und die Curve ändert ihre Richtung und geht zurück.

§. 18.

Nach der 3ten Figur wird die Applicate y imaginär und also PP kleiner als Q, wenn die negative Abscisse $-x$ zwischen den Grenzen AC und AE enthalten ist: jenseits E hingegen werden die Applicaten wieder reell. Dieses kann nicht statt finden, wofern nicht in E, $PP = Q$ ist, und also beide Applicaten abermals zusammenfallen. Von E an kommen also den Abscissen AP wieder zwei Applicaten, Pm, Pm zu, bis in G, wo die Applicaten abermals zusammenfallen, und also jenseits G wieder imaginär werden. Eine solche Curve kann also aus zwei oder mehrern von einander abgesondertrn Theilen, MBDBM, FmHm bestehen, indeß muß man diese Theile zusammengenommen gleichwohl als eine einzige continuirliche oder reguläre krumme Linie betrachten, weil sie alle aus einer und derselben Funktion entspringen. Es haben also dergleichen Curven die Eigenschaft, daß die auf ihrer Axe in den Punkten derselben aufgerichteten senkrechten Linien MM die Curven entweder nirgends oder in zweien Punkten schneiden, wofern nicht anders beide Durchschnittspunkte zusammenfallen, so wie, wenn die Applicaten durch die Punkte D, F, H, oder I gelegt werden.

§. 19.

Wenn y eine dreiförmige Funktion von x ist, oder y durch die Gleichung $y^3 - Py^2 + Qy - R = o$ bestimmt wird, so daß P, Q und R einförmige Funktionen von x bedeuten: so hat die Applicate y für jeden Werth von x drei Werthe, und diese sind entweder alle drei reell, oder es ist solches nur der eine davon, und die beiden andern sind imaginär. Aus diesem Grunde schneiden daher alle Applicaten die Curve entweder in drei Punkten oder nur in einem, es müßte denn seyn, daß zwei oder auch wohl alle drei Durchschnittspunkte in einen zusammenfielen. Da also zu jeder Abscisse zum wenigsten eine reelle Applicate gehört, so muß sich die Curve nothwendig auf beiden Seiten der Axe ins Unendliche erstrecken. Es gehen daher diese Curven entweder in einem einzigen continuirlichen Zuge fort, wie die Curve Fig. 4., oder sie bestehen aus zwei oder mehr von einander abgesonderten Theilen, wie die Fig. 5., indeß muß man im letztern Falle alle diese Theile nur als eine und dieselbe continuirliche Curve betrachten.

§. 20.

Wenn y eine vierförmige Funktion von x ist, oder y durch die Gleichung $y^4 - Py^3 + Qy^2 - Ry + S = o$ bestimmt wird, so daß P, Q, R und S einförmige Funktionen von x bedeuten: so gehören zu jedem bestimmten x entweder vier, oder zwei, oder gar keine reelle Applicaten. Wenn daher eine Curve aus einer solchen vierförmigen Funktion entspringt, so wird sie von den Applicaten entweder in vier, oder in zwei Punkten, oder gar nicht geschnitten. Alle diese Fälle erblickt man in der 6ten Figur, wo aber die Punkte I und o, wo zwei Durchschnittspunkte zusammenfallen, von den übrigen unterschieden werden müssen. Eine solche Curve hat daher entweder gar keine, oder sie hat zwei, oder vier ins Unendliche sich erstreckende Schenkel. Im ersten Falle, wo die Schenkel der Curve auf keiner Seite ohne Ende fortlaufen, ist dieselbe, so wie in der Figur, von allen Seiten geschlossen, und begrenzt einen endlichen Raum. Und hieraus läßt sich nunmehr die Natur der krummen Linien, die aus vielförmigen Funktionen überhaupt entspringen, beurtheilen.

§. 21.

Ist nemlich y irgend eine vielförmige Funktion, oder wird y durch eine Gleichung bestimmt, in welcher n der Exponent der höchsten Potestät von y ist: so ist die Zahl der reellen Werthe von y entweder n, oder $n-2$, oder $n-4$, oder $n-6$ 2c., und in eben so viel Punkten schneiden die Applicaten die Curve. Wenn also eine Applicate die Curve in m Punkten schneidet, so schneiden alle übrige Applicaten eben diese Curve in so viel Punkten, daß ihre Zahl von m immer um eine gerade Zahl unterschieden ist, und es kann daher die Curve von keiner Applicate in $m+1$, oder $m-1$, oder $m \pm 3$ Punkten 2c. geschnitten werden. Mit andern Worten: Ist die Zahl der Durchschnittspunkte der einen Applicate und der Curve eine gerade oder eine ungerade Zahl, so schneiden auch alle übrige Applicaten die Zahl entweder in einer geraden oder in einer ungeraden Anzahl von Punkten.

§. 22.

Wenn also eine Applicate die Curve in einer ungeraden Anzahl von Punkten schneidet, so ist es unmöglich, daß irgend eine andere Applicate die Curve nirgends treffe. In diesem Falle muß also die Curve auf beiden Seiten zum wenigsten einen ins Unendliche sich erstreckenden Schenkel haben: und wenn auf der einen oder der andern Seite mehrere Schenkel ohne Ende fortlaufen, so muß ihre Anzahl eine ungerade Zahl seyn, weil die Zahl der Durchschnittspunkte nirgends eine gerade Zahl seyn kann. Zählt man also die ohne Ende fortlaufenden Schenkel an beiden Seiten zusammen, so wird ihre Zahl allemal eine gerade Zahl werden. Eben dieses findet statt, wenn die Applicaten die Curve in einer geraden Anzahl von Punkten schneiden; denn alsdann sind auf jeder Seite entweder gar keine, oder zwei, oder vier rc. ohne Ende fortlaufende Schenkel, und es muß daher die Anzahl aller nothwendig eine gerade Zahl seyn. Auf diese Art haben wir bereits einige merkwürdige Eigenschaften der continuirlichen und regulären krummen Linien gefunden, wodurch man in den Stand gesetzt ist, dieselben von den discontinuirlichen und irregulären zu unterscheiden.

Zweites Capitel.

Von der Veränderung der Coordinaten.

§. 23.

So wie man eine, durch eine Gleichung zwischen den Coordinaten x und y, wovon jenes die Abscissen und dieses die Applicaten bedeutet, gegebene Curve über der Axe RS (Fig. 2.) beschreiben kann, wenn man in dieser Axe den Anfangspunkt der Abscissen A nach Belieben annimmt: so kann man auch umgekehrt jede bereits beschriebene Curve durch eine Gleichung zwischen den Coordinaten ausdrücken. Ob aber gleich in diesem Falle die Curve selbst gegeben ist, so bleiben doch zwei Stücke unserer Willkühr überlassen, nemlich die Lage der Axe RS, und der Anfangspunkt der Abscissen A. Da nun diese Dinge auf unzählige Arten verändert werden können, so lassen sich auch für eine und dieselbe Curve unzählige Gleichungen finden, und man darf daher nicht sogleich von der Verschiedenheit der Gleichungen auf die Verschiedenheit der durch sie ausgedrücken Curven schließen, wenn gleich umgekehrt verschiedene Curven allemal verschiedene Gleichungen geben.

§. 24.

Ob also gleich durch Veränderung der Axe und des Anfangspunktes der Abscissen unzählige Gleichungen, die aber alle die Natur einer und derselben Curve ausdrücken, entstehen: so sind doch alle diese Gleichungen so beschaffen, daß man aus jeder von ihnen alle übrige abzuleiten im Stande ist. Ist nemlich eine Gleichung zwischen den Coordinaten bekannt, so kennt man dadurch auch die Curve; kennt man aber diese, so kann man auch, wenn man irgend eine gerade Linie zur Axe, und irgend einen Punkt darin zum Anfangspunkte der Abscissen annimmt, die Gleichung zwischen den rechtwinkligen Coordinaten finden. Es soll also in diesem Capitel die Art und Weise gelehret werden, wie man aus einer für eine Curve gegebenen Gleichung eine andere Gleichung finden kann, welche die Natur eben dieser Curve für jede andere Axe und für jeden andern Anfangspunkt der Abscissen ausdrückt. Auf diese Art werden wir alle Gleichungen kennen lernen, welche die Natur einer und derselben Curve darstellen, und dadurch in den Stand gesetzt werden, die Verschiedenheit der krummen Linien aus der Verschiedenheit ihrer Gleichungen leichter zu beurtheilen.

§. 25.

Es sey also eine Gleichung zwischen x und y gegeben, aus welcher, wenn man Fig. 7. die gerade Linie RS zur Axe, und den Punkt A zum Anfangspunkte der Abscissen annimmt, und x die Abscisse AP, so wie y die Applicate PM bedeuten läßt, die krumme Linie CBM entspringe, und folglich die Natur dieser krummen Linie durch die gegebene Gleichung ausgedrückt werde. Behält man hier zuvörderst die Axe bei, nimmt aber in derselben einen andern Punkt D zum Anfangspunkte der Abscissen an, so daß nunmehr zu dem Punkte der Curve M die Abscisse $DP = t$ gehöret, die Applicate $MP = y$ aber dieselbe bleibt: so läßt sich auf folgende Art eine Gleichung zwischen t und y finden, welche ebenfalls die Natur der Curve CBM ausdrückt. Man setzet $AD = f$, wodurch denn, da AD nach der Linken zu liegt, $DP = t = f + x$, und folglich $x = t - f$ wird, und bringt darauf diesen Werth von x in die zwischen x und y gegebene Gleichung. Da nun die Größe von $AD = f$ unserer Willkühr überlassen bleibt, so erhält man schon auf diesem Wege unzählige Gleichungen, die alle eben dieselbe krumme Linie ausdrücken.

§. 26.

Wenn die Curve die Axe RS in irgend einem Punkte, z. B. in C, schneidet, so erhält man, wenn man diesen Punkt C zum Anfangspunkte der Abscissen annimmt, eine Gleichung, welche, wenn die Abscisse $CP = o$ ist, auch die Applicate $PM = o$ giebt, vorausgesetzt, daß dem Punkte der Axe C nicht mehr als eine Applicate zugehört. Den Punkt

C aber findet man, er mag nun der einzige Durchschnittspunkt seyn, oder es mag deren mehrere geben, aus der zuerst gegebenen Gleichung zwischen x und y, wenn man y = o setzt, und dann daraus den Werth oder die Werthe von x entwickelt. So wie nemlich da, wo die Curve die Axe schneidet, y = o wird, so muß man auch, wenn man y = o setzt, aus der Gleichung alle die Abscissen oder Werthe von x finden, wo die Curve die Axe trifft.

§. 27.

Es wird also der Anfangspunkt der Abscissen, wenn man die Axe beibehält, verändert, wenn man die Abscisse x um eine gegebene Größe vermehrt oder vermindert, d. h. wenn man t — f für x setzt; und dabei ist f eine positive Größe, wenn man den neuen Anfangspunkt der Abscissen D auf der linken Seite von A annimmt, und eine negative, wenn man D auf der rechten Seite eben dieses Punktes fallen läßt.

Nun wollen wir annehmen, daß die Curve LBM Fig. 8. nach einer zwischen AP = x, und PM = y gegebenen Gleichung beschrieben sey, und daß dieselbe eine andere der ersten parallele Axe rs, und darin D zum Anfangspunkte der Abscissen erhalten solle. Zugleich falle die Axe rs auf die Seite der negativen Applicaten, und zwar so, daß ihre Entfernung von der ersten AF = g, und die Entfernung DF = AG = f sey. Setzt man also die Abscisse, die auf dieser neuen Axe zu dem Punkte der Curve M gehört, oder DQ = t, und die Applicate QM = u, so wird t = DF + FQ = f + x, und u = PM + PQ = g + y, folglich

$$x = t - f;\ \text{und}\ y = u - g.$$

Wenn man daher in der gegebenen Gleichung allenthalben t — f für x, und u — g für y setzt, so bekommt man eine Gleichung zwischen t und u, welche die Natur eben derselben Curve ausdrückt.

§. 28.

Da die Größen f und g willkührlich angenommen, und also unendlich verändert werden können, so kann man auf dem jetzt beschriebenen Wege unzähligemal mehr Gleichungen erhalten, als auf dem vorhin [§. 25.] erwähnten; aber alle diese Gleichungen drücken demohngeachtet nicht mehr als eine krumme Linie aus. Wenn also zwei Gleichungen, die eine zwischen x und y, und die andere zwischen t und u, bloß so von einander unterschieden sind, daß man jede von ihnen durch Vergrößernng oder Verkleinerung der Coordinaten in die andere verwandeln kann, so geben diese Gleichungen bei aller ihrer Verschiedenheit dennoch nicht mehr als eine Curve. Es lassen sich daher sehr leicht unzählige von einander verschiedene Gleichungen machen, die bei aller ihrer Abweichung von einander doch nicht mehr als eine Curve ausdrücken.

§. 29.

Es sey nunmehr Fig. 9. die neue Axe rs auf der ersten RS senkrecht, und schneide dieselbe in dem Anfangspunkte der Abscissen A, so daß also beide Axen den Anfangspunkt der Abscissen mit einander gemein haben. Da man für die Axe RS eine die Curve LM ausdrückende Gleichung zwischen der Abscisse AP = x, und der Applicate PM = y hat, so ziehe man aus dem Punkte der Curve M auf die neue Axe rs die Linie MQ senkrecht, und setze die neue Abscisse AQ = t, und die neue Applicate QM = y, wo denn, weil APMQ ein Rechteck ist, t = y, und u = x wird. Man kann also aus der gegebenen Gleichung zwischen x und y eine neue Gleichung zwischen t und u machen, wenn man u für x, und t für y setzt. Hier wird nun die erste Abscisse x in die Applicate QM = u, und die Applicate y in die Abscisse AQ = t verwandelt, und es geht daher in dem angenommenen Falle bei Annehmung einer neuen Axe weiter keine Veränderung vor, als daß die Coordinaten mit einander verwechselt werden. Aus diesem Grunde nennt man daher auch die Abscissen und Applicaten Coordinaten, ohne dabei zu unterscheiden, welches die Abscisse und welches die Applicate sey. Denn wenn eine Gleichung zwischen zwei Coordinaten x und y gegeben ist, so erhält man eine und dieselbe Curve, man mag x oder y für die Abscisse nehmen.

§. 30.

Wir haben hier angenommen, daß das Stück As der neuen Axe rs die positiven Abscissen enthalte, und daß die positiven Applicaten auf die rechte Seite der Axe rs fallen; aber da dieses unserer Willkühr überlassen ist, so kann man damit nach Gefallen ändern. Bestimmt man nemlich das Stück Ar für die positiven Abscissen, so ist AQ = —t, und dann muß man in der Gleichung zwischen x und y für y setzen —t. Bestimmt man ferner die rechte Seite der Axe rs für die negativen Applicaten, so wird QM = —u, und man muß alsdann —u für x setzen. Hieraus erhellet, daß die Curve dieselbe bleibt, wenn man gleich in der Gleichung zwischen den Coordinaten eine oder beide Coordinaten negativ annimmt; und dies hat man sich für alle Veränderungen der Gleichungen zu merken.

§. 31.

Es schneide ferner Fig. 10. die neue Axe rs die erste RS unter einem beliebigen Winkel SAs, und zwar in dem Anfangspunkte der Abscissen A, so daß dieser Punkt in beiden Axen der Anfangspunkt der Abscissen sey. Ferner sey für die Axe RS eine die Curve LM ausdrückende Gleichung zwischen der Abscisse AP = x, und der Applicate PM = y gegeben, und daraus die Gleichung für eben dieselbe Curve für die Axe rs zu finden. Oder es sey aus dem Punkte der Curve M auf die neue Axe die senkrechte Linie MQ herabgefällt, und die Gleichung zwischen der neuen Abscisse AQ = t, und der Applicate MQ = u zu finden. Setzt man den Winkel SAs = q, seinen Sinus = m, seinen Cosinus = n, und den Radius = 1, so wird mm + nn = 1. Zieht man ferner aus P die Linien Pp und Pq senkrecht auf die neuen Coordinaten, so wird, weil AP = x, ist.

$$Pp = x.\ \sin.\ q,\ \text{und}\ Ap = x.\ \cos.\ q$$

und, weil PMQ = PAQ = q, und PM = y ist,

$$Pq = Qp = y.\ \sin.\ q;\ \text{und}\ Mq = y.\ \cos.\ q.$$

Hieraus fließet

$$AQ = t = Ap - Qp = x.\ \cos.\ q - y.\ \sin.\ q;\ \text{und}$$
$$QM = u = Mq + Pp = x.\ \sin.\ q + y.\ \cos.\ q.$$

§. 32.

Da aber sin. q = m, und cos. q = n ist, so wird ferner

$$t = nx - my;\ \text{und}\ u = mx + ny;\ \text{und folglich}$$
$$x = nt + mu = nnx + mmx,\ \text{und}$$
$$y = nu - mt = nny + mmy.$$

Man findet also die gesuchte Gleichung zwischen t und u, wenn man in der Gleichung zwischen x und y allenthalben nt + mu für x, und nu − mt für y schreibt, vorausgesetzt, daß der Theil As der Axe die positiven Abscissen enthalte, und die positiven Applicaten auf die Seite von QM fallen. Auch haben wir hier angenommen, daß der Winkel SAs auf der Seite der negativen Applicaten liege; fiele As über AS, so müßte man in der Rechnung den Winkel SAs = q als negativ betrachten, und daher auch seinen Sinus m negativ nehmen.

§. 33.

Endlich sey Fig. 11. die Lage der neuen Axe ohne alle weitere Bedingung angenommen, und so auch der Anfangspunkt der Abscissen D in derselben. Ferner sey RS die erste Axe, wobei man eine Gleichung für die Curve LM zwischen der Abscisse AP = x, und der Applicate PM = y habe, und daraus eine Gleichung zwischen andern Coordinaten t und u, die sich auf die neue Axe rs beziehen, zu finden. Man fälle aus irgend einem Punkte der Curve M die Linie MQ senkrecht auf rs, und setze die Abscisse DQ = t, und die Applicate QM = u. Ferner ziehe man, um die Gleichung zwischen diesen Coordinaten zu finden, aus dem neuen Anfangspunkte der Abscissen D die Linie DG auf die erste

Axe RS senkrecht, und setze $AG = f$, und $DG = g$. Dann lege man durch D die gerade Linie DO der ersten Axe RS parallel, und lasse sie von der verlängerten Applicate PM in O schneiden, wodurch man $MO = y + g$, und $DO = GP = x + f$ erhält. Endlich setze man den Winkel $ODQ = q$, seinen Sinus $= m$, den Cosinus $= n$, und den Radius ein für allemal $= 1$, so daß also wieder $mm + nn = 1$ sey.

§. 34.

Zieht man nunmehr aus dem Punkte O sowohl auf die neue Axe DQ als auf die Applicate MQ die Linien Op und Oq senkrecht, so wird, da $OMQ = ODQ$, und $DO = x + f$, und $MO = y + g$ ist,

$Op = Qq = (x + f).\ \sin.\ q = mx + mf$,
und $Dp = (x + f).\ \cos.\ q = nx + nf$;
$Oq = Qp = (y + g).\ \sin.\ q = my + mg$,
und $Mq = (y + g).\ \cos.\ q = ny + ng$.

Hieraus fließen folgende Bestimmungen der neuen Coordinaten t und u aus x und y:

$DQ = t = nx + nf - my - mg$, und
$QM = u = mx + mf + ny + ng$.

Da sich aber daraus, weil $mm + nn = 1$ ist,

$nt + mu = x + f$, und $nu - mt = y + g$

ergiebt, so bekommt man hieraus

$x = mu + nt - f$; und $y = nu - mt - g$.

Bringt man daher diese Werthe von x und y in die Gleichung zwischen x und y, so findet man die Gleichung zwischen t und u, welche die Natur eben dieser Curve ausdrückt.

§. 35.

Da sich keine Axe rs denken läßt, die mit der Curve in derselben Ebene läge, und in dieser letzten Bestimmung nicht enthalten wäre; so giebt es auch keine Gleichung für die Curve LM zwischen rechtwinkligen Coordinaten, die nicht in der zwischen t und u gefundenen Gleichung begriffen seyn sollte. Ob also gleich die Größen f und g nebst dem Winkel q, wovon m und n abhängen, auf unzählige Arten verändert werden können, so drücken doch alle Gleichungen, die in der zwischen t und u auf die beschriebene Art gefundenen Gleichung enthalten sind, die Natur einer und derselben Curve aus. Man pflegt daher diese Gleichung zwischen t und u die allgemeine Gleichung für die Curve LM zu nennen, weil dieselbe alle Gleichungen, die zu eben dieser krummen Linie gehören, ohne Ausnahme in sich faßt.

§. 36.

Es ist schon oben [§. 23.] angemerkt worden, daß man nicht allemal aus der Verschiedenheit zweier oder mehrerer zwischen Coordinaten gegebenen Gleichungen auf eine Verschiedenheit unter den durch sie ausgedrückten Curven schließen könne: jetzt sind wir im Stande, solches genauer zu bestimmen. Sind nemlich zwei Gleichungen, die eine zwischen x und y, und die andre zwischen t und u gegeben, so setze man in der ersten $x = mu + nt - f$, und $y = nu - mt - g$, und lasse dabei m und n so von einander abhängen, daß $mm + nn = 1$ sey. Hierauf untersuche man, ob die andere Gleichung zwischen t und u in der dadurch gefundenen Gleichung enthalten sey, oder ob die Buchstaben f, g, m und n so bestimmt werden können, daß man daraus die gedachte andere Gleichung zwischen t und u erhalte. Ist dieses möglich, so drücken beide Gleichungen eine und dieselbe Curve aus, wo nicht, so gehören sie zu verschiedenen krummen Linien.

Exempel.

Auf diese Art wird erhellen, daß folgende zwei Gleichungen

$$yy - ax = o$$

und

$$16uu - 24tu + 9tt - 55au + 10at = o$$

bei ihrer großen Verschiedenheit von einander dennoch zu einer und derselben krummen Linie gehören. Denn setzt man in der ersten Gleichung

$$x = mu + nt - f;\ \text{und}\ y = nu - mt - g;$$

so verwandelt sich dieselbe in

$$\begin{matrix} nnuu - 2mntu + mmtt - 2ngu + 2mgt + gg \\ - mau - nat + af \end{matrix} = o.$$

Um nun zu finden, ob die zweite von den gegebenen Gleichungen hierin enthalten sey, multiplicire man dieselbe mit nn, und die gefundene mit 16, damit die ersten Glieder von beiden gleich werden. Hierdurch bekommt man

$$16nnuu - 24nntu + 9nntt - 55nnau + 10nnat = o$$

und

$$\begin{matrix} 16nnuu - 32mntu + 16mm^2tt - 32ngu + 32mgt + 16gg \\ - 16mau - 16nat + 16af \end{matrix} = o.$$

Ferner untersuche man, wie viel Glieder durch Bestimmung der willkührlichen Größen f, g, m und n einander gleich gemacht werden können. Hier hat man nun zuvörderst

$$24nn = 32mn,\ \text{und}\ 9nn = 16mm$$

und aus jeder dieser Gleichung folgt

$$3n = 4m.$$

Weil aber $mm = 1 - nn$ ist, so ergiebt sich aus der zweiten außerdem

$$25nn = 16,\ \text{und also}$$

$$n = \frac{4}{5},\ \text{und}\ m = \frac{3}{5}$$

und es stimmen daher schon drei Glieder mit einander überein. Das vierte und fünfte Glied geben

$$55nna = 32ng + 16ma; \text{ und } 10nna = 32mg - 16na$$

und hier kommt es nun darauf an, zu untersuchen, ob beide Gleichungen einerlei Werth für g geben. Nun fließt aus der ersten

$$g = \frac{55na}{32} - \frac{ma}{2n} = \frac{11a}{8} - \frac{2a}{8} = a$$

und aus der zweiten

$$g = \frac{5nna}{16m} + \frac{na}{2m} = \frac{a}{3} + \frac{2a}{3} = a.$$

Beide Werthe stimmen also miteinander überein, und so sind schon fünf Glieder einander gleich. Es ist folglich weiter nichts übrig, als daß $gg + af = o$ sey; welches, da f noch nicht bestimmt ist, ohne Schwierigkeit erhalten wird, weil man nur $f = -a$ zu setzen braucht. Es ist also gezeigt worden, daß die beiden gegebenen Gleichungen zu einer und derselben krummen Linie gehören.

§. 37.

Ob indeß gleich sehr von einander verschiedene Gleichungen eine und dieselbe Curve ausdrücken können, so giebt es doch auch Fälle, wo die Verschiedenheit der Gleichungen ein sicheres Kennzeichen der Verschiedenheit der durch sie ausgedrückten Curven ist. Dies ist allemal, wenn die gegebenen Gleichungen zu verschiedenen Ordnungen oder Graden gehören, d. h. wenn die höchsten Dimensionen der Coordinaten x und y, t und u verschieden sind, denn alsdann sind die durch die gedachten Gleichungen ausgedrückten Curven nie dieselben. Es mag nemlich eine Gleichung zwischen x und y zu einem Grade gehören, zu was für einem sie will, so erhält man allemal, wenn man darin $x = mu + nt - f$, und $y = nu - mt - g$ setzt, eine Gleichung zwischen t und u von eben demselben Grade. Wenn also eine andere Gleichung zwischen t und u zu einem andern Grade gehört, so drückt sie auch eine andere Curve aus.

§. 38.

Wenn also zwei Gleichungen, die eine zwischen x und y, und die andere zwischen t und u, nicht zu einerlei Graden gehören, so schließt man daraus sogleich mit Recht auf die Verschiedenheit der durch sie ausgedrückten Curven. Nur dann also, wenn beide Gleichungen zu einem und demselben Grade gehören, kann man ungewiß seyn, und in diesem Falle hat man also auch nur nöthig, die vorhin beschriebene Untersuchung anzustellen. Da indeß der erklärte Weg sehr weitläufig und beschwerlich wird, wenn die Gleichungen zu einem höhern Grade gehören, so werden unten andere Regeln gegeben werden, wornach man die Verschiedenheit der Curven auf eine leichtere Art zu beurtheilen im Stande seyn wird.

§. 39.

Die Vorschriften, die bisher zur Erfindung einer allgemeinen Gleichung für die krummen Linien gegeben worden sind, lassen sich auch bei der geraden Linie gebrauchen. Denn ist Fig. 12. anstatt einer Curve die gerade Linie LM, welche der Axe RS parallel seyn soll, gegeben, so hat die Applicate PM, man mag den Anfangspunkt der Abscissen annehmen, wo man will, immer dieselbe Größe, oder es ist allenthalben $y = a$, und diese Gleichung ist also die Gleichung einer mit der Axe parallel gezogenen geraden Linie. Um nun die allgemeine Gleichung für die gerade Linie, wobei die Axe rs jede Lage haben kann, zu finden, setze man $DG = g$; $\sin. ODs = m$, $\cos. ODs = n$, desgleichen die Abscisse $DQ = t$, und die Applicate $MQ = u$. Da also

$$y = nu - mt - g$$

ist, so wird

$$nu - mt - g - a = o$$

und dieses ist eine allgemeine Gleichung für die gerade Linie. Multiplicirt man dieselbe durch die beständige Größe k, und setzt man dabei $nk = \alpha$, $mk = -\beta$, und $(g + a)k = -b$, so erhält man daraus zur allgemeinen Gleichung für die gerade Linie

$$\alpha u + \beta t + b = o.$$

Da diese Gleichung die allgemeine Gleichung des ersten Grades zwischen t und u ist, so erhellet hieraus, daß jede Gleichung zwischen zwei Coordinaten, die zum ersten Grade gehört, keine krumme, sondern eine gerade Linie ausdrücke.

§. 40.

So oft sich daher eine Gleichung zwischen den Coordinaten x und y von der Form

$$\alpha x + \beta y - a = o$$

ergiebt, so hat man dadurch allemal eine gerade Linie, deren Lage gegen die Axe RS (Fig. 13.) auf folgende Art bestimmt werden kann. Man setzet zuvörderst $y = o$, und findet dadurch den Punkt C in der Axe, wo die gerade Linie, die durch die Gleichung ausgedrückt wird, die Axe schneidet, indem alsdann $AC = \frac{a}{\alpha}$ wird. Ferner setzt man $x = o$, wodurch man $y = \frac{a}{\beta}$ erhält, welches der Werth der Applicate in dem Anfangspunkte der Abscissen ist. Da man auf diese Art zwei Punkte hat, die in der gesuchten geraden

Linie liegen, so ist dadurch die ganze gerade Linie bestimmt, und es entspricht folglich die Linie LM der gegebenen Gleichung. Denn setzt man eine nach Belieben angenommene Abscisse AP = x, und die zu ihr gehörige Applicate PM = y, so hat man wegen der Aehnlichkeit der Dreiecke CPM und CAB

$$CP : PM = CA : AB;$$ d. h.

$$\frac{a}{\alpha} - x : y = \frac{a}{\alpha} : \frac{a}{\beta}$$

Hieraus aber fließt

$$\frac{ay}{\alpha} = \frac{aa}{\alpha\beta} - \frac{ax}{\beta},$$ oder

$$\alpha x + \beta y = a$$

und dieses ist die gegebene Gleichung.

§. 41.

Wenn entweder α oder $\beta = o$ ist, so findet zwar die beschriebene Construction nicht statt, indeß sind diese Fälle an sich sehr leicht. Denn ist $\alpha = o$, und $y = a$, so ist klar, daß diese Gleichung eine gerade Linie ausdrückt, die der Axe parallel, und von ihr um a entfernt ist; ist aber $a = o$, oder $y = o$, so fällt die durch die Gleichung ausgedrückte Linie mit der Axe zusammen. Wird hingegen $\beta = o$, und $x = a$, so ist die Linie, welche der Gleichung ein Genüge thut, auf der Axe senkrecht, und zwar in dem vom Anfangspunkte der Abscissen um a entfernten Punkte. In diesem Falle kommt allen Applicaten nicht mehr als eine Abscisse zu, so daß die Abscisse aufhört, eine veränderliche Größe zu seyn. Und hieraus erhellet zur Genüge, wie die geraden Linien durch Gleichungen zwischen rechtwinkligen Coordinaten ausgedrückt werden können.

§. 42.

Bisher haben wir angenommen, daß die Coordinaten, durch welche die Natur der Curve bestimmt wird, auf einander senkrecht seyen; es wird aber auch die Curve aus der gegebenen Gleichung auf eine ähnliche Art bestimmt, wenn die Applicaten gegen die Axe unter einem schiefen Winkel geneigt sind. Es kann daher die Natur einer Curve auch durch eine Gleichung zwischen schiefwinkligen Coordinaten ausgedrückt werden, und auch diese Gleichungen lassen sich durch Veränderung der Axe und des Anfangspunktes der Abscissen auf unzählige Arten verändern, ohne daß die Curve selbst dabei die geringste Veränderung leidet, so daß man auf diese Weise auch für jeden schiefen Winkel der Coordinaten eine allgemeine Gleichung für die Curve zu finden im Stande ist. Wenn man aber diesen schiefen Winkel immer anders und anders annimmt, so findet man eine viel weiter sich erstreckende Gleichung für die Curve, welche wir die allgemeinste Gleichung nennen wollen, weil sie die Natur der Curve nicht bloß für jede Axe und für jeden Anfangspunkt der Abscissen, sondern auch für jeden Coordinaten-Winkel ausdruckt. Aus dieser allgemeinsten Gleichung erhält man die allgemeine, wenn man den dabei zum Grunde liegenden Coordinaten-Winkel in einen rechten Winkel verwandelt.

§. 43.

Es sey für die Curve LM (Fig. 14.) eine Gleichung zwischen rechtwinkligen Coordinaten, nemlich AP = x, und PM = y gegeben, und es werde verlangt, daß man dafür mit Beibehaltung der Axe RS und des Anfangspunktes der Abscissen A eine Gleichung zwischen Coordinaten suchen solle, die unter einem gegebenen Winkel = φ gegen einander geneigt seyen. Man fälle aus dem Punkte M die gerade Linie MQ unter dem gegebenen Winkel MQA auf die Axe RS herab, und setze sin. MQA = μ, und cos. MQA = ν, desgleichen AQ, die neue Abscisse = t, und QM, die neue Applicate, = u. Da nun in dem rechtwinkligen Dreiecke PMQ,

$$\frac{y}{u} = \mu; \text{ und } \frac{PQ}{u} = \nu = \frac{t - x}{u}$$

ist, so wird

$$u = \frac{y}{\mu}; \text{ und } t = \nu u + x = \frac{\nu y}{\mu} + x$$

und umgekehrt

$$y = \mu u; \text{ und } x = t - \nu u.$$

Setzt man daher in der zwischen x und y gegebenen Gleichung x = t − νu, und y = μu, so bekommt man die Gleichung zwischen den Coordinaten t und u, welche unter dem gegebenen Winkel φ gegen einander geneigt sind.

§. 44.

Ist hingegen für die Curve LM (Fig. 14.) eine Gleichung zwischen den schiefwinkligen Coordinaten AQ und QM gegeben, so kann man daraus ebenfalls die Gleichung zwischen den rechtwinkligen Coordinaten AP und PM für eben diese Curve finden. Es sey φ der Winkel, unter welchem die Coordinaten AQ und MQ gegen einander geneigt sind, und sein Sinus = μ, so wie sein Cosinus = ν; auch sey eine Gleichung zwischen AQ = t, und QM = u gegeben. Zieht man aus M die Applicate MP auf die Axe senkrecht, so wird, wenn man AP = x, und MP = y setzt,

$$u = \frac{y}{\mu}; \text{ und } t = \frac{\nu y}{\mu} + x$$

und bringt man daher diese Werthe in die zwischen t und u

gegebene Gleichung, so erhält man daraus die Gleichung zwischen x und y, welche man suchte.

§. 45.

Ist für die Curve LM (Fig. 15.) eine Gleichung zwischen den rechtwinklichten Coordinaten AP = x, und PM = y gegeben, so findet man die allgemeinste Gleichung für eben diese Curve auf folgende Art. Man nehme irgend eine gerade Linie rs zur Axe, und darin D zum Anfangspunkte der Abscissen an. Ferner setze man den Winkel DTM, welchen die Applicaten MT mit der Axe machen, $= \varphi$, seinen Sinus $= \mu$ und seinen Cosinus $= \nu$, so daß also die neuen Applicaten, zwischen welchen die Gleichung gesucht wird, DT und TM seyen. Dann ziehe man aus D die Linie DG auf die vorige Axe RS senkrecht, nehme AG = f, DG = g, und nachdem man DO der Axe RS parallel gezogen, sin. ODs = m, und cos. ODs = n. Endlich fälle man, wie vorhin, aus M die Linie MQ auf die Axe rs senkrecht herab, und setze DQ = t, und QM = u; die schiefwinkligen Coordinaten aber DT = r, und TM = s. Alsdann ist zuvörderst

$t = r - \nu s$; und $u = \mu s$ (§. 43.); und zweitens

$x = mu + nt - f$; und $y = nu - mt - g$ (§. 36.)

Hieraus aber fließt

$x = nr - (n\nu - m\mu)s - f$, und

$y = -mr + (\mu n + \nu m)s - g$

und dabei ist $n\nu - m\mu$ = cos. AVM oder dem Cosinus des Winkels, welchen die neuen Applicaten mit der vorigen Axe RS einschließen, und $\mu n + \nu m$ = sin. AVM. Wenn man also in der zwischen x und y gegebenen Gleichung für x und y jene Werthe setzt, so erhält man daraus die allgemeinste Gleichung für die Curve LM zwischen den Coordinaten r und s.

§. 46.

Da die Werthe, welche man auf diese Art für x und y setzt, die veränderlichen Größen r und s nur in der ersten Dimension enthalten, so ist offenbar, daß die gefundene allgemeinste Gleichung zu eben der Ordnung gehöret, von welcher die zwischen x und y gegebene ist. Bei allen Veränderungen also, die man mit einer Gleichung für eine Curve vornehmen kann, indem man nach Belieben die Axe, oder den Anfangspunkt der Abscissen, oder den Coordinaten-Winkel anders nimmt, bleibt demohngeachtet die Ordnung oder der Grad der Gleichung unverändert. Ob man daher gleich jede zwischen rechtwinkligen oder schiefwinkligen Coordinaten gegebene Gleichung auf unzählige Arten verändern kann, so, daß sie gleichwohl noch immer dieselbe Curve ausdrückt; so erhält man dabei doch nie eine Gleichung weder von einem höhern noch von einem niedrigern Grade. Und hierin liegt der Grund, warum Gleichungen von verschiedenen Graden, so ähnlich sie übrigens auch einander seyn mögen, dennoch allemal verschiedene Curven ausdrücken.

Drittes Capitel.

Von der Eintheilung der algebraischen krummen Linien in Ordnungen.

§. 47.

Da es eine eben so große Verschiedenheit unter den krummen Linien, als unter den Funktionen giebt, so ist es bei der unendlichen Menge derselben unmöglich, zur Kenntniß von ihnen zu gelangen, wofern man sie nicht in gewisse Classen theilt, und dadurch dem Verstande bei ihrer Untersuchung einen Leitfaden an die Hand giebt und zu Hülfe kommt. Zwar haben wir die krummen Linien bereits in algebraische und in transcendente eingetheilt, allein jede dieser Classen muß wegen der unendlichen Verschiedenheit der Curven noch weiter zerlegt werden. Hier richten wir indeß unser Augenmerk bloß auf die algebraischen Curven, und wollen jetzt untersuchen, wie diese am bequemsten von neuen in Classen getheilt werden können. Das erste, was dabei zu thun ist, besteht in der Festsetzung des Theilungsgrundes und der Kennzeichen der darnach zu machenden Classen, damit man die Curven, denen eben dieselben Kennzeichen zukommen, zu eben derselben Classe, und diejenigen, bei welchen diese Kennzeichen verschieden sind, zu verschiedenen Classen rechnen könne.

§. 48.

Die einzige Quelle der gedachten Kennzeichen sind also die Funktionen oder Gleichungen, wodurch die Natur der krummen Linien ausgedrückt wird; indem bis jetzt kein anderer Weg bekannt ist, der zu allen algebraischen krummen Linien fuhrte. Es können aber die Funktionen und die Gleichungen zwischen zwei Coordinaten auf mancherlei Art eingetheilt werden, so wie solches auch im ersten Buche (im ersten Capitel) geschehen ist. Zuerst bietet sich die Vielförmigkeit der Funktionen, und zwar beim ersten Anblick, als ein sehr guter Theilungsgrund der krummen Linien in Classen dar, und darnach würden diejenigen Curven, die aus einförmigen Funktionen entspringen, zur ersten Classe, diejenigen, deren Funktion zweiförmig ist, zur zweiten, und diejenigen, deren Natur durch eine dreiförmige Funktion ausgedrückt wird, zur dritten Classe gehören, und so ferner.

§. 49.

So natürlich aber auch diese Eintheilung zu seyn scheint, so findet man dennoch bei einer sorgfältigern Ueberlegung, daß sie der Natur der krummen Linien und den Eigenschaften derselben gar nicht angemessen ist. Wie vielförmig nemlich die Funktion seyn soll, auf welche eine krumme Linie führt, das hängt vorzüglich von der Lage der Axe ab, die willkührlich ist; so daß, wenn bei einer Axe die Applicate eine einförmige Funktion von der Abscisse ist, dieselbe bei einer andern Axe eine vielförmige Funktion seyn kann. Es würde also, wenn man hiernach die Classen der krummen Linien festsetzen wollte, eine und dieselbe krumme Linie in verschiedenen Classen vorkommen, und dies wäre wider den Zweck. So würde die Curve, welche durch die Gleichung $a^3y = aaxx - x^4$ ausgedrückt wird, zur ersten Classe gehören, weil die Applicate y eine einförmige Funktion von x ist; verwechselte man aber die Coordinaten, oder nähme man eine Axe an, die auf der vorigen senkrecht stünde, so bekäme man für eben diese Curve die Gleichung $y^4 - aayy + a^3x = o$, und dabei gehörte denn die Curve zur vierten Classe. Es kann daher die Vielförmigkeit der Funktionen bei der Eintheilung derselben in Classen keinen Theilungsgrund abgeben.

§. 50.

Eben so wenig läßt sich dazu die Menge der Glieder der Gleichungen, welche die Natur der Curven ausdrücken, gebrauchen. Denn wollte man die Curven, deren Gleichungen aus zwei Gliedern bestehen, wie $y^m = \alpha x^n$ zur ersten, die hingegen, deren Gleichungen drei Glieder enthalten, zur zweiten Classe rc. rechnen: so würde auch hierbei eine und dieselbe Curve in mehrern Classen vorkommen. So gehörte die Curve in dem Exempel §. 36., deren Gleichung $yy - ax = o$ war, zur ersten und zur vierten Classe, weil man dafür, bei veränderter Axe, die Gleichung $16uu - 24tu + 9tt - 55au + 10at = o$ hat. Ja nähme man die Axe und den Anfangspunkt der Abscissen anders, so würde man sie auch zur zweiten und dritten und fünften Classe rechnen können, und es ist daher diese Eintheilung durchaus verwerflich.

§. 51.

Diese Unbequemlichkeiten vermeidet man, wenn man die Curven nach den Graden der Gleichungen eintheilt, durch welche sie ausgedrückt werden. Denn da der Grad der Gleichung, wodurch eine Curve ausgedrückt wird, unverändert derselbe bleibt, man mag die Axe und den Anfangspunkt der Abscissen und den Coordinaten-Winkel annehmen, wie man will, so gehört dabei jede krumme Linie nie zu mehr als zu einer Classe. Nimmt man daher die Anzahl der Dimensionen, welche die rechtwinkligen oder schiefwinkligen Coordinaten in der Gleichung für die Curve haben, zum Theilungsgrunde an, so bleiben die Classen bei allen Veränderungen, die man mit der Axe, dem Anfangspunkte der Abscissen und dem Coordinaten-Winkel vornimmt, unverändert dieselben, und jede Curve gehört nie zu mehr als zu einer Classe, man mag ihre specielle, oder ihre allgemeinste Gleichung zum Grunde legen. Am richtigsten theilt man daher die Curven nach den Graden der Gleichungen ein, wodurch sie ausgedrückt werden.

§. 52.

So wie man nun die aus der Anzahl der Dimensionen entspringenden Arten der Gleichungen nach Graden unterscheidet, so wollen wir die aus eben dieser Quelle fließenden Classen der krummen Linien mit dem Namen der **Ordnungen** belegen. Da also die allgemeine Gleichung des ersten Grades

$$o = \alpha + \beta x + \gamma y$$

ist, so gehören hiernach alle Linien, die sich aus dieser Gleichung, wenn man darin x und y rechtwinklige oder schiefwinklige Coordinaten bedeuten läßt, ergeben, zur ersten Ordnung. Wir haben aber oben [§. 39.] gesehen, daß die angeführte Gleichung bloß die gerade Linie ausdrückt, und es begreift daher die erste Ordnung weiter keine Linie in sich, als die gerade, welches auch allerdings unter allen Linien die einfachste ist. Da also der Name, Curve, hier nicht gebraucht werden kann, so wollen wir die Ordnungen, womit wir uns jetzt beschäftigen, nicht **Ordnungen der krummen Linien**, sondern bloß **Ordnungen der Linien** nennen. Die erste Ordnung der Linien faßt also keine krumme, sondern allein die gerade Linie in sich.

§. 53.

Es ist aber hierbei gleichgültig, ob man die Coordinaten rechtwinklig oder schiefwinklig annimmt. Denn ist der Winkel, welchen die Applicaten mit der Axe machen $= \varphi$, und sein Sinus $= \mu$, so wie sein Cosinus $= \nu$: so wird die Gleichung in eine Gleichung für rechtwinklige Coordinaten verwandelt, wenn man $y = \frac{u}{\mu}$, und $x = \frac{\nu u}{\mu} + t$ setzt, §. 44., und man bekommt dadurch für die rechtwinklige Coordinaten t und u die Gleichung:

$$o = \alpha + \beta t + (\frac{\beta \nu}{\mu} + \frac{\gamma}{\mu}) u.$$

Da nun diese Gleichung eben den Umfang hat, als die vorhergehende, denn beide sind allgemeine Gleichungen: so erhellet, daß die Bedeutung der Gleichung nicht eingeschränkt wird, wenn man den Winkel, den die Applicaten mit der Axe machen, einem rechten Winkel gleich setzt. Eben dieses findet auch bei den Gleichungen der folgenden Ordnungen statt, ihr Umfang wird nicht geringer, wenn auch ihre Coordinaten rechtwinklig angenommen werden. Da also die allgemeinen Gleichungen, sie mögen zu einem Grade gehören, zu was für einem sie wollen, durch Veränderung des Coordinaten-Winkels nichts von ihrem Umfange verlieren, so werden wir auch ihre Bedeutung durch Annehmung rechtwinkliger Coordinaten nicht einschränken. Denn eben die Curve, die bei schiefwinkligen Coordinaten in einer Gleichung enthalten ist, wird auch bei rechtwinkligen Coordinaten durch eben diese Gleichung ausgedrückt.

§. 54.

Die Linien der zweiten Ordnung sind insgesammt in folgender allgemeinen Gleichung des zweiten Grades enthalten:

$$o = \alpha + \beta x + \gamma y + \delta x^2 + \varepsilon xy + \zeta y^2,$$

denn wir zählen alle Curven, welche durch diese Gleichung, wenn darin x und y rechtwinklige Coordinaten bedeuten, ausgedrückt werden, zur zweiten Ordnung der Linien. Da also die erste Ordnung keine Curve enthält, so sind dieses die einfachsten krummen Linien, und werden daher auch von einigen krumme Linien der ersten Ordnung genannt. Gewöhnlich heißen diese Curven Kegel-Schnitte, weil man sie auch durch Schneidung des Kegels erhalten kann, und es giebt davon mehrere Arten, den Kreis, die Ellipse, die Parabel, und die Hyperbel, welche wir weiter hin aus der allgemeinen Gleichung ableiten werden.

§. 55.

Zur dritten Ordnung der Linien gehören alle Curven, welche folgende allgemeine Gleichung des dritten Grades an die Hand giebt:

$$o = \alpha + \beta x + \gamma y + \delta x^2 + \varepsilon xy + \zeta y^2 + \eta x^3 + \vartheta x^2 y + \iota xy^2 + \varkappa y^3;$$

wenn man darin x und y rechtwinklige Coordinaten bedeuten läßt, indem diese Gleichung durch Annehmung schiefwinkliger Coordinaten, wie wir bereits angemerkt haben, [§. 53.] keinen weitern Umfang bekommt. Da diese Gleichung eine weit größere Anzahl beständiger Größen, die man willkührlich bestimmen kann, enthält, als die vorhergehende, so begreift die gegenwärtige Ordnung auch eine weit größere Menge von Arten in sich, deren Classification man bei **Newton** findet.

§. 56.

Zur vierten Ordnung der Linien gehören alle Curven, welche durch folgende allgemeine Gleichung,

$$o = \alpha + \beta x + \gamma y + \delta x^2 + \varepsilon xy + \zeta y^2 + \eta x^3 + \vartheta x^2 y + \iota x y^2 + \kappa y^3 + \lambda x^4 + \mu x^3 y + \nu x^2 y^2 + \xi x y^3 + o y^4,$$

ausgedrückt werden, wenn x und y rechtwinklige Coordinaten bedeuten, indem die Gleichung bei schiefen Applicaten keine größere Allgemeinheit erhält. In dieser Gleichung sind fünfzehn beständige Größen enthalten, die man nach Belieben annehmen kann, und daher ist die Verschiedenheit der Arten, die zu dieser Ordnung gehören, noch größer als bei der vorhergehenden Ordnung. Man nennt diese Linien der vierten Ordnung auch Curven der dritten Ordnung, weil man die zweite Ordnung der Linien als die erste Ordnung der Curven betrachtet, und aus eben dem Grunde sind die Linien der dritten Ordnung mit den Curven der zweiten Ordnung einerlei.

§. 57.

Hieraus läßt sich schon abnehmen, was für Curven zur fünften, sechsten, siebenten Ordnung rc. gehören. Es besteht aber die allgemeine Gleichung für die Linien der fünften Ordnung, da darin zu der allgemeinen Gleichung für die Linien der vierten Ordnung noch die Glieder

$$x^5;\ x^4 y;\ x^3 y^2;\ x^2 y^3;\ x y^4;\ y^5$$

kommen, aus ein und zwanzig Gliedern, so wie die allgemeine Gleichung für die Linien der sechsten Ordnung deren acht und zwanzig in sich faßt, und überhaupt diese Menge der Glieder nach den Trigonal-Zahlen fortgeht. Es enthält nemlich die allgemeine Gleichung für die Linien der nten Ordnung $\frac{(n+1)(n+2)}{1 \cdot 2}$ Glieder, und eben so groß ist die Anzahl der in ihr befindlichen beständigen Größen, die man nach Belieben bestimmen kann.

§. 58.

Indeß führt nicht jede veränderte Bestimmung dieser beständigen Größen auf verschiedene krumme Linien. Denn da wir in dem vorhergehenden Capitel gesehen haben, daß man für eine und dieselbe Curve durch Veränderung der Axe und des Anfangspunktes der Abscissen unzählige Gleichungen finden kann, so dürfen wir aus der Verschiedenheit der Gleichungen, die zu einem und demselben Grade gehören, nicht auf eine Verschiedenheit der durch sie ausgedrückten Curven schließen. Es wird daher bei der Herleitung der Geschlechter und Arten, die unter einer Ordnung begriffen sind, aus der allgemeinen Gleichung viel Behutsamkeit erfordert, wenn man nicht Gefahr laufen will, eine und dieselbe Curve zu zwei und mehreren Arten zu rechnen.

§. 59.

Da man also aus dem Grade der zwischen den Coordinaten gegebenen Gleichung die Ordnung der Curve beurtheilt, so ist man, sobald eine algebraische Gleichung zwischen den Coordinaten x und y gegeben ist, im Stande, sogleich zu bestimmen, zu was für einer Ordnung die durch jene Gleichung ausgedrückte Curve gehöret. Doch muß man, wenn die Gleichung irrational ist, dieselbe zuvor von ihrer Irrationalität befreien, und überdem daraus auch die etwa vorkommenden Brüche wegschaffen, worauf denn die höchste Zahl der Dimensionen der in ihr befindlichen veränderlichen Größen x und y die Ordnung der Curve anzeiget. So gehört z. B. die durch die Gleichung $yy - ax = o$ ausgedrückte Curve zur zweiten Ordnung, hingegen die Linie, auf welche die Gleichung $yy = x\sqrt{(aa - xx)}$ führt, zur vierten Ordnung, weil man aus dieser Gleichung durch Wegbringung der Irrationalität eine Gleichung vom vierten Grade erhält. Die Linie, welche durch die Gleichung $y = \frac{a^3 - axx}{aa + xx}$ ausgedrückt wird, ist eine Linie der dritten Ordnung, weil man aus dieser Gleichung durch Wegschaffung des Bruchs $aay + xxy = a^3 - axx$ bekömmt, und das Glied xxy drei Dimensionen hat.

§. 60.

Es können aber in einer und derselben Gleichung mehrere von einander verschiedene Curven enthalten seyn, je nachdem man die Applicaten senkrecht oder unter einem gegebenen Winkel gegen einander geneigt annimmt. So giebt die Gleichung $yy = aa - xx$ bei rechtwinkligen Coordinaten den Kreis, bei schiefwinkligen hingegen die Ellipse. Alle diese verschiedenen Curven gehören indeß zu einer und derselben Ordnung, weil die Verwandlung der schiefwinkligen Coordinaten in rechtwinklige auf die Ordnung der Curven keinen Einfluß hat [§. 51 u. 53.]. Ob also gleich die allgemeinen Gleichungen für die krummen Linien, ihre Ordnung mag seyn, welche sie will, durch den Winkel, welchen die Applicaten mit der Axe machen, weder einen weitern, noch einen engern Umfang bekommen; so ist doch bei den speciellen Gleichungen für die krummen Linien die dadurch ausgedrückte Curve nicht eher bestimmt, als bis der Winkel, unter welchen die Coordinaten gegen einander geneigt sind, bestimmt ist.

§. 61.

Soll eine Curve zu der Ordnung, welche durch ihre Gleichung angezeigt wird, ganz eigentlich gehören, so muß die gedachte Gleichung nicht in rationale Faktoren aufgelöset werden können. Denn hat eine Gleichung zwei oder mehrere Faktoren, so ist sie ein Inbegriff mehrerer Gleichungen, davon jede eine krumme Linie enthält, die zusammengenommen der gegebenen Gleichung entsprechen. Wenn also eine Gleichung in Faktoren aufgelöset werden kann, so drückt sie nicht eine, sondern mehrere continuirliche Curven aus, davon eine jede durch eine besondere Gleichung angezeigt werden kann, und die weiter keine Verbindung unter einander haben, als daß ihre Gleichungen in der gegebenen Gleichung mit einander multiplicirt worden sind. Da diese Verbindung von unserer Willkühr abhängt, so können dergleichen Curven nicht als continuirliche Curven betrachtet werden, und es geben daher die Gleichungen, die wir oben [im ersten Buche, im 5ten Capitel, §. 95.] complexe Gleichungen genannt haben, keine continuirliche, sondern aus continuirlichen zusammengesetzte Linien, die wir daher mit dem Namen der complexen Linien belegen wollen.

§. 62.

So besteht die Gleichung $yy = ay + xy - ax$, die zu einer Linie der zweiten Ordnung zu gehören scheint, wenn man sie auf o reducirt, oder daraus $yy - ay - xy + ax = o$ macht, aus den beiden Faktoren $(y - x)(y - a) = o$; und faßt daher die beiden Gleichungen $y - x = o$, und $y - a = o$ in sich. Diese beiden Gleichungen gehören zu geraden Linien, und zwar die erste zu einer solchen, die die Axe in dem Anfangspunkte der Abscissen unter einem halben rechten Winkel schneidet, und die andere zu einer solchen, die mit der Axe parallel läuft, und von ihr um a entfernt ist; und diese beiden geraden Linien werden also zugleich durch die Gleichung $yy = ay + xy - ax$ ausgedrückt. Eben so ist die Gleichung $y^4 - xy^3 - aaxx - ay^3 + axxy + aaxy = o$ eine complexe Gleichung, und es drückt daher dieselbe keine continuirliche Linie der vierten Ordnung aus, sondern sie enthält, da sie aus den Faktoren $(y - x)(y - a)(yy - ax)$ besteht, drei verschiedene Linien, zwei gerade, und eine in der Gleichung $yy = ax$ enthaltene krumme Linie.

§. 63.

Es ist daher leicht, complexe Linien, die zwei oder mehrere, gerade oder krumme, Linien, von was für einer Art man will, enthalten, zu finden. Denn drückt man jede dieser Linien für eine und dieselbe Axe und denselben Anfangspunkt der Abscissen durch eine auf o gebrachte Gleichung aus, so hat man in dem Produkte dieser Gleichungen eine complexe Gleichung, welche alle jene Linien in sich begreift. Wäre z. B. Fig. 16 aus dem Mittelpunkte C mit dem Radius CA = a ein Kreis beschrieben, und durch den Mittelpunkt desselben die gerade Linie LN gezogen, so könnte man hiernach für jede Axe eine Gleichung finden, welche den Kreis und die gerade Linie, als wenn beide nur eine Linie wären, zusammen in sich enthielte.

§ 64.

Man nehme den Durchmesser AB, welchen die gerade Linie LN unter einem halben rechten Winkel schneide, zur Axe, und darauf den Anfangspunkt der Abscissen in A an, und setze die Abscisse AP = x, und die Applicate PM = y. Alsdann ist, für die gerade Linie, PM = CP = a — x, und weil der Punkt M auf der Seite der negativen Applicaten liegt, $y = -a + x$, oder $y - x + a = o$. Für den Kreis hingegen findet man, weil $PM^2 = AP \cdot PB$, und $BP = 2a - x$ ist, $yy = 2ax - xx$, oder $yy + xx - 2ax = o$. Multiplicirt man also diese beiden Gleichungen mit einander, so bekommt man folgende complexe Gleichung vom dritten Grade,

$$y^3 - y^2x + yxx - x^3 + ayy - 2axy + 3axx - 2aax = o,$$

welche sowohl den Kreis, als die gerade Linie in sich enthält. Es gehören nemlich darin zu jeder Abscisse AP = x drei Applicaten, zwei für den Kreis, und eine für die gerade Linie. Denn setzt man z. B.

$$x = \frac{1}{2}a, \text{ so wird}$$

$$y^3 + \frac{1}{2}ay^2 - \frac{3}{4}aay - \frac{3}{8}a^3 = o, \text{ und also}$$

$$\text{I.} \quad y + \frac{1}{2}a = o, \text{ oder } y = -\frac{1}{2}a.$$

Ferner erhält man durch die Division mit der gefundenen Wurzel

$$yy - \frac{3}{4}aa = o, \text{ und es ist daher auch}$$

$$\text{II.} \quad y = \frac{1}{2}a\sqrt{3}$$

$$\text{III.} \quad y = -\frac{1}{2}a\sqrt{3}$$

Es wird demnach der Kreis und die gerade Linie LN durch die gefundene Gleichung ausgedrückt, als wenn beide Linien eine einzige continuirliche Linie wären.

§. 65.

Nachdem wir diesen Unterschied zwischen complexen und incomplexen Curven bemerkt haben, so ist klar, daß die Linien der zweiten Ordnung entweder continuirliche Curven, oder aus zwei geraden Linien zusammengesetzte complexe Linien sind; denn hat die allgemeine Gleichung Faktoren, so sind dieselben einfach, und drücken also gerade Linien aus. Die Linien der dritten Ordnung aber sind entweder incomplexe, oder aus einer geraden Linie und einer Linie der zweiten Ordnung, oder aus drei geraden Linien zusammengesetzte complexe Linien. Ferner sind die Linien der vierten Ordnung entweder continuirliche Linien, oder complexe, die aus einer geraden Linie, und einer Linie der dritten Ordnung, oder aus zwei Linien der zweiten Ordnung, oder aus einer Linie der zweiten Ordnung und zwei geraden Linien, oder endlich aus vier geraden Linien zusammengesetzt sind. Auf eine ähnliche Art verhält es sich mit den complexen Linien der funften und der übrigen höhern Ordnungen. Hieraus erhellet, daß jede Linie von einer höhern Ordnung alle Linien der niedern Ordnungen unter sich begreift, aber diese nicht allein, sondern es ist jede Linie der niedern Ordnungen verbunden, entweder mit geraden Linien, oder mit Linien der zweiten, der dritten und der folgenden Ordnungen, doch so, daß allemal die Summe der Ordnungszahlen der einfachen Linien der Ordnungszahl der complexen Linie gleich ist.

Viertes Capitel.

Von den vornehmsten Eigenschaften der Linien einer jeden Ordnung.

§. 66.

Zu den vornehmsten Eigenschaften der Linien einer jeden Ordnung gehört vor allen andern die Menge der Punkte, in welchen diese Linien von einer geraden Linie geschnitten werden können. Denn da die Linie der ersten Ordnung, oder die gerade Linie, von einer andern geraden Linie in nicht mehr als in einem Punkte geschnitten werden kann, bei den krummen Linien aber solches in mehrern Punkten möglich ist: so entsteht mit Recht die Frage, in wie viel Punkten die Curven jeder Ordnung von einer nach Belieben gezogenen geraden Linie geschnitten werden können, indem die Beantwortung dieser Frage auf die Kenntniß der Curven, die zu den verschiedenen Ordnungen gehören, einen großen Einfluß hat. Wir werden aber finden, daß jede Linie der zweiten Ordnung von einer geraden Linie in nicht mehr als in zwei, jede Curve der dritten Ordnung in nicht mehr als in drei Punkten rc. geschnitten werden kann.

§. 67.

Wir haben bereits oben [§. 26.] der Art und Weise Erwähnung gethan, wie die Anzahl der Punkte bestimmt werden kann, worin die Axe einer jeden Curve von dieser Curve geschnitten wird. Setzt man nemlich in der zwischen der Abscisse x und der Applicate y gegebenen Gleichung $y = o$, so erhält man eine Gleichung, worin bloß x befindlich ist; und da die Applicate y allemal da $= o$ wird, wo ein Punkt der Curve in die Axe fällt, so zeigt diese Gleichung die Werthe von x, und folglich die Punkte der Axe an, in welchen die Curve die Axe schneidet. So erhält man, wenn man in der oben [§. 64.] für den Kreis gefundenen Gleichung, $yy = 2ax - xx$, $y = o$ setzt, $o = 2ax - xx$, woraus sich zwei Werthe für x ergeben, nemlich $x = o$, und $x = 2a$, die anzeigen, daß die Axe RS, Fig. 16., zuvörderst in dem Anfangspunkte der Abscissen A, und dann in dem Punkte B, wenn $AB = 2a$ ist, von dem Kreise geschnitten wird. Auf eine ähnliche Art zeigen auch bei den übrigen Curven, wenn man in der für sie gegebenen Gleichung $y = o$ setzt, die Werthe von x die Durchschnittspunkte mit der Axe an.

§. 68.

Da bei der allgemeinen Gleichung einer jeden Curve jede gerade Linie die Stelle der Axe vertritt, so zeigt die aus derselben, wenn man $y = o$ setzt, entspringende Gleichung die Anzahl der Punkte an, in welchen die Curve von einer geraden Linie geschnitten werden kann. Man findet aber auf diese Art eine Gleichung, worin bloß die Abscisse x als eine unbekannte Größe enthalten ist, und es zeigen daher die Wurzeln derselben die Durchschnittspunkte der Curve mit der Axe an. Es hängt demnach die Anzahl der Durchschnittspunkte von der höchsten Potestät von x in dieser Gleichung ab, und kann folglich nicht größer seyn, als der Exponent dieser Potestät. Es wird aber immer so viel Durchschnittspunkte geben, als der Exponent der höchsten Potestät von x Einheiten enthält, wenn alle Werthe von x reell sind; sind hingegen einige darunter imaginär, so wird die Anzahl der Durchschnittspunkte um eben so viel vermindert.

§. 69.

Da wir also für jede Ordnung der Linien die allgemeinste Gleichung kennen [§. 53. — §. 57. verbunden mit §. 45.], so sind wir daraus im Stande, auf dem beschriebenen Wege die Anzahl der Punkte zu finden, in welchen jede Linie, sie mag zu einer Ordnung gehören, zu was für einer sie will, von einer geraden Linie geschnitten werden kann. Um von der allgemeinen Gleichung für die Linie der ersten Ordnung oder die gerade Linie,

$$o = \alpha + \beta x + \gamma y$$

anzufangen, so erhält man daraus, wenn man $y = o$ setzt,

$$o = \alpha + \beta x$$

und diese Gleichung kann nicht mehr als eine Wurzel haben. Es erhellet demnach, daß die gerade Linie von einer andern in nicht mehr als in einem Punkte geschnitten werden kann. Wird $\beta = o$, so zeigt die unmögliche Gleichung $o = \alpha$ an, daß die Axe in diesem Falle von der geraden Linie gar nicht geschnitten wird, und es sind also alsdann beide Linien einander parallel. Es erhellt dieses auch aus der Gleichung $o = \alpha + \gamma y$, welche man aus der allgemeinen Gleichung erhält, wenn man darin $\beta = o$ setzt.

§. 70.

Wenn man in der allgemeinen Gleichung der Linien der zweiten Ordnung

$$o = \alpha + \beta x + \gamma y + \delta xx + \varepsilon xy + \zeta yy$$

$y = o$ setzt, so erhält man dafür

$$o = \alpha + \beta x + \delta xx,$$

und diese Gleichung hat entweder zwei reelle Wurzeln, oder gar keine, oder auch eine, wenn $\delta = o$ ist. Es kann daher jede Linie der zweiten Ordnung von einer geraden Linie in zwei, oder nur in einem Punkte, oder auch gar nicht geschnitten werden, und alle diese Fälle kann man auf die Art zusammen ausdrücken, daß man sagt, eine Linie der zweiten Ordnung könne von einer geraden Linie in nicht mehr als in zwei Punkten geschnitten werden.

§. 71.

Wenn man in der allgemeinen Gleichung für die Linien der dritten Ordnung $y = o$ setzt, so erhält man daraus

$$o = \alpha + \beta x + \gamma xx + \delta x^3$$

und da diese Gleichung nicht mehr als drei Wurzeln haben kann, so erhellet daraus, daß die Linien der dritten Ordnung von einer geraden Linie in nicht mehr als in drei Punkten geschnitten werden können. Es kann sich aber ereignen, daß eine Linie der dritten Ordnung von einer geraden Linie in weniger Punkten geschnitten wird, z. B. in zweien, wenn $\delta = o$ ist, und die beiden Wurzeln der Gleichung $o = \alpha + \beta x + \gamma xx$ reell sind, oder in einem, wenn die obige Gleichung zwei imaginäre Wurzeln hat, oder wenn $\delta = o$, und $\gamma = o$ ist, oder auch gar nicht, wenn $\delta = o$, und die übrigen beiden Wurzeln der Gleichung imaginär sind, welches statt findet, wenn β, γ und δ verschwinden, und α nicht $= 0$ ist.

§. 72.

Auf eine ähnliche Art schließt man, daß die Linien der vierten Ordnung von einer geraden Linie in nicht mehr als in vier Punkten geschnitten werden können; und überhaupt kommt diese Eigenschaft den Linien aller Ordnungen zu, so, daß eine Linie von der nten Ordnung von einer geraden Linie in nicht mehr als in n Punkten geschnitten werden kann. Doch folgt hieraus nicht, daß jede Linie von der Ordnung n von jeder geraden Linie wirklich in n Punkten geschnitten werde, es kann vielmehr die Anzahl der Durchschnittspunkte auch kleiner als n, ja selbst $= 0$ seyn, wie wir dies bereits bei den Linien der zweiten und dritten Ordnung angemerkt haben. Es sagt also die angeführte Behauptung bloß, daß die Anzahl der Durchschnittspunkte nie größer seyn kann, als die Zahl, welche die Ordnung der krummen Linien anzeigt.

§. 73.

Aus der Anzahl der Punkte, worin eine gerade Linie eine gegebene Curve schneidet, läßt sich also die Ordnung dieser Curve nicht bestimmen. Denn wenn die Anzahl dieser Durchschnittspunkt $= n$ ist, so folgt daraus nicht, daß die Curve zur nten Ordnung gehöre, sondern sie kann dabei eben sowohl eine Linie jeder höhern Ordnung seyn, ja selbst zu den transcendenten Linien gehören. Dagegen kann man mit Gewißheit behaupten, daß jede Curve, die von einer geraden Linie in n Punkten geschnitten wird, nicht zu einer niedrigen Ordnung gehöre. So ist, wenn eine gegebene Curve von einer geraden Linie in vier Punkten geschnitten wird, ausgemacht, daß man sie weder zur zweiten noch zur dritten Ordnung rechnen darf; ob sie aber zur vierten oder zu einer höhern Ordnung gehöre, oder gar transcendent sey, das läßt sich daraus nicht beurtheilen.

§. 74.

Die allgemeinen Gleichungen, welche wir für die Linien jeder Ordnung gegeben haben, enthalten mehrere beständige Größen, deren Bestimmung unserer Willkühr überlassen bleibt. Setzt man dafür bestimmte Größen, so werden dadurch die Curven durchaus bestimmt, und lassen sich, wenn die Axe gegeben ist, so beschreiben, daß alle übrigen in eben der allgemeinen Gleichung enthaltenen Curven ausgeschlossen werden. So kann, obgleich die Gleichung $0 = \alpha + \beta x + \gamma y$ allein die gerade Linie in sich faßt, doch die Lage dieser geraden Linie in Ansehung der Axe auf unzählige Arten verändert werden, weil die beständigen Größen α, β, γ unendlich viele

Werthe bekommen können. Sobald aber diese Größen bestimmte Werthe erhalten, so wird die Lage der geraden Linie so bestimmt, daß außer ihr keine andere der Gleichung ein Genüge thut.

§. 75.

Es scheint zwar, als ob die Gleichung $o = \alpha + \beta x + \gamma y$, da sie drei beständige Größen, α, β, γ enthält, drei Bestimmungen zulasse; allein wegen der Natur der Gleichungen ist diese Gleichung schon bestimmt, sobald das Verhältniß dieser beständigen Größen, oder das Verhältniß zweier von ihnen zur dritten festgesetzt ist, und es läßt daher diese Gleichung nicht mehr als zwei Bestimmungen zu. Denn bestimmt man β und γ durch α, so daß z. B. $\beta = -\alpha$, und $\gamma = 2\alpha$ wird, so verwandelt sich dieselbe in $o = \alpha - \alpha x + 2\alpha y$, und ist also, da α durch die Division weggebracht werden kann, dadurch schon vollkommen bestimmt. Auf eine ähnliche Art läßt die allgemeine Gleichung der Linien der zweiten Ordnung, die sechs beständige Größen enthält, nicht mehr als fünf, die allgemeine Gleichung der Linien der dritten Ordnung nicht mehr als neun, und überhaupt die allgemeine Gleichung der Linien der $n$ten Ordnung nicht mehr als $\frac{(n+1)(n+2)}{1 \cdot 2} - 1$ Bestimmungen zu.

§. 76.

Es lassen sich aber die gedachten beständigen Größen allemal so bestimmen, daß die Curve durch einen gegebenen Punkt gehet, und dadurch wird denn eine dieser Bestimmungen gefunden. Soll z. B. eine für irgend eine Linie gegebene Gleichung so bestimmt werden, daß die Curve durch einen gegebenen Punkt B (Fig. 17.) gehe, so nehme man nach Belieben eine Axe und in derselben den Anfangspunkt der Abscissen A an, und fälle aus B die Linie Bb auf die Axe senkrecht herab. Hier ist nun offenbar, daß man, wenn die Curve durch den Punkt B gehet, und $Ab = x$ gesetzt wird, $Bb = y =$ der Applicate habe. Setzt man also in der gegebenen allgemeinen Gleichung Ab für x, und Bb für y, so erhält man eine Gleichung, woraus sich eine von den beständigen Größen α, β, γ, δ, ϵ, rc. bestimmen läßt, und ist dieses geschehen, so gehen alle Curven, die in der auf diese Art bestimmten allgemeinen Gleichung enthalten sind, durch den Punkt B.

§. 77.

Soll die Curve überdem auch durch den Punkt C gehen, so fälle man auch aus diesem Punkte die senkrechte Linie Cc auf die Axe, und setze in der Gleichung $x = Ac$, und

$y = Cc$. Hierdurch wird man eine neue Gleichung bekommen, woraus sich ebenfalls eine von den beständigen Größen α, β, γ, δ, 2c. bestimmen lassen wird. Auch ist leicht einzusehen, daß man, wenn die Curve durch drei Punkte B, C, D gehen soll, dadurch auf eben die Art drei, und wenn sie durch vier Punkte B, C, D, E gehen soll, vier beständige Größen bestimmen könne. Wenn also die Anzahl der bestimmten Punkte, wodurch eine Curve gehen soll, eben so groß ist, als die Anzahl der Bestimmungen, welche die allgemeine Gleichung dieser Curve zuläßt, so ist dadurch die Curve durchaus bestimmt, und die einzige, die durch alle gegebene Punkte gelegt werden kann.

§. 78.

Da also die allgemeine Gleichung der Linien der ersten Ordnung oder der geraden Linie nur zwei Bestimmungen zuläßt, [§. 75.] so wird die Linie der ersten Ordnung, oder die gerade Linie, durch jede zwei für sie gegebene Punkte, durchaus bestimmt, und es läßt sich also durch zwei gegebene Punkte nicht mehr als eine gerade Linie legen, wie solches auch schon aus den Elementen bekannt ist. Wenn aber nicht mehr als ein Punkt gegeben ist, so ist die Gleichung noch unbestimmt, und es lassen sich daher durch diesen Punkt unzählige gerade Linien legen.

§. 79.

Die allgemeine Gleichung der Linien der zweiten Ordnung läßt fünf Bestimmungen zu [§. 75.], und wenn also eine Linie der zweiten Ordnung durch fünf bestimmte Punkte gehen soll, so ist dadurch diese Linie durchaus bestimmt. Es kann daher durch jede fünf gegebene Punkte nicht mehr als eine einzige Linie der zweiten Ordnung gelegt werden; aber wenn nur vier, oder noch weniger Punkte bestimmt sind, so lassen sich dadurch unzählige Linien legen, die alle zur zweiten Ordnung gehören. Liegen drei von den gegebenen Punkten in einer geraden Linie, so findet man, da keine Linie der zweiten Ordnung von einer geraden Linie in drei Punkten geschnitten werden kann, keine continuirliche Curve, sondern eine complexe Linie, oder zwei gerade Linien, denn diese sind nach §. 65. in der allgemeinen Gleichung des zweiten Grades enthalten.

§. 80.

Da ferner die allgemeine Gleichung der Linien der dritten Ordnung neun Bestimmungen zuläßt, so kann man durch jede neun nach Belieben angenommene Punkte eine Linie der dritten Ordnung, aber auch nicht mehr als eine legen; ist hingegen die Anzahl der gegebenen Punkte kleiner, so sind unzählige Linien der dritten Ordnung möglich, die insgesammt durch diese Punkte gehen. Auf eine ähnliche Art läßt sich durch jede vierzehn Punkte nicht mehr als eine Linie der vierten Ordnung, durch jede zwanzig Punkte nicht mehr als eine Linie der fünften Ordnung legen, ꝛc. Ueberhaupt werden die Linien von der Ordnung n durch so viele Punkte bestimmt, als die Formel $\frac{(n+1)(n+2)}{2} - 1 = \frac{n(n+3)}{2}$ Einheiten hat, so daß, wenn die Anzahl der gegebenen Punkte kleiner ist, dadurch unendlich viele Linien von eben dieser Ordnung gelegt werden können.

§. 81.

Wenn also nicht mehr als $\frac{n(n+3)}{2}$ Punkte gegeben werden, so kann man dadurch allemal eine oder unzählige Linien von der Ordnung n legen; eine, wenn die Anzahl der gegebenen Punkte $= \frac{n(n+3}{2}$, unzählige, wenn dieselbe kleiner ist. Es kann aber dieses, wie auch immer diese Punkte gegeben werden mögen, nie unmöglich werden, weil man bei der Bestimmung der Coefficienten α, β, γ, δ, ꝛc. nie quadratische oder höhere Gleichung aufzulösen hat, sondern alle dabei vorkommende Gleichungen einfach sind. Man findet daher für die Größen α, β, γ, δ, ꝛc. nie, weder imaginäre noch vielförmige Werthe, und es muß folglich jede reelle Linie durch die gegebenen Punkte gelegt werden können, aber auch nie mehr als eine, wenn so viel Punkte gegeben sind, als die allgemeine Gleichung Bestimmungen zuläßt.

§. 82.

Da die Axe nach Belieben angenommen werden kann, so erleichtert man sich die Bestimmung der Coefficienten α, β, γ, δ, ꝛc., wenn man dieselbe durch einen von den gegebenen Punkten legt, und eben diesen Punkt A den Anfangspunkt der Abscissen seyn läßt. Thut man dieses, so muß, wenn man $x = o$ setzt, auch $y = o$ seyn, und es wird daher in der gegebenen allgemeinen Gleichung

$$o = \alpha + \beta x + \gamma y + \delta x^2 + \varepsilon xy + \zeta y^2 + \eta x^3 + \text{ꝛc.}$$

sogleich $\alpha = o$. Außerdem kann man die Axe auch noch durch einen andern von den gegebenen Punkten legen, und auch hierdurch wird die Anzahl der Größen, wodurch die Lage der gedachten Punkte bestimmt wird, vermindert. Endlich kann man statt rechtwinkliger Coordinaten solche schiefwinklige nehmen, daß auch die durch den Anfangspunkt der Abscissen gezogene Applicate durch einen von den gegebenen Punkten gehe, indem sich sowohl die Natur als die Construction einer Curve gleich leicht aus ihrer Gleichung ergiebt, es mögen dabei rechtwinklige oder schiefwinklige Coordinaten zum Grunde liegen.

§. 83.

Soll z. B. die Linie der zweiten Ordnung gefunden werden, die, Fig. 18., durch folgende fünf gegebene Punkte, A, B, C, D und E gelegt werden kann, so ziehe man die Axe durch zwei von diesen Punkten A und B, und nehme in dem einen von ihnen, A, den Anfangspunkt der Abscissen. Dann ziehe man von A nach dem dritten Punkte C die gerade Linie AC, lasse den Winkel CAB den Applicaten-Winkel seyn, und ziehe folglich aus den Punkten D und E die geraden Linien Dd und Ee nach der Axe mit AC parallel. Setzt man nunmehr $AB = a$; $AC = b$; $Ad = c$; $Dd = d$; $Ae = e$ und $Ee = f$; und legt dabei die allgemeine Gleichung der Linien der zweiten Ordnung

$$o = \alpha + \beta x + \gamma y + \delta x^2 + \varepsilon xy + \zeta y^2$$

zum Grunde, so wird, wenn man

die Abscisse setzt,	die Applicate
$x = o$	$y = o$
$x = o$	$y = b$
$x = a$	$y = o$
$x = c$	$y = d$
$x = e$	$y = f$

Hieraus ergeben sich folgende fünf Gleichungen:

$$\text{I. } o = \alpha$$
$$\text{II. } o = \alpha + \gamma b + \zeta b^2$$
$$\text{III. } o = \alpha + \beta a + \delta a^2$$
$$\text{IV. } o = \alpha + \beta c + \gamma d + \delta c^2 + \varepsilon cd + \zeta d^2$$
$$\text{V. } o = \alpha + \beta e + \gamma f + \delta e^2 + \varepsilon ef + \zeta f^2$$

und es ist also $\alpha = o$; $\gamma = -\zeta b$; und $\beta = -\delta a$. Bringt man nun diese Werthe in die übrigen Gleichungen, so wird

$$o = -\delta ac - \zeta bd + \delta cc + \varepsilon cd + \zeta dd$$
$$o = -\delta ae - \zeta bf + \delta ee + \varepsilon ef + \zeta ff.$$

Man multiplicire die erste von diesen Gleichungen mit ef und die andere mit cd, und ziehe, um ε wegzubringen, die zweite von der ersten ab, so bekommt man,

$$o = -\delta acef - \zeta bdef + \delta ccef + \zeta ddef + \delta acde + \zeta bcdf - \delta cdee - \zeta cdff$$

oder

$$\frac{\delta}{\zeta} = \frac{bdef - bcdf - ddef + cdff}{acde - acef - cdee + ccef}$$

Hieraus aber fließt

$$\delta = df\,(be - bc - de + cf),$$
$$\zeta = ce\,(ad - af - de + cf)$$

und hiernach lassen sich also alle Coefficienten bestimmen.

§. 84.

Sind auf diese Art alle Coefficienten der allgemeinen Gleichuug, $o = \alpha + \beta x + \gamma y + \delta x^2 + \varepsilon xy + \zeta y^2$ bestimmt, so kann man die durch diese Gleichung ausgedrückte Curve über der angenommenen Axe mit Beibehaltung des entstandenen Coordinaten-Winkels durch unzählige Punkte, die sich aus der Gleichung finden lassen, legen, und diese Curve wird zugleich durch die gegebenen Punkte gehen. Läßt die allgemeine Gleichung mehr Bestimmungen zu, als Punkte gegeben sind, so kann man die übrigen nach Belieben annehmen, und darauf die einzelnen Punkte der Curve aus der auf diese Art bestimmten Gleichung finden, und so die Curve beschreiben. Man muß aber hierbei der Abscisse nach und nach mehrere sowohl positive als negative Werthe, z. B. 0, 1, 2, 3, 4, 5, 6, ꝛc. und — 1, — 2, — 3, — 4, ꝛc. beilegen, und zu einem jeden dieser Werthe den zugehörigen Werth der Applicate y suchen. Auf diese Art findet man mehrere Punkte der Curve, die einander nahe genug liegen, um den Gang der Curve daraus zu erkennen.

Fünftes Capitel.

Von den Linien der zweiten Ordnung.

§. 85.

Da die erste Ordnung der Linien bloß die gerade Linie in sich faßt, und die Natur dieser Linie schon aus der Elementar-Geometerie hinlänglich bekannt ist, so wollen wir nun die Linien der zweiten Ordnung genauer betrachten, weil diese Linien unter den Curven die einfachsten sind, und durch die ganze höhere Geometrie den größten Nutzen gewähren. Es zeichnen sich aber diese Linien, die man auch Kegel-Schnitte nennt, durch eine Menge sehr merkwürdiger Eigenschaften aus, die schon den Alten nicht unbekannt waren, von den Neuern aber sehr vermehrt worden sind. Die Kenntniß dieser Eigenschaften ist eine so wichtige Sache, daß viele die Erklärung derselben sogleich nach der Elementar-Geometrie folgen lassen. Da sie indeß nicht alle aus einerlei Quelle fließen, sondern einige sich aus der Gleichung ergeben, andere sich finden lassen, wenn man jene Linien als Schnitte eines Kegels betrachtet, und noch andere wieder auf andern Wegen entdeckt werden, so wollen wir hier nur diejenigen Eigenschaften betrachten, die man mit Beiseitsetzung der übrigen Hülfsmittel bloß aus der Gleichung zu finden im Stande ist.

§. 86.

Wir betrachten also die allgemeine Gleichung der Linien der zweiten Ordnung, nemlich

$$o = \alpha + \beta x + \gamma y + \delta x^2 + \varepsilon xy + \zeta yy,$$

von der wir schon gezeigt haben [§. 54.], daß sie, und zwar bei jedem Applicaten-Winkel, alle Linien der zweiten Ordnung in sich fasse. Giebt man derselben folgende Form,

$$yy + \frac{(\varepsilon x + \gamma)y}{\zeta} + \frac{\delta xx + \beta x + \alpha}{\zeta} = o$$

so erhellet daraus, daß zu jeder Abscisse x entweder zwei oder gar keine Applicaten y gehören, je nachdem die beiden Wurzeln von y entweder reell oder imaginär sind. Ist $\zeta = o$ so kommt zwar jeder Abscisse nicht mehr als eine Applicate zu, aber weil alsdann die andere unendlich wird, so kann dieser Fall unsere Untersuchung nicht stören.

§. 87.

Wenn beide Werthe von y reell sind, und dies findet statt, wenn die Applicate PMN, Fig. 19., die Curve in zwei Punkten M und N schneidet, so ist die Summe der beiden Wurzeln

$$PM + PN = -\frac{\varepsilon x - \gamma}{\zeta} = \frac{-\varepsilon . AP - \gamma}{\zeta}$$

vorausgesetzt, daß die gerade Linie AEF die Axe, A der Anfangspunkt der Abscissen, und APN der Winkel ist, unter welchem die Applicaten die Axe schneiden. Zieht man also unter eben dem Winkel eine andere Applicate npm, deren Werth pm negativ ist, so ist aus eben dem Grunde

$$pn - pm = \frac{-\varepsilon . Ap - \gamma}{\zeta}$$

und die Differenz zwischen dieser und der vorhergehenden Gleichung also

$$PM + pm + PN - pn = \frac{\varepsilon(Ap - AP)}{\zeta} = \frac{\varepsilon . Pp}{\zeta}.$$

Wenn man daher aus m und n nach der ersten Applicate PMN gerade, der Axe parallele, Linien zieht, welche die PMN in den Punkten μ und ν betreffen, so ist

$$M\mu + N\nu = \frac{\varepsilon . Pp}{\zeta}, \text{ oder}$$

$$M\mu + N\nu : Pp \text{ (oder } m\mu \text{ oder } n\nu) = \varepsilon : \zeta.$$

Es bleibt nemlich dieses Verhältniß stets dasselbe, man mag die Linien MN und mn in der Curve ziehen, wo man will, wenn sie nur die Axe unter dem angenommenen Applicaten-

Winkel schneiden, und die geraden Linien $n\nu$ und $m\mu$ der Axe parallel gezogen werden.

§. 88.

Wenn Fig. 20. die Applicate PMN so weit fortgerückt wird, bis die Punkte M und N zusammenfallen, so berührt die Applicate die Curve; denn wenn die beiden Durchschnittspunkte zusammenfallen, so verwandelt sich die Applicate, welche sonst die Curve schneidet, in eine Tangente. Es sey KCI eine solche Tangente, und ihr parallel seyen in beliebiger Anzahl gerade Linien MN, mn, welche der Curve auf beiden Seiten begegnen, so wie aus den Punkten M, N, m und n nach der Tangente die geraden Linien MI, NK, und mi, nk der vorhin angenommenen Axe parallel gezogen. Da hier CK, ck auf die entgegenstehende Seite des Punktes C fallen, so muß man sie negativ nehmen, und es ist demnach

$CI - CK : MI = \varepsilon : \zeta$, und

$Ci - Ck : mi = \varepsilon : \zeta$; folglich

$CI - CK : MI = Ci - Ck : mi$, oder

$MI : mi = CI - CK : Ci - Ck$.

§. 89.

Da die Lage der Axe in Rücksicht auf die Curve willkührlich ist, so wird allemal, wie man auch die Linien MI, NK, mi, nk zieht, wofern sie nur einander parallel bleiben, $MI : mi = CI - CK : Ci - Ck$ seyn. Zieht man daher die Linien MI und NK so, daß $CI = CK$ wird, oder der CL, welche, aus dem Berührungspunkte C gezogen, die Ordinate MN in L in zwei gleiche Theile theilt, parallel: so wird

$CI - CK = o$, und folglich auch $Ci - Ck = \frac{mi}{MI}(CI - CK)$ $= o$. Verlängert man also CL bis in l, so wird, weil auch mi und nk der CL parallel sind, $ml = Ci$, und $nl = Ck$, und folglich $ml = nl$. Wenn daher eine durch den Berührungspunkt C gezogene gerade Linie CLl eine der Tangente parallele Ordinate MN halbiret, so halbiret dieselbe auch alle übrige dieser Tangente parallele Ordinaten mn.

§. 90.

Da die Linie CLl, Fig. 20, alle der Tangente ICK parallele Ordinaten in zwei gleiche Theile theilt, so pflegt man sie einen Durchmesser der Linie der zweiten Ordnung oder des Kegelschnitts zu nennen. Es lassen sich daher in jeder Linie der zweiten Ordnung unzählige Durchmesser ziehen, weil es für einen jeden Punkt dieser Linie eine Tagente giebt. Die Tangente ICK mag nemlich gegeben seyn, wo sie will, so wird allemal, wenn man MN der ICK parallel zieht und in L halbiret, die gerade Linie

CL alle der IK parallele Ordinaten in zwei gleiche Theile theilen, und folglich ein Durchmesser der Linie der zweiten Ordnung seyn.

§. 91.

Hieraus folgt auch, daß die gerade Linie Ll, welche irgend zwei einander parallele Ordinaten MN und mn in zwei gleiche Theile theilt, ebenfalls alle übrige der MN und mn parallele Ordinaten in zwei gleiche Theile theilen werde; indem es irgendwo eine der MN und mn parallele Tangente IK, und folglich einen Durchmesser geben muß. Hieraus läßt sich eine andere Methode ableiten, in einer gegebenen Linie der zweiten Ordnung unzählige Durchmesser zu finden. Zieht man nemlich nach Belieben zwei einander parallele Ordinaten oder Sehnen MN und mn, und halbiret dieselben in L und l: so halbiret die durch L und l gelegte gerade Linie auch alle übrige der MN und mn parallele Ordinaten, und ist folglich ein Durchmesser. Wenn dabei der Durchmesser, verlängert, die Curve in C trifft, so berührt die durch C den Ordinaten parallel gezogene gerade Linie IK die Curve in dem Punkte C.

§. 92.

Zu diesen Eigenschaften hat uns die Betrachtung der Summe der beiden Wurzeln von y in der Gleichung

$$yy + \frac{(\epsilon x + \gamma)}{\zeta} y + \frac{\delta xx + \beta x + \alpha}{\zeta} = 0$$

geführt. Man weiß aber aus dieser Gleichung auch, daß das Produkt beider Wurzeln PM . PN (Fig. 19.) = $\frac{\delta xx + \beta x + \alpha}{\zeta}$ ist, und dieser Ausdruck $\frac{\delta xx + \beta x + \alpha}{\zeta}$ hat entweder zwei reelle Wurzeln oder nicht. Jenes findet statt, wenn die Curve von der Axe in zwei Punkten E und F geschnitten wird. Denn weil alsdann y = o wird, so ist dann auch $\frac{\delta xx + \beta x + \alpha}{\zeta} = 0$: und es sind demnach AE und AF die Wurzeln von x. Hieraus fließt [nach Tl. 1. Cap. 2. §. 29.]

$$\frac{\delta xx + \beta x + \alpha}{\zeta} = \frac{\delta}{\zeta}(x - AE)(x - AF) = \frac{\delta}{\zeta} . PE . PF$$

weil x = AP ist; und man hat folglich allezeit

$$PM . PN = \frac{\delta}{\zeta} . PE . PF, \text{ oder}$$

$$PM . PN : PE . PF = \delta : \zeta,$$

die Applicate PMN mag gezogen werden, wo man will, wofern nur der Winkel NPF dem angenommenen Applicaten-

Winkel gleich ist. Zieht man also die Applicate mn, so ist, da Ep und pm negativ sind,

$$pm . pn = \frac{\delta}{\varepsilon} . pE . pF.$$

§. 93.

Schneidet also, Fig. 21., eine gerade Linie PEF eine Linie der zweiten Ordnung in den Punkten E und F, und werden auf dieselbe in beliebiger Anzahl einander parallele Ordinaten NMP, npm gezogen, so ist allemal

$$PM . PN : PE . PF = pm . pn : pE . PF = \delta : \varepsilon.$$

Und da die Lage der Axe willkührlich ist, so ist auf ähnliche Art, wenn man PMN die Axe seyn läßt, und eqf der PEF parallel zieht,

$$PM . PN : PE.PF = qM . qN : qe . qf = pm . pn : pE . pF$$

und folglich

$$qe . qf : pE . pF = qM . qN : pm . pn.$$

Wenn also zwei einander parallele Ordinaten ef und EF gegeben sind, und zwei andere unter sich parallele Ordinaten MN und mn so gezogen werden, daß sie jene in den Punkten P, p, q und r schneiden: so ist allezeit

$$PM . PN : PE . PF = pm . pn : pE . pF = qM . qN : qe . qf$$
$$= rm . rn : re . rf$$

und dies ist die zweite Haupteigenschaft der Linien der zweiten Ordnung.

§. 94.

Wenn die beiden Punkte M und N zusammenfallen, so berührt die Linie PMN die Curve in dem Punkte, wo solches geschiehet, und es verwandelt sich alsdann das Rechteck PM . PN in das Quadrat von PM oder PN. Hieraus läßt sich eine neue Eigenschaft der Tangenten ableiten. Berührt nemlich, Fig. 24., die Linie CPp die Linie der zweiten Ordnung in dem Punkte C, und zieht man in beliebiger Anzahl unter einander parallele Linien, PMN, pmn unter einem und demselben Winkel auf die Tangente CPp: so ist nach der eben angeführten Behauptung

$$PC^2 : PM . PN = pC^2 : pm . pn,$$ d. h.

wenn eine Ordinate MN die Tangente unter einem gegebenen Winkel trifft, so hat allezeit das Quadrat CP^2 zu dem Rechtecke PM . PN ein beständiges Verhältniß.

§. 95.

Hieraus folgt auch, daß, wenn, Fig 20., ein Durchmesser CD einer Linie der zweiten Ordnung, der alle unter einander parallele Ordinaten MN, mn in zwei gleiche Theile theilt, der Curve in den Punkten C und D begegnet,

$$CL . LD : LM . LN = Cl . lD : lm . ln$$

ist. Da aber LM = LN und lm = ln, so wird hieraus

$$LM^2 : lm^2 = CL \, . \, LD : Cl \, . \, lD$$

d. h. das Quadrat der halben Ordinate LM hat zu dem Rechtecke CL . LD ein beständiges Verhältniß. Nimmt man daher den Durchmesser CD zur Axe, und die halben Ordinaten LM zu den Applicaten an: so ergiebt sich hieraus eine Gleichung für die Linien der zweiten Ordnung. Setzt man nemlich den Durchmesser CD = a, die Abcisse CL = x, und die Applicate LM = y, so steht, weil dann LD = a — x wird, y^2 mit ax — xx in einem beständigen Verhältnisse. Drückt man dasselbe durch h : k aus, so erhält man für die Linien der zweiten Ordnung die Gleichung:

$$yy = \frac{h}{k}(ax - xx).$$

§. 96.

Betrachtet man die beiden gefundenen Eigenschaften in Verbindung mit einander, so gelangt man dadurch zur Entdeckung anderer Eigenschaften. Es seyen, Fig. 22., in einer Linie der zweiten Ordnung zwei einander parallele Ordinaten AB und CD gezogen, und darauf das Viereck ACDB ergänzt worden. Zieht man nunmehr aus einem beliebigen Punkte der Curve M die Ordinate MN mit AB und CD parallel, welche folglich die geraden Linien AC und BD in den Punkten P und Q schneiden wird: so sind die Theile derselben PM und QN einander gleich. Es theilt nemlich [nach §. 91.] die gerade Linie, welche die Ordinaten AB und CD halbirt, auch die Ordinate MN in zwei gleiche Theile, und eben das muß sie nach der Elementar-Geometrie mit dem Stücke PQ thun. Da also die Linien MN und PQ in einem und demselben Punkte halbiret werden, so muß

MP = NQ, und MQ = NP

seyn. Kennt man daher außer den vier Punkten A, B, C, D einer Linie der zweiten Ordnung noch einen fünften M, so findet man daraus den sechsten N, wenn man NQ = MP macht.

§. 97.

Da also MQ . QN zu BQ . DQ ein beständiges Verhältniß hat, so muß auch, da QN = MP ist, MP . MQ zu BQ . DQ ein beständiges Verhältniß haben. Zieht man nemlich durch einen andern Punkt der Curve c die gerade Linie GcH den Linien AB und CD parallel, und so weit verlängert, bis sie den Seiten AC und BD in G und H begegnet: so hat auch cG . cH zu BH . DH eben dasselbe beständige Verhältniß, und es ist folglich

cG . cH : BH . DH = MP . MQ : BQ . DQ.

Wenn aber durch M der Grundlinie BD parallel die Linie RMS gelegt wird, welche den parallelen Ordinaten AB und CD in R und S begegnet: so ist auch, das BQ = MR und DQ = MS, das Verhältniß MP . MQ : MR . MS ein beständiges Verhältniß. Wenn also durch irgend einen Punkt der Curve M zwei gerade Linien gezogen werden, davon die eine MPQ den gegenüberstehenden Seiten AB und CD, die andere RMS aber der Grundlinie BD parallel ist, so sind die Durchschnittspunkte P, Q, R und S so beschaffen, daß MP . MQ zu MR . MS ein beständiges Verhältniß hat.

§. 98.

Wenn anstatt der Ordinate CD, die der AB parallel war, irgend eine andere Ordinate Dc genommen, und die Sehne Ac gezogen wird, so daß die den Seiten AB und BD parallelen Linien MQ und RMS die Seiten des Vierecks ABDc in den Punkten p, Q, R und s schneiden: so findet eine ähnliche Eigenschaft statt. Denn einmal ist

MP . MQ : BQ . DQ = cG . cH : BH . DH, oder

MP . MQ : MR . MS = cG . cH : BH . DH,

weil RS der BD parallel und gleich ist. Ferner hat man, da

$\triangle$APp $\sim$ $\triangle$AGc, und $\triangle$DSs $\sim$ $\triangle$cHD ist,

Pp : Ap = Gc : AG, oder, da AP : AG = BQ : BH,

Pp : BQ (MR) = Gc : BH, und

DS (MQ) : Ss = cH : DH. Hieraus fließt

MQ . Pp : MR . Ss = cG . cH : BH . DH,

so wie sich aus der Verbindung dieser Proportion mit der vorhergehenden

MP . MQ : MR . MS = MQ . Pp : MR . Ss

und aus dieser durch Addition der vorhergehenden und nachfolgenden Glieder

MP . MQ : MR . MS = Mp . MQ : MR . Ms

ergiebt. Man mag also in der Curve die Punkte c und M annehmen, wo man will, so ist das Verhältniß Mp . MQ : MR . Ms allemal dasselbe, wofern nur die Linien MQ und RS durch M mit den Sehnen AB und BD parallel gezogen werden. Nun fließt aber aus der letzten Proportion folgende:

MP : MS = Mp : Ms;

und da also, wenn man den Punkt c verändert, bloß die Punkte p und s verändert werden, so bleibt bei aller Veränderung, die man mit c vornehmen mag, wenn M unverändert beibehalten wird, das Verhältniß Mp : Ms stets ein und eben dasselbe.

§. 99.

Sind in einer Linie der zweiten Ordnnng, Fig. 23., vier Punkte A, B, C und D gegeben, und die Linien AB, BD, DC und CA gezogen, so daß ABCD ein in der Curve beschriebenes Viereck ist: so findet man durch das Vorhhergehende die allgemeinste Eigenschaft der Kegelschnitte. Zieht man nemlich aus irgend einem Punkte der Curve M nach den Seiten des in ihr beschriebenen Trapeziums unter gegebbenen Winkeln die Linien MP, MQ, MR und MS, so sind alllezeit die Rechtsecke zwischen je zweien dieser Linien, die nach gegenüberstehenden Seiten gezogen sind, in einem gegebenen Verhältnisse; oder es ist das Verhältniß MP . MQ : MR .. MS stets eben dasselbe und gegeben, man mag den Punkkt M annehmen wo man will, wofern man nur die Winkeel bei P, Q, R und S dieselben bleiben läßt. Um sich hiervoon zu überzeugen, ziehe man durch M die Linie Mq der AB, und die Linie rs der BD parallel, und bezeichne die Punktee, in welchen diese Linien die Seiten des Trapeziums schneiiden, durch die Buchstaben p, q, r und s. Alsdann ist nach dem Vorhergehenden Mp . Mq zu Mr . Ms in einem gegebenen Verhältnisse. Da ferner alle Winkel gegeben sind, so sind auch die Verhältnisse MP : Mp, MQ : Mq, MR : Mr, und MS : Ms gegeben. Hieraus fließt, daß auch MP . MQ zu MR . MS ein gegebenes Verhältniß hat.

§. 100.

Wir haben oben [§. 94.] gesehen, daß, wenn, Fig. 24, parallele Ordinaten, MN, mn verlängert werden, bis sie einer Tangante CPp in P und p begegnen, $PM . PN : CP^2 = pm . pn : Cp^2$ ist. Nimmt man daher die Punkte L und l so, daß PL die mittlere Proportional-Linie zwischen pm und pn wird: so ist $PL^2 : CP^2 = pl^2 : Cp^2$, und folglich $PL : Cp = pl : Cp$; woraus erhellet, daß alle Punkte L, l in einer geraden Linie liegen, die durch den Berührungspunkt C geht. Wenn daher eine Applicate PMN so im L geschnitten wird, daß $PL^2 = PM . PN$ ist, so theilt die gerade Linie CLD, welche durch die Punkte C und L gezogen wird, auch alle übrige Applicaten so in l, daß pl die mittlere Proportional-Linie zwischen pm und pn ist. Und wenn zwei Applicaten PN und pn so in L und l geschnitten werden, daß $PL^2 = PM . PN$, und $pl^2 = pm . pn$ ist, so geht die gerade Linie Ll verlängert durch den Berührungspunkt C, und schneidet alle übrige Applicaten, die der PMN und pmn parallel sind, in eben dem Verhältnisse.

§. 101.

Nachdem wir diese Eigenschaften der Linien der zweiten Ordnung, die aus ihrer Gleichung unmittelbar fließen, kennen gelernt haben, so wollen wir uns zur Untersuchung solcher Eigenschaften dieser Curven wenden, deren Entdeckung etwas mehr Nachdenken erfordert. Ist also die allgemeine Gleichung für die Linien der zweiten Ordnung,

$$yy + \frac{(\varepsilon x + \gamma)}{\zeta} y + \frac{\delta xx + \beta x + \alpha}{\zeta} = 0,$$

gegeben, nach welcher zu jeder Abscisse AP = x (Fig. 25.) eine doppelte Applicate y, nemlich PM und PN, gehört: so läßt sich die Lage des Durchmessers, der alle Ordinaten MN in zwei gleiche Theile theilt, bestimmen. Es sey IG dieser Durchmesser, der folglich die Ordinate MN in dem Halbirungs-Punkte L schneiden, und diesen Punkt mit der MN gemein haben wird. Man setze PL = z, so ist, da

$$z = \tfrac{1}{2}\,PM + \tfrac{1}{2}\,PN \text{ ist}, \; z = \frac{-\varepsilon x - \gamma}{2\zeta}, \text{ oder}$$

$$2\zeta z + \varepsilon x + \gamma = 0;$$

und durch diese Gleichung wird die Lage des Durchmessers bestimmt.

§. 102.

Auch läßt sich daraus ferner die Länge des Durchmessers IG (Fig. 25.) finden, wodurch man die beiden Stellen der Curve kennen lernt, wo die Punkte M und N zusammenfallen, oder wo PM = PN wird. Es ist nemlich aus der gegebenen Gleichung [§. 87 und 92.]

$$PM + PN = \frac{-\varepsilon x - \gamma}{\zeta} \text{ und } PM \,.\, PN = \frac{\delta xx + \beta x + \alpha}{\zeta};$$

und folglich, [wenn PM = PN ist,]

$$(PM - PN)^2 = (PM + PN)^2 - 4PM \,.\, PN =$$
$$\frac{(\varepsilon\varepsilon - 4\delta\zeta)\,xx + 2(\varepsilon\gamma - 2\beta\zeta)x + (\gamma\gamma - 4\alpha\zeta)}{\zeta\zeta} = 0;$$

oder

$$xx - \frac{2(2\beta\zeta - \varepsilon\gamma)}{\varepsilon\varepsilon - 4\delta\zeta}\,x + \frac{\gamma\gamma - 4\alpha\zeta}{\varepsilon\varepsilon - 4\delta\zeta} = 0:$$

und die Wurzeln dieser Gleichung sind AK und AH, so daß

$$AK + AH = \frac{4\beta\zeta - 2\varepsilon\gamma}{\varepsilon\varepsilon - 4\delta\zeta}, \text{ und}$$

$$AK \,.\, AH = \frac{\gamma\gamma - 4\alpha\zeta}{\varepsilon\varepsilon - 4\delta\zeta}$$

wird. Hieraus fließt

$$(AH - AK)^2 = KH^2 =$$
$$\frac{4(2\beta\zeta - \varepsilon\gamma)^2 - 4(\varepsilon\varepsilon - 4\delta\zeta)(\gamma\gamma - 4\alpha\zeta)}{(\varepsilon\varepsilon - 4\delta\zeta)^2}$$

und dabei ist

$$IG^2 = \frac{\varepsilon\varepsilon + 4\zeta\zeta}{4\zeta\zeta} KH^2$$

indem die Applicaten auf der Axe senkrecht angenommen werden.

§. 103.

Es seyen die Applicaten, die wir bisher betrachtet haben, auf der Axe AH (Fig. 25.) senkrecht, und daraus nunmehr eine Gleichung für schiefwinklige Applicaten zu finden. Man ziehe aus einem Punkte der Curve M die Applicate Mp unter dem Winkel MpH schief auf die Axe, und setze sin. MpH $= \mu$, und cos. MpH $= \nu$. Ferner sey die neue Abscisse Ap $=$ t, und die Applicate pM $=$ u. Alsdann ist $\frac{y}{u} = \mu$, und $\frac{Pp}{u} = \nu$, und folglich

$$y = \mu u, \text{ und } x = t + \nu u.$$

Setzt man aber diese Werthe in die zwischen x und y gegebenen Gleichung, $o = \alpha + \beta x + \gamma y + \delta xx + \varepsilon xy + \zeta yy$, so wird

$$\begin{aligned} o = \alpha + \beta t + \nu\beta u + \delta tt + 2\nu\delta tu &+ \nu\nu\delta uu \\ + \mu\gamma u \quad\quad + \mu\varepsilon tu &+ \mu\nu\varepsilon uu \\ &+ \mu\mu\zeta uu \end{aligned}$$

oder

$$uu + \frac{((\mu\varepsilon + 2\nu\delta)t + \mu\gamma + \nu\beta)u + \delta tt + \beta t + \alpha}{\mu\mu\zeta + \mu\nu\varepsilon + \nu\nu\delta} = o.$$

§. 104.

Hier hat wieder jede Applicate einen doppelten Werth, nemlich pM und pn, und es läßt sich daher der Durchmesser ilg der Ordinaten Mn auch wieder wie vorhin bestimmen. Theilt man nemlich die Ordinate Mn in l in zwei gleiche Theile, so liegt der Punkt l in dem Durchmesser; und setzt man pl $= v$, so wird

$$v = \frac{pM + pn}{2} = \frac{-(\mu\varepsilon + 2\nu\delta)t - \mu\gamma - \nu\beta}{2(\mu\mu\zeta + \mu\nu\varepsilon + \nu\nu\delta)}.$$

Fällt man ferner aus l die Linie lq auf die Axe AH senkrecht herab, und setzt dabei

$$Aq = p, \text{ und } ql = q; \text{ so wird}$$

$$\mu = \frac{q}{v}, \text{ und } \nu = \frac{pq}{v} = \frac{p - t}{v}; \text{ folglich}$$

$$v = \frac{q}{\mu}; \text{ und } t = p - \nu v = p - \frac{\nu q}{\mu}.$$

Bringt man diese Werthe in die vorhin zwischen t und v gefundene Gleichung, so erhält man

$$\frac{q}{\mu} = \frac{-\mu\varepsilon p - 2\nu\delta p + \nu\varepsilon q + 2\nu\nu\delta q : \mu - \mu\gamma - \nu\beta}{2\mu\mu\zeta + 2\mu\nu\varepsilon + 2\nu\nu\delta}$$

oder

$$(2\mu\mu\zeta + \mu\nu\varepsilon)\, q + (\mu\mu\varepsilon + 2\mu\nu\delta)\, p + \mu\mu\gamma + \mu\nu\beta = o$$

oder

$$(2\mu\zeta + \nu\varepsilon)\, q + (\mu\varepsilon + 2\mu\nu\delta)\, p + \mu\gamma + \nu\beta = o$$

und durch diese Gleichung wird die Lage des Durchmessers ig bestimmt.

§. 105.

Nun schneide der erste Durchmesser IG, dessen Lage durch die Gleichung $2\zeta z + \varepsilon x + \gamma = o$ [§. 101.] bestimmt wurde, verlängert, die Axe in O, so wird

$$AO = \frac{-\gamma}{\varepsilon}; \text{ und folglich } PO = \frac{-\gamma}{\varepsilon} - x, \text{ und}$$

$$\text{tang. LOP} = \frac{z}{PO} = \frac{-\varepsilon z}{\varepsilon x + \gamma} = \frac{\varepsilon}{2\zeta}, \text{ und tang. MLG} = \frac{2\zeta}{\varepsilon}.$$

Ferner treffe der andere Durchmesser ig, verlängert mit der Axe in o zusammen, so wird

$$Ao = \frac{-\mu\gamma - \nu\beta}{\mu\varepsilon + 2\nu\delta}, \text{ und tang. Aol} = \frac{\mu\varepsilon + 2\nu\delta}{2\mu\zeta + \nu\varepsilon}.\,^{*)}$$

Da nun $\text{tang. AOL} = \frac{\varepsilon}{2\zeta}$ ist, so schneiden sich die beiden Durchmesser IG und ig einander in irgend einem Punkte C, und machen einen Winkel OCo = Aol — AOL, und es ist demnach

$$\text{tang. OCo} = \frac{4\nu\delta\zeta - \nu\varepsilon\varepsilon}{4\mu\zeta\zeta + 2\nu\delta\varepsilon + 2\nu\varepsilon\zeta + \mu\varepsilon\varepsilon}.\,^{**)}$$

Der Winkel hingegen, unter welchem der zweite Durchmesser ig seine Ordinaten halbirt, ist Mlo = 180° — lpo — Aol, und folglich seine Tangente, oder

$$\text{tang. Mlo} = \frac{2\mu\mu\zeta + 2\mu\nu\varepsilon + 2\nu\nu\delta}{\mu\mu\varepsilon + 2\mu\nu\delta - 2\mu\nu\zeta - \nu\nu\varepsilon}\,^{***)}.$$

*) Da nemlich, aus der Gleichung am Ende des vorhergehenden §,

$$Aq = p = \frac{-\mu\gamma - \nu\beta - (2\mu\nu\zeta + \nu\varepsilon)q}{\mu\varepsilon + 2\nu\delta} \text{ ist, so wird } Ao - Aq =$$

$$\frac{(2\mu\zeta + \nu\varepsilon)\, q}{\mu\varepsilon + 2\nu\delta}, \text{ und folglich tang. Aol} = \frac{lq}{qo} = \frac{q}{Ao - Aq} = \frac{\mu\varepsilon + 2\nu\delta}{2\nu\zeta + \nu\varepsilon}.$$

**) Diese Bestimmung ergiebt sich aus $\text{tang.}\,(\alpha - \beta) = \frac{\text{tang.}\,\alpha - \text{tang.}\,\beta}{1 + \text{tang.}\,\alpha\,\text{tang.}\,\beta}$, wenn man $\text{tang.}\,\alpha = \text{tang. Aol}$, und $\text{tang.}\,\beta = \text{tang. AOl}$ macht.

***) Es ist nemlich tang. Mlo = tang. $(180° - lpo - A\omega l) = \frac{\text{tang.}(180° - lpo) - \text{tang. Aol}}{1 + \text{tang.}(180° - lpo).\,\text{tang. Aol}}$, und tang. $(180° - lpo)$ $= -$ tang. lpo $= -\frac{\mu}{\varepsilon}$.

§. 106.

Jetzt wollen wir den Punkt C betrachten, in welchem sich die beiden Durchmesser IG und ig schneiden. Fällt man aus demselben auf die Axe die senkrechte Linie CD herab, und setzt dabei

$$AD = g; \text{ und } CD = h;$$

so wird, einmal, weil C in dem Durchmesser IG liegt,

$$2\zeta h + \varepsilon g + \gamma = o$$

und zweitens, weil sich C auch in dem Durchmesser ig befindet,

$$(2\mu\zeta + \nu\varepsilon)\, h + (\mu\varepsilon + 2\nu\delta)\, g + \mu\gamma + \nu\beta = o.$$

Zieht man nun von dieser zweiten Gleichung die erste, durch μ multiplicirt ab, so bekömmt man

$$\nu\varepsilon h + 2\nu\delta g + \nu\beta = o, \text{ oder } \varepsilon h + 2\delta g + \beta = o$$

und aus der ersten und dieser letzten Gleichung wird

$$h = \frac{-\varepsilon g - \gamma}{2\zeta} = \frac{-2\delta g - \beta}{\varepsilon}, \text{ folglich}$$

$$(\varepsilon\varepsilon - 4\delta\zeta)\, g = 2\beta\zeta - \gamma\varepsilon, \text{ und}$$

$$g = \frac{2\beta\zeta - \gamma\varepsilon}{\varepsilon\varepsilon - 4\delta\zeta}; \text{ und } h = \frac{2\gamma\delta - \beta\varepsilon}{\varepsilon\varepsilon - 4\delta\zeta}.$$

Da in diesen beiden Bestimmungen die Größen μ und ν, von welchen die Schiefe der Applicaten pMn abhängt, nicht mit vorkommen, so erhellet daraus, daß der Punkt C unverändert bleibt, wie die Schiefe der gedachten Applicaten auch immer sich ändern mag.

§. 107.

Es schneiden sich also die Durchmesser IG und ig stets in demselben Punkte C, und hat man denselben einmal gefunden, so gehen alle Durchmesser durch ihn; so wie umgekehrt alle durch diesen Punkt gezogene gerade Linien Durchmesser sind, und daher alle unter einem gewissen beständigen Winkel gezogene Ordinaten in zwei gleiche Theile theilen. Da es also in jeder Linie der zweiten Ordnung nicht mehr als einen Punkt von dieser Art giebt, und darin alle Durchmesser sich schneiden, so pflegt man diesen Punkt den **Mittelpunkt** der Linien der zweiten Ordnung zu nennen.

$$o = \alpha + \beta x + \gamma y + \delta xx + \varepsilon xy + \zeta yy$$

wenn man $AD = \frac{2\beta\zeta - \gamma\varepsilon}{\varepsilon\varepsilon - 4\delta\zeta}$ annimmt, und dabei $CD = \frac{2\gamma\delta - \beta\varepsilon}{\varepsilon\varepsilon - 4\delta\zeta}$ macht.

§. 108.

Nun haben wir oben [§. 102.] gefunden, daß $AK + AH = \frac{4\beta\zeta - 2\gamma\varepsilon}{\varepsilon\varepsilon - 4\delta\zeta}$ sey, und dabei sind IK und GH aus den Endpunkten des Durchmessers IG auf die Axe senkrecht herabgefällt. Hieraus erhellet, daß $AD = \frac{AK + AH}{2}$ ist, und daß also der Punkt D in gleicher Entfernung von K und H in der KH liegt. Es liegt daher auch der Punkt C in der Mitte des Durchmessers IG, und da dies auch von jedem andern Durchmesser gilt, so schneiden sich nicht nur alle Durchmesser in einem und demselben Punkte, sondern sie theilen sich auch einander insgesammt in zwei gleiche Theile.

§. 109.

Nun sey, Fig. 26., irgend ein Durchmesser AI die Axe, und der Winkel, den die Ordinaten MN mit demselben machen, oder $APM = q$, sein Sinus $= m$, und sein Cosinus $= n$. Setzt man die Abscisse $AP = x$, und die Applicate $PM = y$, so verwandelt sich, da die Applicate zwei gleiche entgegengesetzte Werthe hat, deren Summe folglich $= o$ ist, die allgemeine Gleichung für die Linien der zweiten Ordnung in folgende:

$$yy = \alpha + \beta x + \gamma xx$$

und diese Gleichung giebt, wenn man $y = o$ seyn läßt, die Punkte der Axe G und I, wo dieselbe von der Curve geschnitten wird. Es hat nemlich die Gleichung

$$xx + \frac{\beta}{\gamma}x + \frac{\alpha}{\gamma} = o$$

die beiden Wurzeln, $x = AG$, und $x = AI$, und es ist daher

$$AG + AI = \frac{-\beta}{\gamma}, \text{ und } AG \cdot AI = \frac{\alpha}{\gamma}.$$

Da nun der Mittelpunkt C in der Mitte des Durchmessers GI liegt, so wird derselbe leicht gefunden, indem

$$AC = \frac{AG + AI}{2} = \frac{-\beta}{2\gamma} \text{ ist.}$$

§. 110.

Kennt man den Mittelpunkt einer Linie der zweiten Ordnung C in der Axe AI, so nimmt man denselben am füglichsten zu Anfangspunkten der Abscissen. Man setze also

Cp = t, so erhält man, da PM = y bleibet, und x = AC — CP = $\frac{-\beta}{2\gamma}$ — t ist, folgende Gleichung zwischen den Coordinaten t und y.

$$yy = a - \frac{\beta\beta}{2\gamma} + \frac{\beta\beta}{4\gamma} - \beta t + \beta t + \gamma tt$$

oder

$$yy = a - \frac{\beta\beta}{2\gamma} + \gamma tt.$$

Setzt man also x für t, so hat man eine allgemeine Gleichung für die Linien der zweiten Ordnung für den Fall, wenn irgend ein Durchmesser zur Axe und der Mittelpunkt zum Anfangspunkt der Abscissen angenommen worden ist, nemlich

$$yy = \alpha - \beta xx.$$

Macht man also y = o, so wird CG = CI = $\sqrt{\frac{\alpha}{\beta}}$, und es ist demnach der ganze Durchmesser GI = $2\sqrt{\frac{\alpha}{\beta}}$.

§. 111.

Setzt man x = o, so findet man die Ordinate durch den Mittelpunkt, EF: es wird nemlich CE = CF = $\sqrt{\alpha}$, und folglich die ganze Ordinate EF = $2\sqrt{\alpha}$. Da diese Ordinate durch den Mittelpunkt geht, so ist auch sie ein Durchmesser, [§. 107.], der den Durchmesser GI unter dem Winkel ECG = q schneidet. Es theilet aber dieser zweite Durchmesser EF alle Ordinaten, die dem ersten Durchmesser GI parallel sind, in zwei gleiche Theile. Denn nimmt man die Abscisse CP negativ, so bleibt die zu ihr gehörige nach I zu fallende Applicate der vorigen PM gleich; und da sie ihr auch parallel ist, so wird die gerade Linie durch die beiden Punkte M dem Durchmesser GI parallel, und muß folglich von EF in zwei Theile getheilt werden. Es sind also die beiden Durchmesser GI und EF so beschaffen, daß jeder alle Ordinaten, die dem andern parallel sind, in zwei gleiche Theile theilt, und wegen dieser Eigenschaft werden sie zusammengehörige Durchmesser genannt. Wenn also in den Endpunkten G und I des Durchmessers GI gerade Linien gezogen werden, die dem andern Durchmesser EF parallel sind, so berühren diese Linien die Curve, und eben dieses thun die geraden Linien, die durch die Punkte E und F dem Durchmesser GI parallel gelegt werden. [§. 91.]

§. 112.

Nun ziehe man (Fig. 26.) irgend eine schiefwinklige Applicate MQ, und setze dabei AQM = φ; sin. AQM = μ; cos. AQM = ν; die Abscisse CQ = t, und die Applicate MQ = u. Da in dem Dreiecke PMQ der Winkel

PMQ = φ — q, und also sin. PMQ = $\mu n - \nu m$

ist, [§. 128 des ersten und §. 109 des zweiten Buchs], so verhält sich

$$y : u : PQ = \mu : m : \mu n - \nu m$$

und es wird also

$$y = \frac{\mu u}{m};\ PQ = \frac{(\mu n - \nu m) u}{m}, \text{ und}$$

$$x = t - PQ = t - \frac{(\mu n - \nu m) u}{m}.$$

Bringt man diese Werthe in die Gleichung $yy = \alpha - \beta xx$, oder $yy + \beta xx - \alpha = o$, §. 110., so wird

$$(\mu\mu + \beta(\mu n - \nu m)^2)\, uu - 2\beta m(\mu n - \nu m) tu + \beta m^2 tt - \alpha m^2 = o.$$

Aus dieser Gleichung ergiebt sich für die Applicate u ein doppelter Werth, QM und — Qn, und es wird also

$$QM - Qn = \frac{2\beta m(\mu n - \nu m) t}{\mu\mu + \beta(\mu n - \nu m)^2}.$$

Theilt man die Ordinate Mn in p in zwei gleiche Theile, so wird die gerade Linie Cpg ein neuer Durchmesser, der alle der Mn parallele Ordinaten halbirt, und dabei ist

$$Qp = \frac{\beta m(\mu n - \nu m) t}{\mu\mu + \beta(\mu n - \nu m)^2}.$$

§. 113.

Hieraus aber fließt

$$\text{tang. } GCg = \frac{\mu . Qp}{CQ + \nu . Qp} = \frac{\beta m(\mu n - \nu m)}{\mu + n\beta(\mu n - \nu m)}, \text{ und}$$

$$\text{tang. } Mpg = \frac{\mu . CQ}{pQ + \nu . CQ} = \frac{\mu\mu + \beta(\mu n - \nu m)^2}{\mu\nu + \beta(\mu n - \nu m)(\nu n + \mu m)}$$

und Mpg ist der Winkel, unter welchem die neuen Ordinaten Mn von dem Durchmesser gi halbirt werden. Ferner ist

$$Cp^2 = CQ^2 + Qp^2 + 2\nu . CQ . Qp = \frac{\mu^4 + 2\beta\mu^3 n(\mu n - \nu m) + \beta\beta\mu\mu(\mu n - \nu m)^2}{(\mu\mu + \beta(\mu n - \nu m)^2)^2} . tt$$

und folglich

$$Cp = \frac{ut \sqrt{(\mu^2 + 2\beta\mu n(\mu n - \nu m) + \beta\beta(\mu n - \nu m)^2)}}{\mu\mu + \beta(\mu n - \nu m)^2}$$

Setzt man Cp = r, und pM = s, so wird

$$t = \frac{(\mu\mu + \beta(\mu n - \nu m)^2)r}{\mu \sqrt{(\mu^2 + 2\beta\mu n(\mu n - \nu m) + \beta\beta(\mu n - \nu m)^2)}}$$

und

$$u = s + Qp =$$

$$s + \frac{\beta m(\mu n - \nu m)r}{\mu \sqrt{(\mu^2 + 2\beta\mu n(\mu n - \nu m) + \beta\beta(\mu n - \nu m)^2)}}$$

Diese Werthe geben ferner

$$y = \frac{\mu s}{m} + \frac{\beta(\mu n - \nu m)r}{\sqrt{(\ldots\ldots\ldots\ldots)}}$$

$$x = -\frac{(\mu n - \nu m)s}{m} + \frac{\mu r}{\sqrt{(\ldots\ldots)}}$$

und dadurch verwandelt sich die Gleichung $yy + \beta xx - \alpha = o$ in

$$\frac{(\mu\mu + \beta(\mu n - \nu m)^2)ss}{mm} + \frac{\beta(\mu\mu + \beta(\mu n - \nu m)^2)rr}{\mu\mu + 2\beta\mu n(\mu n - \nu m) + \beta\beta(\mu n - \nu m)^2}$$

$$- \alpha = o.$$

§. 114.

Drückt man nun den Halbmesser CG durch f und den halben zugehörigen Durchmesser CE = CF durch g aus, so wird

$$f = \sqrt{\frac{\alpha}{\beta}}, \text{ und } g = \sqrt{\alpha}, \text{ oder}$$

$$\alpha = gg; \ \beta = \frac{gg}{ff}, \text{ und also } yy + \frac{ggxx}{ff} = gg.$$

Setzt man ferner den Winkel GCg = p, so wird

$$\text{tang. } p = \frac{\beta m(\mu n - \nu m)}{\mu + n\beta(\mu n - \nu\mu)} \text{ §. 113.}$$

und da, wenn man ECe = π setzt, indem GCE = q ist, §. 111., AQM = φ = q + π wird, so hat man

$\mu = \sin.(q + \pi)$; $\nu = \cos.(q + \pi)$; $m = \sin. q$; $n = \cos. q$.

Es ist demnach

$$\text{tang. } p =$$

$$\frac{\beta. \sin. q. \sin. \pi}{\sin.(q+\pi) + \beta \cos. q. \sin. \pi} = \frac{\beta. \text{tang. } q. \text{tang. } \pi}{\text{tang. } q + \text{tang. } \pi + \beta \text{ tang. } \pi};$$

$$\sin. p =$$

$$\frac{\beta. \sin. q. \sin. \pi}{\sqrt{(\mu\mu + 2\beta\mu n(\mu n - \nu m) + \beta\beta(\mu n - \nu m)^2)}}$$

und

$$\mu\mu + \beta(\mu n - \nu m)^2 = (\sin.(q + \pi)^2) + \beta(\sin. \pi)^2$$

Braucht man diese Werthe, so findet man folgende Gleichung zwischen r und s:

$$\frac{((\sin.\overline{q+\pi})^2+\beta(\sin.\pi)^2)ss}{(\sin.q)^2}+\frac{\beta((\sin.\overline{q+\pi})^2+\beta(\sin.\pi)^2)rr}{\beta\beta(\sin.q)^2(\sin.\pi)^2}$$
$$(\sin.p)^2-\alpha=o.$$

Es ist aber

$$\beta=\frac{\text{tang.}p.\sin.(q+\pi)}{(\sin.q-\cos.q.\text{tang.}p)\sin.\pi}=\frac{\text{tang.}p(\text{tang.}q+\text{tang.}\pi)}{\text{tang.}\pi(\text{tang.}q-\text{tang.}p)}$$
$$=\frac{gg}{ff}=\frac{\cot.\pi.\ \text{tang.}q+1}{\cot.p.\ \text{tang.}q-1}, \text{ oder}$$
$$\text{tang.}q=\frac{ff+gg}{gg.\cot.p-ff.\cot.\pi}$$

woraus sich eine Menge von Folgen ableiten läßt. Es ist aber

$$\frac{gg}{ff}=\frac{\sin.p.\sin.(q+\pi)}{\sin.\pi\ \sin.(q-p)}$$

§. 115.

Es sey der Halbmesser Cg = a, und der zugehörige Halbmesser Ce = b; so fließt aus der vorhin [zwischen r und s §. 114.] gefundenen Gleichung [wenn man darin s = o werden läßt]

$$a=\frac{\sin.q.\sin.\pi\sqrt{\alpha\beta}}{\sin.p\sqrt{((\sin.\overline{q+\pi})^2+\beta(\sin.\pi)^2)}}$$
$$=\frac{gg.\sin q.\sin.\pi}{\sin.p\sqrt{(ff(\sin.(q+\pi))^2+gg(\sin.\pi)^2)}}$$

[weil $\sqrt{\alpha\beta}=\frac{gg}{f}$ und $\beta=\frac{gg}{ff}$ ist, §. 114.] und [wenn man darin r = o setzt,]

$$b=\frac{fg.\sin.q}{\sqrt{(ff(\sin.(q+\pi))^2+gg(\sin\pi)^2)}}$$

und es ist daher

I. $a:b=g.\sin.\pi:f.\sin.p.$

Nun ist $(\sin.(q+\pi))^2+\frac{gg}{ff}(\sin.\pi)^2=\frac{\sin.(q+\pi)}{\sin.(q-p)}(\sin(q-p)\times$
$\sin.(q+\pi)+\sin.p.\sin.\pi)=\frac{\sin.q\sin.(q+\pi).\sin.(q+\pi-p)}{\sin.(q-p)}$

und folglich

$$a=\frac{gg.\sin.\pi}{f.\sin.p}\sqrt{\frac{\sin.q.\sin.(q-p)}{\sin.(q+\pi)\sin.(q+\pi-p)}}$$

oder, weil $\frac{gg}{ff}=\frac{\sin.p.\sin.(q+\pi)}{\sin.\pi.\sin.(q-p)}$ ist,

$$a = f\sqrt{\frac{\sin q.\ \sin.(q+\pi)}{\sin.(q-p).\ \sin.(q+\pi-p)}}\text{ und}$$

$$b = g\sqrt{\frac{\sin.q.\ \sin.(q-p)}{\sin.(q+\pi).\ \sin.(q+\pi-p)}}$$

also

II. $a : b = f.\ \sin.(q+\pi) : g.\ \sin.(q-p)$ und

III. $ab = \frac{fg.\ \sin.q}{\sin.(q+\pi-p)}$.

§. 116.

Wenn man also in einem Kegelschnitte zwei Paar zusammengehörige Durchmesser GI, EF, und gi, ef hat, so ist [aus I. §. 115.]

$$Cg : Ce = CE.\ \sin.ECe : CG.\ \sin.GCg$$

und folglich

$$\sin.GCg : \sin.ECe = CE.Ce : CG.Cg$$

und daher, wenn man die Sehnen Ee und Gg zieht,

$$\triangle GCg = \triangle ECe.$$

Ferner ist [aus II. §. 115.]

$$Cg : Ce = CG.\ \sin.GCe : CE.\ \sin.gCE$$

oder

$$Ce.CG.\ \sin.GCe = CE.Cg.\ \sin.gCE$$

und folglich, wenn man die Sehnen Ge und gE zieht,

$$\triangle GCe = \triangle gCE$$

oder, wenn man die gegenüberliegenden Dreiecke nimmt,

$$\triangle ICf = \triangle iCF.$$

Endlich giebt die dritte Gleichung $ab.\sin.(q+\pi-q) = fg.\sin.q$,

$$Cg.Ce.\sin.gCe = CG.CE.\sin.GCE$$

und zieht man daher die Sehnen eg und EG, oder die gegenüberliegenden FI und fi, so ist auch

$$\triangle ICF = \triangle iCf$$

und daraus folgt, daß die Parallelogramme zwischen je zwei zusammengehörigen Durchmessern einander gleich sind.

§. 117.

Wir haben also drei Paar gleiche Dreiecke, nemlich

I. $\triangle FCf = \triangle ICi$
II. $\triangle fCI = \triangle FCi$
III. $\triangle FCI = \triangle fCi$

und daraus fließt die Gleichheit der Trapezien

$$FfCI = iICf.$$

Zieht man hiervon das gemeinschaftliche Dreieck fCI ab, so findet man $\triangle FIf = \triangle Ifi$; und da diese Dreiecke einerlei Grundlinie fI haben, so fließt aus ihrer Gleichheit ferner, daß die Sehnen Fi und fI einander parallel sind. Auch ist

$\triangle FIi = \triangle ifF$, und setzt man diese Dreiecke zu den gleichen Dreiecken FCI und fCi, so werden die Trapezien FCIi und iCfF einander gleich.

§. 118.

Hieraus läßt sich eine Methode ableiten, durch einen jeden Punkt M einer Linie der zweiten Ordnung eine Tangente MT zu legen. Es sey, Fig. 27., der Durchmesser GI zur Axe angenommen, und der halbe zugehörige Durchmesser CE. Man ziehe durch M die Linie MP nach der Axe und mit CE parallel, so wird MP eine halbe Ordinate und PN = PM. Ist nun auch CM, welches ein Halbmesser seyn wird, gezogen, so suche man den damit zusammengehörigen Halbmesser CK, und diesem wird die gesuchte Tangente MT parallel seyn. Es sey der Winkel GCE = q; GCM = p; und ECK = π; so ist, wie wir [§. 114.] gesehen haben,

$$\frac{EC^2}{BC^2} = \frac{\sin.p.(\sin.(p+\pi))}{\sin.\pi.(\sin.(q-p))}, \text{ und [§. 115.]}$$

$$MC = CG\sqrt{\frac{\sin.q\ \sin.(q+\pi)}{\sin.(q-p).\ \sin.(q+\pi-p)}}.$$

Nun ist aber in dem Dreiecke CMP

$$MC^2 = CP^2 + MP^2 + 2PM.CP.\cos.q,$$
$$MP : MC = \sin.p : \sin.q, \text{ und}$$
$$MP : CP = \sin.p : \sin.(q-p).$$

Ferner ist in dem Dreiecke CMT, da die Winkel gegeben sind,

$$CM : CT : MT = \sin.(q+\pi) : \sin.(q+\pi-p) : \sin.p.$$

Schafft man daher die Winkel weg, so wird

$$MC = CG\sqrt{\frac{MC.CM}{CP.CT}}, \text{ oder } CG^2 = CP.CT,$$

folglich

$$CP : CG = CG : CT$$

und hierdurch wird die Lage der Tangente sehr leicht gefunden. Es fließt aber aus dieser Proportion, wenn man dieselbe durch die Subtraction und Addition der Glieder verändert

$$CP : PG = CG : TG, \text{ und weil } CG = CI$$
$$CP : IP = CG : TI.$$

§. 119.

Da $\frac{CE^2}{CG^2} = \frac{\sin.p.\sin.(p+\pi)}{\sin.\pi.\sin.(q-p)}$; $\frac{CK^2}{CM^2} = \frac{\sin.p.\sin.(q-p)}{\sin.\pi.\sin.(q+\pi)}$; $\frac{CM^2}{CG^2} = \frac{\sin.q.\sin.(q+\pi)}{\sin.(q-p)\sin.(q+\pi-p)}$

und $\frac{CK^2}{CE^2} = \frac{\sin.q.\sin.(q-p)}{\sin.(q+\pi).\sin.(q+\pi-p)}$ ist: so wird

$$\frac{CE^2+CG^2}{CG^2}=\frac{\sin.p.\sin.(q+\pi)+\sin.\pi.\sin.(q-p)}{\sin.\pi.\sin.(q-p)},\text{ und}$$

$$\frac{CK^2+CM^2}{CM^2}=\frac{\sin.p.\sin.(q-p)+\sin.\pi.\sin.(q+\pi)}{\sin.\pi.\sin.(q+\pi)}.$$

Nun ist aber

$$\sin.A.\sin.B=\tfrac{1}{2}\cos.(A-B)-\tfrac{1}{2}\cos.(A+B)$$

und umgekehrt

$$\tfrac{1}{2}\cos.A-\tfrac{1}{2}\cos.B=\sin.\frac{A+B}{2}.\sin.\frac{B-A}{2}.$$

Folglich ist $\sin.p.\sin.(q+\pi)+\sin.\pi.\sin.(q-p)=$
$\tfrac{1}{2}\cos.(q+\pi-p)-\tfrac{1}{2}\cos.(q+\pi+p)+\tfrac{1}{2}\cos.(q-\pi-p)$
$-\tfrac{1}{2}\cos.(q+\pi-p=$
$\tfrac{1}{2}\cos.(q-\pi-p)-\tfrac{1}{2}\cos.(q+\pi+p)=\sin.q.\sin.(p+\pi).$
Ferner ist $\sin.p.\sin.(q-p)+\sin.\pi.\sin.(q+\pi)=$
$\tfrac{1}{2}\cos.(q-2p)-\tfrac{1}{2}\cos.q+\tfrac{1}{2}\cos.q-\tfrac{1}{2}\cos.(q+2\pi)$
$=\tfrac{1}{2}\cos.(q-2p)-\tfrac{1}{2}\cos.(q+2\pi=$
$\sin.(q+\pi-p).\sin.(p+\pi).$
Hierdurch wird

$$\frac{CE^2+CG^2}{CG^2}=\frac{\sin.q.\sin.(p+\pi)}{\sin.\pi.\sin.(q-p)},\text{ und}$$

$$\frac{CK^2+CM^2}{CM^2}=\frac{\sin.(q+\pi-p).\sin.(p+p)}{\sin.\pi.\sin.(q+\pi)}$$

und es ist folglich

$$\frac{CE^2+CG^2}{CK^2+CM^2}=\frac{CG^2}{CM^2}.\frac{\sin.q.\sin.(q+\pi)}{\sin.(q-p).\sin.(q+\pi-p)}=\frac{CG^2}{CM^2}.\frac{CM^2}{CG^2}$$

oder

$$CE^2+CG^2=CK^2+CM^2.$$

In jeder Linie der zweiten Ordnung ist also die Summe der Quadrate jeder zweier zusammengehörigen Durchmesser eine beständige Größe.

§. 120.

Wenn also zwei zusammengehörige Halbmesser CG und CE, Fig. 27., gegeben werden, so findet man zu jedem willkührlich angenommenen Halbmesser CM den damit zusammengehörigen CK, wenn man

$$CK=\sqrt{(CE^2+CG^2-CM^2)}$$

nimmt. Es ist daher wegen der obigen Eigenschaften der Kegelschnitte

$$TG.TI:TM^2=CG.CI:CK^2=CG^2:CK^2$$
$$=CG^2:CE^2+CG^2-CM^2$$

und folglich

$$TM=CG\sqrt{\frac{CE^2+CG^2-CM^2}{TG.TI}}.$$

Auf ähnliche Art kommen, wenn man die Ordinate MN zieht, und durch N die Tangente NT legt, beide Tangenten MT und NT in einem Punkte der Axe TI, nemlich in T zusammen, indem für jede $CP : CG = CG : CT$ ist. Zieht man aber die Linie CN, so wird

$$TN = CG \sqrt{\frac{CE^2 + CG^2 - CN^2}{TG \cdot TI}},$$

und folglich

$$TM^2 : TN^2 = CE^2 + CG^2 - CM^2 : CE^2 + CG^2 - CN^2$$

Und da MN in P in zwei gleiche Theile getheilt worden ist, so ist

$$\sin. CTM : \sin. CTN = TN : TM =$$
$$\sqrt{(CE^2 + CG^2 - CN^2)} : \sqrt{(CE^2 + CG^2 - CM^2)}.$$

§. 121.

Nun lege man durch die Punkte A und B des Durchmessers AB, Fig. 28, die Tangenten AK und BL, und verlängere irgend eine andere Tangente MT, bis sie die vorhergehenden in den Punkten K und L schneiden. Ferner sey ECF ein zugehöriger Durchmesser, und also sowohl die Applicate PM als die Tangenten AK und BL demselben parallel. Da nun, wegen der Natur der Tangenten [§.118]

$CP : CA = CA : CT$ ist, so wird, weil $CB = CA$

$CP : AP = CA : AT$; und $CP : BP = CA : BT$

folglich

$$CP : CA = CA : CT = AP : AT = BP : BT$$

und daher

$AT : BT = AP : BP$. Da nun

$AT : BT = AK : BL$, ist, so hat man

$AK : BL = AP : BP$.

Ferner fließt hieraus

$$AT = \frac{CA \cdot AP}{CP};\ BT = \frac{CA \cdot BP}{CP}, \text{ und}$$

$$PT = \frac{CA \cdot AP}{CP} + AP = \frac{AP \cdot BP}{CP}; \text{ und es ist folglich}$$

$$AT : PT = CA : BP = AK : PM.$$

Auf eine ähnliche Art wird

$$BT : PT = CA : AP = BL : PM, \text{ und daher}$$

$$AK = \frac{CA \cdot PM}{BP};\ BL = \frac{CA \cdot PM}{AP}, \text{ und } AK \cdot BL = \frac{CA^2 \cdot PM^2}{AP \cdot BP}$$

Da nun $AP \cdot BP : PM^2 = AC^2 : CE^2$ ist, so folgt hieraus die merkwürdige Eigenschaft, daß

$$AK \cdot BL = CE^2$$

ist; und daraus wird ferner

$$AK = CE\sqrt{\frac{AP}{BP}};\ BL = CE\sqrt{\frac{BP}{AP}}$$

$$AP : BP = AK^2 : CE^2 = CE^2 : BL^2 = KM : ML$$

und

$$AK : BL = KM : LM$$

§. 122.

Durch was für einen Punkt M einer Linie der zweiten Ordnung man also auch eine Tangente legen mag, welche den parallelen Tangenten AK und BL in den Punkten K und L begegnet, so ist immer der Halbmesser CE, welcher den Tangenten AK und BL parallel ist, die mittlere Proportional-Linie zwischen AK und BL oder

$$CE^2 = AK . BL.$$

Zieht man also durch irgend einen andern Punkt m auf eine ähnliche Art die Tangente kml, so ist auch

$CE^2 = Ak . Bl$, und folglich

$AK : Ak = Bl : BL$, und

$AK : Kk = Bl : Ll$.

Schneiden sich nun diese beiden Tangenten in o, so ist

$$AK : Bl = Ak : BL = Kk : Ll = ko : lo = Ko : Lo.$$

Und dieses sind die vornehmsten Eigenschaften der Kegelschnitte auf welche Newton in seinen Principiis Philosophiae naturalis die Auflösung einer Menge der wichtigsten Aufgaben gegründet hat.

§. 123.

Da $AK : Bl = Ko : Lo$, so ist I, wenn LB nach I verlängert wird, so daß $BI = AK$ ist, der Punkt, wo die Tangente, die auf der andern Seite der KL parallel gezogen werden kann, die Tangente LB schneiden würde; so wie K der Punkt in der Tangente LK, wo sie von der der BL parallelen Tangente AK geschnitten wird. Es geht demnach die gerade Linie IK durch den Mittelpunkt C, und wird daselbst in zwei gleiche Theile getheilt. Wenn daher zwei Tangenten BL und LM auf die beschriebene Art nach I und K verlängert, und von einer dritten Tangente lmo in den Punkten l und o geschnitten werden, so ist

$BI : Bl = Ko : Lo$, folglich

$IB : Il = Ko : KL$

und also, die dritte Tangente lmo mag gezogen werden, wo sie will, allezeit

$$IB . KL = Il . Ko.$$

Zieht man also eine vierte Tangente $\lambda\mu\omega$, welche die beiden zuerst angenommenen IL und KL in den Punkten λ und ω schneidet: so ist auch

$IB . KL = I\lambda . K\omega$, und folglich

$$Il \,.\, Ko = I\lambda \,.\, K\omega, \text{ oder } Il : I\lambda = K\omega : Ko.$$

Zieht man also die geraden Linien $l\omega$ und λo, und theilet dieselben in irgend einem Verhältnisse, so theilet die gerade Linie, die durch die Theilungspunkte geht, die Linie IK in eben dem Verhältnisse, in welchem jene Linien getheilet werden. Werden daher die Linien $l\omega$ und λo in zwei gleiche Theile getheilt, so theilt die gerade Linie, die durch die Halbirungspunkte gezogen wird, auch die Linie IK in zwei gleiche Theile, und geht folglich durch den Mittelpunkt des Kegelschnittes C.

§. 124.

Daß die gerade Linie nmH, Fig. 30., welche die Linien $l\omega$ und λo in einem gegebenen Verhältnisse theilt, auch die Linie KI in eben dem Verhältnisse theilen müsse, wenn

$$Il : I\lambda = K\omega : Ko, \text{ oder } I\lambda : \lambda l = Ko : o\omega$$

ist; läßt sich auf folgende Art geometrisch erweisen. Es theile die gerade Linie mn die $l\omega$ und λo in dem Verhältnisse m : n, oder es sey

$$\lambda m : mo = ln : n\omega = m : n$$

und dabei schneide sie verlängert die Tangenten IL und KL in den Punkten Q und R: so ist

$$\sin. Q : \sin. R = \frac{ln}{Ql} : \frac{n\omega}{R\omega} = \frac{\lambda m}{Q\lambda} : \frac{mo}{Ro} = \frac{m}{Ql} : \frac{n}{R\omega}$$

und folglich

$$Ql : R\omega = Q\lambda : Ro; \text{ und } l\lambda : o\omega = Q\lambda : Ro = Ql : R\omega.$$

Da nun $l\lambda : o\omega = l\lambda$; Ko, so ist auch

$$QI : RK = l\lambda : o\omega; \text{ und } \sin. Q : \sin. R = \frac{m}{l\lambda} : \frac{n}{o\omega}$$

Es ist aber auch

$$\sin. Q : \sin. R = \frac{HI}{QI} : \frac{HK}{KR} = \frac{HI}{l\lambda} : \frac{HL}{o\omega}, \text{ und folglich}$$

$$HI : HK = m : n = \lambda m : mo = ln : n\omega.$$

§. 125.

Wenn zwei zusammengehörige Halbmesser CG, CE, Fig. 27., gegeben sind, welche sich unter dem schiefen Winkel GCE = q schneiden, so lassen sich allemal zwei andere zusammengehörige Halbmesser CM uud CK finden, die gegen einander unter dem rechten Winkel MCK geneigt sind. Es sey der Winkel GCM = p, so ist, wenn man ECK = π setzt, $q + \pi - p = 90°$, und folglich $\sin. \pi = \cos. (q - p)$; und $\sin. (q + \pi) = \cos. p$. Hierdurch wird nach §. 119.

$$\frac{CE^2}{CG^2} = \frac{\sin. p. \cos. p}{\sin. (q-p) \cos. (q-p)} = \frac{\sin. 2p}{\sin. 2(q-p)} =$$

$$\frac{\sin. 2p}{\sin. 2q. \cos. 2p - \cos. 2q. \sin. 2p}$$

und also

$$\frac{CG^2}{CE^2} = \sin. 2q. \cot. 2p - \cos. 2q, \text{ und } \cot. 2GCM = \cot. 2q + \frac{CG^2}{CE^2 \sin. 2q}$$

eine Gleichung, deren Auflösung allemal möglich ist. Es ist aber

$$\frac{CM^2}{CG^2} = \frac{\sin. q. \cos. p}{\sin. (q-p)}; \text{ und } \frac{CG^2}{CM^2} = 1 - \frac{\text{tang}. p}{\text{tang}. q}, \text{ und also}$$

$$\text{tang}. p = \text{tang}. q - \frac{CG^2}{CM^2} \text{tang}. q.$$

Da nun

$$CM^2 + CK^2 = CG^2 + CE^2; \text{ und } CK. CM = CG. CE. \sin. q$$

ist, so wird

$$CM + CK = \sqrt{(CG^2 + 2CG. CE. \sin. q + CE^2)} \text{ und}$$
$$CM - CK = \sqrt{(CG^2 - 2CG. CE. \sin. q + CE^2)}$$

woraus sich denn die rechtwinkligen zusammengehörigen Durchmesser finden lassen.

§. 126.

Es seyen CA und CE, Fig. 29., die beiden rechtwinkligen zusammengehörigen Halbmesser des Kegelschnitts, welche man Hauptdurchmesser zu nennen pflegt, und welche sich in dem Mittelpunkte C senkrecht schneiden. Ferner sey die Abscisse CP = x, und die Applicate PM = y. Alsdann ist, wie wir, §. 110., gesehen haben, $yy = \alpha - \beta xx$; und wenn man die Haupthalbmesser AC = a, und CE = b setzt, so wird $\alpha = bb$, und $\beta = \frac{bb}{aa}$, folglich

$$yy = bb - \frac{bbxx}{aa}.$$

Da diese Gleichung unverändert bleibt, man mag x und y positiv oder negativ nehmen, so erhellet daraus, daß die Curve vier gleiche und ähnliche Theile haben werde, die auf beiden Seiten der Durchmesser AC und EF liegen. Es ist nemlich der Quadrant ACE ähnlich und gleich dem Quadranten ACF, und ihnen liegen auf der andern Seite des Durchmessers EF zwei gleiche gegenüber.

§. 127.

Wenn aus dem Mittelpunkte C, Fig. 29., welchen wir zum Anfangspunkte der Abscissen angenommen haben, die gerade Linie CM gezogen wird, so ist

$$CM = \sqrt{(xx + yy)} = \sqrt{(bb - \frac{bbxx}{aa} + xx)}$$

und wenn $b = a$, oder $CE = CA$ ist, so wird

$$CM = \sqrt{bb} = b = a.$$

In diesem Falle sind also alle aus dem Mittelpunkte C nach der Curve gezogene gerade Linien einander gleich; und da dies die Eigenschaft des Zirkels ist, so erhellet, daß ein Kegelschnitt, in welchem die beiden zusammengehörigen Hauptdurchmesser gleich sind, nichts anders als ein Kreis ist, für welchen sich also hieraus, wenn man $CP = x$, $PM = y$, und $CA = a$ setzt, folgende Gleichung zwischen rechtwinkligen Coordinaten ergiebt,

$$yy = aa - xx$$

§. 128.

Wenn aber b nicht gleich a ist, so läßt sich die gerade Linie CM durch x nicht rational ausdrücken. Dagegen giebt es einen andern Punkt D in der Axe, der so beschaffen ist, daß alle von ihm nach der Curve gezogene gerade Linien DM rational ausgedrückt werden können. Um diesen Punkt zu finden, setze man $CD = f$, und da alsdann $DP = f - x$ ist, so wird

$$DM^2 = ff - 2fx + xx + bb - \frac{bbxx}{aa} = bb + ff - 2fx + \frac{(aa - bb)xx}{aa}.$$

Dieser Ausdruck ist nun ein Quadrat, wenn

$$ff = \frac{(aa - bb)(bb + ff)}{aa}, \text{ oder } o = aa - bb - ff \text{ ist,}$$

und daraus wird

$$f = \pm \sqrt{(aa - bb)}$$

Es giebt also einen doppelten Punkt von der beschriebenen Art in der Axe AC, der auf beiden Seiten von dem Mittelpunkte C um $CD = \sqrt{(aa - bb)}$ entfernt ist. Es ist aber

$$DM^2 = aa - 2x\sqrt{(aa - bb)} + \frac{(aa - bb)xx}{aa}, \text{ und also}$$

$$DM = a - \frac{x\sqrt{(aa - bb)}}{a} = AC - \frac{CD \cdot CP}{AC}.$$

Setzt man $CP = o$, so wird $DM = DE = a = AC$, und setzt man die Abscisse $CP = CD$, oder $x = \sqrt{(aa - bb)}$ so verwandelt sich die gerade Linie DM in die Applicate DG, und es wird also

$$DG = \frac{bb}{a} = \frac{CE^2}{AC}$$

oder DG die dritte Proportional-Linie zu AC und CE.

§. 129.

Wegen dieser besondern Eigenschaft, welche die auf die erwähnte Art bestimmten Punkte D haben, sind dieselben der größten Aufmerksamkeit werth; auch haben sie sonst noch viele andere wichtige Beschaffenheiten, und werden deswegen mit einem besondern Namen belegt. Man nennet nemlich diese Punkte **Brennpunkte des Kegelschnittes**, und da dieselben in dem größern Durchmesser a liegen, so unterscheidet man auch diesen größern Durchmesser von dem mit ihm zusammengehörigen b dadurch, daß man jenen die **Haupt-** und **Zwergaxe**, und diesen, b, die **zugehörige Axe** nennt. Die rechtwinklige Applicate DG aber, die aus dem einen von den beiden Brennpunkten auf der Hauptaxe aufgerichtet ist, erhält den Namen des **halben Parameters**, indem man unter dem ganzen **Parameter** die Ordinate in D, oder DG zweimal genommen, versteht. Es ist also die halbe zugehörige Axe CE die mittlere Proportional-Linie zwischen dem halben Parameter und der halben Hauptaxe AC. Endlich giebt man den Punkten der Hauptaxe, wo dieselbe von der Curve geschnitten wird, den Namen der Scheitel, dergleichen z. B. A ist; und diese Punkte haben die Eigenschaft, daß die Tangenten der Curve, die durch sie gelegt werden, auf der Hauptaxe AC senkrecht stehen.

§. 130.

Man setze den halben Parameter DG = c, und die Entfernung des Brennpunktes vom Scheitel AD = d; so ist

$$CD = a - d = \sqrt{(aa - bb)} \text{ und } DG = \frac{bb}{a} = c; \text{ folglich}$$

$$bb = ac; \text{ und } a - d = \sqrt{(aa - ac)}; \text{ also}$$

$$ac = 2ad - dd; \text{ und } a = \frac{dd}{2d - c}; \text{ und } b = d\sqrt{\frac{c}{2d - c}}$$

Sind also die Entfernung des Brennpunkts vom Scheitel AD = d, und der halbe Parameter DG = c gegeben, so läßt sich der Kegelschnitt bestimmen. Setzt man nun CP = x, so wird

$$DM = a - \frac{(a - d)x}{a} = \frac{dd}{2d - c} - \frac{(c - d)x}{d}$$

Es sey DP = t, so wird $x = CD - t = \frac{(c - d)d}{2d - c} - t$, und daher

$$DM = c + \frac{(c - d)t}{d}.$$

Drückt man den Winkel ADM durch v aus, so wird $\frac{t}{DM} = - \cos. v$ und also

$$d . DM = cd + (d - c)DM . \cos. v,$$

$$DM = \frac{cd}{d - (d - c) . \cos. v}, \text{ und}$$

$$\cos. v = \frac{d(DM - DG)}{(d - c)DM}.$$

Sechstes Capitel.

Von den Arten der Linien der zweiten Ordnung.

§. 131.

Die Eigenschaften, welche wir in dem vorhergehenden Capitel gefunden haben, kommen allen Linien der zweiten Ordnung ohne Ausnahme zu; denn wir haben dabei auf nichts gesehen, wodurch ein Unterschied unter diesen Linien entspringen könnte. Es sind aber die Linien der zweitn Ordnung, dieser allgemeinen Eigenschaften ungeachtet, in Ansehung ihrer Gestalt, sehr von einander unterschieden; und wir müssen daher die Arten derselben aufsuchen, um die mancherlei Gestalten der Linien der zweiten Ordnung kennen zu lernen, und die besondern Eigenschaften einer jeden Art entdecken zu können.

§. 132.

Wir haben [§. 109.] die allgemeine Gleichung für die Linien der zweiten Ordnung durch bloße Veränderung der Axe und des Anfangspunkts der Abscissen in die Gleichung $yy = \alpha + \beta x + \gamma xx$ verwandelt, worin x und y rechtwinklige Coordinaten bedeuten. Da diese Gleichung für jedes x ein doppeltes y, beide von gleicher Größe, aber das eine negativ und das andere positiv, giebt: so theilet die Axe, worauf hier die Abscissen genommen werden, die Curve in zwei gleiche und ähnliche Theile; und es ist daher diese Axe ein rechtwinkliger Durchmesser der Curve und jede Linie der zweiten Ordnung hat einen rechtwinkligen Durchmesser, und ein solcher Durchmesser soll bei der folgenden Untersuchung die Axe seyn.

§. 133.

In der Gleichung, welche wir hier zum Grunde legen, sind drei beständige Größen, α, β, und γ enthalten; und da dieselben auf unzählige Arten unter sich verändert werden können, so entstehen daher auch unendlich viele Verschiedenheiten in den Linien der zweiten Ordnung, die aber auf ihre Gestalt nicht immer gleichen Einfluß haben. Denn einmal kann man eine und dieselbe Figur, so vielmal als man will, aus der Gleichung $yy = \alpha + \beta x + \gamma xx$ erhalten, wenn man nemlich den Anfangspunkt der Abscissen in der Axe verändert oder x um eine gegebene Größe vermehrt oder vermindert. Ferner begreift diese Gleichung auch eine und dieselbe Figur in verschiedener Größe unter sich, so daß daher eine unendliche Anzahl von krummen Linien entsteht, die sich bloß durch die Größe von einander unterscheiden, wie Kreise, die mit verschiedenen beschrieben sind. Hieraus erhellet, daß nicht jede Verschiedenheit der Größen, α, β und γ zu einem Eintheilungsgrunde der Linien der zweiten Ordnung gebraucht werden kann.

§. 134.

Der größte Unterschied der krummen Linien, die unter der Gleichung $yy = \alpha + \beta x + \gamma xx$ begriffen sind, beruht auf der Beschaffenheit des Coefficienten γ, je nachdem derselbe positiv oder negativ ist. Denn ist er positiv, so ist auch $\alpha + \beta x + \gamma xx$, wenn $x = \pm \infty$ gesetzt wird, positiv, weil alsdann $\alpha + \beta x$ gegen γxx verschwindet, und folglich für $x = \pm \infty$ auch $y = \pm \infty$ wird. Wenn also γ positiv ist, so hat die Curve vier ohne Ende fotlaufende Schenkel, davon zwei zu $x = + \infty$, und zwei zu $x = - \infty$ gehören. Dergleichen krumme Linien machen daher Eine Art der Linien der zweiten Ordnung aus, und werden Hyperbeln genannt.

§. 135.

Wenn aber γ negativ ist, so wird, es mag $x = + \infty$ oder $= - \infty$ genommen werden, $\alpha + \beta x + \gamma xx$ negativ, und folglich die Applicate y imaginär. Bei diesen krummen Linien kann also weder die Abscisse noch die Applicate unendlich werden, und es giebt daher bei ihnen keine ohne Ende fortlaufende Schenkel, sondern die ganze Curve ist im einem endlichen und bestimmten Raume enthalten. Diese Art der Linien der zweiten Ordnung nennt man Ellipsen, und ihre Natur wird durch die Gleichung $\alpha + \beta x + \gamma xx$ bestimmt, wenn γ eine negative Größe ist.

§. 136.

Da der Werth von γ, je nachdem derselbe positiv oder negativ ist, einen solchen Einfluß auf die Beschaffenheit der Linien der zweiten Ordnung hat, daß daher zwei ganz von einander verschiedene Arten entstehen: so wird auch die aus $yy = \alpha + \beta x + \gamma xx$ entspringende Curve, wenn $\gamma = 0$ gesetzt wird, und also einen zwischen dem positiven und dem negativen mitten inne liegenden Werth bekommt, eine Mittelgattung zwischen der Hyperbel und der Ellipse seyn. Man nennt sie Parabel, und ihre Natur wird also durch die Gleichung $yy = \alpha + \beta x$ bestimmt. Hier ist es gleich, ob β eine positive oder eine negative Größe bedeutet; denn die krumme Linie bleibt dieselbe, wenn man auch x negativ nimmt. Wird nun β positiv genommen, so fällt in die Augen, daß die Applicate y, für $x = +\infty = \pm\infty$, für $x = -\infty$ aber imaginär ist. Es hat also die Parabel zwei ohne Ende fortlaufende Schenkel, aber nicht mehrere.

§. 137.

Wir haben also drei wesentlich von einander verschiedene Arten von Linien der zweiten Ordnung, und zwar in Ansehung der ohne Ende fortlaufenden Schenkel. Die Ellipse hat dergleichen gar nicht, sondern ist in einem endlichen Raume enthalten. Die Parabel hat deren zwei, und die Hyperbel viere. Da wir nun in dem vorhergehenden Capitel die allgemeinen Eigenschaften der Kegelschnitte betrachtet haben, so wollen wir jetzt die besondern Eigenschaften einer jeden Art kennen zu lernen suchen.

§. 138.

Wir wollen von der Ellipse anfangen, deren Gleichung $yy = \alpha + \beta x - \gamma xx$ ist, so daß die Abscissen auf einem rechtwinkligen Durchmesser genommen werden. Entfernt man aber den Anfangspunkt der Abscissen, da man denselben annehmen kann, wo man will, um $\frac{\beta}{2\gamma}$; so bekommt man daraus die Gleichung $yy = \alpha - \gamma xx$, wo der Anfangspunkt der Abscissen in den Mittelpunkt der Figur fällt. [§. 109. 110.] Nun sey, Fig. 31., C der Mittelpunkt, und AB ein rechtwinkliger Durchmesser, so ist $CP = x$, und $PM = y$. Es wird also $y = o$, wenn man $x = \pm\sqrt{\frac{\alpha}{\gamma}}$ nimmt, und wenn x diese Grenzen $+\sqrt{\frac{\alpha}{\gamma}}$, $-\sqrt{\frac{\alpha}{\gamma}}$ überschreitet, so wird y imaginär, woraus erhellet, daß die ganze Curve zwischen diesen Grenzen liegt. Es ist folglich $CA = CB = \sqrt{\frac{\alpha}{\gamma}}$; $CD = CE = y$ für $x = o = \sqrt{\alpha}$. Man setze $CA = CB = a$, und die halbe zugehörige Axe $CD = CE = b$, so ist $\alpha = bb$, und $\gamma = \frac{bb}{aa}$, und dies giebt für die Ellipse die Gleichung

$$yy = bb - \frac{bbxx}{aa} = \frac{bb}{aa}(aa - xx).$$

§. 139.

Wenn die zu einander gehörigen Halbaxen a und b einander gleich werden, so verwandelt sich die Ellipse, weil alsdann $yy = aa - xx$, oder $yy + xx = aa$, in einen Kreis. Es wird nemlich in diesem Falle $CM = \sqrt{(xx + yy)} = a$, so daß alle Punkte der krummen Linie M von dem Mittelpunkte gleich weit abstehen, und dies ist die Eigenschaft des Kreises. Wenn aber a und b ungleich sind, so wird die Curve länglich, weil alsdann entweder AB größer als DE, oder DE größer als AB ist. Da indeß die zu einander gehörigen Axen AB und DE mit einander verwechselt werden können, und es gleichviel ist, auf welcher man die Abscissen nehmen will, so mag AB die größere Axe, oder a größer als b seyn. Nimmt man auf dieser Axe $CF = CG = \sqrt{(aa - bb)}$, so werden F und G die Brennpunkte der Ellipse, und der halbe Parameter derselben, oder die in einem von den Brennpunkten senkrecht errichtete Applicate $= \frac{bb}{a}$ [§. 128. 129.].

§. 140.

Zieht man nach irgend einem Punkte der Curve M aus den beiden Brennpunkten die geraden Linien FM und GM, so ist, aus [§. 128.] $FM = AC - \frac{CF \cdot CP}{AC} = a - \frac{x\sqrt{(aa - bb)}}{a}$, und $GM = a + \frac{x\sqrt{(aa - bb)}}{a}$: folglich $FM + GM = 2a$. Wenn man also aus beiden Brennpunkten einer Ellipse nach einem Punkte ihres Umfangs M zwei gerade Linien FM und GM zieht, so ist die Summe derselben allezeit der größern Axe $AB = 2a$ gleich. Dies ist eine Haupteigenschaft der Ellipse, und man kann daraus zugleich eine leichte mechanische Beschreibungsart derselben herleiten.

§. 141.

Legt man durch M die Tangente TMt, und verlängert sie, bis sie die Axen in T und t schneidet, so ist, aus §. 118,

$$CP : CA = CA : CT; \text{ folglich } CT = \frac{aa}{x}:$$

und auf eine ähnliche Art, wenn man die Coordinaten verwechselt,

$$Ct = \frac{bb}{y}.$$

Hieraus ergiebt sich

$$TP = \frac{aa}{x} - x;\ TF = \frac{aa}{x} - \sqrt{(aa - bb)} \text{ und}$$

$$TA = \frac{aa}{x} - a;$$

und es ist also

$$TP = \frac{aa - xx}{x} = \frac{aayy}{bbx}, \text{ [weil } aa - xx = \frac{aayy}{bb} \text{ §. 138.]}$$

$$TM\ [= \sqrt{(PM^2 + TP^2)}] = \frac{y\sqrt{(b^4xx + a^4yy)}}{bbx}; \text{ ferner}$$

$$\text{tang. } CTM = \frac{bbx}{aay}, \text{ sin. } CTM = \frac{bbx}{\sqrt{(b^4xx + a^4yy)}}, \text{ und}$$

$$\text{cos. } CTM = \frac{aay}{\sqrt{(b^4xx + a^4yy)}}; \text{ [weil tang. } CTM = \frac{PM}{TP},$$

$$\text{sin. } CTM = \frac{PM}{TM}, \text{ und cos. } CTM = \frac{TP}{TM} \text{ ist].}$$ Wenn man daher aus A die Linie AV senkrecht auf die Axe errichtet; und in diesem Falle ist AV zugleich eine Tangente der Curve [§. 129]; so ist

$$AV\ [= AT \text{ tang. } CTM] = \frac{a(a-x)}{x} \cdot \frac{bbx}{aay} = \frac{bb(a-x)}{ay} =$$

$$b\sqrt{\frac{a-x}{a+x}}, \text{ weil } ay = b\sqrt{(aa-xx)} = b\sqrt{(a-x)(a+x)}$$

ist, §. 138.

§. 142.

$$\text{Da } TF = \frac{aa - x\sqrt{(aa-bb)}}{x}, \text{ §. 141, und } FM =$$

$$\frac{aa - x\sqrt{(aa-bb)}}{a}, \text{ §. 140.; so ist}$$

$$TF : FM = a : x.$$

$$\text{Eben so ist } GT\ [= CT + CG] = \frac{aa + x\sqrt{(aa-bb)}}{x}$$

$$\text{§. 141. 139. und } GM = \frac{aa + x\sqrt{(aa-bb)}}{a} \text{ §. 140; also auch}$$

$$GT : GM = a : x;$$

und folglich

$$TF : FM = GT : GM.$$

Es ist aber

$$TF : FM = \text{sin. } FMT : \text{sin. } CTM, \text{ und}$$

$$GT : GM = \sin. GMt : \sin. CTM;$$ folglich
$$\sin. FMT = \sin. GMt,$$ und also auch $FMT = GMt$.
Wenn man daher aus den beiden Brennpunkten einer Ellipse nach irgend einem Punkte M ihres Umfangs zwei gerade Linien zieht, so sind diese Linien gegen die durch M gelegte Tangente unter gleichen Winkeln geneigt, und dies ist die Haupteigenschaft der Brennpunkte.

§. 143.

Da $GT : GM = a : x$, §. 142, und $CT = \frac{aa}{x}$, §. 141, so ist auch
$CT : CA = a : x$, und also $GT : GM = CT : CA$. Zieht man daher aus C die gerade Linie CS, welche der Tangente in S begegnet, mit GM parallel, so ist $CS = CA = a$, und eben so die Linie, die aus C parallel mit FM bis zur Tangente gezogen wird, $= CA = a$, [weil auch $FT : FM = GT : GM = a : x = CT : CA$ ist]. Da ferner $TM = \frac{y}{bbx} \sqrt{(b^4xx + a^4yy)}$ [§. 141], und $aayy = aabb - bbxx$ ist, [§. 138.] so ist

$$TM = \frac{y}{bx} \sqrt{(a^4 - xx(aa - bb))};$$

und da $FT . GT = \frac{(a^4 - xx\sqrt{(aa - bb)})}{xx}$, §. 142, auch

$$TM = \frac{y}{b} \sqrt{FT . GT}.$$

Hieraus ergiebt sich, da $TG : TC = TM : TS$, und also $TS = \frac{TC . TM}{TG}$ ist,

$$TS = \frac{y . CT}{b} \sqrt{\frac{FT}{GT}} = \frac{y . CT . FT}{b\sqrt{FT . GT}} = \frac{yy . CT . FT}{bb . TM};$$ und

da $PT = \frac{aayy}{bbx} = \frac{TC . yy}{bb}$ ist, [§. 141.] so wird

$$TS = \frac{PT . FT}{TM},$$ und also

$TM : PT = FT : TS$, und die Dreiecke TMP und TFS einander ähnlich, und folglich $FST = R$.

§. 144.

Wenn also aus dem einen Brennpunkte F nach der Tangente eine senkrechte Linie FS gezogen, und der Punkt S mit dem Mittelpunkte C durch eine gerade Linie verknüpft wird: so ist diese gerade Linie CS allezeit der halben großen Axe AC = a gleich. Da ferner TM : y = TF : FS, so ist $FS = \frac{y.TF}{TM} = \frac{b.TF}{\sqrt{FT.GT}} = b\sqrt{\frac{FT}{CT}}$, folglich

$$GT : FT = GM : FM = CD^2 : FS^2;$$

und da sich auf eine ähnliche Art ergiebt, daß die aus dem andern Brennpunkte nach der Tangente gezogene senkrechte Linie $= b\sqrt{\frac{GT}{FT}}$ ist, so ist die halbe kleine Axe CD = b die mittlere Proportionallinie zwischen diesen beiden Perpendikeln. Zieht man nun auch aus C die Linie CQ senkrecht auf die Tangente, so ist FT : FS = CT : CQ; folglich

$$CQ = \frac{b.CT}{\sqrt{FT.GT}} = \frac{bx.CT}{a\sqrt{FM.Gm}}{}^{*)} = \frac{ab}{\sqrt{FM.GM}}, \text{ und}$$

$CQ - FS = \frac{b.CF}{\sqrt{FT.GT}} = CX$, wenn FX mit der Tangente parallel gezogen worden. Hieraus ergiebt sich

$$CQ - CX = \frac{b.FT}{\sqrt{FT.GT}} \text{ und}$$

$$CQ + CX = \frac{b.TG}{\sqrt{FT.GT}} \text{ und daher}$$

$$CQ^2 - CX^2 = bb, \text{ und } CX = \sqrt{(CQ^2 - bb)};$$

wornach man, wenn die kleine Axe gegeben ist, in der senkrechten Linie CQ den Punkt X findet, der so beschaffen ist, daß eine aus ihm auf CQ senkrecht errichtete Linie durch den Brennpunkt F geht.

*) Es ist nemlich FT : FM = a : x, und GT : GM = a : x §. 142. und folglich FT.GT : FM.GM = aa : xx. Daher aber wird $FT.GT = \frac{aa.FM.GM}{xx}$ und $\sqrt{FT.GT} = \frac{a}{x}\sqrt{FM.GM}$.

§. 145.

Nachdem wir diese Eigenschaften der Brennpunkte betrachtet haben, so wollen wir unser Augenmerk auf jede zwei zu einander gehörige Durchmesser richten. Nun ist CM ein Halbmesser, dessen zugehöriger Halbmesser gefunden wird, wenn man aus dem Mittelpunkte C mit der Tangente TM die Linie CK parallel zieht. Es sey also CM = p, CK = q, und der Winkel MCK = CMT = s, wo denn zuvörderst

$$pp + qq = aa + bb, \text{ [§. 119.] und zweitens}$$

$$pq . \sin. s = ab \text{ ist §. 115.}$$

Dann ist

$$pp = xx + yy = bb + \frac{(aa - bb)xx}{aa}, \text{ und}$$

$$qq = aa + bb - pp = aa - \frac{(aa - bb)xx}{aa} = FM \,.\, GM,$$

und eben so

$$pp = FK \,.\, GK.$$

Ferner ist, da $CQ = \frac{ab}{\sqrt{FM \,.\, GM}}$ [§. 144.]

$$\sin.\, CMQ = \sin.\, s \left[= \frac{CQ}{CM}\right] = \frac{ab}{p\sqrt{FM \,.\, GM}}, \text{ und}$$

$$TM : TP = \frac{y}{b}\sqrt{FT \,.\, GT} : \frac{aayy}{bbx} \text{ [§. 143 und 141.]} =$$

$\sqrt{FM \,.\, GM} : \frac{ay}{b}$ [Anmerk. zu §. 144.] $= CK : CR$; und folglich [weil $\sqrt{FM \,.\, GM} = q = CK$ ist,]

$CR = \frac{ay}{b}$, und $KR = \frac{bx}{a}$ *): also $CR \,.\, KR \,[= xy] = CP \,.\, PM$. Ferner ist

$$\sin.\, FMS = \frac{b}{\sqrt{GM \,.\, FM}} = \frac{b}{q} \text{ **}):$$

und da $x = CP = \frac{a\sqrt{(pp - bb)}}{\sqrt{(aa - bb)}}$, [aus $pp = bb + \frac{(aa - bb)xx}{aa}$, oben]

und $y = PM = \frac{b\sqrt{(aa - pp)}}{\sqrt{(aa - bb)}}$, [aus $pp = xx + yy$, wenn man anstatt xx das Quadrat des so eben gefundenen Werthes von x setzt,] desgleichen

$CR = \frac{a\sqrt{(aa - pp)}}{\sqrt{(aa - bb)}}$, [aus $CR = \frac{ay}{b}$ und dem vorher gefundenen Werthe von y] und

$KR = \frac{b(\sqrt{pp - bb})}{\sqrt{(aa - bb)}}$, [aus $KR = \frac{bx}{a}$ und dem vorhin gefundenen Werthe von x]: so ist, weil $\tang.\, ACM = \frac{y}{x}$,

$$\tang.\, 2ACM = \frac{2yx}{xx - yy} \text{ [1stes B. 14tes Cap. §. 249.,}$$

verbunden mit §. 234.] $= \frac{2ab\sqrt{(aa-pp)(pp-bb)}}{(aa+bb)(pp-2aabb)}$. Es ist aber $ab = pq \,.\, \sin. s$; $aa + bb = pp + qq$; und $\sqrt{(aa-pp)(pp-bb)} = -pq \,.\, \cos. s$ ***), und daher also

$$\text{tang. } 2ACM = \frac{-qq \,.\, \sin. 2s}{pp + qq \,.\, \cos. 2s},$$

weil der Cosinus von s negativ ist. Endlich ist

$$CK^2 = MT \,.\, Mt\text{****}), \text{ und } MV = q\sqrt{\frac{AP}{BP}}, \text{ und}$$

$$AV = b\sqrt{\frac{AP}{BP}}\text{*****}); \text{ also}$$

$$AV : MV = b : q = CE : CK.$$

Zieht man daher die Linien AM und EK, so sind dieselben einander parallel.

*) Es ist nemlich $KR = \sqrt{(CK^2 - CR^2)} = \sqrt{(qq - \frac{aayy}{bb})} = \sqrt{\frac{bbxx}{aa}}$, weil $qq = aa - \frac{(aa-bb)xx}{aa}$, und $\frac{aayy}{bb} = aa = xx$, §. 138, ist.

**) Denn es ist $\sin. FMS = \frac{FS}{FM} = \frac{b}{FM}\sqrt{\frac{FT}{GT}} = \frac{b}{FM}\sqrt{\frac{FM}{GM}} = \frac{b}{\sqrt{FM \,.\, GM}}$.

***) Weil $(aa - pp)(pp - bb) = (aa + bb)p^2 - p^4 - aabb = (p^2 + q^2)p^2 - p^4 - p^2q^2 \sin. s^2 = p^2q^2(1 - \sin. s^2) = p^2q^2 \cos. s^2$ ist.

****) Es ist nemlich $MT : PM = CK : KR$, und $Mt : PC = TM : TP = CK : CR$, also $MT \,.\, Mt : PM \,.\, CP = CK^2 : KR \,.\, CR$; aber $CP \,.\, PM = CR \,.\, KR$, wie kurz vorher bewiesen worden.

*****) Denn es ist $MV = \frac{AP \,.\, CK}{CR} = \frac{q(a-x)}{ay : b} = \frac{q(a-x)}{\sqrt{(aa-xx)}} = q\sqrt{\frac{a-x}{a+x}}$, so wie $AV = b\sqrt{\frac{a-x}{a+x}}$, §. 141.

§. 146.

Da $pq \,.\, \sin. s = ab$ ist [§. 145], so ist pq größer als ab; und da $pp + qq = aa + bb$ ist, so ist der Unterschied zwischen p und q kleiner als zwischen a und b, und also sind unter allen zu einander gehörigen Durchmessern die rechtwinkligen am meisten von einander in Ansehung der Größe unterschieden. Es wird daher auch ein Paar gleiche zu einander gehörige Durchmesser geben; und um sie zu finden, sey $q = p$. Alsdann ist $2pp = aa + bb$; $p = q = \sqrt{\frac{aa + bb}{2}}$; $\sin. s (= \frac{ab}{pq}) = \frac{2ab}{aa + bb}$; $\cos. s = \frac{-aa + bb}{aa + bb}$, und daher wird $\sin. \tfrac{1}{2} s = \sqrt{\frac{aa}{aa + bb}}$ und $\cos. \tfrac{1}{2} s = \sqrt{\frac{bb}{aa + bb}}$; also $\tang. \tfrac{1}{2} s = \frac{a}{b} = \tang. CEB$, und $MCK = 2CEB = AEB$. Ferner ist $CP = \frac{a}{\sqrt{2}}$ und $PM = \frac{b}{\sqrt{2}}$ *), und die zu einander gehörigen gleichen Halbmesser CM, CK sind also den Sehnen AE und BE parallel **).

*) Es ist $CP = \frac{a}{\sqrt{2}}$, wegen $CP = \frac{a \sqrt{(pp - bb)}}{\sqrt{(aa - bb)}}$, und $pp = \frac{aa + bb}{2}$, so wie $PM = \frac{b}{\sqrt{2}}$, wegen $PM = \frac{b \sqrt{(aa - pp)}}{\sqrt{(aa - bb)}}$ und $pp = \frac{aa + bb}{2}$.

**) Denn da $\frac{CP}{PM} = \frac{a}{b} = \tang. \tfrac{1}{2} s = \tang. CMP$, und $MPC = R$ ist, so ist $MCE + CEA = 2R$, und also CM parallel AE.

§. 147.

Wenn man die Abscissen vom Scheitel A an rechnet, und $AP = x$, $PM = y$ nimmt: so erhält man, da in diesem Falle $a - x$ ist, was vorher x war, die Gleichung

$$yy = \frac{bb}{aa} (2ax - xx) = \frac{2bb}{a} x = \frac{bb}{aa} xx,$$

wo in die Augen fällt, daß $\frac{2bb}{a}$ der Parameter der Ellipse ist, §. 129. Es sey der halbe Parameter, oder die Applicate in dem Brennpunkte $= c$, und die Entfernung des Brennpunkts vom Scheitel $AF = d$: so ist

$\frac{bb}{a} = c$, und $a - \sqrt{(aa - bb)} = d = a - \sqrt{(aa - ac)}$,

und daher

$$2ad - dd = ac, \text{ und } a = \frac{dd}{2d - c}.$$

Hieraus ergiebt sich

$$yy = 2cx - \frac{c(2d - c)xx}{dd},$$

die Gleichung der Ellipse für rechtwinklige Coordinaten, wenn die Abscissen auf der Hauptaxe AB vom Scheitel A an genommen werden. Man erhält dieselbe aus dem Abstande des Brennpunkts vom Scheitel $AF = d$, und dem halben Parameter c; wobei indeß zu merken ist, daß 2d immer größer als c seyn muß, weil $AC = a = \frac{dd}{2d - c}$, und $CD = b = d\sqrt{\frac{c}{2d - c}}$ ist.

§. 148.

Wenn also $2d = c$ ist, so ist $yy = 2cx$, und dies ist die Gleichung für die Parabel; denn die Gleichung $yy = \alpha + \beta x$, §. 136. wird auf diese Form gebracht, wenn man den Anfang der Abscissen um $\frac{\alpha}{\beta}$ verändert. Es sey also (Fig. 32.) MAN eine Parabel, deren Natur für $AP = x$ und $PM = y$ durch die Gleichung $yy = 2cx$ ausgedrückt werde. Hier ist der Abstand des Brennpunkts vom Scheitel $AF = d = \frac{1}{2}c$, der halbe Parameter $FH = c$, und allenthalben $PM^2 = 2FH \,.\, AP$, so daß also die Applicaten PM und PN mit der Abscisse AP ohne Ende wachsen, und die Curve sich zu beiden Seiten der Axe ohne Ende fort verbreitet. Wenn man aber x negativ nimmt, so wird die Applicate imaginär, und jenseit A nach T zu ist also nichts von der Curve.

§. 149.

Da die Gleichung für die Ellipse in eine Gleichung für die Parabel verwandelt wird, wenn man $2d = c$ setzt: so kann man die Parabel als eine Ellipse, deren große Halbaxe $a = \frac{dd}{2d - c}$ unendlich ist, betrachten; und es läßt sich daher alles, was von der Ellipse gesagt worden ist, auf die Parabel anwenden, wenn man $a = \infty$ setzt. Da nun $AF = \frac{1}{2}c$, und also $PF = x - \frac{1}{2}c$ ist, so wird, wenn man aus dem Brennpunkte F nach irgend einem Punkte der Curve M die gerade Linie FM zieht,

$$FM^2 = xx - cx + \tfrac{1}{4}cc + yy = xx + cx + \tfrac{1}{4}cc,$$

und folglich

$$FM = x + \tfrac{1}{2}c = AP + AF,$$

welches die Haupteigenschaft des Brennpunktes der Parabel ist.

§. 150.

Da die Parabel aus der Ellipse entsteht, wenn man die große Axe $= \infty$ setzt; so wollen wir die Parabel als eine

Ellipse ansehen, deren halbe Axe AC = a unendlich groß ist, so daß also der Mittelpunkt C unendlich weit von A absteht. Zieht man nun durch M die Tangente MT, welche der Axe in T begegnet; so wird, da

CP : CA = CA : CT §. 141. und CP = a — x ist, CT = $\frac{aa}{a-x}$, und also AT = $\frac{ax}{a-x}$. Weil aber $a = \infty$, so verschwindet x dagegen, und es wird daher $a - x = a$, und $AT = x = AP$. Dies läßt sich auch auf diese Art darthun: Es ist $AT = \frac{ax}{a-x}$ oder $AT = x + \frac{xx}{a-x}$. Da nun hier der Nenner des Bruchs eine unendlich große, der Zähler aber eine endliche Größe ist, so verschwindet der Bruch, und es ist daher AT = AP = x.

§. 151.

Wenn man daher aus dem Punkte M nach dem unendlich weit entfernten Mittelpunkte der Parabel C die gerade Linie MC zieht, welche wegen der unendlichen Entfernung des Punkts C der Axe AC parallel wird: so ist auch diese Linie MC ein Durchmesser, der alle der Tangente MT parallele Sehnen in zwei gleiche Theile theilet. Wird z. B. die Sehne oder Ordinate mn der Tangente MT parallel gezogen, so wird sie von dem Durchmesser Mp in p halbiret. Es ist daher eine jede in einer Parabel mit der Axe parallel gezogene gerade Linie ein schiefwinkliger Durchmesser. Damit wir die Natur dieser Durchmesser kennen lernen, so sey Mp = t, pm = u, und msr aus m auf der Axe senkrecht. Dann ist, da PT = 2x, und $MT = \sqrt{(4xx + 2cx)}$ ist,

$\sqrt{(4xx + 2cx)} : 2x = pm : ps$, und

$\sqrt{(4xx + 2cx)} : \sqrt{2cx} = pm : ms$; folglich

$$ps = \frac{2xu}{\sqrt{(4xx + 2cx)}} = u\sqrt{\frac{2x}{2x + c}}, \text{ und}$$

$$ms = u\sqrt{\frac{c}{2x + c}}, \text{ und}$$

$$Ar = x + t + u\sqrt{\frac{2x}{2x + c}}, \text{ und } mr = \sqrt{2cx} + u\sqrt{\frac{2}{2x + c}}$$

Da aber

$mr^2 = 2c \cdot Ar$ [weil allenthalben $PM^2 = 2FH \cdot AP$, §. 148.] so ist

$$2cx + cu\sqrt{\frac{2x}{2x + c}} + \frac{cuu}{2x + c} = 2cx + 2ct +$$

$$2cu\sqrt{\frac{2x}{2x + c}} \text{ und also}$$

$uu = 2t(2x + c) = 4FM . t$, oder $pm^2 = 4FM . Mp$. Ferner ist

$$\sin. mps \left[= \frac{ms}{mp}\right] = \sqrt{\frac{c}{2x + c}} = \sqrt{\frac{AF}{FM}},$$

$$\cos. mps \left[= \frac{sp}{mp}\right] = \sqrt{\frac{2x}{2x + c}} = \sqrt{\frac{AP}{FM}};$$

also

$$\sin. 2mps = \frac{2\sqrt{2cx}}{2x + c} = \frac{y}{FM} = \sin. MFP,$$

und folglich der Winkel $mps = MTP = \frac{1}{2}MFr$.

§. 152.

Da $MF = AP + AF$, und $AP = AT$ ist, [§. 149 und 150.] so ist $FM = FT$, und also das Dreieck MFT gleichschenklig, und $MFr = 2MTA$, so wie wir solches eben gefunden haben. Da ferner $MT = 2\sqrt{x(x + \frac{1}{2}c)}$, so ist $MT = 2\sqrt{AP . PM}$, und wenn man daher aus dem Brennpunkte F nach der Tangente die Perpendikulärlinie FS zieht, so ist

$$MS = ST = \sqrt{AP . FM} = \sqrt{AT . TF}, \text{ und folglich}$$

$$AT : TS = TS : TF.$$

Hieraus erhellet, daß der Punkt S in der Linie AS seyn wird, die in A auf der Axe senkrecht steht. Es ist aber

$$AS = \frac{1}{2}PM : AS : TS = AF : FS \text{ und}$$

$$FS = \sqrt{AF . FM} \text{ [weil } FS^2 = AF . FT, \text{ und } FT = FM \text{ ist]}$$

also FS die mittlere Proportiallinie zwischen AF und FM. Ueberdies ist

$$AS : MS = AS : TS = FS : FM = \sqrt{AF} : \sqrt{FM}$$

[weil $FS = \sqrt{AF . FM}$].

Errichtet man aus M senkrecht auf die Tangente die gerade Linie MW, welche die Axe in W schneidet; so ist

$$PT : PM = PM : PW, \text{ oder}$$

$$2x : \sqrt{2cx} = \sqrt{2cx} : PW, \text{ und also}$$

$$PW = c;$$

oder das Stück der Axe PW, welches zwischen der Applicate PM und der Perpendikulärlinie MW liegt, hat eine beständige Größe, und ist dem halben Parameter oder der Applicate FH gleich. Endlich ist

$$FW = FT = FM, \text{ und } MW = 2\sqrt{AF . FM} \; [= 2FS].$$

§. 153.

Wir kommen nunmehr zur Hyperbel, deren Natur durch die Gleichung

$$yy = \alpha + \beta x + \gamma xx$$

bestimmt wird, wenn x und y rechtwinklige Coordinaten bedeuten. Verändert man den Anfangspunkt der Abscissen um $\frac{\beta}{2\gamma}$, so erhält man daraus die Gleichung

$$yy = \alpha + \gamma xx,$$

wobei der Anfangspunkt der Abscissen mit dem Mittelpunkt C zusammenfällt [§. 109. 110.]. Es muß aber hier γ eine positive Größe seyn, §. 134., α hingegen kann positiv oder negativ genommen werden; denn verwechselt man die Coordinaten x und y, so wird aus einem positiven α ein negatives, und aus einem negativen ein positives. Es sey also α negativ, und folglich

$$yy = \gamma xx - \alpha;$$

wo sogleich in die Augen fällt, daß y zweimal = o wird, einmal, wenn $x = +\sqrt{\frac{\alpha}{\gamma}}$, und zweitens wenn $x = -\sqrt{\frac{\alpha}{\gamma}}$ ist. Wird also, Fig. 33., C zum Mittelpunkte angenommen, und sind A und B die Punkte, wo die Axe von der Curve geschnitten wird: so ist, wenn CA = CB = a setzt, $a = \sqrt{\frac{\alpha}{\gamma}}$ und $\alpha = \gamma aa$, und daher $yy = \gamma xx - \gamma aa$. So lange also x^2 kleiner ist als a^2, so lange ist die Applicate imaginär, so daß daher zu der ganzen Axe AB kein Theil der Curve gehört. Wenn aber xx größer als aa ist, so wachsen die Applicaten mit den Abscissen ohne Ende; und es hat daher die Hyperbel vier ohne Ende fortlaufende und einander gleiche und ähnliche Schenkel AI, Ai, BK, Bk, welches das Hauptkennzeichen der Hyperbeln ist.

§. 154.

Weil $yy = -\gamma aa$ ist, wenn x = o wird, so hat die Hyperbel nicht so wie die Ellipse eine zugehörige Axe, indem die Applicate in dem Mittelpunkte C imaginär ist. Es ist also die zugehörige Axe eine imaginäre Größe, welche man, um eine Aehnlichkeit mit der Ellipse zu erhalten, $= b\sqrt{-1}$ setzen kann, so daß $\gamma aa = bb$, und $\gamma = \frac{bb}{aa}$ wird. Setzt man nunmehr die Abscisse CP = x und die Applicate PM = y, so wird $yy = \frac{bb}{aa}(xx - aa)$, und es wird daher die Gleichung für die Ellipse $yy = \frac{bb}{aa}(aa - xx)$ in die Gleichung für die Hyperbel verwandelt, wenn man $-bb$ anstatt bb setzt. Wegen dieser Uebereinstimmung läßt sich das, was bisher von der Ellipse gesagt worden ist, sehr leicht auf die Hyperbel anwenden. Zuvörderst ist der Abstand der Brennpunkte vom Mittelpunkte, der für die Ellipse $= \sqrt{(aa - bb)}$ war, für die Hyperbel $= \sqrt{(aa + bb)} = CF = CG$. Hieraus ergiebt sich

$$FP = x - \sqrt{(aa + bb)} \text{ und } GP = x + \sqrt{(aa + bb)};$$

und da $yy = - bb + \frac{bbxx}{aa}$ ist, so wird

$$FM = \sqrt{(aa + xx + \frac{bbxx}{aa} - 2x\sqrt{(aa + bb)})} = \frac{x\sqrt{(aa + bb)}}{a} - a, \text{ und}$$

$$GM = \sqrt{(aa + xx + \frac{bbxx}{aa} + 2x\sqrt{(aa + bb)})} = \frac{x\sqrt{(aa + bb)}}{a} + a.$$

Zieht man daher aus den beiden Brennpunkten F und G nach einem Punkte M in der Curve die geraden Linien FM und GM, so ist

$$FM + AC = \frac{CP \cdot CF}{AC}, \text{ und } GM - AC = \frac{CP \cdot CF}{AC}, \text{ und}$$

die Differenz dieser beiden Linien $GM - FM = 2AC$. So wie also bei der Ellipse die Summe dieser beiden Linien, so ist bei der Hyperbel die Differenz derselben der Axe AB gleich.

§. 155.

Hieraus läßt sich auch die Lage der Tangente MT bestimmen. Denn da in allen Linien der zweiten Ordnung $CP : CA = CA : CT$ ist, §. 118., woraus sich $CT = \frac{aa}{x}$ und $PT = \frac{xx - aa}{x} = \frac{aayy}{bbx}$, §. 141., ergiebt: so wird

$$MT [= \sqrt{(PM^2 + PT^2)}] = \frac{y}{bbx}\sqrt{(b^4x^2 + a^4y^2)} = \frac{y}{bx}\sqrt{(aaxx + bbxx - a^4)}$$

weil $y^2 = \frac{bb}{aa}(xx - aa)$ ist. Es ist aber

$$FM \cdot GM = \frac{aaxx + bbxx - a^4}{aa}, \text{ §. 154., folglich}$$

$$MT = \frac{ay}{bx}\sqrt{FM \cdot GM}.$$

Ferner ist

$$FT = \sqrt{(aa+bb)} - \frac{aa}{x}, \text{ und } GT = \sqrt{(aa+bb} + \frac{aa}{x},$$

folglich

$FT : FM = a : x$, und $GT : GM = a : x$, woraus

$FT : GT = FM : GM$ folgt; und diese Proportion zeigt an, daß der Winkel FMG von der Tangente in zwei gleiche Theile getheilt wird, und $FMT = GMT$ ist. Wird aber die Linie CM verlängert, so ist sie ein schiefwinkliger Durchmesser, der alle mit MT parallel gezogene Ordinaten in zwei gleiche Theile theilet. [Man vergleiche mit diesen §. den 141 und 142sten.]

§. 156.

Zieht man aus dem Mittelpunkte C die gerade Linie CQ auf die Tangente senkrecht, so wird

$$TM : PT = CT : TQ$$

oder

$$\frac{ax}{bx}\sqrt{FM \,.\, GM} : \frac{aayy}{bbx} = \frac{aa}{x} : TQ,$$

und

$$TM : PM = CT : CQ, \text{ oder } \frac{ay}{bx}\sqrt{FM \,.\, GM} : y = \frac{aa}{x} : CQ,$$ §. 155.; und also

$$TQ = \frac{a^3y}{bx\sqrt{FM \,.\, GM}} \text{ und } CQ = \frac{ab}{\sqrt{FM \,.\, GM}}.$$

Fällt man eben so aus dem Brennpunkte F die Linie FS senkrecht auf die Tangente, so wird $TM : PT = FT : TS$ oder

$$\frac{ay}{bx}\sqrt{FM \,.\, GM} : \frac{aayy}{bbx} = \frac{a \,.\, FM}{x} : TS, \text{ und}$$

$TM : PM = FT : FS$, oder

$$\frac{ay}{bx}\sqrt{FM \,.\, GM} : y = \frac{a \,.\, FM}{x} : FS,$$ §. 155.; und daher

$$TS = \frac{aay \,.\, FM}{bx\sqrt{FM \,.\, GM}} \text{ und } FS = \frac{b \,.\, FM}{\sqrt{FM \,.\, GM}}:$$

so wie, wenn man aus dem andern Brennpunkte die Linie Gs senkrecht auf die Tangente fällt,

$$Ts = \frac{aay \,.\, GM}{bx\sqrt{FM \,.\, GM}}, \text{ und } Gs = \frac{b \,.\, GM}{\sqrt{FM \,.\, GM}}$$

wird. Hieraus erhält man

$$TS \,.\, Ts = \frac{a^4yy}{bbxx} = \frac{aa(xx - aa)}{xx} = CT \,.\, PT, \text{ und}$$

$TS : CT = PT : Ts$; und $FG \,.\, Gs = bb$.

Da ferner QS = Qs ist, so ist

$$QS = \frac{TS + Ts}{2} = \frac{aay(FM + GM)}{2bx\sqrt{FM \cdot GM}} = \frac{ay\sqrt{(aa + bb)}}{b\sqrt{FM \cdot GM}}$$

= Qs, [weil $FM + GM = \frac{2x\sqrt{(aa + bb)}}{a}$ ist, §. 154.]; und hieraus fließt

$$CS^2 = CQ^2 + QS^2 = \frac{aab^4 + a^4yy + aabbyy}{bb \cdot FM \cdot GM} =$$

$$\frac{aab^4 + (aa + bb)(bbxx - aabb)}{bb \cdot FM \cdot GM} = \frac{(aa + bb)xx - a^4}{FM \cdot GM}$$

= aa*).

Es ist also auch hier, wie in der Ellipse, die gerade Linie CS = a = CA. Weiter ist

$$CQ + FS = \frac{bx\sqrt{(aa + bb)}}{a\sqrt{FM \cdot GM}}$$

und also

$$(CQ + FS)^2 - CQ^2 = \frac{bbxx(aa + bb) - a^4b^2}{aa \cdot FM \cdot GM} = bb.$$

Wenn man daher aus F die Linie FX der Tangente parallel zieht, und dieselbe die senkrechte Linie CQ in X schneidet: so ist

$$CX = \sqrt{(bb + CQ^2)};$$

eine Eigenschaft, von welcher wir bei der Ellipse eine ähnliche gehabt haben. §. 144.

*) Man kann hier auch folgenden Gang nehmen. Es ist

$$CS^2 = CQ^2 + QS^2 = \frac{aabb}{FM \cdot GM} + \frac{aayy}{bb} \cdot \frac{aa + bb}{FM \cdot GM} =$$

$\frac{aabb}{FM \cdot GM} + \frac{(xx - aa)(aa + bb)}{FM \cdot GM}$, weil $\frac{aayy}{bb} = xx - aa$ ist, §. 154. Dies giebt ferner $\frac{(aa + bb)xx - a^4}{FM \cdot GM}$, weil $(xx - aa)(aa + bb) = (aa + bb)xx - a^4 - aabb$, und das übrige folgt, weil $FM \cdot GM = \frac{(aa + bb)xx - a^4}{aa}$ ist, §. 154.

§. 157.

Wenn man in den Scheitelpunkten A und B auf der Axe senkrechte Linien errichtet, und selbige verlängert, bis sie der Tangente in V und v begegnen: so wird, weil $AT = \frac{a(x - a)}{x}$, $BT = \frac{a(x + a)}{x}$ und PT : PM = AT : AV = BT : Bv ist,

$$AV = \frac{bb(x-a)}{ay}, \text{ und } Bv = \frac{bb(x+a)}{ay}; \text{ also}$$

$$AV \,.\, Bv = \frac{b^4(xx-aa)}{aayy} = bb = FS \,.\, GS. \text{ §. 136.}$$

Außerdem ist auch

PT : TM = AT : TV = BT : Tv; und folglich

$$TV = \frac{b(x-a}{xy} \sqrt{FM \,.\, GM}, \text{ und } Tv = \frac{b(x+a)}{xy} \sqrt{FM.GM},$$

daher denn

$TV \,.\, Tv = \frac{aa}{xx} \,.\, FM \,.\, GM = FT \,.\, GT$. [weil $\frac{a}{x} FM =$ FT, und $\frac{a}{x}$ GM = GT ist, §. 142.].

§. 158.

Da $CT = \frac{aa}{x}$ ist §. 141, so muß CT, oder das Stück der Axe zwischen der Tangente und dem Mittelpunkte desto kleiner seyn, je größer x genommen wird, und also die Tangente, wenn die Curve ins Unendliche fortgezogen worden, durch den Mittelpunkt gehen, und CT = o werden. Weil nun tang. $PTM = \frac{PM}{PT} = \frac{bbx}{aay}$ [weil $PT = \frac{aayy}{bbx}$ §. 155] und $y = \frac{b}{a} \sqrt{(xx-aa)}$ §. 154., so wird, wenn $x = \infty$, $y = \frac{bx}{a}$, und $\frac{bbx}{aay} = \frac{b}{a}$, und die Tangente geht alsdann durch den Mittelpunkt, und macht mit der Axe den Winkel ACD, dessen Tangente $= \frac{b}{a}$ ist. Errichtet man daher aus A senkrecht auf die Axe die gerade Linie AD = b: so wird die Linie CD, so weit man sie auch verlängert, die Curve nie schneiden, aber ihr immer näher und näher kommen, und nur nach einer unendlichen Verlängerung mit CI zusammenfallen. Eben das gilt von dem Theile Ck und dem Schenkel Bk. Zieht man auf der andern Seite unter eben dem Winkel die gerade Linie KCi, so erreicht auch sie die Schenkel BK und Bi nicht anders als nach einer unendlichen Verlängerung. Dergleichen Linien nun, denen sich eine Curve immer mehr und mehr nähert, ohne sie doch eher als nach einer unendlichen Verlängerung zu erreichen, werden Asymptoten genannt, und es sind also die geraden Linien ICK und KCi zwei Asymptoten der Hyperbel.

§. 159.

Es durchschneiden sich also die Asymptoten der Hyperbel in dem Mittelpunkte C, und machen mit der Axe den Winkel ACD = ACd, dessen Tangente = $\frac{b}{a}$, so wie die Tangente des doppelten Winkels oder tang. DCd = $\frac{2ab}{aa - bb}$ [§. 240. des 1sten B. verbunden mit §. 234.]. Wenn daher b = a ist, so ist der Winkel DCd, unter welchem sich die Asymptoten schneiden, ein rechter Winkel, und in diesem Falle wird die Hyperbel eine gleichseitige Hyperbel genannt. Da aber AC = a, AD = b ist, so ist CD = Cd = $\sqrt{(aa + bb)}$; und wenn man daher aus dem Brennpunkte G auf eine von den beiden Asymptoten die Perpendikulärlinie GH herabfällt, so wird, weil CG = $\sqrt{(aa + bb)}$ ist, CH = AC = BC = a, und GH = b.

§. 160.

Verlängert man die Ordinate MPN = 2y bis sie die Asymptoten in m und n schneidet, so wird

$$Pm = Pn = \frac{bx}{a}, \text{ und}$$

$$Cm = Cn = \frac{x\sqrt{(aa + bb)}}{a} = FM + AC = GM - AC.$$

Ferner ist

$$Mm = Nn = \frac{bx - ay}{a}; \quad Nm = Mn = \frac{bx + ay}{a} \text{ und also}$$

$$Mm \,.\, Nm = Mm \,.\, Mn = \frac{bbxx - aayy}{aa} = bb,$$

weil aayy = bbxx − aabb ist, §. 154; und daher allenthalben Mm . Nm = Mm . Mn = Nn . Nm = Nn . Mn = bb = AD^2. Zieht man nun aus M die Linie Mr der Asymptote Cd parallel: so ist

$$2b : \sqrt{(aa + bb)} = Mm : mr \; (Mr); \text{ folglich}$$

$$mr = Mr = \frac{(bx - ay)\sqrt{(aa + bb)}}{2ab}, \text{ und}$$

$$Cm - mr = Cr = \frac{(bx + ay)\sqrt{(aa + bb)}}{2ab};$$

und daraus ergiebt sich

$$Mr \,.\, Cr = \frac{(bbxx - aayy)(aa + bb)}{4aabb} = \frac{aa + bb}{4},$$

weil bbxx − aayy = aabb, §. 154.

Zieht man daher aus A die Linie AE der Asymptote Cd

parallel, so ist
$AE = CE\ [= \frac{1}{2}Cd] = \frac{1}{2}\sqrt{(aa + bb)}$ §. 159, und folglich
$$Mr \,.\, Cr = AE \,.\, CE,$$
welches eine Haupteigenschaft der Hyperbel in Beziehung auf die Asymptoten ist.

§. 161.

Werden also, Fig. 34, die Abscissen $CP = x$ auf der einen von den Asymptoten vom Mittelpunkte aus, und die Applicaten $PM = y$ der andern Asymptote parallel genommen: so ist
$$yx = \frac{aa + bb}{4}$$
wenn man nemlich $AC = BC = a$, und $AD = Ad = b$ setzt, oder $yx = hh$, und $y = \frac{hh}{x}$, wenn man $AE = CE = h$ annimmt. Wird daher $x = o$, so wird $y = \infty$, so wie hinwiederum $y = o$ ist, wenn $x = \infty$ genommen wird. Zieht man nun durch irgend einen Punkt der Curve M eine gerade Linie QMNR, welcher der nach Belieben gezogenen geraden Linie GH parallel ist, und nimmt dabei $CQ = t$, und $QM = u$ an: so ist
$GH : CH = u : PQ$; $GH : CG = u : PM$; folglich
$PQ = \frac{CH}{GH} \,.\, u$, und $PM = \frac{CG}{GH} \,.\, u$; und daher
$y = \frac{CG}{GH} \,.\, u$, und $x = t - \frac{CH}{GH} \,.\, u$. Bringt man diese Werthe in $yx = hh$, so erhält man daraus
$$\frac{CG}{GH} \,.\, tu - \frac{CH \,.\, CG}{GH^2} \,.\, uu = hh; \text{ oder}$$
$$uu - \frac{GH}{CH}\, tu + \frac{GH^2}{CH \,.\, CG} \,.\, hh = o.$$
Es hat also die Applicate u einen doppelten Werth, nemlich QM und QN, und die Summe dieser beiden Werthe ist $\frac{GH}{CH} \,.\, t = QR$, so wie das Rechteck zwischen ihnen
$$QM \,.\, QN = \frac{GH^2}{CH \,.\, CG} \,.\, hh.$$

§. 162.

Da also $QM + QN = QR$ ist, so ist $QM = RN$, und $QN = RM$. Wenn daher die Punkte M und N zusammenfallen, oder die Linie QR die Curve berührt: so wird sie in diesem Punkte in zwei gleiche Theile getheilt. Berührt nemlich XY die Hyperbel, so liegt der Berührungspunkt Z in der Mitte von XY. Wenn man daher aus Z die gerade Linie ZV der andern Asymptote parallel zieht: so ist $CV = VY$, und dies führt auf eine sehr leichte Art, durch jeden Punkt der Hyperbel eine Tangente zu legen. Man macht nemlich $VY = CV$, und zieht durch Y und Z eine gerade Linie, welche dann die verlangte Tangente ist.

Da nun $CV . ZV = hh = \frac{aa + bb}{4}$ ist, so wird $CX . CY = aa + bb = CD^2 = CD . Cd$, und wenn man also die geraden Linien DX und dY zöge, so würden sie einander parallel seyn. Hierauf beruht eine sehr leichte Art, Tangenten der Curve zu ziehen.

§. 163.

Da ferner das Rechteck $QM . QN = \frac{GH^2}{CH . CG} . hh$ ist, so fällt in die Augen, daß dieses Rechteck $QM . QN$, wo man auch QR der HG parallel ziehen mag, immer dieselbe Größe haben werde. Es wird daher auch $QM . QN = QM . MR = QN . NR = \frac{GH^2}{CH . CG} . hh$ seyn. Denkt man sich also eine der QR parallele Tangente, welche innerhalb der Asymptoten in dem Beruhrungspunkte in zwei gleiche Theile getheilt wird, §. 162, und nennt man die Hälfte derselben q: so wird allezeit

$$QM . QN = QM . MR = RM . RN = RN . NQ = qq,$$

welches eine sehr merkwürdige Eigenschaft der Hyperbeln ist, die zwischen ihren Asymptoten beschrieben worden sind.

§. 164.

Da die Hyperbel aus zwei einander gerade entgegenstehenden Theilen IAi und KBk besteht: so finden diese Eigenschaften nicht blos alsdann statt, wenn eine gerade Linie auf diese Art zwischen den Asymptoten gezogen worden ist, daß sie einen und denselben Theil der Curve in zwei Punkten schneidet; sondern auch, wenn eine gerade Linie von einem Theile der Curve nach dem entgegenstehenden gezogen wird. Zieht man z. B. aus M die gerade Linie Mqrn nach dem entgegenstehenden Theile, und mit ihr die Parallele Gh: so wird, weil die Dreiecke CGh und PMq einander ähnlich sind, wenn man $Cq = t$, und $qM = u$ setzt,

$$PM = y = \frac{CG}{Gh} . u, \text{ und } qP = x - t = \frac{Ch}{Gh} . u; \text{ also}$$

$$x = t + \frac{Ch}{Gh} . u.$$ Dies giebt, da $xy = hh$, §. 161.,

$$\frac{CG}{Gh} tu + \frac{CG \,.\, Ch}{Ch^2} \,.\, uu = hh, \text{ oder}$$

$$uu + \frac{Gh}{Ch} \,.\, tu - \frac{Gh^2}{CG \,.\, Ch} \,.\, hh = o.$$

§. 165.

Es hat also die Applicate u einen doppelten Werth, nemlich qM und — qn, denn qn ist negativ, weil es auf der andern Seite der Asymptote CP, die zur Axe genommen ist, liegt. Die Summe dieser beiden Wurzeln qM, — qn ist daher $-\frac{Gh}{Ch} \,.\, t = -qr$, folglich qn — qM = qr, und daher qM = rn, und qn = rM. Ferner erhellet aus der Gleichung §. 164., daß das Produkt dieser Wurzeln — $qM \,.\, qn = -\frac{Gh^2}{CG \,.\, Ch} \,.\, hh$, oder $qM \,.\, qn = qM \,.\, rM = rn \,.\, qn = rn \,.\, rM = \frac{Gh^2}{CG \,.\, Ch} \,.\, hh$ ist. Es sind also diese Rechtecke, wie viel gerade Linien Mn man auch der Gh parallel ziehen mag, immer von einer und derselben Größe. Und dies sind die vornehmsten Eigenschaften der einzelnen Arten der Linien der zweiten Ordnung, welche, wenn man sie mit den allgemeinen Eigenschaften derselben verbindet, zu einer außerordentlichen Menge merkwürdiger Beschaffenheiten führen.

Siebentes Capitel.

Von den ohne Ende fortlaufenden Schenkeln.

§. 166.

Wenn eine krumme Linie, zu was für einer Ordnung und Art dieselbe auch immer gehören mag, einen ohne Ende fortlaufenden Schenkel hat, und man aus einem unendlich weit entfernten Punkte in derselben auf eine willkührlich angenommene Axe eine senkrechte Applicate herabfällt: so ist entweder die Abcisse x oder die Applicate y, oder es sind beide Coordinaten unendlich. Denn sollte weder die Abscisse noch die Applicate unendlich seyn, sondern beide eine bestimmte oder endliche Größe haben: so wäre die Entfernung des in der Curve angenommenen Punkts von dem Anfangspunkte der Abscissen endlich, nemlich $= \sqrt{(xx + yy)}$, wider das

Angenommene. Wenn daher eine Curve einen ohne Ende fortlaufenden Schenkel hat, so gehört entweder zu irgend einer endlichen Abscisse eine unendliche Applicate, oder zu einer unendlichen Abscisse eine mögliche, endliche entweder oder unendliche, Applicate. Und hieraus lassen sich die ohne Ende fortlaufenden Schenkel der Curven entdecken.

§. 167.

Wenn eine algebraische Gleichung zwischen den Coordinaten x und y von irgend einer Ordnung, die n anzeigen mag, gegeben ist, und man die Glieder besonders betrachtet, in welchen die veränderlichen Größen x und y, n Dimensionen haben, und welche also $\alpha y^n + \beta x^{n-1} x + \gamma x^{n-2} x^2 + \delta x^{n-3} x^3 + \ldots + \mathfrak{E} x^n$ seyn werden: so läßt sich dieser Ausdruck in einfache Fakoren von der Form $Ay + Bx$ auflösen, die entweder reell oder imaginär sind, [Istes B. §. 90.] und hat derselbe immaginäre Werthe, so ist ihre Anzahl eine gerade Zahl, und je zwei derselben geben im Produkte einen doppelten reellen Faktor von der Form $A^2y^2 - 2ABxy. \cos. \varphi + B^2x^2$. [§. 91 des 1sten B. verbunden mit §. 145. eben dieses Buchs]. Ein solcher Faktor aber hat allezeit, es mag nun x, oder y, oder beide zugleich $= \infty$ seyn, den unendlichen Werth $= \infty^2$, weil das Glied $2AByx. \cos. \varphi$ immer kleiner ist, als die beiden übrigen, und weder A noch $B = o$ seyn kann. Es kann daher ein solcher Faktor wie $A^2y^2 - 2ABxy. \cos. \varphi + B^2x^2$, wenn entweder x oder y, oder sowohl x als y unendlich groß angenommen wird, weder $= o$, noch eine endliche Größe, ja nicht einmal bloß $= \infty$ seyn, sondern er ist allezeit $= \infty^2$, welches unendlich vielmal mehr ist als ∞.

§. 168.

Nimmt man daher an, daß der höchste Theil der Gleichung, $\alpha y^n + \beta y^{n-1} x + \gamma y^{n-2} x^2 + \ldots \mathfrak{E} x^n$, keinen einfachen reellen Faktor habe; ein Fall, der nur dann statt finden kann, wenn n eine gerade Zahl ist: so wird derselbe aus lauter doppelten Faktoren von der Form $A^2y^2 - 2ABxy. \cos. \varphi + B^2x^2$ bestehen. Wenn daher entweder x, oder y, oder x und y zugleich unendlich groß angenommen werden, so wird auch jener Ausdruck selbst einen unendlichen Werth $= \infty^n$ bekommen, und er kann also alsdann weder einer endlichen Größe, noch irgend einer unendlichen Größe ∞^m, deren Exponent m kleiner als n ist, gleich seyn. Da nun die übrigen Glieder der Gleichung, in welchen die veränderlichen Größen x und y weniger Dimensionen haben, unendlich Große mit einem kleinern Exponenten geben: so können sie jenem höchsten Theile nie gleich werden, und es kann folglich auch die Gleichung nicht bestehen, wenn entweder x oder y oder beide veränderliche Größen unendlich angenommen werden.

§. 169.

Wenn also eine krumme Linie durch eine Gleichung zwischen den Coordinaten x und y ausgedrückt wird, deren höchstes Glied keine einfache reelle Faktoren hat: so hat sie keine ohne Ende fortlaufende Schenkel, sondern es ist die ganze Curve in einem endlichen Raume enthalten, so wie die Ellipse oder der Kreis. Wenn daher in der allgeminen Gleichung der Linien der zweiten Ordnung $\alpha y^2 + \beta xy + \gamma xx + \delta y + \varepsilon x + \zeta = o$ das höchste Glied $\alpha y^2 + \beta xy + \gamma xx$, worin die veränderlichen Größen x und y zwei Dimensionen haben, keine einfache reelle Faktoren hat, welches geschieht, wenn $\beta\beta$ größer als $4\alpha\gamma$ wird: so hat die Curve keinen ohne Ende fortlaufenden Schenkel, und ist daher eine Ellipse.

§. 170.

Um dieß desto deutlicher auseinandersetzen zu können, wollen wir jede Gleichung zwischen den Coordinaten x und y auf die Art in Glieder theilen, daß wir zu dem höchsten oder ersten alle die Glieder der Gleichung rechnen, worin die veränderlichen Größen x und y die höchste Dimension von dem Exponenten n haben. Das zweite Glied ferner soll alle die Glieder der Gleichung bekommen, worin beide veränderliche Größen $n - 1$ Dimensionen ausmachen. Zu dem dritten Gliede sollen alle die Glieder der Gleichung gehören, worin die Anzahl der Dimensionen der veränderlichen Größen x und y, durch $n - 2$ ausgedrückt wird; und auf diese Art wollen wir weiter fortgehen, bis zu dem Gliede, worin keine Dimension von x und y enthalten ist, und welches daher bloß aus einer beständigen Größe besteht. Außerdem wollen wir das erste oder höchste Glied P, das zweite Q, das dritte R, das vierte S u. s. f. nennen.

§. 171.

Da also die krumme Linie, welche durch die Gleichung $P + Q + R + S +$ rc. $= o$ ausgedrückt wird, wenn P keinen einfachen reellen Faktor hat, auch keinen ohne Ende fortlaufenden Schenkel hat: so wollen wir nunmehr annehmen, daß das höchste Glied P Einen einfachen reellen Faktor $ay - bx$ habe, so daß $P = (ay - bx)M$ sey, wo M eine Funktion von x und y von $n - 1$ Dimensionen bedeutet, die keine einfache reelle Faktoren hat. Setzt man daher x oder y oder x und $y = \infty$, so wird $M = \infty^{n-1}$; Q kann ein ähnliches unendlich Großes seyn, aber R, S, rc. werden unendlich Große von niedrigern Graden. Folglich kann die Gleichung $P + Q + R +$ rc. $= o$ bestehen, wenn $ay - bx =$

einer endlichen Größe oder = o ist, und die Curve wird daher ohne Ende fortlaufen.

§. 172.

Es sey also $ay - bx = p$, wo p eine solche endliche Größe seyn muß, daß $pM + Q + R + S +$ ꝛc. = o, oder $p = \frac{-Q - R - S \text{ ꝛc.}}{M}$ wird, wenn die Curve ins Unendliche übergeht. Da aber M eine unendliche Größe von einer höhern Ordnung als R, S, ꝛc. ist, so werden die Brüche $\frac{R}{M}, \frac{S}{M}$, ꝛc. = o, und folglich $p = \frac{-Q}{M}$. Man erhält also den Werth von p aus dem Bruche $\frac{-Q}{M}$, wenn man darin x und y unendlich groß annimmt. Da ferner $ay - bx = p$ ist, so ist $y = \frac{bx + p}{a}$, und $\frac{y}{x} = \frac{b}{a} + \frac{p}{ax} = \frac{b}{a}$, weil $\frac{p}{ax} = o$ wird, wenn $x = \infty$ ist. Wenn also die Curve ins Unendliche übergeht, so ist $y = \frac{bx}{a}$.

§. 173.

Da Q und M homogene Funktionen von $n - 1$ Dimensionen sind, so ist $\frac{-Q}{M}$ eine Funktion von keiner Dimension [1. B. §. 85.], welche daher, wenn man $y = \frac{bx}{a}$ setzt, einen beständigen Werth für p giebt. Oder, da die Funktion $\frac{Q}{M}$ bestimmt wird, sobald das Verhältniß zwischen y und x, welches das Verhältniß b : a ist, bestimmt wird: so erhält man den Werth von p, wenn man in der Funktion $\frac{Q}{M}$ allenthalben b anstatt y, und a anstatt x setzt. Hat man auf diese Art p gefunden, so wird $ay - bx = p$, und diese Gleichung ist in der gegebenen Gleichung $P + Q + R + S$ ꝛc. = o enthalten, wenn die Curve ins Unendliche übergeht.

§. 174.

Der Theil der Curve im Unendlichen wird also durch die Gleichung $ay - bx = p$ ausgedrückt; und da dies eine Gleichung für eine gerade Linie ist, [§. 39. 40.] so muß diese gerade Linie, wenn sie ohne Ende verlängert wird, mit der Curve zusammenfallen. Es ist daher die gedachte gerade Linie eine Asymptote der Curve, weil die krumme Linie mit ihr im Unendlichen zusammenfällt, und sich ihr daher immer mehr und mehr nähert. Und da die gegebene Gleichung $P + Q + R + S +$ ꝛc. $= o$, wenn man x oder $y = \infty$ setzt, in diese, $ay - bx = p$, übergeht: so erhellet zugleich, daß diese gerade Linie, nach beiden Seiten verlängert, im Unendlichen mit der Curve zusammenfällt. Es hat daher die krumme Linie zwei ohne Ende fortlaufende, und einander entgegenstehende Schenkel, davon der eine mit der geraden Linie, wenn man sie vorwärts, und der andere mit ihr, wenn man sie rückwärts ohne Ende verlängert, zusammenfällt.

§. 175.

Da also die Curve, wenn die für sie gegebene Gleichung $P + Q + R + S +$ ꝛc. so beschaffen ist, daß das höchste Glied derselben Einen einfachen reellen Faktor hat, zwei ohne Ende fortlaufende Schenkel hat, die sich einer und derselben geraden Linie, welche man ihre Asymptote nennt, auf beiden Seiten immer mehr und mehr nähern: so wollen wir jetzt annehmen, daß das höchste Glied P zwei einfache reelle Faktoren $ay - bx$, und $cy - dx$ habe, so daß $P = (ay - bx)(cy - dx)M$, und M eine homogene Funktion von $n - 2$ Dimensionen sey. Hier sind aber zwei Fälle zu erwägen, indem diese beiden Faktoren entweder einander gleich oder ungleich seyn können.

§. 176.

Sind nun zuvörderst diese Faktoren einander ungleich, so ist offenbar, daß die Gleichung

$$(ay - bx)(cy - dx)M + Q + R + S + \text{ꝛc.} = o$$

für unendliche Abscissen oder Applicaten auf eine doppelte Weise bestehen kann, entweder wenn $ay - bx$, oder wenn $cy - dx$ einer endlichen Größe gleich ist. Setzt man daher $ay - bx = p$, so daß p eine endliche Größe ist, so ist im Unendlichen $\frac{y}{x} = \frac{b}{a}$, und es wird, wie vorhin,

$$p = \frac{-Q - R - S - \text{ꝛc.}}{(cy - dx)M} = \frac{-Q}{(cy - dx)M},$$

welches eine Funktion von x und y von keiner Dimension ist. Wenn man also $\frac{y}{x} = \frac{b}{a}$, oder, welches auf eins hinausläuft, allenthalben b anstatt y, und a anstatt x setzt, so findet man den wahren Werth der gesuchten beständigen Größe p. Es ist folglich $p = \frac{-Q}{(bc - ad)M}$, und da wegen der Ungleichheit der Faktoren $bc - ad$ nicht $= o$ seyn, und eben so wenig M, da es gar keinen reellen einfachen

Faktor enthält, = o werden kann: so entsteht daraus für p ein endlicher Werth, oder es wird = o, welches geschiehet, wenn entweder das Glied Q gänzlich fehlt, oder den Faktor $ay - bx$ hat.

§. 177.

Es hat also die Curve wegen des einfachen reellen Faktors $ay-bx$ des höchsten Gliedes P, eben so wie im ersten Falle, Eine Asymptote, deren Lage durch die Gleichung $ay - bx = p$ angezeigt wird. Auf eine ähnliche Art aber kommt ihr auch wegen des andern Faktors $cy - dx$ eine Asymptote zu, welche durch die Gleichung $cy - dx = q$ ausgedrückt wird, wenn man $q = \frac{-Q}{(ay - bx)M}$ annimmt, nachdem man allenthalben anstatt y und x die bestimmten Werthe d und c gesetzt hat. Es hat daher die Curve zwei Asymptoten, und folglich vier ohne Ende fortlaufende Schenkel, die mit diesen geraden Linien endlich zusammenfallen. So verhielt es sich, wie wir oben gesehen haben bei der Hyperbel; und wenn daher das höchste Glied $\alpha yy + \beta xy + \gamma xx$ in der Gleichung für die Linien der zweiten Ordnung $\alpha yy + \beta xy + \gamma xx + \delta y + \varepsilon x + \zeta = o$ zwei einfache reelle und ungleiche Faktoren hat, welches statt findet, wenn $\beta\beta$ größer als $4\alpha\gamma$ ist, so ist die Curve eine Hyperbel.

§. 178.

Nun seyen die beiden Faktoren $ay - bx$ und $cy - dx$ einander gleich, so daß $P = (ay - bx)^2 M$. Da $P + Q + R + S + \text{etc.} = o$ ist, so ist $(ay-bx)^2 = \frac{-Q - R - S - \text{etc.}}{M}$; und da Q eine Funktion von $n - 1$; R eine Funktion von $n - 2$; und S eine Funktion von $n - 3$ Dimensionen ist, so wird, da M ebenfalls $n - 2$ Dimensionen hat, wenn x oder y unendlich groß werden, $\frac{S}{M} = o$, und folglich

$$(ay-bx)^2 = \frac{-Q}{M} - \frac{R}{M} = \frac{-Q}{M(\mu y + \nu x)}(\mu y + \nu x) - \frac{R}{M}.$$

Nun sind aber $\frac{Q}{M(\mu y + \nu x)}$ und $\frac{R}{M}$ Funktionen von keiner Dimension der Größen x und y. Da also im Unendlichen $y : x = b : a$ ist, so werden beide Funktionen, wenn man das Verhältniß $\frac{b}{a}$ anstatt $\frac{y}{x}$, oder b für y, und a für x setzt, zu beständigen Größen.

§. 179.

Es werde daher durch diese Substitution

$$\frac{Q}{M(\mu y + \nu x)} = A, \text{ und } \frac{R}{M} = B;$$

so wird

$$(ay - bx)^2 = - A(\mu y + \nu x) - B:$$

und dies ist die Gleichung für eine krumme Linie, welche mit der Linie, die durch die Gleichung $P + Q + R + S +$ rc. $= o$ ausgedrückt wird, im Unendlichen zusammenfällt. Da aber die Größen μ und ν willkührlich sind, so setze man $\mu = b$ und $\nu = a$, und lasse bei veränderten Coordinaten

$ay - bx = u\sqrt{(aa + bb)}$ und $by + ax = t\sqrt{(aa + bb)}$ seyn. Alsdann ist für eben diese Curve

$$uu + \frac{At}{\sqrt{(aa + bb)}} + \frac{B}{aa + bb} = o$$

wovon in die Augen fällt, daß es eine Gleichung für die Parabel ist. Die gesuchte Curve ist daher von der Art, daß sie ohne Ende fortgeführt, mit einer Parabel zusammenfällt. Sie hat daher nur zwei ohne Ende fortlaufende Schenkel, deren Asymptote keine gerade Linie, sondern die durch die vorhergehende Gleichung ausgedrückte Parabel ist.

§. 180.

Dies findet statt, wenn A nicht $= o$ ist; allein wenn $A = o$ wird (welches geschiehet, wenn das zweite Glied Q fehlet, oder durch $ay - bx$ theilbar ist), so hört die gefundene Gleichung auf, eine Gleichung für die Parabel zu seyn, und verwandelt sich in $uu + \frac{B}{aa + bb} = o$, wobei drei Fälle zu betrachten sind. Ist nemlich zuvörderst B eine negative Größe, oder $\frac{B}{aa + bb} = - ff$, so begreift die Gleichung $uu - ff = o$ diese zwei Gleichungen $u - f = o$, und $u + f = o$ in sich, welche zu zweien geraden einander parallelen Linien gehören, davon eine jede eine Asymptote der Curve ist, wie im ersten Falle. Es hat daher die Curve vier ohne Ende fortlaufende Schenkel, die über alle Grenzen hinaus verlängert mit diesen beiden geraden Linien zusammenfallen.

§. 181.

Der zweite Fall findet statt, wenn B eine positive Größe, oder $= + ff$ ist. Weil aber die Gleichung $uu + ff = o$ in diesem Falle unmöglich wird, so hat die Curve alsdann keinen ohne Ende fortlaufenden Schenkel, sondern ist ganz in einem endlichen Raume enthalten. Es hat daher die

Curve, welche durch die Gleichung $P + Q + R + S +$ ꝛc. ausgedrückt wird, nicht bloß in dem Falle keinen ohne Ende fortlaufenden Schenkel, wenn das höchste Glied P keinen einfachen reellen Faktor hat, sondern es kann dieser Umstand, wie wir gesehen haben, auch statt finden, obgleich P Faktoren hat. In der Folge werden noch mehrere Fälle dieser Art vorkommen.

§. 182.

Der dritte Fall endlich tritt ein, wenn auch $B = o$ wird, ein Umstand, der sich bei jedem der beiden vorhergehenden Fälle ereignen kann, daher es zweifelhaft ist, wie die Curve beschaffen seyn werde. Man muß also, um die Gestalt der Curve zu bestimmen, die folgenden Glieder betrachten. Da nemlich

$P + Q + R + S +$ ꝛc. $= o$, und $P = (ay - bx)^2 M$ ist: so ist im Unendlichen

$$\frac{y}{x} = \frac{b}{a}, \text{ und } (ay - bx)^2 + \frac{Q}{M} + \frac{R}{M} + \frac{S}{M} + \frac{T}{M} + \text{ꝛc.} = o.$$

Nun setze man, wie vorhin [§. 179.], nachdem man die Substitution $\frac{y}{x} = \frac{b}{a}$ gebraucht hat,

$$\frac{Q}{M} = A(by + ax), \text{ und } \frac{R}{M} = B;$$

ferner sey, da S, T, V ꝛc. Funktionen von $(n - 2)$, $(n - 3)$ ꝛc. Dimensionen, M aber eine Funktion von $n - 1$ Dimensionen ist,

$$\frac{S(by + ax)}{M} = C; \quad \frac{T(by + ax)^2}{M} = D; \quad \frac{V(by + ax)^3}{M} = E, \text{ ꝛc.: so ist}$$

$$(ay - bx)^2 + A(by + ax) + B + \frac{C}{by + ax} + \frac{D}{(by + ax)^2} + \frac{E}{(by + ax)^3} = o.$$

Diese Gleichung drückt daher die Natur der krummen Linie aus, deren im Unendlichen gedachter Theil, welchen man erhält, wenn man $by + ax$ unendlich groß annimmt, mit der Curve zusammenfällt, die aus der Gleichung $P + Q + R + S +$ ꝛc. $= o$ entspringt. Denn ohngeachtet $(ay - bx)^2$, wenn die Curve ins Unendliche übergeht, einen endlichen oder einen unendlichen Werth, aber von einer niedrigern Ordnung als ∞^2, erhält, so hat gleichwohl $by + ax$ einen unendlichen Werth.

§. 183.

Verändert man nun aber die Axe der gefundenen Asymptote, und setzt die Abscissen darauf $\frac{ax+by}{\sqrt{(aa+bb)}}=t$, und die Applicate $\frac{ay-bx}{\sqrt{(aa+bb)}}=u$, desgleichen, der Kürze wegen, $\sqrt{(aa+bb)}=g$; so bekommt man

$$uu+\frac{At}{g}+\frac{B}{gg}+\frac{C}{g^3t}+\frac{D}{g^4t^2}+\frac{E}{g^5t^3}+\text{etc.}=o.$$

Da also in dem gegenwärtig zu entwickelnden Falle $A=o$, und $B=o$ ist, so wird

$$uu+\frac{C}{g^3t}+\frac{D}{g^4t^2}+\frac{E}{g^5t^3}+\text{etc.}=o.$$

Ist nun C nicht $=o$, so verschwinden, wenn man $t=\infty$ annimmt, die Glieder $\frac{D}{g^4t^2}+\frac{E}{g^5t^3}+$ etc. gegen $\frac{C}{g^3t}$, und es wird folglich

$$uu+\frac{C}{g^3t}=o.$$

Diese Gleichung drückt daher die Natur der krummen Linie aus, die, wenn man $t=\infty$ setzt, mit der Curve zusammenfällt. Da nun daraus $u=\pm\sqrt{\frac{-C}{g^3t}}$ ist, so hat die Curve zwei Schenkel, welche sich nach einem und demselben Theile der Axe zu auf beiden Seiten immer mehr und mehr nähern.

§. 184.

Ist überdies $C=o$, so muß man diese Gleichung $uu+\frac{D}{g^4t^2}=o$ nehmen, wo wieder ein dreifacher Fall statt findet, indem D eine positive, oder eine negative Größe, oder $=o$ seyn kann. Weil in dem ersten Falle die Gleichung unmöglich wird, so hat darin die Curve keinen ohne Ende fortlaufenden Schenkel, sondern ist ganz in einem endlichen Raume enthalten. Was den zweiten Fall betrifft, wenn $\frac{D}{g^4}=-ff$, weil $uu=\frac{ff}{tt}$ ist; so hat darin die Applicate u, sowohl wenn man $t=+\infty$, als wenn man $t=-\infty$ setzt, einen doppelten verschwindenden Werth, einen positiven und einen negativen, und die Curve daher vier Schenkel, die sich nach beiden Theilen der Axe und zu beiden Seiten derselben immer mehr nähern. Im dritten Falle, oder wenn

$D = 0$ ist, muß man diese Gleichung $uu + \frac{E}{g^5 t^3} = 0$ nehmen, mit der es eben die Bewandniß hat: und so muß man so lange fortgehen, als die Gleichung $P + Q + R + S +$ rc. $= 0$ fernere Glieder darbietet.

§. 185.

Angenommen nunmehr, daß das höchste Glied der Gleichung $P + Q + R + S +$ rc. $= 0$ drei einfache reelle Faktoren habe: so ist offenbar, daß von jedem dieser drei Faktoren, wenn sie einander ungleich sind, alles das gilt, was oben [§. 171 — 174.] von Einem reellen Faktor gelehret worden ist. In diesem Falle hat also die Curve sechs ohne Ende fortlaufende Schenkel zu dreien geraden Asymptoten. Wenn zwei Faktoren gleich sind, so gilt von dem dritten eben das, was nach dem Vorhergehenden davon behauptet werden muß; was aber die beiden gleichen Faktoren betrifft, so muß man auf sie das vorhin [§. 178 — 185.] von zwei gleichen Faktoren Gesagte anwenden. Es bleibt daher nur der dritte Fall zu betrachten übrig, wenn alle drei Faktoren einander gleich sind. Es sey daher $P = (ay + bx)^3 M$. Und da die Gleichung $P + Q + R + S +$ rc. $= 0$ im Unendlichen nicht bestehen kann, wofern nicht $(ay - bx)^3$ einen endlichen oder wenigstens einen unendlichen Werth von einer niedrigern Ordnung als ∞^3 hat, damit die Potestät des Unendlichen, worin das höchste Glied P übergeht, kleiner werde als ∞^n: so ist allerdings im Unendlichen $\frac{y}{x} = \frac{b}{a}$.

§. 186.

Um diesen Fall weiter zu entwickeln, müssen wir das zweite Glied Q betrachten, und sehen, ob es denselben Faktor $ay - bx$ hat oder nicht. Fehlt dasselbe gänzlich, so findet das erstere statt, indem 0 einen jeden Faktor zuläßt. Es sey also zuvörderst Q nicht durch $ay - bx$ theilbar. Da nun Q eine Funkton von $n - 1$, und M eine Funktion von $n - 3$ Dimensionen ist, so ist $\frac{Q}{(ax + by)^2 M}$ eine Funktion von keiner Dimension; und es wird daher $\frac{Q}{(ax - by)^2 M}$, wenn man $\frac{y}{x} = \frac{b}{a}$ setzt, eine beständige Größe, die wir A nennen wollen, und $(ay - bx)^3 + A(ax + by)^2 = 0$, weil die folgenden Glieder im Unendlichen gegen $A(ax + by)^2$ verschwinden.

§. 187.

Die krumme Linie, welche durch diese Gleichung ausgedrückt wird, ist daher so beschaffen, daß sie, ins Unendliche fortgeführt, mit der krummen Linie, welche durch die Gleichung $P + Q + R + S +$ ꝛc. $= o$ ausgedrückt wird, zusammenfällt. Um sie aber genauer kennen zu lernen, wollen wir für sie eine andere Axe annehmen, worauf die Abscisse $t = \frac{ax + by}{g}$, und die Applicate $u = \frac{ay - bx}{g}$ für $\sqrt{(aa + bb)} = g$ seyn soll. Alsdann ist $u^3 + \frac{Att}{g} = o$, und diese Gleichung giebt, wenn man darin $t = \infty$ setzt, den Theil der gesuchten Curve $P + Q + R +$ ꝛc. $= o$ im Unendlichen. Wenn daher die Gestalt der Curve $u^3 + \frac{Att}{g} = o$ bekannt ist, so ist auch die Gestalt des Theils der Curve $P + Q + R +$ ꝛc. $= o$ im Unendlichen bekannt. In dem folgenden Capitel aber wollen wir diese krummlinigen Asymptoten besonders betrachten.

§. 188.

Wenn das zweite Glied Q den Faktor $ay - bx$ hat, so ist es dabei entweder auch durch $(ay - bx)^2$ theilbar oder nicht. Es sey zuvörderst nicht durch $(ay - bx)^2$ theilbar. Hier nehme man die Funktion von keiner Dimension $\frac{Q}{(ay - bx)(ax + by)M}$, so daß dieselbe, wenn man $\frac{y}{x} = \frac{b}{a}$ setzt, die beständige Größe A gebe; wo dann

$$(ay - bx)^3 + A(ay - bx)(ax + by) + \frac{R}{M} + \frac{S}{M} + \text{ꝛc.} = o$$

seyn wird. Hier ist nun $\frac{R}{M}$, wenn man $\frac{y}{x} = \frac{b}{a}$ setzt, entweder $B(ay - bx)$ oder $B(ax + by)$, je nachdem R entweder durch $ay - bx$ theilbar ist oder nicht; dagegen ist $\frac{S}{M}$ eine beständige Größe C. Wenn man daher diese Gleichung in eine andere zwischen den Coordinaten t und u für eine andere Axe, so wie vorhin, verwandelt, so ist entweder

$$u^3 + \frac{Atu}{g} + \frac{Bu}{gg} + \frac{C}{g^3} = o \text{ oder}$$

$$u^3 + \frac{Atu}{g} + \frac{Bt}{g^2} + \frac{C}{g^3} = o.$$

Da indeß bloß der Fall hieher gehört, in welchem $t = \infty$, so verschwinden die letzten Glieder dieser Gleichungen. Es ist also in dem ersten Falle

$$u^3 + \frac{Atu}{g} + \frac{Bu}{gg} = o,$$

welche Gleichung eine doppelte Asymptote, nemlich einmal $u = o$, und zweitens $uu + \frac{At}{g} = o$ giebt, wovon jene eine gerade Linie, diese hingegen eine Parabel ist. Auch in dem letzten Falle hat u, wenn $t = \infty$ ist, entweder einen endlichen Werth, so daß, weil das Endliche gegen das Unendliche verschwindet, $\frac{Atu}{g} + \frac{Bt}{g^2} = o$, und $u = \frac{-B}{Ag}$ für die gerade Linie ist. Oder es kann auch u einen unendlichen Werth haben, und dann entsteht wegen des Verschwindens des letzten Gliedes $u^2 + \frac{At}{g} = o$ für die Parabel. Es ergiebt sich daher in beiden Fällen eine doppelte Asymptote, wovon die eine eine gerade Linie, und die andere eine Parabel ist, daher man diese Fälle auch nicht weiter von einander zu unterscheiden nöthig hat.

§. 189.

Nun sey Q auch durch $(ay - bx)^2$ theilbar, so erhält man, je nachdem R durch $(ay - bx)$ theilbar oder nicht theilbar ist, durch eben die Operationen, die vorhin angestellt wurden, zwischen t und u diese Gleichungen: entweder

$$u^3 + \frac{Au^2}{g} + \frac{Bu}{g^2} + \frac{C}{g^3} = o, \text{ oder}$$

$$u^3 + \frac{Au^2}{g} + \frac{Bt}{g^2} = o.$$

Die erste Gleichung ist eine Gleichung für drei gerade einander parallele Linien, wenn alle drei Wurzeln derselben reell sind; oder für eine einzige geradlinige Asymptote, wenn zwei von diesen Wurzeln imaginär sind. Hieraus entstehen aber wieder verschiedene Fälle, je nachdem von jenen drei parallelen Asymptoten entweder zwei oder alle drei zusammenfallen. Die letzte Gleichung $u^3 + \frac{Au^2}{g} + \frac{Bt}{g^2} = o$ aber kann für $t = \infty$ nur alsdann statt finden, wenn $u = \infty$ ist, so daß das Glied $\frac{Au^2}{g}$ gegen das erste u^3 verschwindet, und also $u^3 + \frac{Bt}{g^2} = o$ wird, welches eine Glei-

Gleichung für eine krummlinige Asymptote der dritten Ordnung ist.

§. 190.

Wenn aber $A = o$; $B = o$; $C = o$ ist: so muß man die folgenden Glieder der Gleichung $P + Q + R + S +$ ꝛc. $= o$ zu Hülfe nehmen, wodurch man die Gleichung

$$u^3 + \frac{D}{g^4t} + \frac{E}{g^5t^2} + \frac{F}{g^6t^3} + \text{ꝛc.} = o$$

erhält. Ist nun darin nicht $D = o$, so verschwinden alle Glieder vom dritten an, so daß also $u^3 + \frac{D}{g^4t} = o$ ist. Ist aber auch $D = o$, so wird $u^3 + \frac{E}{g^5t^2} = o$; und ist auch $E = o$, so ist $u^3 + \frac{F}{g^6t^3} = o$, ꝛc. Alle diese Gleichungen sind Gleichungen für krumme Linien, welche für $t = \infty$ mit der durch $P + Q + R + S +$ ꝛc. $= o$ ausgedrückten Curve zusammenfallen. Da in jeder u^3, eine Potestät mit einem ungeraden Exponenten, vorkommt, so sind sie alle reell, und zeigen folglich an, daß es ohne Ende fortlaufende Schenkel gebe. Es ist indeß für diese Fälle auch die durch die Gleichung $u = o$ ausgedrückte gerade Linie eine Asymptote, weil sie die Asymptote der Curven $u^3 + \frac{D}{g^4t} = o$; $u^3 + \frac{E}{g^5t^2} = o$, ꝛc. ist.

§. 191.

Da also die Schenkel der Curven, die sich einer geradlinigen Asymptote nähern, so sehr von einander verschieden seyn können, so ist es von Wichtigkeit, diese Verschiedenheit genauer zu betrachten; und dies wird geschehen, wenn man die einfachste krumme Linie zu bestimmen sucht, welche, auf eben dieselbe geradlinige Asymptote bezogen, mit der gegebenen Curve zusammenfällt. So erhellet, obgleich die Gleichung $u^3 + \frac{Au^2}{g} + \frac{Bu}{g^2} + \frac{C}{g^3} = o$, wenn sie lauter reelle Wurzeln hat, drei geradlinige einander parallele Asymptoten anzeigt [§. 189.], doch noch nicht, ob die Schenkel der Curve im Unendlichen hyperbolisch, das heißt, in der Gleichung $u = \frac{C}{t}$, oder von einer andern Art, z. B. in der Gleichung $u = \frac{C}{tt}$, oder $u = \frac{C}{t^3}$, ꝛc. enthalten sind.

Um dieses zu erkennen, muß man das zunächst folgende Glied, nemlich $\frac{D}{g^4 t}$, oder wenn dieses fehlt, $\frac{E}{g^5 t^2}$, oder wenn auch dieses mangelt, $\frac{F}{g^6 t^3}$ nehmen. Wir wollen, um diesen Gegenstand allgemein zu behandeln, das folgende Glied $= \frac{K}{t^k}$ setzen, wo denn aus der Natur der Gleichung $P + Q + R + S +$ etc. $= 0$, die n Dimensionen hat, erhellet, daß k nicht größer seyn kann als $n - 3$. Läßt man nun die Wurzeln der Gleichung $u^3 + \frac{Au^2}{g} + \frac{Bu}{g^2} + \frac{C}{g^3} = 0$ diese seyn, $(u-\alpha)(u-\beta)(u-\gamma)$, so ist $(u-\alpha)(u-\beta)(u-\gamma) - \frac{K}{t^k} = 0$. Ferner sey $u - \alpha = \frac{I}{t^\mu}$, eine Gleichung, welche die Natur der einen Asymptote ausdrückt; so ist $\frac{I}{t^\mu}(\alpha - \beta + \frac{I}{t^\mu})(\alpha - \gamma + \frac{I}{t^\mu}) = \frac{K}{t^k}$; und wenn man $t = \infty$ setzt, so wird $\frac{(\alpha-\beta)(\alpha-\gamma)I}{t^\mu} = \frac{K}{t^k}$.

§. 192.

Diese Gleichung findet statt, wenn die Wurzel α den beiden übrigen Wurzeln β und γ ungleich ist, und in diesem Falle wird $J = \frac{K}{(\alpha-\beta)(\alpha-\gamma)}$ und $\mu = k$; daher denn die Wurzel $u = \alpha$ die krummlinige Asymptote $u - \alpha = \frac{K}{(\alpha-\beta)(\alpha-\gamma)t^k}$ giebt. Sind daher alle Wurzeln einander ungleich, so giebt eine jede eine solche Asymptote. Wenn aber zwei Wurzeln einander gleich sind, oder $\beta = \alpha$ ist, so fallen zwei Asymptoten in eine zusammen, und es ist alsbann $\frac{I^2(\alpha-\gamma)}{t^{2\mu}} = \frac{K}{t^k}$, woraus $I^2 = \frac{K}{\alpha - \gamma}$, und $2\mu = k$ wird. Es wird daher die Natur dieser doppelten Asymptote durch die Gleichung $(u-\alpha)^2 = \frac{K}{(\alpha-\gamma)t^k}$ ausgedrückt. Sind endlich alle drei Wurzeln einander gleich, so daß daher alle drei

Asymptoten in eine zusammenfallen, so wird die Natur dieser Asymptote durch die Gleichung $(u - a)^3 = \frac{K}{t^k}$ ausgedrückt.

§. 193.

Wenn das höchste Glied der Gleichung $P + Q + R + S + \text{etc.} = 0$ vier einfache reelle Faktoren hat, so läßt sich die Natur der ohne Ende fortlaufenden Schenkel nebst den Asymptoten, sowohl wenn die gedachten Faktoren alle einander ungleich, als wenn dieselben paarweise gleich, oder auch, wenn davon drei einander gleich sind, aus dem Vorhergehenden beurtheilen. Bloß der einzige Fall, wenn alle Wurzeln einander gleich sind, bedarf einer weitern Betrachtung. Es sey daher $P = (ay - bx)^4 M$, so daß M eine Funktion von $n - 4$ Dimensionen ist. Setzt man nun in den Funktionen von keiner Dimension, so wie oben, [§. 173.] $\frac{y}{x} = \frac{b}{a}$, um daraus beständige Größen zu erhalten, und nimmt man überdem bei veränderter Axe [§. 183.] $t = \frac{ax + by}{g}$, und $u = \frac{ay - bx}{g}$, so daß $g = \sqrt{(aa + bb)}$ ist: so erhält man für die Asymptoten folgende Gleichungen zwischen den Coordinaten t und u. Zuvörderst $u^4 + \frac{At^3}{g} = 0$, wenn sich Q nicht durch $ay - bx$ theilen läßt.

§. 194.

Ist hiernächst Q zwar durch $ay - bx$, aber nicht durch $(ay - bx)^2$ theilbar, so bekommt man $u^4 + \frac{Attu}{g} + \frac{Btt}{gg} = 0$, worin, für $t = \infty$, die Applicate u entweder eine endliche oder eine unendliche Größe seyn kann; und hieraus ergiebt sich eine doppelte Asymptote, nemlich eine geradlinige $u + \frac{B}{gA} = 0$, und eine krummlinige, $u^3 + \frac{Att}{g} = 0$. Was die geradlinige betrifft, so nehme man, um sie genauer kennen zu lernen, das folgende Glied $\frac{K}{t^k}$. Dann findet man

$$u + \frac{B}{gA} + \frac{gK}{At^{k+2}} = 0,$$ und dieß ist die Gleichung für die Curve, wovon der Theil, der zu der Abscisse $t = \infty$ gehört, mit der gesuchten Curve zusammenfällt.

§. 195.

Es sey nunmehr Q durch $(ay - bx)^2$, aber nicht durch

$(ay - bx)^3$ theilbar. Hier muß man sehen, ob R durch $ay - bx$ theilbar ist, oder nicht. Im ersten Falle ergiebt sich die Gleichung

$$u^4 + \frac{Atu^2}{g} + \frac{Btu}{gg} + \frac{Ct}{g^3} = o;$$

im letzten aber diese,

$$u^4 + \frac{Atu^2}{g} + \frac{Btt}{gg} + \frac{Ct}{g^3} = o.$$

Die erste Gleichung giebt zwei andere Gleichnngen, je nachdem u endlich oder unendlich ist, und zerfällt daher in $uu + \frac{Bu}{gA} + \frac{C}{ggA} = o$, und $u^2 + \frac{At}{g} = o$. Die erste dieser beiden Gleichungen führt auf zwei gerade parallele Linien, wenn sie zwei reelle und ungleiche Wurzeln hat; wenn aber ihre Wurzeln imaginär sind, so ist dieß ein Kennzeichen, daß es keinen ohne Ende fortlaufenden Schenkel giebt: die andere Gleichung $u^2 + \frac{At}{g} = o$ hingegen giebt eine parabolische Asymptote. Was die Gleichung $u^4 + \frac{Atu^2}{g} + \frac{Btt}{g^2} = o$ betrifft, so enthält dieselbe, weil $\frac{Ct}{g^3}$ gegen $\frac{Btt}{gg}$, wenn $t = \infty$ wird, verschwindet, zwei Gleichungen von der Form $uu + \alpha t = o$, und es entstehen daher zwei parabolische Asymptoten, wenn A^2 größer als 4B ist, die aber in eine zusammenfallen, wenn $A^2 = 4B$ wird, und imaginär werden, wenn A^2 kleiner als 4B ist, in welchem Falle also kein ohne Ende fortlaufender Schenkel statt findet.

§. 196.

Ist endlich Q durch $(ay - bx)^3$ theilbar, so erhält man, je nachdem R und S durch $ay - bx$ theilbar oder nicht theilbar sind, folgende Gleichungen:

$$u^4 + \frac{Au^3}{g} + \frac{Bu^2}{g^2} + \frac{Cu}{g^3} + \frac{D}{g^4} = o$$

$$u^4 + \frac{Au^3}{g} + \frac{Bu^2}{g^2} + \frac{Ct}{g^3} = o$$

$$u^4 + \frac{Au^3}{g} + \frac{But}{g^2} + \frac{Ct}{g^3} = o$$

$$u^4 + \frac{Au^3}{g} + \frac{Btt}{g^2} = o.$$

Die erste dieser Gleichungen ist eine Gleichung für vier gerade einander parallele Linien, wenn alle ihre Wurzeln reell und einander ungleich sind; sind aber darunter gleiche, so fallen zwei oder mehrere von diesen geraden Linien in eine zusammen; und sind imaginäre Wurzeln darunter, so heben dieselben entweder zwei von ihnen, oder alle auf. In der zweiten Gleichung muß, wegen $t = \infty$, die Applicate u nothwendig unendlich seyn, und dann geht sie in diese über $u^4 + \frac{Ct}{g^3} = o$, welche auf eine krummlinige Asymptote von der vierten Ordnung führt. Aus der dritten Gleichung kann sie den endlichen Werth haben $u + \frac{C}{gB} = o$; außerdem steckt aber darin auch die Gleichung $u^3 + \frac{Bt}{gg} = o$, welche eine krummlinige Asymptote von der dritten Ordnung zu erkennen giebt. Endlich verwandelt sich die vierte Gleichung, da $u = \infty$ wird, wenn $t = \infty$ ist, in $u^4 + \frac{Btt}{gg} = o$. Diese Gleichung ist unmöglich, wenn B eine positive Größe ist; ist aber B eine negative Größe, so zeigt sie zwei einander am Scheitel entgegenstehende Parabeln an, die, ins Unendliche fortgeführt, mit der Curve zusammenfallen.

§. 197.

Hieraus erhellet schon, wie man weiter fortgehen kann, wenn noch mehr einfache Faktoren des höchsten Gliedes P einander gleich sind. Denn was die ungleichen Faktoren betrifft, so kann ein jeder von ihnen besonders betrachtet, und so die aus ihm entspringende Asymptote bestimmt werden. Wenn aber zwei Faktoren einander gleich sind, so lehrt der 178ste und die folgenden §§. die Natur der Curve finden. Zu eben dieser Absicht dienen, wenn drei Faktoren einander gleich sind, §. 185. und die folgenden. Den Fall endlich, wo vier Faktoren einander gleich sind, haben wir so eben betrachtet, und auf ähnliche Art kann, wenn mehrere gleiche Faktoren vorkommen, gehandelt werden. Uebrigens erhellet hieraus die große Mannigfaltigkeit und Verschiedenheit unter den krummen Linien, selbst wenn man bloß auf die ohne Ende fortlaufende Schenkel sieht; denn die Verschiedenheit, die statt findet, wenn die Curven in dem endlichen Raume betrachtet werden, haben wir noch gar nicht berührt.

Achtes Capitel.

Von den Asymptoten.

§. 198.

Wir haben in dem vorhergehenden Capitel mehrere Arten von Asymptoten kennen gelernt, denn wir haben gefunden, daß es außer der geraden Linie noch eine Menge krummliniger Asymptoten giebt, die in der Gleichung $u^{\mu} = Ct^{\nu}$ enthalten sind. Selbst die gerade Linie führte auf andere krummlinige Asymptoten, welchen sich die Curve mehr näherte, als der geraden Linie. Ja so oft gefunden wird, daß eine gerade Linie die Asymptote einer Curve ist, so oft läßt sich auch eine krumme Linie angeben, welche eben die gerade Linie zur Asymptote hat, und welche zugleich eine Asymptote der gegebenen Curve ist. Dergleichen krummlinige Asymptoten drücken aber die Natur der Curve, wovon sie Asymptoten sind, weit genauer aus; denn sie zeigen zugleich die Anzahl der Schenkel, welche sich der geraden Linie immer mehr nähern, so wie auch die Gegend und Seite an, wo solches geschieht, ob oben oder unten, ob vorwärts oder rückwärts?

§. 199.

Am bequemsten ordnet man diese so sehr von einander verschiedene Asymptoten, wenn man der Quelle folgt, aus welcher ihre Kenntniß geschöpft worden ist. Man erhält nemlich einige von ihnen aus den einzeln einander ungleichen Faktoren des höchsten Gliedes; andere hingegen aus je zwei gleichen, noch andere aus drei, noch andere aus vier einander gleichen Faktoren eben dieses Gliedes. Es sey also eine Gleichung von der Ordnung n zwischen den Coordinaten x und y gegeben, und diese Gleichung sey $P + Q + R + S +$ rc. $= 0$. Ferner sey P das höchste Glied, welches also alle Glieder der Gleichung von n Dimensionen, Q das zweite Glied, welches daher alle Glieder der Gleichung von $n - 1$ Dimensionen in sich begreift, und auf eine ähnliche Art sey R das dritte, S das vierte Glied, rc.

§. 200.

Es sey $ay - bx$ ein einfacher Faktor von P, und zugleich der einzige, den P von dieser Art hat. Setzt man also $P = (ay - bx)M$, so wird M eine homogene Funktion von $n - 1$ Dimensionen, die nicht durch $ay - bx$ theilbar ist. Ferner sey, Fig., 35. AZ eine Axe, ihre Abscisse $AP = x$, und die Applicate $PM = y$. Damit man den Faktor $ay - bx$ genau auszudrücken im Stande seyn möge, so nehme man noch eine andere Axe AX an, welche die vorhergehende in dem Anfangspunkte der Abscissen A schneide und mit ihr einen Winkel XAZ mache, dessen Tangente $= \frac{b}{a}$ und folglich sein Sinus $= \frac{b}{\sqrt{(aa+bb)}}$, so wie sein Cosinus $= \frac{a}{\sqrt{(aa+bb)}}$ sey. In dieser Axe nehme man die Abscisse $AQ = t$, und die Applicate $QM = u$; so wird, wenn man Pg und Pf den neuen Coordinaten u und t parallel zieht, $Pg = Qf = \frac{bx}{\sqrt{(aa+bb)}}$; $Ag = \frac{ax}{\sqrt{(aa+bb)}}$; $Mf = \frac{ay}{\sqrt{(aa+bb)}}$; $Pf = Qg = \frac{by}{\sqrt{(aa+bb)}}$; und folglich $t = Ag + Qg = \frac{ax+by}{\sqrt{(aa+bb)}}$; und $u = Mf - Qf = \frac{ay-bx}{\sqrt{(aa+bb)}}$. Es ist also die Applicate u nunmehr ein Faktor des höchsten Gliedes P.

§. 201.

Umgekehrt ist $y = \frac{au+bt}{\sqrt{(aa+bb)}}$, und $x = \frac{at-bu}{\sqrt{(aa+bb)}}$. Bringt man diese Werthe in die Gleichung $P + Q + R +$ ꝛc. $= 0$, so erhält man eine andere Gleichung für eben dieselbe Curve, wobei AX die Axe, und t und u die Coordinaten sind. Um aber die Weitläufigkeit bei den Coefficienten zu vermeiden, mögen die Buchstaben α, β, γ, δ, ꝛc. ihre Stelle vertreten. Auf diese Art erhält man durch die gedachte Substitution

$$M = \alpha t^{n-1} + \alpha t^{n-2}u + \alpha t^{n-3}u^2 + \text{ꝛc.}$$
$$Q = \beta t^{n-1} + \beta t^{n-2}u + \beta t^{n-3}u^2 + \text{ꝛc:}$$
$$R = \gamma t^{n-2} + \gamma t^{n-3}u + \gamma t^{n-4}u^2 + \text{ꝛc.}$$
$$S = \delta t^{n-3} + \delta t^{n-4}u + \delta t^{n-5}u^2 + \text{ꝛc.}$$
$$T = \varepsilon t^{n-4} + \varepsilon t^{n-5}u + \varepsilon t^{n-6}u^2 + \text{ꝛc.}$$

ꝛc.

Weil man aber, um die Asymptote zu finden, die Abscisse t unendlich groß annehmen muß, so verschwinden in jedem dieser Glieder die folgenden Theile gegen den ersten. Wenn also der erste Theil da ist, so können die übrigen aus der Acht gelassen werden. Fehlt der erste, so nimmt man den zweiten, und fehlen der erste und der zweite, so fängt man vom dritten an, u. s. w.

§. 202.

Da u die Funktion M nicht theilt, so kann der erste Theil

von M nicht fehlen, und es wird also $\alpha t^{n-1}u + \beta t^{n-1} = o$. Hieraus ergiebt sich für u ein endlicher Werth, den wir $= c$ setzen wollen; d. h. eine gerade Linie, die mit der AX parallel läuft, und von ihr allenthalben um c entfernt ist, ist die Asymptote. Um nun die krummlinige Asymptote, welche sich der gegebenen Curve stärker nähert, zu finden, setze man allenthalben, außer im ersten Gliede, anstatt u, c. Hierdurch erhält man die Gleichung

$$\alpha t^{n-1}u + \beta t^{n-1} + t^{n-2}(\alpha c^2 + \beta c + \gamma) + t^{n-3}(\alpha c^3 + \beta c^2 + \gamma c + \delta) + \text{rc.} = o.$$

Oder, weil $\alpha u + \beta = u - c$ ist,

$$(u - c)t^{n-1} + t^{n-2}(\alpha c^2 + \beta c + \gamma) + t^{n-3}(\alpha c^3 + \beta c^2 + \gamma c + \delta) + \text{rc.} = o.$$

Wenn also das zweite Glied nicht fehlt, so können alle folgenden aus der Acht gelassen werden, und dann ist

$$(u - c) + \frac{A}{t} = o.$$

Fehlt das zweite, so nehme man das dritte, wo denn

$$(u - c) + \frac{A}{tt} = o.$$

Fehlt auch das dritte, so erhält man durch das vierte

$$(u - c) + \frac{A}{t^3} = o, \text{rc.}$$

Fehlen alle bis auf das letzte beständige Glied, so würde

$$(u - c) + \frac{A}{t^{n-1}} = o;$$

und fehlte auch dieses nebst allen übrigen, so wäre die ganze Gleichung durch $u - c$ theilbar, und dann wäre also die gerade Linie $u - c = o$ selbst ein Theil der Curve.

§. 203.

Setzt man $u - c = z$, d. h. nimmt man die Abscissen auf der geradlinigen Asymptote selbst, so sind alle krummlinigen Asymptoten, welche der einzige Faktor des höchsten Gliedes P an die Hand giebt, in der allgemeinen Gleichung $z = \frac{C}{t^k}$ enthalten, worin k jede ganze Zahl, die kleiner als n ist, bedeutet. Jetzt wollen wir untersuchen, wie diese krummlinigen Asymptoten beschaffen sind, wenn die Abscisse $t = \infty$ wird. Es sey also, Fig. 36., XY, die geradlinige Asymptote, die Axe, und A der Anfangspunkt der Abscissen. Zieht man die Linie CD, so entstehen vier Gegenden, die wir mit den Buchstaben P, Q, R und S bezeichnen wollen

Nun sey zuvörderst $z = \frac{C}{t}$. Da bei dieser Voraussetzung z allezeit negativ wird, wenn man t negativ nimmt: so hat in diesem Falle die Curve zwei Schenkel EX und FY, welche sich in den entgegenstehenden Gegenden P und S der geraden Linie XY immer mehr und mehr nähern; und eben dieses wird statt finden, so lange k irgend eine ungerade Zahl bedeutet. Ist aber k = 2, oder irgend eine andere gerade Zahl, so bleibt z, man mag t positiv oder negativ nehmen, beständig positiv, und es hat alsdann die Curve zwei Schenkel EX und FY, Fig. 37., die mit der geraden Linie XY in den Gegenden P und Q convergiren. Je größer aber k angenommen wird, desto stärker convergiren EX und FY mit XY.

§. 204.

Nun habe das höchste Glied P zwei einander gleiche Faktoren ay — bx. Verändert man hier eben so wie vorhin die Axe, so wird

$$\begin{aligned}
P &= \qquad\qquad\qquad\quad + \alpha t^{n-2}u^2 + \alpha t^{n-3}u^3 + \text{etc.}\\
Q &= \beta t^{n-1} + \beta t^{n-2}u + \beta t^{n-3}u^2 + \beta t^{n-4}u^3 + \text{etc.}\\
R &= \gamma t^{n-2} + \gamma t^{n-3}u + \gamma t^{n-4}u^2 + \gamma t^{n-5}u^3 + \text{etc.}\\
S &= \delta t^{n-3} + \delta t^{n-4}u + \delta t^{n-5}u^2 + \delta t^{n-6}u^3 + \text{etc.}\\
&\text{etc.}
\end{aligned}$$

Hieraus entspringen, je nachdem der erste Theil des Gliedes Q da ist oder fehlt, die beiden Gleichungen,

I.

$$\alpha t^{n-2}u^2 + \beta t^{n-1} = 0$$

oder

$$\alpha u^2 + \beta t = 0.$$

II.

$$\alpha t^{n-2}u^2 + \beta t^{n-2}u + \gamma t^{n-2} = 0$$

oder

$$\alpha u^2 + \beta u + \gamma = 0.$$

Findet also die erste Gleichung $\alpha u^2 + \beta t = 0$ statt, so wird die Asymptote eine Parabel, mit deren beiden Schenkeln die beiden Schenkel der Curve im Unendlichen zusammenfallen. Die Curve hat daher, Fig. 38., in den beiden Gegenden P und R Schenkel, die mit der Parabel EAF endlich zusammenkommen.

§. 205.

Ergiebt sich aber die andere Gleichung $\alpha uu + \beta u + \gamma = 0$, so muß man untersuchen, ob sie zwei reelle Wurzeln hat, oder nicht. Ist das letztere, so erkennt man daran daß die Curve gar keine ohne Ende fortlaufende Schenkel hat.

Sind aber beide Wurzeln reell und einander ungleich, also einmal $u = c$, und zweitens $u = d$, so hat die Curve zwei geradlinige, einander parallele Asymptoten. Wie eine jede davon beschaffen sey? solches wird auf eben die Art, wie vorhin, untersucht. Setzt man nemlich, da $\alpha uu + \beta u + \gamma = (u - c)(u - d)$ ist, allenthalben, nur in dem Faktor $u - c$ nicht, $u = c$: so erhält man $(c - d)t^{n-2}(u - c) + t^{n-3}(\alpha c^3 + \beta c^2 + \gamma c + \delta) + t^{n-4}(\alpha c^4 + \beta c^3 + \gamma c^2 + \delta c + \varepsilon) +$ ꝛc. $= 0$. Ist nun das zweite Glied nicht $= 0$, so verschwinden die übrigen Glieder, wenn man $t = \infty$ setzt, und es wird also die Asymptote

$$(u - c) + \frac{A}{t} = 0.$$

Fehlt das zweite Glied, so wird sie

$$(u - c) + \frac{A}{t^2} = 0, \text{ ꝛc.}$$

Fehlen alle bis auf das letzte beständige Glied, so erhält man dafür

$$(u - c) + \frac{A}{t^{n-2}} = 0.$$

Die Gestalten dieser Curven aber, für den Fall, wenn $t = \infty$, haben wir bereits vorhin [§. 203.] insgesammt beschrieben.

§. 206.

Wenn aber die beiden Wurzeln der Gleichung, $\alpha uu + \beta u + \gamma = 0$, einander gleich, oder $\alpha uu + \beta u + \gamma = (u - c)^2$ ist, so erhält man, weil $u = c$ ist, durch diese Substitution die Gleichung: $t^{n-2}(u - c)^2 + t^{n-3}(\alpha c^3 + \beta c^2 + \gamma c + \delta) + t^{n-4}(\alpha c^4 + \beta c^3 + \gamma c^2 + \delta c + \varepsilon) +$ ꝛc. $= 0$. Hieraus ergeben sich, je nachdem, das erste Glied ausgenommen, das zweite, oder bei der Abwesenheit des ersten das dritte, oder bei dem Fehlen des zweiten und dritten das vierte nicht fehlt, folgende Gleichungen für die Asymptoten

$$(u - c)^2 + \frac{A}{t} = 0$$

$$(u - c)^2 + \frac{A}{tt} = 0$$

$$(u - c)^2 + \frac{A}{t^3} = 0$$

bis zu

$$(u - c)^2 + \frac{A}{t^{n-2}} = 0$$

wenn außer dem letzten beständigen Gliede alle übrigen Glieder fehlen. Wenn aber auch das letzte Glied verschwände, so würde $(u - c)^2 = o$ werden, und folglich die gerade Linie ein Theil der Curve, und die Linie selbst eine complexe Linie seyn.

§. 207.

Ob gleich auf diese Art alle Fälle berührt zu seyn scheinen, welche bei zwei gleichen Faktoren statt finden, so kann doch die letzte Gleichung noch andere Formen annehmen, und daraus folgen denn auch noch andere Asymptoten. Dies findet statt, wenn der Faktor der Potestät t^{n-3} durch $u - c$ theilbar ist. Denn behält man alsdann darin, so wie im ersten Gliede, $u - c$ bei, und fügt außerdem das zunächst folgende daseyende Glied dazu, so ergeben sich folgende Gleichungen:

$$(u - c)^2 + \frac{A(u - c)}{t} + \frac{B}{tt} = o$$

$$(u - c)^2 + \frac{A(u - c)}{t} + \frac{B}{t^3} = o$$

bis zu

$$(u - c)^2 + \frac{A(u - c)}{t} + \frac{B}{t^{n-2}} = o.$$

Wenn aber das zweite Glied gänzlich fehlet oder durch $(u - c)^2$ theilbar ist, so betrachte man das dritte Glied; und wenn dasselbe durch $u - c$ theilbar ist, so lasse man darin $u - c$, und füge überdem das zunächst folgende Glied hinzu. Dadurch entstehen folgende Gleichungen:

$$(u - c)^2 + \frac{A(u - c)}{tt} + \frac{B}{t^3} = o$$

$$(u - c)^2 + \frac{A(u - c)}{tt} + \frac{B}{t^4} = o$$

bis zu

$$(u - c)^2 + \frac{A(u - c)}{tt} + \frac{B}{t^{n-2}} = o.$$

Wenn auch das dritte Gliede fehlt, und das vierte durch $u - c$ theilbar ist, oder wenn auch dieses fehlt, das fünfte, rc. so entsteht für die krummlinige Asymptote die Gleichung

$$(u - c)^2 + \frac{A(u - c)}{t^p} + \frac{B}{t^q} = o;$$

worin der Exponent p allemal kleiner ist als q, und q kleiner als $n - 1$.

§. 208.

Setzt man u — c = z, so sind alle diese Gleichungen in der Form:

$$zz - \frac{Az}{t^p} + \frac{B}{t^q} = o$$

enthalten. Bei der Entwickelung dieser Formel aber sind drei Fälle zu betrachten; der erste, wenn q größer als 2p, der andere, wenn q = 2p, und der dritte, wenn q kleiner als 2p ist.

Im ersten Falle, wenn q größer ist als 2p, enthält jene Gleichung diese beiden:

$$z - \frac{A}{t^p} = o; \text{ und } Az - \frac{B}{t^{q-p}} = o$$

denn eine jede dieser Gleichungen thut ihr, wenn $t = \infty$ genommen wird, ein Genüge. Setzt man nemlich $z = \frac{A}{t^p}$, so verwandelt sich jene Gleichung in

$$\frac{A^2}{t^{2p}} - \frac{A^2}{t^{2p}} + \frac{B}{t^q}, \text{ oder } A^2 - A^2 + \frac{B}{t^{q-2p}}$$

und dies ist richtig, weil q größer als 2p ist. Es ist aber p kleiner als $\frac{n-2}{2}$.

Wenn hingegen $z = \frac{B}{At^{q-p}}$ ist, so erhält man

$$\frac{BB}{A^2 t^{2q-2p}} - \frac{B}{t^q} + \frac{B}{t^q} \text{ oder } \frac{BB}{A^2 t^{q-2p}} - B + B - o$$

und dies ist wahr, weil das erste Glied verschwindet, wenn $t = \infty$ wird. In diesem Falle hat man also über einer und derselben geradlinigen Asymptote zwei krummlinige, und also vier ohne Ende fortlaufende Schenkel.

Der zweite Fall, wenn q = 2p ist, giebt die Gleichung

$$zz = \frac{Az}{t^p} + \frac{B}{t^{2p}} = o$$

die entweder imaginär ist, wenn AA kleiner ist als 4B, und dann giebt es keine Asymptote; oder auf zwei ähnliche Asymptoten $z = \frac{C}{t^p}$ führt, wenn AA größer als 4B ist.

Im dritten Falle, wenn q kleiner als 2p ist, verschwindet das mittlere Glied allemal, wenn man von $t = \infty$ nimmt, und man erhält also die Gleichung

$$zz + \frac{B}{tt} = 0$$

für eine Asymptote. Die Beschaffenheit der vorhergehenden Asymptoten haben wir bereits auseinander gesetzt, und wir wollen daher nun die Asymptoten, die von der Form $zz = \frac{C}{t^k}$ enthalten sind, betrachten.

§. 209.

Wenn also die Axe auf der geradlinigen Asymptote $u = c$ selbst genommen, und die Applicate $u - c = z$ gesetzt wird, so sind jene krummlinigen Asymptoten insgesammt in der Gleichung

$$zz = \frac{C}{t^k}$$

enthalten, wo k eine ganze Zahl bedeutet, die kleiner als $n - 1$ ist. Mit den ohne Ende fortlaufenden Schenkeln dieser Curven aber verhält es sich auf folgende Art. Wenn $k = 1$, oder $zz = \frac{C}{t}$ ist, so hat die Curve, weil t nicht negativ werden kann, zwei Schenkel EX und FX, Fig. 39, die auf den Seiten P und R ohne Ende fortlaufen; und eben dieses findet statt, wenn k irgend eine ungerade Zahl ist. Bedeutet hingegen k eine gerade Zahl, z. B. 2, so daß $zz = \frac{C}{tt}$ wird, so muß man vor allen Dingen untersuchen, ob C negativ oder positiv ist. Im ersten Falle kann die Gleichung nicht reell seyn, und die Curve hat also alsdenn keinen ohne Ende fortlaufenden Schenkel. Im andern Falle hat die Curve vier unendliche Schenkel, die mit der Asymptote XY, Fig. 40., zusammenlaufen, nemlich EX, FX, GY und HY auf den Seiten P, Q, R und S.

§. 210.

Angenommen, daß das höchste Glied der Gleichung P drei gleiche Faktoren habe, und daß die Gleichung auf die Coordinaten t und u gebracht worden, und u jener dreifache Faktor von P sey; so ist

$$\begin{aligned}
P &= \quad + \alpha t^{n-3}u^3 + \alpha t^{n-4}u^4 + \text{etc.}\\
Q &= \beta t^{n-1} + \beta t^{n-2}u + \beta t^{n-3}u^2 + \beta t^{n-4}u^3 + \beta t^{n-5}u^4 + \text{etc.}\\
R &= \gamma t^{n-2} + \gamma t^{n-3}u + \gamma t^{n-4}u^2 + \gamma t^{n-5}u^3 + \gamma t^{n-6}u^4 + \text{etc.}\\
S &= \delta t^{n-3} + \delta t^{n-4}u + \delta t^{n-5}u^2 + \delta t^{n-6}u^3 + \delta t^{n-7}u^4 + \text{etc.}\\
&\text{etc.}
\end{aligned}$$

Hieraus ergeben sich nach den verschiedenen Beschaffenheiten der Glieder Q und R folgende Gleichungen:

I.

$$\alpha t^{n-3}u^3 + \beta t^{n-1} = o$$

II.

$$\alpha t^{n-3}u^3 + \beta t^{n-2}u + \gamma t^{n-2} = o$$

III.

$$\alpha t^{n-3}u^3 + \beta t^{n-3}u^2 + \gamma t^{n-2} = o$$

IV.

$$\alpha t^{n-3}u^3 + \beta t^{n-3}u^2 + \gamma t^{n-3}u + \delta t^{n-3} = o.$$

§. 211.

Die erste Gleichung läßt sich in $\alpha u^3 + \beta t^2 = o$ verwandeln, und es ist daher diese Asymptote eine Linie der dritten Ordnung, deren Gestalt die 41ste Figur zeigt, wenn die Abscissen t auf der Axe XY von dem Punkte A an genommen werden. Sie hat nemlich zwei ohne Ende fortlaufende Schenkel E und F auf den Seiten P und Q.

Die zweite Gleichung giebt $\alpha u^3 + \beta tu + \gamma t = o$. Aus dieser Gleichung kann u, wenn man $t = \infty$ setzt, einen doppelten Werth, einen endlichen oder einen unendlichen, bekommen, und es läßt sich dieselbe daher in diese beide Gleichungen, $\beta u + \gamma = o$, und $\alpha uu + \beta t = o$ auflösen. Die letzte Gleichung ist, wie wir oben gesehen haben, die Gleichung für die Parabel, und es hat demnach die Curve zwei ohne Ende fortlaufende einer Parabel sich nähernde Schenkel. Die erste Gleichung hingegen gebe $u - c = o$, welches die Gleichung für die geradlinige Asymptote ist, deren Natur gefunden wird, wenn man allenthalben, außer in $\beta u + \gamma = u - c$, c statt u setzt. Es wird also

$$t^{n-2}(u-c) + t^{n-3}(\alpha c^3 + \beta c^2 + \gamma c + \delta) + t^{n-4} \times (\alpha c^4 + \beta c^3 + \gamma c^2 + \delta c + \varepsilon) + \text{etc.} = o$$

und daraus fließt, wie §. 205., daß entweder

$$(u-c) + \frac{A}{t} = o, \text{ oder } (u-c) + \frac{A}{tt} = o$$

etc.

seyn wird, und die letzte Gleichung welche entstehen kann, ist

$$(u-c) + \frac{A}{t^{n-2}} = o.$$

In diesem Falle hat also die Curve eine doppelte Asymptote, die eine ist von der hier beschriebenen Art, und die andere eine Parabel.

§. 212.

Die dritte Gleichung $\alpha u^3 + \beta u^2 + \gamma t = o$ kann nicht bestehen, wenn man $t = \infty$ annimmt, wofern nicht zugleich $\eta = \infty$ ist. Es verschwindet daher das Glied βu^2 gegen αu^3, und man erhält diese Gleichung der dritten Ordnung, $\alpha u^3 + \gamma t = o$, für die Asymptote, die also auf den beiden entgegengesetzten Seiten P und S, Fig. 42., zwei ohne Ende fortlaufende Schenkel AE und AF hat.

Die vierte Gleichung $\alpha u^3 + \beta u^2 + \gamma u + \delta$ giebt entweder eine oder drei geradlinige, einander parallele, Asymptoten, wofern nicht zwei oder auch alle unter sich gleich sind. Um die Natur derselben zu erforschen, sey zuvörderst $u = c$ eine Wurzel der Gleichung, und von den übrigen keine ihr ähnlich, und zugleich

$$\alpha u^3 + \beta u^2 + \gamma u + \delta = (u - c)(fu^2 + gu + h).$$

Setzt man hier allenthalben, den Factor $u - c$ ausgenommen, $u = c$, so erhält man eine Gleichung von der Form

$$t^{n-3}(u - c) + At^{n-4} + Bt^{n-5} + Ct^{n-6} + \text{etc.} = o$$

und daher ergiebt sich eine Asymptote von der Form $u - c = \frac{K}{t^k}$, wo k eine Zahl bedeutet, die kleiner als $n - 2$ ist.

§. 213.

Wenn die Gleichung $\alpha u^3 + \beta u^2 + \gamma u + \delta = o$ zwei gleiche Wurzeln hat, so daß

$$\alpha u^3 + \beta u^2 + \gamma u + \delta = (u - c)^2 (fu + g)$$

ist: so gelangt man, wenn man, die Glieder ausgenommen, worin $u - c$ ein Factor ist, $u = c$ setzt, zu folgender Gleichung

$$(u - c)^2 + \frac{A(u - c)}{t^p} + \frac{B}{t^q} = o$$

wo q kleiner als $n - 2$ und p kleiner als q ist; allein diesen Fall haben wir bereits vorhin §. 207. f. betrachtet. Es ist also nur der noch übrig, wenn die Gleichung, $\alpha u^3 + \beta u^2 + \gamma u + \delta = o$, drei reelle Wurzeln, nemlich $(u - c)^3$ hat, und man folgende Gleichung erhält:

$$(u - c)^3 t^{n-3} + Pt^{n-4} + Qt^{n-5} + Rt^{n-6} + \text{etc.} = o.$$

Ist P nicht durch $u - c$ theilbar, so setze man $u = c$, wo denn

$$(u - c)^3 + \frac{A}{t} = o$$

wird. Enthält hingegen P den Faktor $u - c$ einmal, so setze man allenthalben, außer in diesem Faktor, $u = c$, wodurch sich eine Gleichung von dieser Form

$$(u - c)^3 + \frac{A(u - c)}{t} + \frac{B}{t^q} = o$$

ergeben wird, wo q kleiner als n — 2 ist, und $\frac{B}{t^q}$ das Glied bedeutet, welches zunächst auf das zweite folgt, und nicht verschwindet, wenn man u = c setzt. Wenn P durch $(u-c)^2$ theilbar ist, Q aber den Faktor u — c nicht hat, so bekommt man eine Gleichung von der Form

$$(u-c)^3 + \frac{A(u-c)^2}{t} + \frac{B}{tt} = o.$$

Wenn aber das zweite Glied durch $(u-c)^3$ getheilt werden kann, so muß man bis zu einem Gliede fortgehen, welches nicht durch $(u-c)^3$ theilbar ist; und hat dasselbe den Faktor (u — c), so muß man noch weiter fortgehen, bis man zu einem durch u — c nicht theilbaren Gliede gekommen ist. Läßt sich aber jenes Glied durch $(u-c)^2$ theilen, so geht man bis zu einem solchen Gliede fort, welches entweder durch u — c nicht getheilt werden kann, oder diese Größe zum Faktor hat. Im ersten Falle endigt man die Gleichung; im letzten Falle aber geht man weiter, bis man zu einem durch u — c nicht theilbaren Gliede gelangt ist. Auf diese Art erhält man allemal eine Gleichung, die unter diese allgemeine Form gehört:

$$(u-c)^3 + \frac{A(u-c)^2}{t^p} + \frac{B(u-c)}{t^q} + \frac{C}{t^r} = o$$

wo r kleiner als n — 2; q kleiner als r, und p kleiner als q ist.

§. 214.

In dieser Gleichung stecken entweder drei Gleichungen von der Form $(u-c) = \frac{K}{t^k}$; oder eine von eben dieser Form, und $(u-c)^2 = \frac{K}{t^k}$; oder die einzige $(u-c)^3 = \frac{K}{t^k}$. Dies letzte findet statt, wenn 3p größer als r, und 3q größer als 2r ist. Dann kann es sich auch ereignen, daß beide Gleichungen unmöglich werden, und also dadurch die Abwesenheit der Asymptoten anzeigen. Uebrigens haben wir die Gestalten dieser Asymptoten bis auf die letzte, welche durch die Gleichung $(u-c)^3 = \frac{K}{t^k}$ ausgedrückt wird, bereits beschrieben. Was aber diese Gleichung betrifft, so führt dieselbe, wenn k eine ungerade Zahl ist, auf Linien, wie Fig. 36. abgebildet sind, wo zwei Schenkel EX und FY auf den entgegengesetzten Seiten P und S ohne Ende fortlaufen. Wenn hingegen k eine gerade Zahl ist, so entsteht die 37ste Figur, wo die beiden Schenkel EX und FY auf eben der Seite der geradlinigen Asymptote XY, oder auf den Seiten P und Q ohne Ende fortgehen.

§ 215.

Da sich hieraus die Art und Weise, die Asymptoten zu erforschen, wenn das höchste Glied der Gleichung vier oder mehr einfache gleiche Faktoren hat, leicht erkennen läßt: so verweile ich dabei nicht, sondern beschließe dieses Capitel mit der Anwendung der gegebenen Regeln auf einen besondern Fall:

Exempel.

Es sey also eine krumme Linie gegeben, die durch die Gleichung:

$$y^3xx(y-x) - xy(yy+xx) + 1 = o,$$

deren höchstes Glied $y^3xx(y-x)$ den einfachen Faktor $y-x$, den quadratischen Faktor xx, und den cubischen y^3 enthält, ausgedrückt wird.

Zuvörderst wollen wir den einfachen Faktor $y-x$ betrachten. Da man daher, wenn man $y = x$ setzt,

$$y - x - \frac{2}{x} = o$$

erhält, so wird, wegen $x = \infty$,

$$y - x = o$$

und dies ist die Gleichung für eine geradlinige Asymptote BAC, Fig. 43., die mit der Axe XY in dem Anfangspunkte der Abscissen einen Winkel von $45° = BAY$ macht. Diese Linie nehme man für die Gleichung zur Axe an, indem man

$$y = \frac{u+t}{\sqrt{2}};\ \text{und}\ x = \frac{t-u}{\sqrt{2}}$$

setzt, so bekömmt man die Gleichung

$$\frac{(u+t)(tt-uu)^2u}{4} + \frac{(tt-uu)(tt+uu)}{4} + 1 = o$$

oder, wenn man mit 4 multiplicirt,

$$\begin{array}{lllll} & t^5u + t^4uu - 2t^3u^3 & - 2ttu^4 & + tu^5 + u^6 \\ o = & - 2t^4 & + 2u^4 & \\ & + 4 & & \end{array}$$

Aus dieser Gleichung findet man, wenn man $t = \infty$ setzt, $u = o$, und es verschwinden daher alle übrige Glieder ausser $t^5u - 2t^4$, und man hat also für die krummlinige Asymptote

$$u = \frac{2}{t}.$$

Wegen des Faktors $x - y$ hat daher die gesuchte Curve die beiden ohne Ende fortlaufenden Schenkel bB und cC.

§. 216.

Nun nehme man die beiden gleichen Faktoren x^2, so erhält man, da

$$xx = \frac{xy(yy + xx) - 1}{y^3(y - x)}$$

ist, wenn man die gerade Linie AD auf die vorige XY senkrecht stellt, wodurch $y = t$, und $x = u$ wird, die Gleichung:

$$\begin{aligned} o = & \; t^4u^2 - t^3u^3 \\ & - t^3u - tu^3 \\ & + 1. \end{aligned}$$

Diese Gleichung verwandelt sich, wenn man $t = \infty$ setzt, in

$$t^4u^2 - t^3u + 1 = o,$$

und hieraus ergeben sich folgende

$$u = \frac{1}{t}; \text{ und } u = \frac{1}{t^3}.$$

Es führt also der Faktor x^2 auf vier ohne Ende fortlaufende Schenkel, nemlich dD und eE, wegen der Gleichung $u = \frac{1}{t}$, und δD und εE, welche auf eben den Seiten liegen, wegen der Gleichung $u = \frac{1}{t^3}$.

§. 217.

Für die drei gleichen Faktoren y^3 wird XY selbst zur Axe angenommen, und dadurch $t = x$, und $y = u$. Man hat also hier die Gleichung

$$o = - t^3u^3 + ttu^4 - t^3u - tu^3 + 1$$

die, wenn man $t = \infty$ setzt,

$$t^3u^3 + t^3u = o, \text{ oder } u(uu + 1) = o$$

giebt. Da die Gleichung $uu + 1 = o$ unmöglich ist, so findet man hier die einzige Asymptote $u = o$, die mit der Axe XY zusammenfällt, und deren Natur durch die Gleichung

$$t^3u = 1, \text{ oder } u = \frac{1}{t^3}$$

ausgedrückt wird. Es führt also der dreifache Faktor y^3 nur auf zwei ohne Ende fortlaufende Schenkel yY und xX; und überhaupt wird daher die gesuchte Curve acht ohne Ende fortlaufende Schenkel haben, von welchen aber hier nicht der Ort ist, zu zeigen, wie sie in dem endlichen Raume unter einander verbunden werden können.

§. 218.

Aus diesem und dem vorhergehenden Capitel läßt sich daher die Mannigfaltigkeit der ohne Ende fortlaufenden Schenkel sehr deutlich erkennen. Denn einmal nahern sich entweder diese Schenkel der Curven einer geraden Linie als ihrer Asymptote, wie bei der Hyperbel, oder es kommt denselben keine geradlinige Asymptote zu, wie bei der Parabel. Im ersten Falle werden die Schenkel der Curven hyperbolische, im andern parabolische genannt. Ferner begreift jede dieser Classen eine unzählige Menge von Arten unter sich. So werden z. B. die Arten der hyperbolischen Schenkel durch folgende Gleichungen zwischen t und u, wovon t unendlich gesetzt wird, ausgedrückt:

$$u = \frac{A}{t};\ u = \frac{A}{tt};\ u = \frac{A}{t^3};\ u = \frac{A}{t^4};$$

$$u^2 = \frac{A}{t};\ u^2 = \frac{A}{tt};\ u^2 = \frac{A}{t^3};\ u^2 = \frac{A}{t^4}$$

$$u^3 = \frac{A}{t};\ u^3 = \frac{A}{tt};\ u^3 = \frac{A}{t^3},\ u^3 = \frac{A}{t^4};\ \text{rc.}$$

Die Arten der parabolischen Schenkel hingegen werdem durch folgende Gleichungen angezeigt:

$$u^2 = At;\ u^3 = At,\ u^4 = At;\ u^5 = At;\ \text{rc.}$$

$$u^3 = At^2;\ u^4 = At;\ u^5 = At^2;\ u^6 = At^2;\ \text{rc.}$$

$$u^4 = At^3;\ u^5 = At;\ u^6 = At^3;\ u^7 = At^3;\ \text{rc.}$$

Es giebt aber eine jede von diesen Gleichungen zum wenigsten zwei ohne Ende fortlaufende Schenkel, wenn die Exponenten von t und u nicht beide gerade Zahlen sind; dagegen, wenn sowohl der Exponent von t als der Exponent von u eine gerade Zahl ist, entweder gar kein ohne Ende fortlaufender Schenkel, oder vier dergleichen statt finden; jenes, wenn die Gleichung unmöglich, dieses, wenn sie reell ist.

Neuntes Capitel.

Von der Eintheilung der Linien der dritten Ordnung in Arten.

§. 219.

Man betrachtet mit Recht die Natur und die Menge der ohne Ende fortlaufenden Schenkel als ein wesentliches Un terscheidungs-Kennzeichen der krummen Linien, und gründet darauf am bequemsten die weitere Abtheilung der Linien einer jeden Ordnung in ihre Arten. Auf diesen Grund läßt sich auch die Abtheilung der Linien der zweiten Ordnung in die Arten bauen, welche wir oben [im Anfange des sechsten Capitels] aus der Natur dieser Linien selbst abgeleitet haben. Denn ist die allgemeine Gleichung für die Linien der zweiten Ordnung

$$\alpha yy + \beta yx + \gamma xx + \delta y + \varepsilon x + \zeta = 0$$

gegeben, und untersucht man das höchste Glied derselben, $\alpha yy + \beta yx + \gamma xx$, in der Rücksicht, ob es einfache reelle Faktoren habe, oder nicht: so entdeckt man drei Fälle, indem die Funktion $\alpha yy + \beta yx + \gamma xx$ entweder lauter imaginäre, oder lauter reelle, und in diesem Falle entweder ungleiche oder gleiche Faktoren enthalten kann. Im ersten Falle ergiebt sich die erste Art, oder die Ellipse, im zweiten die Hyperbel, und im dritten die Parabel.

§. 220.

Es hat also in dem Falle, wenn die Faktoren des höchsten Gliedes reell und einander nicht gleich sind, die Curve zwei geradlinige Asymptoten. Um die Natur derselben kennen zu lernen, setze man

$$\alpha yy + \beta yx + \gamma xx = (ay - bx)(cy - dx)$$

so daß

$$(ay - bx)(cy - dx) + \delta y + \varepsilon x + \zeta = 0$$

sey. Nun betrachte man zuvörderst den Faktor $ay - bx$ der im Unendlichen $\frac{x}{y} = \frac{b}{a}$ [§: 175.] giebt, wodurch denn

$$ay - bx + \frac{\delta b + \varepsilon a}{bc - ad} + \frac{\zeta}{cx - dx} = 0$$

wird; und es zeigt demnach die Gleichung

$$ay - bx + \frac{\delta b + \varepsilon a}{bc - ad} = 0$$

die Lage der einen geradlinigen Asymptote, so wie auf ähnliche Art die Gleichung

$$cy - dx + \frac{\delta d + \varepsilon c}{ad - bc} = 0$$

die Lage der andern an.

§. 221.

Um die Natur einer jeden dieser Asymptoten zu erforschen, beziehe man die Gleichung auf eine andere Axe, indem man

$$y = \frac{au + bt}{\sqrt{(aa + bb)}}; \quad x = \frac{at - bu}{\sqrt{(aa + bb)}}$$

setzt, [§. 201.], und dabei sey zugleich $\sqrt{(aa+bb)} = g$. Alsdann wird

$$u((ac+bd)u + (bc-ad)t) + \frac{(\delta a - \varepsilon b)u + (\delta b + \varepsilon a)t}{g} + \zeta = 0$$

und folglich

$$g(bc-ad)tu + g(ac+bd)uu + (\delta b + \varepsilon a)t + (\delta a - \varepsilon b)u + \zeta g = 0.$$

Setzt man daher in den übrigen Gliedern außer dem ersten

$$u = -\frac{\delta b - \varepsilon a}{g(bc-ad)}$$

so wird

$$(g(bc-ad)u + \delta b + \varepsilon a)t + \frac{(ac+bd)(\delta b + \varepsilon a)^2}{g(bc-ad)^2} - \frac{(\delta a - \varepsilon b)(\delta b + \varepsilon a)}{g(bc-ad)} + \zeta g = 0$$

oder

$$g(bc-ad)u + \delta b + \varepsilon a + \frac{g(\delta b + \varepsilon c)(\delta b + \varepsilon a)}{(bc-ad)^2 t} + \frac{\zeta g}{t} = 0$$

und es ist demnach die Asymptote hyperbolisch, und von der Art $u = \frac{A}{t}$. Auf eine ähnliche Art wird aber auch die andere Asymptote, die aus dem Faktor $cy - dx$ entspringt, bestimmt; und es hat folglich die Curve zwei Paar ohne Ende fortlaufende Schenkel, die beide durch die Gleichung $u = \frac{A}{t}$ ausgedrückt werden.

§. 222.

Nun seyen beide Faktoren einander gleich, oder

$$\alpha yy + \beta yx + \gamma xx = (ay + bx)^2$$

so ist, wenn man auch hier durch die Substitutionen

$$y = \frac{au + bt}{g} \text{ und } x = \frac{at - bu}{g}$$

die Gleichung für eine andere Axe abändert,

$$gguu + \frac{(\delta a - \varepsilon b)u}{g} + \frac{(\delta b + \varepsilon a)t}{g} + \zeta = 0$$

und wenn man $t = \infty$ setzt,

$$uu + \frac{(\delta b + \varepsilon a)t}{g^3} = 0.$$

Diese Gleichung zeigt zwei parabolische Schenkel von der Art $uu = At\,an$; es ist nemlich die Curve selbst eine Parabel, und selbst ihre Asymptote. Wenn aber $\delta b + \varepsilon a = o$ wäre, so ginge die Gleichung in

$$gguu + \frac{\delta gu}{a} + \zeta = o$$

über, welches eine Gleichung für zwei gerade einander parallele Linien ist: und in diesem Falle läßt sich die ganze Gleichung der zweiten Ordnung in zwei einfache Faktoren auflösen.

Auf diesem Wege würden wir die Arten der Linien der zweiten Ordnung auch dann gefunden haben, wenn wir sie bis hieher völlig ununtersucht gelassen hätten.

§. 223.

Eben diesen Weg wollen wir nun auch betreten, um die Arten der Linien der dritten Ordnung, deren allgemeine Gleichung

$$\alpha y^3 + \beta y^2 x + \gamma x y^2 + \delta x^3 + \varepsilon y^2 + \zeta yx + \eta x^2 + \vartheta y + \iota x + \kappa = o$$

ist, zu finden. Hier hat das höchste Glied,

$$\alpha y^3 + \beta y^2 x + \gamma y x^2 + \delta x^3$$

weil die Anzahl seiner Dimensionen eine ungerade Zahl ist, entweder einen reellen einfachen Faktor, oder es sind alle seine drei einfache Faktoren reell. Aus diesem Grunde sind hier folgende Fälle zu untersuchen:

I.

Wenn nur ein einziger einfacher Faktor reell ist,

II.

Wenn alle drei reell und keiner einem von den übrigen gleich ist.

III.

Wenn zwei Faktoren einander gleich sind.

IV.

Wenn alle drei Faktoren einander gleich sind.

Da es aber bei einem jeden Falle hinlänglich ist, die Rechnung bei einem einzigen Faktor anzustellen, so wollen wir diesen Faktor, er mag nun allein, oder es mögen ausser ihm noch andere, ihm gleiche oder ungleiche, Faktoren statt finden, $ay - bx$ seyn lassen, und die Lage der Axe dafür auf eben die Art verändern, wie wir bisher gethan haben. Auf diese Art erhalten wir folgende Gleichung

$$\alpha ttu + \beta tuu + \gamma u^3 + \delta tt + \varepsilon tu + \zeta uu + \eta t + \vartheta u + \iota = o$$

die wir, da sie einen eben so weiten Umfang hat als die vorhergehende, statt dieser gebrauchen wollen, und worin das höchste Glied $\alpha ttu + \beta tuu + \gamma u^3$ allemal wenigstens den Faktor u hat.

Erster Fall.

§. 224.

Es habe also das höchste Glied bloß den einzigen reellen Faktor u, welches statt findet, wenn $\beta\beta$ kleiner als $4\alpha\gamma$ ist: so wird, wenn man $t = \infty$ setzt, $\alpha u + \delta = 0$, eine Gleichung für eine geradlinige Asymptote. Es gebe diese Gleichung den Werth $u = c$, so wird

$$\alpha tt(u - c) + t(\beta cc + \varepsilon c + \eta) + \gamma c^3 + \zeta c^2 + \vartheta c + \iota = 0$$

und diese Gleichung druckt die Natur der Asymptote aus. Hieraus ergiebt sich, je nachdem $\beta c^2 + \varepsilon c + \eta$ entweder nicht $= 0$ oder $= 0$ ist, eine doppelte Asymptote, nemlich entweder

$$u - c = \frac{A}{t}; \text{ oder } u = c = \frac{A}{tt}$$

und so findet man durch die Betrachtung dieses Falles die beiden ersten Arten der Linien der dritten Ordnung, nemlich:

1.

Die erste Art hat eine einzige geradlinige Asymptote von der Art $u = \frac{A}{t}$.

2.

Die zweite Art hat ein einzige geradlinige Asymptote von der Art $u = \frac{A}{tt}$.

Zweiter Fall.

§. 225.

Es seyen alle drei einfache Faktoren des höchsten Gliedes reell, und keiner dem andern gleich, welches statt findet, wenn in der Gleichung

$$\alpha ttu + \beta tuu + \gamma u^3 + \delta tt + \varepsilon tu + \zeta uu + \eta t + \vartheta u + \iota = 0$$

$\beta\beta$ größer als $4\alpha\gamma$ ist. In diesem Falle gilt von einem jeden Faktor, was so eben von dem einzigen Faktor gezeigt worden ist. Es führt nemlich jeder Faktor auf zwei hyperbolische Schenkel, entweder von der Art $u = \frac{A}{t}$, oder von dieser $u = \frac{A}{tt}$: und so enthält dieser Fall vier verschiedene Arten der Linien der dritten Ordnung, die drei geradlinige gegen einander unter irgend einem Winkel geneigte Asymptoten haben, und diese Arten sind:

3.

Die dritte Art hat drei Asymptoten von der Art $u = \frac{A}{t}$.

4.

Die viert e Art hat zwei Asymptoten von der Art $u = \frac{A}{t}$ und eine von der Art $u = \frac{A}{tt}$.

Die fünfte Art hat eine Asymptote von der Art $u = \frac{A}{t}$ und zwei von der Art $u = \frac{A}{tt}$.*)

Die sechste hat drei Asymptoten von der Form $u = \frac{A}{tt}$.

*) Man sehe §. 227. S. 120. nach.

§. 226.

Hier müssen wir aber untersuchen, ob alle diese Arten möglich sind, und zu dem Ende wollen wir folgende ganz allgemeine Gleichung nehmen:

$$y(\alpha y - \beta x)(\gamma y - \delta x) + \varepsilon xy + \zeta yy + \eta x + \vartheta y + \iota = 0$$

deren höchstes Glied drei reelle Faktoren hat, und wo die Auslassung des Gliedes xx den Umfang derselben nicht vermindert. Es erhellet aber aus dem Vorhergehenden, daß der Faktor y eine Asymptote von der Art $u = \frac{A}{t}$ gebe, wenn η nicht $= 0$ ist, und wir wollen daher untersuchen, auf was für Asymptoten, der Faktor $\alpha y = \beta x$ führe. Zu dieser Absicht wollen wir

$$y = \alpha u + \beta t, \text{ und } x = \alpha t - \beta u,$$

und zugleich, der Kürze wegen, indem solches allemal erlaubt ist,

$$\alpha^2 + \beta^2 = 1$$

setzen. adurch erhält die Gleichung folgende Form:

$$\left.\begin{array}{l} \beta(\beta\gamma - \alpha\delta)ttu + (2\alpha\beta\gamma - (\alpha\alpha - \beta\beta)\delta)tuu + \alpha(\alpha\gamma + \beta\delta)u^3 \\ + \beta(\alpha\varepsilon + \beta\zeta)tt + (2\alpha\beta\zeta + (\alpha\alpha - \beta\beta)\varepsilon)tu + \alpha(\alpha\zeta - \beta\varepsilon)u^2 \\ \qquad + (\alpha\eta + \beta\vartheta)t \qquad + (\alpha\vartheta - \beta\eta)u \\ \qquad\qquad + \iota \end{array}\right\} = 0.$$

Dier geht der Faktor $\alpha y - \beta x$ in u über, und es wird darch, wenn man $t = \infty$ setzt,

$$u = \frac{\alpha\varepsilon + \beta\zeta}{\alpha\delta - \beta\gamma} = c,$$

und bringt man diesen Werth anstatt u in das zweite Glied, welches t enthält, so findet man, daß aus diesem Faktor u oder $\alpha y - \beta x$ eine Asymptote von der Form $u = \frac{A}{t}$ entspringt, wofern nicht

$$\frac{\alpha\eta+\beta\vartheta}{\beta}+\frac{(\alpha\varepsilon+\beta\zeta)(\gamma\varepsilon+\delta\zeta)}{(\alpha\delta-\beta\gamma)^2}=0$$

ist. Auf eine ähnliche Art giebt der Faktor $\gamma y-\delta x$ eine Asymptote von der Form $u=\frac{A}{t}$, wofern nicht

$$\frac{\gamma\eta+\delta\vartheta}{\delta}+\frac{(\alpha\varepsilon+\beta\zeta)(\gamma\varepsilon+\delta\zeta)}{(\alpha\delta-\beta\gamma)^2}=0$$

ist.

§. 227.

Hieraus erhellet, daß es allerdings möglich ist, daß weder η noch die beiden eben gefundenen Formeln $=0$ werden, wodurch denn die dritte Art allerdings möglich wird. Was die vierte Art betrifft, so setze man $\eta=0$, damit die eine Asymptote von der Form $u=\frac{A}{tt}$ erhalten werde. Alsdann aber fallen die beiden übrigen Ausdrücke in einen zusammen, und es gehören also die beiden übrigen Asymptoten zu der Form $u=\frac{A}{t}$, wofern nicht

$$\vartheta+\frac{(\alpha\varepsilon+\beta\zeta)(\gamma\varepsilon+\delta\zeta)}{(\alpha\delta-\beta\gamma)^2}=0$$

ist, und es ist daher auch die vierte Art möglich. Wenn hingegen außer $\eta=0$ auch einer von den beiden übrigen Ausdrücken $=0$ wird, so verschwindet zugleich der andere, und es ist daher unmöglich, daß zwei Asymptoten zu der Form $u=\frac{A}{tt}$ gehören, ohne daß die dritte unter eben derselben begriffen sey, und es ist demnach die fünfte Art unmöglich. Die sechste Art hingegen wird eben hierdurch möglich, weil wenn $\eta=0$ ist,

$$\vartheta=\frac{-(\alpha\varepsilon+\beta\zeta)(\gamma\varepsilon+\delta\zeta)}{(\alpha\delta-\beta\gamma)^2}$$

wird. Es geben also diese beiden Fälle nur fünf Arten der Linien der dritten Ordnung, weil diejenige, die vorhin die fünfte war, wegfällt, und es hat folglich

5.

Die fünfte Art drei Asymptoten von der Art $u=\frac{A}{tt}$.

Dritter Fall.

§. 228.

Es habe das höchste Glied zwei gleiche Faktoren u, welches statt findet, wenn in der Gleichung des vorhergehenden Falls das erste Glied αttu verschwindet; und es ist demnach die allgemeine Gleichung für den gegenwärtigen Fall folgende:

$$\alpha tuu - \beta u^3 + \gamma tt + \delta tu + \varepsilon uu + \zeta t + \eta u + \vartheta = 0.$$

Es habe also hier das erste Glied zwei gleiche Faktoren u, und der dritte, von diesen verschiedene, sey $\alpha t - \beta u$. Dieser dritte Faktor führt auf eine Asymptote entweder von der Form $u = \frac{A}{t}$, oder von der Form $u = \frac{A}{tt}$, je nachdem der Ausdruck

$$(\alpha\delta + 2\beta\gamma)(\alpha^2\varepsilon + \alpha\beta\delta + \beta\beta\gamma) - \alpha^3(\alpha\eta + \beta\zeta)$$

entweder nicht $= 0$ oder $= 0$ ist.

§. 229.

Was die beiden gleichen Faktoren betrifft, so ist dabei zuvörderst der Fall zu erwägen, wenn γ nicht $= 0$ ist. Denn alsdann wird, wenn man $t = \infty$ setzt, $\alpha uu + \gamma t = 0$, und dies ist eine Gleichung für eine parabolische Asymptote von der Art $uu = At$. Es entspringen also hieraus zwei neue Arten der Linien der dritten Ordnung, nemlich:

6.

Die sechste Art hat eine Asymptote von der Art $u = \frac{A}{t}$, und eine von der Art $uu = At$.

7.

Die siebente Art hat eine Asymptote von der Art $u = \frac{A}{tt}$, und eine parabolische von der Art $uu = At$.

§. 230.

Nun sey $\gamma = 0$, so giebt der dritte Faktor $\alpha t - \beta u$ eine Asymptote von der Form $u = \frac{A}{tt}$, wenn

$$\delta(\alpha\varepsilon + \beta\delta) = \alpha(\alpha\eta + \beta\zeta)$$

ist; findet dieses aber nicht statt, so gehört die Asymptote zu der Form $u = \frac{A}{t}$. Wir haben also die Gleichung,

$$\left.\begin{array}{l} +\alpha tuu - \beta u^3 \\ +\delta tu + \varepsilon uu \\ +\zeta t + \eta u \\ +\vartheta \end{array}\right\} = 0$$

und hier wird, wenn man $t = \infty$ setzt, $\alpha uu + \delta u + \zeta = 0$.

Nun sey zuvörderst $\delta\delta$ kleiner als $4\alpha\zeta$, so findet keine Asymptote statt, und es entspringen daher aus diesem Falle zwei Arten:

8.

Die achte Art hat eine einzige Asymptote von der Art $u = \frac{A}{t}$.

9.

Die neunte Art hat eine einzige Asymptote von der Art $u = \frac{A}{tt}$.

§. 231.

Sind beide Wurzeln der Gleichung $\alpha uu + \delta u + \zeta = 0$, reell und ungleich, welches statt findet, wenn $\delta\delta$ größer als $4\alpha\zeta$ ist, so ergeben sich daraus zwei geradlinige einander parallele Asymptoten, davon jede zu der Form $u = \frac{A}{t}$ gehört; und es giebt daher auch dieser Fall zwei neue Arten an die Hand.

10.

Die zehnte Art hat eine Asymptote von der Art $u = \frac{A}{t}$, und zwei einander parallele von der Art $u = \frac{A}{t}$.

11.

Die eilfte Art hat eine Asymptote von der Art $u = \frac{A}{tt}$, und zwei einander parallele von der Art $u = \frac{A}{t}$.

§. 232.

Sind die beiden Wurzeln der Gleichung $\alpha uu + \delta u + \zeta = 0$ einander gleich, oder $\delta\delta = 4\alpha\zeta$, oder $\alpha uu + \delta u + \zeta = \alpha(u - c)^2$: so wird

$$\alpha t(u - c)^2 = \beta c^3 - \varepsilon cc - \eta c - \vartheta$$

und daraus ergiebt sich eine geradlinige Asymptote von der Art $uu = \frac{A}{t}$. Es fließen also hieraus zwei neue Arten.

12.

Die zwölfte Art hat eine Asymptote von der Art $u = \frac{A}{t}$ und eine von der Art $uu = \frac{A}{t}$.

13.

Die dreizehnte Art hat eine Asymptote von der Art $u = \frac{A}{tt}$, und eine von der Art $uu = \frac{A}{t}$.

Vierter Fall.

§. 233.

Wenn alle drei Faktoren des höchsten Gliedes einander gleich sind, so hat die Gleichnng folgende Form:

$$\alpha u^3 + \beta tt + \gamma tu + \delta uu + \varepsilon t + \zeta u + \eta = o.$$

Hier ist zuerst das Glied βtt zu betrachten. Ist dasselbe da, so hat die Curve eine parabolische Asymptote von der Art $u^3 = Att$, und so erhält man eine Art.

14.

Die vierzehnte Art hat eine einzige parabolische Asymptote von der Art $u^3 = Att$.

§. 234.

Fehlt aber das Glied βtt, so wird

$$\alpha u^3 + \gamma tu + \delta uu + \varepsilon t + \zeta u + \eta = o.$$

Setzt man also $t = \infty$, so wird, wofern nicht γ und ε $= o$ sind,

$$\alpha u^3 + \gamma tu + \varepsilon t = o.$$

Es sey nun γ nicht $= o$, so sind in dieser Gleichung folgende beide

$$\alpha uu + \gamma t = o, \text{ und } \gamma u + \varepsilon = o$$

enthalten, davon die erste auf eine parabolische Asymptote von der Art $uu = At$ führt, und die andere, wenn man $\frac{-\varepsilon}{\gamma} = c$ setzt, diese Gleichung giebt,

$$\gamma t(u - c) + \alpha c^3 + \delta cc + \zeta c + \eta = o,$$

welches eine Gleichung für eine hyperbolische Asymptote von der Art $u = \frac{A}{t}$ ist. Also hat

15.

Die fünfzehnte Art eine parabolische Asymptote von der Art $uu = At$, und eine geradlinige von der Art $u = \frac{A}{t}$, und die Axe der parabolischen ist der andern geradlinigen Asymptote parallel.

§. 235.

Endlich sey $\gamma = o$, so daß die Gleichung sey:

$$\alpha u^3 + \delta uu + \varepsilon t + \zeta u + \eta = o$$

wo ε nicht verschwinden kann, ohne daß die Gleichung aufhöre, eine Gleichung für eine Curve zu seyn. Nimmt man aber $t = \infty$, so muß auch nothwendig $u = \infty$ werden, und es wird daher $\alpha u^3 + \varepsilon t = o$, und daraus ergiebt sich die letzte Art.

16.

Die sechszehnte Art hat eine parabolische Asymptote von der Art $u^3 = At$.

§. 236.

Wir haben also alle Linien der dritten Ordnung auf sechszehn Arten zurückgebracht, die aber alle zwei und siebenzig Arten, welche Newton dabei angenommen, in sich fassen. Ueber den großen Unterschied zwischen der gegenwärtigen Eintheilung und der Newtonianischen darf man sich nicht wundern, da wir bloß auf die Beschaffenheit der ohne Ende fortlaufenden Schenkel gesehen, Newton aber auch den Zustand der Curven in dem endlichen Raume in Erwägung gezogen, und nach der Verschiedenheit desselben verschiedene Arten gemacht hat. Ob nun gleich der Eintheilungsgrund willkührlich scheint, so hätte dennoch Newton auf dem von ihm betretenen Wege noch weit mehr Arten finden können, da sich hingegen nach meiner Methode weder mehr noch weniger Arten entdecken lassen.

§. 237.

Damit nun die Natur und der Umfang einer jeden Art desto besser erkannt werden möge, so will ich für jede Art die allgemeine Gleichung in der einfachsten Form, die sie, ohne ihren Umfang zu vermindern, erhalten kann, hersetzen, und zugleich bei jeder die darunter begriffenen Newtonianischen Arten anführen.

Die erste Art.

$$y(xx - 2mxy + nnyy) + ayy + bx + cy + d = o$$

wenn mm größer als nn, und b nicht $= o$ ist.

Hieher gehören von den Newtonianischen Arten 33, 34, 35, 36, 37, 38.

Die zweite Art.

$$y(xx - 2mxy + nnyy) + ayy + cy + d = o$$

wenn mm größer als nn ist.

Hieher gehören von den Newtonianischen Arten 39, 40, 41, 42, 43, 44, 45.

Die dritte Art.

$$y(x - my)(x - ny) + ayy + bx + cy + d = o$$

wenn weder $b = o$, noch $mb + c + \frac{aa}{(m-n)^2} = o$ noch

$nb + c + \frac{aa}{(m-n)^2} = o$, noch $m = n$ ist.

Hieher gehören von den Newtonianischen Arten 1, 2, 3, 4, 5, 6, 7, 8, 9; desgleichen 24, 25, 26, 27, wenn $a = o$ ist.

Die vierte Art.

$$y(x - my)(x - ny) + ayy + cy + d = o$$

wenn weder $c + \frac{aa}{(m-n)^2} = o$, noch $m = n$ ist.

Hieher gehören von den Newtonianischen Arten 10, 11, 12, 13, 14, 15, 16, 17, 18, 19, 20, 21; desgleichen, wenn $a = o$ ist, 28, 29, 30, 31.

Die fünfte Art.

$$y(x - my)(x - ny) + ayy - \frac{aay}{(m-n)^2} + d = o$$

wenn m nicht $= n$ ist.

Hieher gehören von den Newtonianischen Arten 22, 23 und 32.

Die sechste Art.

$$yy(x - my) + axx + bx + cy + d = o$$

wenn weder $a = o$, noch $2m^3aa - mb - c = o$ ist.

Hieher gehören von den Newtonianischen Arten 46, 47, 48, 49, 50, 51, 52.

Die siebente Art.

$$yy(x - my) + axx + bx + m(2m^2a^2 - b)y + d = o$$

wenn a nicht $= o$ ist.

Hieher gehören von den Newtonianischen Arten 53, 54, 55, 56.

Die achte Art.

$$yy(x - my) + bbx + cy + d = o$$

wenn weder $c = - mbb$, noch $b = o$ ist.

Hieher gehören von den Newtonianischen Arten 61 und 62.

Die neunte Art.

$$yy(x - my) + bbx - mbby + d = o$$

wenn b nicht $= o$ ist.

Hieher gehört von den Newtonianischen Arten die 63ste.

Die zehnte Art.

$$yy(x - my) - bbx + cy + d = o$$

wenn weder $c = mbb$, noch $b = o$ ist.

Hieher gehören von den Newtonianischen Arten 57, 58, 59.

Die eilfte Art.

$$yy(x - my) - bbx + mbby + d = o$$

wenn b nicht $= o$ ist.

Hieher gehört von den Newtonianischen Arten die 60ste.

Die zwölfte Art.

$$yy(x - my)m + cy + d = o$$

wenn c nicht $= o$ ist.

Hieher gehört von den Newtonianischen Arten die 64ste.

Die dreizehnte Art.

$$yy(x - my) + d = o$$

Hieher gehört von den Newtonianischen Arten die 65ste.

Die vierzehnte Art.

$$y^3 + axx + bxy + cy + d = o$$

wenn a nicht $= o$ ist.

Hieher gehören von den Newtonianischen Arten 67, 68, 69, 70, 71.

Die fünfzehnte Art.

$$y^3 + bxy + cx + d = o$$

wenn b nicht $= o$ ist.

Hieher gehört von den Newtonianischen Arten die 66ste.

Die sechzehnte Art.

$$y^3 + ay + bx = o$$

wenn b nicht $= o$ ist.

Hieher gehört von den Newtonianischen Arten die 72ste.

§. 238.

Es haben aber diese Arten meistens einen so weiten Umfang, daß jede merkwürdige Unterabtheilungen zuläßt, wenn man auf die Gestalt, welche die Curven in dem endlichen Raume haben, Rücksicht nimmt. Aus diesem Grunde hat auch Newton eine größere Anzahl von Arten angenommen, um die Curven, die sich in dem endlichen Raume merklich von einander unterscheiden, von einander absondern zu können. Es wäre daher aber besser, die Gattungen, welche wir mit dem Namen der Arten belegt haben, Geschlechter zu nennen, und den Namen der Arten für die unter ihnen begriffenen zu brauchen. Dies wird insbesondere bei den Eintheilungen der Linien der vierten und der höhern Ordnungen wichtig, weil dabei jede Art, oder vielmehr jedes Geschlecht, eine noch viel größere Verschiedenheit zuläßt.

Zehntes Capitel.

Von den vornehmsten Eigenschaften der Linien der dritten Ordnung.

§. 239.

So wie wir oben [im fünften Capitel] die vornehmsten Eigenschaften der Linien der zweiten Ordnung aus der allgemeinen Gleichung für diese Linien abgeleitet haben: so lassen sich auch die merkwürdigsten Eigenschaften der Linien der dritten Ordnung aus ihrer allgemeinen Gleichung erkennen, und auf eine ähnliche Art verhält es sich mit den Linien der vierten und der folgenden höhern Ordnungen. Wir wollen daher die allgemeinste Gleichung für die Linien der dritten Ordnung:

$$\alpha y^3 + \beta y^2 x + \gamma y xx + \delta x^3 + \varepsilon yy + \zeta yx + \eta xx + \vartheta y + \iota x + \kappa = 0$$

betrachten, welche die Natur einer jeden Linie der dritten Ordnung ausdrückt, wenn x und y die unter irgend einem Winkel gegen einander geneigten Coordinaten ausdrückt; und irgend eine gerade Linie zur Axe angenommen worden ist.

§. 240.

Ist daher α nicht $= 0$, so kommt jeder Abscisse x entweder eine oder drei reelle Applicaten zu. Angenommen, daß es drei reelle Applicaten gebe, so ist bekannt, daß man ihr Verhältniß zu einander aus der Gleichung bestimmen kann. Setzt man also $\alpha = 1$, so wird die Gleichung

$$y^3 + (\beta x + \varepsilon) yy + (\gamma xx + \zeta x + \vartheta) y + \delta x^3 + \eta xx + \iota x + \kappa = 0$$

und es ist

- die Summe der drei Applicaten, die zu einer und derselben Abscisse x gehören, $= -\beta x - \varepsilon$;
- die Summe der drei Rectangel, die zwischen je zwei und zwei von diesen Applicaten eingeschlossen sind, $= \gamma xx + \zeta x + \vartheta$; und endlich
- das Produkt aus allen dreien, oder das Parallelepipedum, welches dieselben geben, $= -\delta x^3 - \eta xx - \iota x$

Wenn zwei Applicaten imaginär wären, so gelten diese Behauptungen zwar ebenfalls, nur mit dem Unterschiede, daß man dieselben nicht auf Linien anwenden könnte, indem weder die Summe noch das Rechteck zweier imaginären Applicaten geometrisch dargestellt werden kann.

§. 241.

Es sey also AZ, Fig. 44, die Axe für irgend eine Linie

der dritten Ordnung, auf welcher die Ordinaten LMN und lmn, welche die Curve in dreien Punkten schneiden, unter einem gegebenen Winkel stehen. Setzt man die Abscisse $AP = x$, so hat die Applicate y einen dreifachen Werth, PL, PM, und − PN, und es ist daher

$$PL + PM - PN = -\beta x - \varepsilon.$$

Wenn man daher

$$PO = z = \frac{PL + PM - PN}{3}$$

nimmt, so liegt der Punkt O in der Mitte, so daß $LO = MO + NO$ ist. Da nun $z = -\frac{\beta x - \varepsilon}{3}$ ist, so liegt der Punkt O in der geraden Linie OZ, und diese Linie schneidet daher alle der LMN parallele Ordinaten lmn auf die Art in o, daß $lo + mo = no$ ist. Dies ist eine Eigenschaft, die der Eigenschaft der Durchmesser der Linien der zweiten Ordnung ähnlich ist. Wenn also zwei einander parallele Ordinaten, welche die Curve in drei Punkten schneiden, auf die Art in O und o getheilt werden, daß die beiden auf der einen Seite liegenden der dritten auf der andern Seite gleich sind: so theilt die gerade Linie, welche durch diese Punkte O und o gezogen wird, auch alle übrige, jenen parallele, Ordinaten auf eine ähnliche Art, und ist also gleichsam ein Durchmesser der Linie der dritten Ordnung.

§. 242.

Da sich bei den Linien der zweiten Ordnung alle Durchmesser in einem und demselben Punkte schneiden, so wollen wir jetzt untersuchen, wie sich die Durchmesser der Linien der dritten Ordnung, in dem vorhin angeführten Verstande, verhalten. Wir wollen also annehmen, daß die Applicaten unter irgend einem andern Winkel gegen die Axe AP geneigt seyen, und die Abscisse $= t$, und die Applicate $= u$ setzen. Alsdann ist [§. 43.]

$$y = nu; \text{ und } x = t - mu;$$

und bringt man diese Werthe in die allgemeine Gleichung

$$y^3 + \beta y^2 x + \gamma yxx + \delta x^3 + \varepsilon yy + \zeta yx + \eta xx + \vartheta y + \iota x + \kappa = 0$$

so bekommt man dafür folgende:

$$\left.\begin{array}{l} + n^3u^3 + \beta n^2u^2t + \gamma nutt + \delta t^3 + \varepsilon n^2u^2 + \zeta nut \\ \qquad\qquad\qquad\qquad + \eta tt + \vartheta nu + \iota t + \kappa \\ - \beta mn^2u^3 - 2\gamma mnu^2t - 3\delta mutt \quad - \zeta mnu^2 - 2\eta mut \\ \qquad\qquad\qquad\qquad - \iota mu \\ + \gamma m^2nu^3 + 3\delta m^2u^2t \qquad\qquad + \eta m^2u^2 \\ - \delta m^3u^3 \end{array}\right\} = 0$$

Es ist daher für die gerade Linie, die die Stelle des Durchmessers vertritt, wenn man die bei eben dem Winkel zur Abscisse t gehörige Applicate = v setzt

$$3v = \frac{-\beta n^2 t + 2\gamma mnt - 3\delta m^2 t - \varepsilon nn + \zeta mn - \eta mm}{n^3 - \beta mn^2 + \gamma m^2 n - \delta m^3}$$

§. 243.

Nun sey, Fig. 45, O der Durchschnittspunkt zweier solcher Durchmesser, und von demselben werde auf die Axe AZ einmal OP den vorigen Applicaten, und dann OQ den andern Applicaten parallel gezogen, so ist

$$AP = x;\ PO = z;\ AQ = t;\ \text{und}\ OQ = v;$$

ferner

$$z = nv;\ x = t - mv,\ \text{und folglich}\ v = \frac{z}{n};\ \text{und}$$

$$t = x + \frac{m}{n} z.$$

Man hat also

$$3z = -\beta x - \varepsilon;\ 3v = \frac{-\beta x}{n} - \frac{\varepsilon}{n};\ \text{und}$$

$$t = x - \frac{\beta mx}{3m} - \frac{\varepsilon m}{3n}$$

Bringt man diese Werthe in die vorhin gefundene Gleichung, so wird

$$\left.\begin{array}{l} -\beta nnx + \beta\beta mnx - \beta\gamma mmx + \dfrac{\beta\delta m^3 x}{n} \\ -\varepsilon nn \quad + \beta\varepsilon mn \quad - \gamma\varepsilon mm \quad + \dfrac{\delta\varepsilon m^3}{n} \\ +\beta nnx - \dfrac{\beta\beta mnx}{3} - \dfrac{\beta\varepsilon mn}{2} + \varepsilon nn \\ -2\gamma mnx + \dfrac{2\beta\gamma mmx}{3} + \dfrac{2\gamma\varepsilon mm}{3} - \zeta mn \\ +3\delta mmx - \dfrac{\beta\delta m^3 x}{n} - \dfrac{\delta\varepsilon m^3}{n} + \eta mm \end{array}\right\} = 0$$

oder

$$\left.\begin{array}{l} \tfrac{2}{3}\beta\beta mnx - \tfrac{1}{3}\beta\gamma mmx - 2\gamma mnx + 3\delta mmx \\ + \tfrac{2}{3}\beta\varepsilon mn - \tfrac{1}{3}\gamma\varepsilon mm - \zeta mn + \eta mm \end{array}\right\} = 0$$

§. 244.

Es hängt also allerdings der Durchschnittspunkt der Durchmesser O von der Neigung der Applicaten gegen die Axe, welche durch die Buchstaben m und n ausgedrückt wird, ab; und es haben daher (wenn man den Durchschnittspunkt aller Durchmesser den Mittelpunkt nennen will) nicht alle Linien der dritten Ordnung einen Mittelpunkt. Indeß lassen sich Fälle angeben, wo der Durchschnittspunkt der Durchmesser eine unveränderliche Lage hat. Man findet nemlich dergleichen, wenn man die Glieder, worin mn und mm vorkommt, und zwar jede Art besonders genommen, = o setzt, und die daraus entspringenden Werthe von x einander gleich macht. Es wird aber aus den gedachten beiden Gleichungen

$$x = \frac{3\zeta - 2\beta\varepsilon}{2\beta\beta - 6\gamma} = \frac{3\eta - \gamma\varepsilon}{\beta\gamma - 9\delta};$$

und wenn diese beide Werthe einander gleich seyn sollen, so muß

$$6\beta\beta\eta - 2\beta\beta\gamma\varepsilon - 18\gamma\eta + 6\gamma\gamma\varepsilon = 3\beta\gamma\zeta - 2\beta\beta\gamma\varepsilon - 27\delta\zeta + 18\beta\delta\varepsilon$$

oder

$$\beta\gamma\zeta - 2\beta\beta\eta - 9\delta\zeta + 6\gamma\eta + 6\beta\delta\varepsilon - 2\gamma\gamma\varepsilon = o$$

seyn, woher denn

$$\eta = \frac{\beta\gamma\zeta - 9\delta\zeta + 6\beta\delta\varepsilon - 2\gamma\gamma\varepsilon}{2\beta\beta - 6\gamma}$$

wird. So oft η diesen Werth hat, so oft schneiden sich alle Durchmesser in einem und demselben Punkte, und es haben daher diese Linien der dritten Ordnung einen Mittelpunkt, und man findet ihn, wenn man in der Axe

$$AP = \frac{3\zeta - 2\beta\varepsilon}{2\beta\beta - 6\gamma}, \text{ und}$$

$$PO = \frac{-3\beta\zeta + 6\gamma\varepsilon}{2\beta\beta - 6\gamma}$$

nimmt.

§. 245.

Eben diese Bestimmung des Mittelpunkts findet, vorausgesetzt, daß es dergleichen giebt, auch statt, wenn der erste Coefficient α nicht der Einheit gleich gesetzt wird. Denn ist die allgemeinste Gleichung für die Linien der dritten Ordnung:

$$\alpha y^3 + \beta y^2 x + \gamma y x^2 + \delta x^3 + \varepsilon y y + \zeta x y + \eta x x + \vartheta y + \iota x + \kappa = o$$

gegeben, so haben die dadurch ausgedrückten Curven einen Mittelpunkt, wenn

$$\eta = \frac{\beta\gamma\zeta - 9\alpha\delta\zeta + 6\beta\delta\varepsilon - 2\gamma\gamma\varepsilon}{2\beta\beta - 6\alpha\gamma}$$

ist. Alsdann aber ist der Mittelpunkt in O, wenn man

$$AP = \frac{3\alpha\zeta - 2\beta\varepsilon}{2\beta\beta - 6\alpha\gamma}, \text{ und}$$

$$PO = \frac{6\gamma\varepsilon - 3\beta\zeta}{2\beta\beta - 6\alpha\gamma}$$

macht. Wenn daher eine einzige Ordinate, welche die Curve in drei Punkten schneidet, auf die Art getheilt wird, daß die beiden Applicaten auf der einen Seite der dritten auf der andern Seite gleich sind: so theilt die gerade Linie, welche durch den Mittelpunkt und durch diesen Theilungspunkt gezogen wird, alle übrige dieser parallele Ordinaten auf eine ähnliche Art.

§. 246.

Wenn man dieses auf die Gleichungen der oben festgesetzten Arten [§. 237.] angewendet, so erhellet, daß die erste, zweite, dritte, vierte und fünfte Art einen Mittelpunkt hat, wenn $a = o$ ist, und daß in diesem Falle der Mittelpunkt in den Anfangspunkt der Abscissen fällt. Die sechste und siebente Art haben nie einen Mittelpunkt, weil der Coefficient a nicht $= o$ seyn darf. Die achte, neunte, zehnte, eilfte, zwölfte und dreizehnte Art haben einen Mittelpunkt, der allemal in dem Anfangspunkte der Abscissen liegt. In der vierzehnten, fünfzehnten und sechszehnten Art ist der Mittelpunkt unendlich weit entfernt, und es sind daher alle Durchmesser derselben einander parallel.

§. 247.

Nach diesen die Summe der drei Werthe einer jeden Applicate betreffenden Anmerkungen wollen wir nun auch das Produkt aus diesen Werthen betrachten, denn die Untersuchung des Aggregats der Rechtecke führt eben auf keine merkwürdige Eigenschaften. Es ist also aus der allgemeinen Gleichung §. 239.

$$- PM \,.\, PL \,.\, PN = - \delta x^3 - \eta xx - \iota x - \varkappa.$$

Um diesen Ausdruck zu entwickeln, überlege man, daß für $y = o$,

$$\delta x^3 + \eta xx + \iota x + \varkappa = o$$

wird, und daß daher die Wurzeln dieser Gleichung die Punkte angeben werden, wo die Curve die Axe AZ schneidet. Fallen diese Punkte in B, C und D, so wird

$$\delta x^3 + \eta xx + \iota x + \varkappa = \delta\,(x - AB)\,(x - AC)\,(x - AD)$$

und es ist folglich

$$PL \,.\, PM \,.\, PN = \delta \,.\, PB \,.\, PC \,.\, PD.$$

Wenn man also irgend eine andere, der vorigen parallele, Ordinate lmn annimmt, so wird

$$PL \,.\, PM \,.\, PN : PB \,.\, PC \,.\, PD = pl \,.\, pm \,.\, pn : pB \,.\, pC \,.\, pD,$$

und diese Eigenschaft ist allerdings derjenigen ähnlich, die wir oben von dem Verhältnisse der Rechtecke bei den Linien der zweiten Ordnung [§. 92. 93.] gefunden haben. Eine ähnliche Eigenschaft kommt aber auch den Linien der vierten, der fünften und der folgenden höhern Ordnungen zu.

§. 248.

Nun habe die Linie der dritten Ordnung die drei geradlinigen Asymptoten FBf, GDg, HCh, Fig. 46. Da die Linie der dritten Ordnung selbst in diese drei Asymptoten übergeht, wenn die für sie gegebene Gleichung in drei einfache Faktoren von der Form $py + qx + r$ aufgelöset werden kann: so läßt sich für die Asymptoten, als eine complexe Linie, eine Gleichung finden, deren höchstes Glied mit dem höchsten Gliede der Gleichung für die Curve übereinkommt. Da ferner die Lage der Asymptoten aus dem zweiten Gliede der Gleichung bestimmt wird, so hat die Gleichung für die Asymptoten mit der Gleichung für die Curve auch das zweite Glied gemein. Wenn daher die Gleichung für die Curve bei der Axe AP, der Abscisse $AP = x$, und der Applicate $PM = y$ folgende ist:

$$y^3 + (\beta x + \varepsilon) y^2 + (\gamma xx + \zeta x + \vartheta) y + \delta x^3 + \eta xx + \iota x + \kappa = 0$$

so hat man für die Asymptoten bei eben der Axe, AP, der Abscisse $AP = x$, und der Applicate $PG = z$, die Gleichung:

$$z^3 + (\beta x + \varepsilon) z^2 + (\gamma xx + \zeta x + B) z + \delta x^3 + Cx + D = 0$$

worin die Coefficienten ζ, B, C und D so beschaffen sind, daß sich die Gleichung in drei einfache Faktoren auflösen läßt.

§. 249.

Wenn daher irgend eine Applicate PN, die sowohl die Curve als die Asymptoten in drei Punkten, jene nemlich in L, M und N, diese in F, G und H schneidet, gezogen wird: so ist aus der Gleichung für die Curve

$$PL + PM + PN = -\beta x - \varepsilon.$$

Aber aus der Gleichung für die Asymptoten ist ebenfalls

$$PF + PG + PH = -\beta x - \varepsilon$$

und es wird folglich

$$PL + PM + PN = PF + PG + PH$$

oder

$$FL - GM + HN = 0;$$

und wenn man irgend eine andere Applicate pf zieht, so ist auf ähnliche Art

$$fn - gm + hl = 0.$$

Wenn also eine gerade Linie sowohl die Curve als die Asymptoten in drei Punkten schneidet, so sind allemal zwei von den zwischen den Asymptoten und der Curve enthaltenen Theilen der Linie auf der einen Seite dem dritten auf der andern Seite gleich.

§. 250.

Es können also die drei Schenkel einer Linie der dritten Ordnung, die drei geradlinige Asymptoten hat, nicht alle auf denselben Seiten dieser Asymptoten liegen, sondern es muß sich der dritte, wenn zwei davon sich nach einer Seite zu erstrecken, nothwendig nach einer entgegenstehenden Seite verbreiten. Linien der dritten Ordnung, wie die 47ste Figur darstellt, sind daher unmöglich, weil die gerade Linie, welche die Asymptoten in den Punkten f, g, h, die Curve aber in den Punkten l, m, n schneidet, die Theile fn, gm, hl alle auf einerlei Seiten der Asymptoten hat, und also die Summe dieser Theile nicht $= 0$ seyn kann. Denn die Theile, die auf einerlei Seite liegen, bekommen einerlei Zeichen, z. B. $+$, und die auf der entgegenstehenden Seite sich befinden, das entgegenstehende, $-$; und nur dann kann die Summe dieser drei Theile $= 0$ werden, wenn sie verschiedene Zeichen haben.

§. 251.

Hieraus läßt sich sehr deutlich einsehen, warum die Linien der dritten Ordnung keine zwei geradlinige Asymptoten von der Art $u = \frac{A}{tt}$ haben können, wenn die dritte zu der Art $u = \frac{A}{t}$ gehört, weil sich die hyperbolischen Schenkel, die zu $u = \frac{A}{tt}$ gehören, unendlich mehr ihrer Asymptote nähern, als derjenige, dessen Art durch $u = \frac{A}{t}$ ausgedrückt wird. Denn nimmt man an, daß sich die gerade Linie fl unendlich weit entferne, so werden fn, gm, hl unendlich kleine Größen. Wenn aber die beiden Schenkel nx, my zu der Art $u = \frac{A}{tt}$, der dritte lz hingegen zu der Art $u = \frac{A}{t}$ gehören sollen, so sind fn und gm unendlich kleiner als hl, und es ist folglich unmöglich, daß $gm = fn + hl$ sey.

§. 252.

Es kann daher überhaupt bei den Linien der höhern Ordnungen, die eben so viel Asymptoten als Dimensionen haben, nie eine Asymptote zu der Art $u = \frac{A}{t}$ gehören, wenn die übrigen Asymptoten einer höhern Gattung, z. B. $u = \frac{A}{tt}$; $u = \frac{A}{t^3}$; ꝛc. sind, sondern es muß, so oft eine Asymptote von der Art $u = \frac{A}{t}$ da ist, auch noch eine andere von eben der Art da seyn. Aus eben dem Grunde ist es unmöglich, daß nicht mehr als eine Asymptote von der Art $u = \frac{A}{tt}$ da sey, sondern es muß zum wenigsten zwei geben. Denn es nähern sich die hyperbolischen Schenkel von der Art $u = \frac{A}{t^3}$; $u = \frac{A}{t^4}$; ꝛc. ihren Asymptoten unendlich mehr, als die von der Art $u = \frac{A}{tt}$. Hiernach lassen sich bei der Erfindung der Arten, die zu irgend einer höhern Ordnung gehören, die unmöglichen Fälle sehr leicht absondern, und eine Menge sehr beschwerlicher Rechnungen vermeiden.

§. 253.

Angenommen aber, daß eine Linie der dritten Ordnung von einer geraden Linie nur in zwei Punkten geschnitten werde, so werden alle, dieser geraden Linie parallel gezogene, Linien die Curve entweder auch in zwei Punkten oder gar nicht schneiden. Wenn also die Applicaten y der gedachten geraden Linie parallel genommen werden, so ist die Gleichung für eine solche Curve folgende:

$$yy + \frac{(\gamma xx + \zeta x + \vartheta)y}{\beta x + \varepsilon} + \frac{\delta x^3 + \eta xx + \iota x + \varkappa}{\beta x + \varepsilon} = 0$$

Setzt man nemlich die Absciſſe $AP = x$, so hat man zwei Applicaten PM und — PN, und dabei ist wegen der Natur der Gleichungen

$$PM - PN = \frac{-\gamma xx - \zeta x - \vartheta}{\beta x + \varepsilon}.$$

Theilt man nun die Ordinate MN in dem Punkte O in zwei gleiche Theile, so wird

$$PO = \frac{\gamma xx + \zeta x + \vartheta}{\beta x + \varepsilon}$$

und setzt man $PO = z$, so ist

$$z(\beta x + \varepsilon) = \gamma xx + \zeta x + \vartheta.$$

Hieraus erhellet, daß die Punkte O, in welchen die parallelen Ordinaten MN in zwei gleiche Theile getheilt werden, in einer Hyperbel liegen; wofern nicht $\gamma xx + \zeta x + \vartheta$ durch $\beta x + \varepsilon$ theilbar ist; denn in diesem Falle liegen die Punkte O in einer geraden Linie.

§. 254.

Ist daher $\gamma xx + \zeta x + \vartheta$ durch $\beta x + \varepsilon$ theilbar, so hat die Curve einen Durchmesser, oder eine gerade Linie, welche alle einander parallele Ordinaten MN in zwei gleiche Theile theilt; eine Eigenschaft, die sich bei allen Linien der zweiten Ordnung findet [§. 90.]. Soll aber $\gamma xx + \zeta x + \vartheta$ durch $\beta x + \varepsilon$ theilbar seyn, so muß es verschwinden, wenn man $x = \frac{-\varepsilon}{\beta}$ setzt; und es hat daher die Linie der dritten Ordnung einen Durchmesser, wenn $\gamma\varepsilon\varepsilon - \beta\varepsilon\zeta + \beta\beta\vartheta = 0$ ist.

§. 255.

Hieraus lassen sich die Fälle, in welchen die Linien der dritten Ordnung einen Durchmesser haben, auf eine ganz allgemeine Art bestimmen. Denn ist die allgemeine Gleichung

$$\alpha y^3 + \beta y^2 x + \gamma yxx + \delta x^3 + \varepsilon yy + \zeta yx + \eta xx + \vartheta y + \iota x + \kappa = 0$$

gegeben, so hat daraus y entweder einen dreifachen oder nur einen einzigen Werth, und es kann daher in diesem Falle keinen Durchmesser geben. Man ziehe also auf dieselbe Axe andere Applicaten u unter irgend einem Winkel, so daß $y = nu$, und $x = t - mu$ werde: so bekommt man durch diese Substitution die Gleichung:

$$\left.\begin{array}{ll}
+ \alpha n^3u^3 + \beta n^2u^2t + \gamma nutt + \delta t^3 & + \varepsilon n^2u^2 + \zeta nut \\
 & + \eta tt + \vartheta nu + \iota t + \kappa \\
- \beta mn^2u^3 - 2\gamma mnu^2t - 3\delta mutt & - \zeta mnu^2 - 2\eta mut \\
 & - \iota mu \\
+ \gamma m^2nu^3 + 3\delta m^2u^2t & + \eta m^2u^2 \\
- \delta m^3u^3 &
\end{array}\right\} = 0$$

Sollen also diese neuen Applicaten einen Durchmesser zulassen können, so müssen sie einmal einen doppelten Werth anzunehmen im Stande seyn, und es muß folglich werden

$$\alpha n^3 - \beta mn^2 + \gamma m^2n - \delta m^3 = 0.$$

§. 256.

Außerdem aber wird erfordert, daß die Größe, womit u multiplicirt worden ist, nemlich

$$(\gamma n - 3\delta m)tt + (\zeta n - 2\eta m)t + \vartheta n - \iota m$$

durch diejenige, welche uu multiplicirt, oder durch

$$(\beta nn - 2\gamma mn + 3\delta mm)t + \varepsilon nn - \zeta mn + \eta mm$$

theilbar sey; mit andern Worten: jene Größe muß $= 0$ werden, wenn man

$$t = \frac{-\varepsilon nn + \zeta mn - \eta mm}{\beta nn - 2\gamma mn + 3\delta mm}$$

setzt. Hieraus fließt aber

$$\iota = \frac{\vartheta n}{m} - \frac{(\zeta n - 2\eta m)(\varepsilon nn - \zeta mn + \eta mm)}{(\beta nn - 2\gamma mn + 3\delta mm)m} + \frac{(\gamma n - 3\delta m)(\varepsilon nn - \zeta mn + \eta mm)^2}{(\beta nn - 2\gamma mn + 3\delta mm)^2 m}$$

§. 257.

Wendet man dieses auf die oben festgesetzten Arten an, so erhellet, daß die erste Art nie einen Durchmesser haben kann. In der zweiten Art hingegen werden die Ordinaten von der Axe, worauf die Abscissen x dem Durchmesser parallel genommen werden, in zwei gleiche Theile getheilt. Die dritte Art läßt ganz und gar keinen Durchmesser zu. Die vierte Art hat allemal einen Durchmesser, welcher die Ordinaten, die einer Asymptote parallel sind, halbiret. Die fünfte Art hat drei Durchmesser, welche die den einzelnen Asymptoten parallelen Ordinaten in zwei gleiche Theile theilen. Die sechste Art kann keinen Durchmesser bekommen. Die siebente Art hat einen Durchmesser für die Ordinaten, die der aus dem Faktor x — my entspringenden Asymptote parallel sind. Die achte Art hat einen Durchmesser für die der Axe parallelen Ordinaten. Die neunte Art hat zwei Durchmesser, einen für die Ordinaten, die der Axe, den andern für diejenigen, welche der einen Asymptote parallel sind. Die zehnte Art kömmt mit der achten, und die eilfte mit der neunten überein. Eben so ist die zwölfte Art in Ansehung der Durchmesser der achten, und die dreizehnte der neunten gleich. Die vierzehnte Art hat einen Durchmesser für die Ordinaten, welche der Axe parallel sind. Die fünfzehnte und sechszehnte Art lassen gar keine Ordinaten zu, welche die Curve in zwei Punkten schnitten, und können folglich auch keinen Durchmesser haben. Die Eigenschaften dieser Durchmesser findet man beim Newton ausführlich bemerkt, und es schien daher nützlich, sie selbst hier insgesammt anzuführen.

§. 258.

Ob gleich bei den Gleichungen, die wir oben [§. 237.] für die einzelnen Arten der Linien der dritten Ordnung mitgetheilt haben, die Coordinaten x und y rechtwinklig angenommen worden sind: so wird doch die Natur dieser Arten nicht verändert, wenn man die Coordinaten unter irgend einem andern Winkel gegen einander geneigt seyn läßt. Denn es bleibt die Menge der der ohne Ende fortlaufenden Schenkel dieselbe, man mag die Coordinaten rechtwinklig, oder auf irgend eine Art schiefwinklig annehmen. Ja es leidet auch die Natur der ohne Ende fortlaufenden Schenkel durch Annahme eines andern Coordinaten-Winkels keine Veränderung, sondern es bleiben dabei die parabolischen Schenkel parabolische, und die hyperbolischen hyperbolische. Endlich geht dadurch selbst in der Art der Schenkel, sowohl der parabolischen als der hyperbolischen, keine Veränderung vor. Es gehört daher jede Curve, welche nach der sie ausdrückenden Gleichung zu der ersten Art gerechnet werden muß, unabänderlich zu dieser ersten Art, man mag die Coordinaten rechtwinklig oder schiefwinklig annehmen, und eben so verhält es sich mit allen übrigen Arten.

§. 259.

Schränkt man sich also nicht auf rechtwinklige Coordinaten ein, sondern läßt den Winkel, welchen sie einschließen, willkührlich seyn: so wird der Umfang der obigen Gleichungen nicht vermindert, wenn man

$$y = nu;\; x = t - mu;\; \text{und}\; mm + nn = 1$$

setzt. Nimmt man aber den Coordinaten-Winkel willkührlich an, so lassen sich die gedachten Gleichungen auf einfachere Formen zurückbringen. Auf diese Art bekömmt man für die einzelnen Arten der Linien der dritten Ordnung folgende möglich einfachste Gleichungen zwischen den schiefwinkligen Coordinaten t und u:

Die erste Art.

$$u(tt + nnuu) + auu + bt + cu + d = o$$

wenn weder $n = o$, noch $b = o$ ist.

Die zweite Art.

$$u(tt + nnuu) + auu + cu + d = o$$

wenn n nicht $= o$ ist.

Die dritte Art.

$$u(tt - nnuu) + auu + bt + cu + d = o$$

wenn weder $n = o$, noch $b = o$, noch $\pm nb + c + \frac{aa}{4nn} = o$ ist.

Die vierte Art.

$$u(tt - nnuu) + auu + cu + d = o$$

wenn weder $n = o$, noch $c + \frac{aa}{4nn} = o$ ist.

Die fünfte Art.

$$u(tt - nnuu) + auu - \frac{aau}{4nn} + d = o$$

wenn n nicht $= o$ ist.

Die sechste Art.

$$tuu + att + bt + cu + d = o$$

wenn weder $a = o$, noch $c = o$ ist.

Die siebente Art.

$$tuu + att + bt + d = o$$

wenn a nicht $= o$ ist.

Die achte Art.

$$tuu + bbt + cu + d = o$$

wenn weder $b = o$, noch $c = o$ ist.

Die neunte Art.

$$tuu + bbt + d = o$$

wenn b nicht $= o$ ist.

Die zehnte Art.

$$tuu - bbt + cu + d = o$$

wenn weder $b = o$, noch $c = o$ ist.

Die eilfte Art.

$$tuu - bbt + d = o$$

wenn b nicht $= o$ ist.

Die zwölfte Art.

$$tuu + cu + d = o$$

wenn c nicht $= o$ ist.

Die dreizehnte Art.

$$tuu + d = o.$$

Die vierzehnte Art.

$$u^3 + att + cu + d = o$$

Die fünfzehnte Art.

$$u^3 + atu + bt + d = o$$

wenn a nicht $= o$ ist.

Die sechszehnte Art.

$$u^3 + at = o.$$

Eilftes Capitel.

Von den Linien der vierten Ordnung.

§. 260.

Die allgemeine Gleichung für die Linien der vierten Ordnung ist:

$$\alpha y^4 + \beta y^3 x + \gamma y^2 x^2 + \delta y x^3 + \varepsilon x^4 + \zeta y^3 + \eta y^2 x + \vartheta y x^2 + \iota x^3 + \varkappa yy + \lambda yx + \mu xx + \nu y + \xi x + o = o,$$

die aber, wenn man sowohl den Coordinaten-Winkel, als die Lage der Axe, und den Anfangspunkt der Abscissen verändert, auf vielerlei Art, je nachdem der Fall ist, auf einfachere Formen gebracht werden kann. Um aber, nach der erklärten Methode, alle unter dieser Ordnung begriffene Arten, oder vielmehr Geschlechter, [§. 238.] zu finden, muß man das höchste Glied dieser Gleichung betrachten, und dann entstehen folgende Fälle:

I.

Wenn alle vier einfache Faktoren dieses höchsten Gliedes imaginär sind.

II.

Wenn nur zwei Faktoren reell und einander nicht gleich sind.

III.

Wenn nur zwei Faktoren reell und einander gleich sind.

IV.

Wenn alle vier Faktoren reell, und keiner einem von den übrigen gleich ist.

V.

Wenn zwei Faktoren einander gleich, die übrigen aber ungleich sind.

VI.

Wenn je zwei und zwei Faktoren einander gleich sind.

VII.

Wenn drei einfache Faktoren einander gleich sind.

VIII.

Wenn alle vier Faktoren einander gleich sind.

Erster Fall.

§. 261.

Wenn alle Faktoren des höchsten Gliedes imaginär sind, so hat die Curve gar keine ohne Ende fortlaufende Schenkel; und da wir hier die Verschiedenheit dieser Schenkel als Eintheilungsgrund gebrauchen, so bietet dieser Fall nicht mehr als ein einziges Geschlecht dar. Es begreift also

Das erste Geschlecht

die Curven, die gar keine ohne Ende fortlaufende Schenkel haben, und deren Natur, wenn man die einfachste Gleichung nehmen will, durch folgende Gleichung ausgedrückt wird:

$$(yy + mmxx)(yy - 2pxy + qqxx) + ay^2x + byx^2 + cyy + dyx + exx + fy + gx + h = o$$

wenn pp kleiner als qq ist. Denn da sich in dem höchsten Gliede die Größen y^4 und x^4 nothwendiger Weise befinden, so kann man, durch Vermehrung oder Verminderung der Coordinaten x und y um eine gegebene Größe, machen, daß y^3 und x^3 aus dem zweiten Gliede wegfallen.

Zweiter Fall.

§. 262.

Wenn nur zwei Faktoren des höchsten Gliedes reell, und dabei einander nicht gleich sind, so kann man durch Veränderung des Coordinaten-Winkels und der Axe es dahin brinsen, daß der eine von diesen Faktoren x und der andere wird. Hierdurch bekommt man folgende Gleichung:

$$yx(yy - 2myx + nnxx) + ay^2x + byx^2 + cyy + dyx + exx + fy + gx + h = o$$

wo mm kleiner als nn ist.

Denn da in dem höchsten Gliede y^3x und yx^3 nothwendiger Weise da sind, so kann man in dem zweiten Gliede y und x^3 weglassen. Es hat demnach die Curve zwei geradlinig Asymptoten, davon die eine durch die Gleichung $y = o$, und die andere durch $x = o$ ausgedrückt wird. Die Art der ersten zeigt die Gleichung:

$$nnyx^3 + exx + gx + h = o$$

und die Art der andern diese:

$$xy^3 + cyy + fy + h = o$$

an. Hieraus entspringen also folgende Geschlechter:

Das zweite Geschlecht

hat zwei geradlinige Asymptoten, beide von der Art $u = \frac{A}{t}$, wenn weder c noch e eine verschwindende Größe ist.

Das dritte Geschlecht

hat zwei geradlinige Asymptoten, die eine von der Art $u = \frac{A}{t}$, die andere von der Art $u = \frac{A}{tt}$; und wird durch die Gleichung:

$$yx(yy - 2myx + nnxx) + ay^2x + byx^2 + cyy + dyx + fy + gx + h = o$$

ausgedrückt, wenn weder $c = o$, noch $g = o$ ist.

Das vierte Geschlecht

hat zwei geradlinige Asymptoten, die eine von der Art $u = \frac{A}{t}$, die andere von der Art $u = \frac{A}{t^3}$, und wird durch die Gleichung:

$$yx(yy - 2myx + nnxx) + ay^2x + byxx + cyy + dyx + fy + h = o$$

ausgedrückt, wenn c nicht $= o$ ist.

Das fünfte Geschlecht

hat zwei geradlinige Asymptoten, beide von der Art $u = \frac{A}{tt}$, und wird durch die Gleichung:

$$yx(yy - 2myx + nnxx) + ay^2x + byxx + dyx + fy + gx + h = o$$

ausgedrückt, wenn weder $f = o$, noch $g = o$ ist.

Das sechste Geschlecht.

hat zwei geradlinige Asymptoten, die eine von der Art $u = \frac{A}{tt}$, die andere von der Art $u = \frac{A}{t^3}$, und wird durch die Gleichung:

$$yx(yy - 2myx + nnxx) + ay^2x + byxx + dyx + fy + h = o$$

ausgedrückt, wenn f nicht = o ist.

Das siebente Geschlecht

hat zwei geradlinige Asymptoten, beide von der Art $u = \frac{A}{t^3}$, und wird durch die Gleichung ausgedrückt:

$$yx(yy - 2myx + nnxx) + ay^2x + byxx + dyx + h = o$$

wenn nn allenthalben größer als mm ist.

Dritter Fall.

Wenn die erwähnten beiden Faktoren des höchsten Gliedes die einzigen reellen, und einander gleich sind: so bekommt die Gleichung folgende Form:

$$yy(yy - 2myx + nnxx) + ayxx + bx^3 + cyy + dyx + exx + fy + gx + h = o$$

so daß wieder nn größer als mm ist.

Wofern nun b nicht = o ist, so giebt diese Gleichung

Das achte Geschlecht,

welches eine parabolische Asymptote von der Art uu = At hat.

Wenn aber b = o ist, so wird, wenn man $x = \infty$ setzt,

$$yy + \frac{ay}{nn} + \frac{e}{nn} + \frac{g}{nnx} + \frac{h}{nnxx} = o.$$

Ist nun aa kleiner als 4nne, so entsteht

Das neunte Geschlecht,

welches keinen ohne Ende fortlaufenden Schenkel hat.

Wenn b = o, und aa größer als 4nne, aber g nicht = o ist, so entsteht

Das zehnte Geschlecht,

welches zwei einander parallele Asymptoten von der Art $u = \frac{A}{t}$ hat.

Wenn b = o, und g = o, und aa größer als 4nne ist, so ergiebt sich

Das eilfte Geschlecht,

welches zwei einander parallele Asymptoten von der Art $u = \frac{A}{tt}$ hat.

Wenn $b = o$, und $aa = 4nne$, aber g nicht $= o$ ist, so entsteht

Das zwölfte Geschlecht,

welches eine hyperbolische Asymptote von der Art $uu = \frac{A}{t}$ hat.

Wenn $b = o$; $g = o$; und $aa = 4nne$, und h eine negative Größe ist, so entsteht

Das dreizehnte Geschlecht,

welches eine hyperbolische Asymptote von der Art $uu = \frac{A}{tt}$ hat.

Wenn hingegen $b = o$; $g = o$; $aa = 4nne$, und h eine positive Größe ist, so ergiebt sich

Das vierzehnte Geschlecht,

welches gar keine ohne Ende fortlaufende Schenkel hat.

Vierter Fall.

§. 264.

Sind alle vier einfache Faktoren des höchsten Gliedes reell und unter einander ungleich: so hat die Gleichung folgende Form:

$$yx(y - mx)(y - nx) + ay^2x + byx^2 + cyy + dyx + exx + fy + gx + h = o.$$

Es hat also die Curve vier geradlinige Asymptoten entweder von der Art $u = \frac{A}{t}$, oder von der Art $u = \frac{A}{tt}$, oder von der Art $u = \frac{A}{t^3}$; und daher ergeben sich, wenn man die §. 251. gegebene Vorschrift befolgt, folgende Geschlechter:

Das funfzehnte Geschlecht,

welches vier hyperbolische Asymptoten, jede von der Art $u = \frac{A}{t}$, hat.

Das sechszehnte Geschlecht,

welches vier hyperbolische Asymptoten, drei von der Art $u = \frac{A}{t}$, und eine von der Art $u = \frac{A}{tt}$ hat.

Das siebenzehnte Geschlecht,

welches vier hyperbolische Asymptoten, drei von der Art $u = \frac{A}{t}$, und eine von der Art $u = \frac{A}{t^3}$ hat.

Das achtzehnte Geschlecht,

welches vier hyperbolische Asymptoten, zwei von der Art $u = \frac{A}{t}$, und zwei von der Art $u = \frac{A}{tt}$ hat.

Das neunzehnte Geschlecht,

welches vier hyperbolische Asymptoten, zwei von der Art $u = \frac{A}{t}$, eine von der Art $u = \frac{A}{tt}$, und eine von der Art $u = \frac{A}{t^3}$ hat.

Das zwanzigste Geschlecht,

welches vier hyperbolische Asymptoten, zwei von der Art $u = \frac{A}{t}$, und zwei von der Art $u = \frac{A}{t^3}$ hat.

Das ein und zwanzigste Geschlecht,

welches vier hyperbolische Asymptoten, jede von der Art $u = \frac{A}{tt}$ hat.

Das zwei und zwanzigste Geschlecht,

welches vier hyperbolische Asymptoten, drei von der Art $n = \frac{A}{tt}$, und eine von der Art $u = \frac{A}{t^3}$ hat.

Das drei und zwanzigste Geschlecht,

welches vier hyperbolische Asymptoten, zwei von der Art $u = \frac{A}{tt}$, und zwei von der Art $u = \frac{A}{t^3}$ hat.

Das vier und zwanzigste Geschlecht,

welches vier hyperbolische Asymptoten, jede von der Art $u = \frac{A}{t^3}$ hat.

Fünfter Fall.

§. 265.

Wenn zwei Faktoren des höchsten Gliedes gleich, und

die beiden übrigen ungleich sind, so hat die Gleichung folgende Form:

$$yyx(y + nx) + ayxx + bx^3 + cyy + dyx + exx + fy + gx + h = o.$$

Hier ergeben sich zuvörderst in Ansehung der gleichen Faktoren alle die Geschlechter, welche wir beim dritten Falle gehabt haben; und dabei theilt sich ein jedes derselben in so viele, als die ungleichen Faktoren hervorbringen, oder, als der zweite Fall enthält. Ueberhaupt also entspringen aus diesem Falle sechsmal sieben, d. h. zwei und vierzig, Geschlechter. Unter diesen sind aber zwei unmöglich, nemlich, wenn die beiden parallelen Asymptoten von der Art $u = \frac{A}{tt}$ sind, von den übrigen aber die eine zu der Art $u = \frac{A}{t}$, und die andere entweder zu der Art $u = \frac{A}{tt}$, oder zu der Art $u = \frac{A}{t^3}$ gehört. Es bleiben also nicht mehr als vierzig Geschlechter übrig, die, mit den vorhergehenden zusammengenommen, vier und sechzig Geschlechter ausmachen, und welche alle einzeln anzuführen viel zu weitläuftig seyn würde. Auch kann ich, da ich noch nicht jedes davon habe untersuchen können, nicht mit Gewißheit behaupten, ob nicht noch mehrere unmögliche darunter befindlich sind. Wer indeß diese Untersuchung nach den mitgetheilten Vorschriften unternehmen will, der wird im nöthigen Falle die Anzahl der Geschlechter leicht zusammenziehen und verbessern können.

Sechster Fall.

§. 266.

Dieser Fall, bei welchem je zwei und zwei Faktoren einander gleich sind, ist in folgender Gleichung enthalten:

$$yyxx + ay^3 + bx^3 + cyy + dyx + exx + fy + gx + h = o.$$

Jedes Paar gleiche Faktoren, für sich genommen, giebt sieben verschiedene Fälle, und beide Paare, zusammengenommen, geben daher neun und vierzig Geschlechter. Da aber h nicht zugleich positiv und negativ seyn kann, so werden zwei davon unmöglich, und es bleiben daher überhaupt sieben und vierzig Geschlechter übrig; eine Anzahl, die ebenfalls größer ist, als daß hier alle einzeln sollten angeführt werden können. Bis jetzt haben wir also hundert und eilf Geschlechter gefunden.

Siebenter Fall.

§. 267.

Wenn drei Faktoren einander gleich sind, so hat die Gleichung folgende Form:

$$y^3x + ayxx + bx^3 + cyy + dyx + exx + fy + gx + h = o.$$

Hier giebt der Faktor x

eine Asymptote von der Art $u = \frac{A}{t}$, wenn c nicht = o ist;

eine Asymptote von der Art $u = \frac{A}{tt}$, wenn c = o, aber f nicht = o ist;

eine Asymptote von der Art $u = \frac{A}{t^3}$, wenn c = o, und f = o ist.

Hiernächst giebt der Faktor y^3 eine parabolische Asymptote von der Art $u^3 = Att$, wenn b nicht = o ist; wenn aber b = o ist, so wird, wenn man x unendlich nimmt,

$$y^3 + ayx + dy + ex + g + \frac{cyy + fy + h}{x} = o.$$

Hier ist, wenn e nicht = o,

$$y^3 + ayx + ex = o$$

woraus denn, wenn auch a nicht = o ist,

$$y^2 + ax = o, \text{ und } ay + e = o$$

fließt: und es hat also hier zugleich eine parabolische Asymptote von der Art $uu = At$, und eine hyperbolische statt, die durch folgende Gleichung ausgedrückt wird:

$$(ay + e)x - \frac{e^3}{a^3} - \frac{de}{a} - g + \frac{cee - afe + aah}{aax} = o.$$

Wenn also nicht $e^3 + aade + a^3g = o$ ist, so gehört diese Asymptote zu der Art $u = \frac{A}{t}$, im entgegenstehenden Falle aber zu der Art $u = \frac{A}{tt}$. Wenn hingegen a = o, und e nicht = o ist, so ist

$$y^3 + ex = o$$

und diese Gleichung giebt eine parabolische Asymptote von der Art $u^3 = At$. Ist aber e = o, und a = o, so wird

$$y^3 + dy + g = o,$$

und diese Gleichung giebt entweder eine einzige Asymptote von der Art $u = \frac{A}{t}$, oder drei von eben der Art, oder eine von der Art $u = \frac{A}{t}$, und eine von der Art $uu = \frac{A}{t}$, oder eine von der Art $u^3 = \frac{A}{t}$. Ueberhaupt also giebt es hier acht verschiedene Fälle, die mit den dreien, welche der Faktor x an die Hand giebt, multiplicirt, vier und zwanzig Geschlechter erzeugen. Die Anzahl aller bisher gefundenen Geschlechter beläuft sich daher auf hundert und fünf und dreißig.

Achter Fall.

§. 268.

Wenn alle Faktoren einander gleich sind, so findet folgende Gleichung statt:

$$y^4 + ay^2x + byxx + kx^3 + cyy + dyx + exx + fy + gx + h = o.$$

Hier entsteht, wenn k nicht $= o$ ist,

Das hundert und sechs und dreißigste Geschlecht, welches eine einzige parabolische Asymptote von der Art $u^4 = At^3$ hat.

Wenn $k = o$, b aber nicht $= o$ ist, so wird

$$y^4 + byxx + exx = o$$

und daher

$$y^3 + bxx = o, \text{ und } by + e = o.$$

Hieraus fließt für die geradlinige Asymptote $by + e = o$

$$(by + e)xx + \frac{e^4}{b^4} + \frac{ae^2x}{bb} + \frac{cee}{bb} - \frac{dex}{b} - \frac{ef}{b} + gx + h = o$$

und es gehört daher die Asymptote, wenn nicht

$$aee - bde - bbg = o$$

ist, zu der Art $u = \frac{A}{t}$, im entgegenstehenden Falle aber zu der Art $u = \frac{A}{tt}$. Es ergeben sich also hieraus

Das hundert und sieben und dreißigste Geschlecht, welches eine parabolische Asymptote von der Art $u^3 = Att$, und eine hyperbolische von der Art $u = \frac{A}{t}$ hat; und

Das hundert und acht und dreißigste Geschlecht, welches eine parabolische Asymptote von der Art $u^3 = Att$, und eine hyperbolische von der Art $u = \frac{A}{tt}$ hat.

§. 269.

Nun sey $k = o$, und $b = o$, so daß

$$y^4 + ay^2x + cyy + dyx + exx + fy + gx + h = o$$

werde. Ist hier e nicht $= o$, so wird

$$y^4 + ayyx + exx = o$$

und diese Gleichung ist unmöglich, wenn aa kleiner als 4e ist. Ist hingegen aa größer als 4e, so erhält man zwei parabolische Asymptoten, die zu einerlei Axe gehören, von der Art $uu = At$; und ist $aa = 4e$, so fallen diese beide Parabeln in eine zusammen. Es ergeben sich also hieraus, das hundert neun und dreißigste, vierzigste und ein und vierzigste Geschlecht.

Ist aber $e = o$, so daß man diese Gleichung hat:

$$y^4 + ayyx + cyy + dyx + fy + gx + h = o$$

so wird, wenn a nicht $= o$ ist

$$y^4 + ayyx + cyy + dyx + gx = o$$

und also, wenn sowohl $yy + ax = o$, als $y =$ einer beständigen Größe ist

$$ayy + dy + g = o$$

woher denn y entweder zwei verschiedene, oder zwei gleiche, oder zwei imaginäre Werthe bekommt. Im ersten Falle hat die Curve außer einer parabolischen Asymptote zwei parallele Asymptoten von der Art $u = \frac{A}{t}$; im zweiten eine von der Art $uu = \frac{A}{t}$, und im dritten gar keine. Man bekömmt also hieraus wieder drei Geschlechter, daß hundert zwei und vierzigste, drei und vierzigste, und vier und vierzigste.

§. 270.

Nun sey auch $a = o$, so daß die Gleichung

$$y^4 + cyy + dyx + fy + gx + h = o$$

werde. Ist hier nicht $d = o$, so hat die Curve eine parabolische Asymptote von der Art $u^3 = At$, und eine geradlinige, die durch die Gleichung $dy + g = o$ ausgedrückt wird, von der Art $u = \frac{A}{t}$. Endlich hat die Curve, wenn $d = o$ ist, eine parabolische Asymptote von der Art $u^4 = At$; und so haben wir in allem hundert und sechs und vierzig Geschlechter der Linien der vierten Ordnung, davon aber die meisten viele von einander sich sehr unterscheidende Arten unter sich begreifen.

§. 271.

Hieraus läßt sich hinlänglich abnehmen, wie sehr die Zahl

der Geschlechter der Linien der fünften und der übrigen höhern Ordnungen wachse, so daß eine vollständige Anführung derselben, dergleichen bei den Linien der dritten Ordnung unternommen ist, allein ein weitläufiges Werk erfordern würde. Was aber die vornehmsten Eigenschaften der Linien der vierten und der höhern Ordnungen betrifft, so lassen sich dieselben aus der allgemeinen Gleichung einer jeden Ordnung auf eine ähnliche Art finden, als solches oben bei den Linien der dritten Ordnung geschehen ist, und ich halte es daher nicht für nöthig, dabei zu verweilen.

Zwölftes Capitel.

Von der Erforschung der Gestalt der krummen Linien.

§. 272.

Die Untersuchungen der vorhergehenden Capitel hatten die Gestalt der krummen Linien, welche sie, ins Unendliche fortgeführt, haben, zum Gegenstande; wie aber diese Gestalt in dem endlichen Raume sey, ist öfters sehr schwer aus der Gleichung zu erkennen. Denn man muß zu dieser Absicht aus der Gleichung die Werthe, welche die Applicate für einen jeden endlichen Werth der Abscisse bekommt, entwikkeln, und die imaginären von den reellen absondern: ein Geschäft, welches bei den Gleichungen der höhern Grade gemeiniglich die Kräfte der Analyse, so weit sie bekannt ist, übersteigt. Giebt man nemlich der Abscisse irgend einen endlichen Werth, so kann man die Applicate als die unbekannte Größe in der Gleichung betrachten, und es hängt demnach die Auflösung der Gleichung von der Anzahl der Dimensionen ab, welche die Applicate darin hat. Es läßt sich aber dieses Geschäft sehr erleichtern, wenn man die Gleichung durch Annahme einer bequemern Axe und eines zweckmäßigen Coordinaten-Winkels auf eine einfachere Form bringt; so wie dazu auch, da es gleich ist, welche Coordinate man als die Abscisse betrachten will, die Verwechselung der Coordinaten beiträgt, wenn man diejenige die Applicate seyn läßt, welche in der Gleichung die wenigsten Dimensionen hat

§. 273.

Wollte man z. B. die Gestalt der Linien der dritten Ordnung, die zu der ersten Art gehören, bestimmen, so müßte man die einfachste Gleichung für diese Art, die §. 258. mitgetheilt worden ist, zum Grunde legen, und von den Coordinaten und u die erste t als die Applicate, und die andere u als die Abscisse betrachten, weil t nur zwei Dimensionen hat. Man hätte also eine Gleichung von dieser Form:

$$yy = \frac{2by + axx + cx + d - nnx^3}{x}$$

und daraus erhielte man durch die Auflösung:

$$y = \frac{b \pm \sqrt{(bb + dx + cxx + ax^3 - nnx^4)}}{x}$$

§. 274.

Es hat folglich in den Fällen, in welchen die Werthe von x der Funktion

$$bb + dx + cxx + ax^3 - nnx^4$$

einen positiven Werth ertheilen, die Applicate einen doppelten Werth; wenn aber diese Funktion verschwindet, so kommt der Applicate y nicht mehr als ein Werth zu, oder es werden beide Applicaten einander gleich; und wenn der Werth der Funktion negativ wird, so sind die Applicaten imaginär, oder es gehört dann gar keine Applicate zu den Abscissen. Es können aber die Werthe der gedachten Funktion, wenn sie positiv gewesen sind, nicht anders negativ werden, als wenn sie vorher gleich gewesen, oder die Funktion $= 0$ geworden ist; und es sind daher vorzüglich die Fälle zu erwägen, in welchen

$$bb + dx + cxx + ax^3 - nnx^4 = 0$$

wird. Dies muß nun zum wenigsten in zwei Fällen geschehen, weil ihr Werth, so oft x, es mag positiv oder negativ seyn, eine gewisse Grenze überschreitet, negativ wird: und es braucht daher die Abscisse auch nur bis zu einer gewissen Grenze genommen zu werden, weil die Applicaten jenseits dieser Grenze imaginär sind.

§. 275.

Angenommen, daß der Ausdruck

$$bb + dx + cxx + ay^3 - nnx^4$$

nur zwei reelle Faktoren habe, oder nur in zwei Fällen $= 0$ werden könne; welches statt findet, wenn die Abscisse in den Punkten P und S, Fig. 49., sich endet, wo es nur eine einzige Applicate giebt: so werden die Applicaten durch den ganzen Raum PS hindurch reell und doppelt, jenseits P und S aber insgesammt imaginär seyn, und also die Curve zwischen den Applicaten Kk und Nn liegen. Die Applicate in dem Anfangspunkte A aber wird eine Asymptote der Curve werden, und überdem dieselbe auch in irgend einem Punkte schneiden. Denn setzt man $x = 0$, so wird

$$\sqrt{(bb + dx + cxx + ax^3 - nnx^4)} = b + \frac{dx}{2b}$$

und also

$$y = \frac{b \pm (b + \frac{dx}{2b})}{x}$$

d. h. es ist entweder $y = \infty$, oder $y = \frac{-d}{2b}$. Es hat also in diesem Falle die Curve eine solche Gestalt, als die 50ste Figur darstellt.

§. 276.

Nun habe der Ausdruck

$$bb + dx + cxx + ax^3 - nnx^4$$

vier einfache reelle und einander ungleiche Faktoren, und werde also in vier Fällen = o. Alsdann müssen die Applicaten an eben so viel Orten P, Q, R und S die Curve in einem einzigen Punkte berühren. Da nun die Applicaten durch den Raum der Axe XP imaginär gewesen seyn würden, so sind sie durch den Raum PQ hindurch reell; hierauf werden sie durch den Raum QR hindurch imaginär, und in RS sind sie abermals reell, aber jenseits S nach Y zu wieder imaginär. Es bestehet demnach die Curve aus zwei von einander abgesonderten Theilen, davon der eine innerhalb der geraden Linien Kk und Ll, Fig. 51., und der andere zwischen den geraden Linien Mm und Nn liegt. Und da die Applicaten in dem Anfangspunkte der Abscissen reell sind, so muß dieser Punkt in einem von den beiden Theilen der Axe PQ oder RS liegen. Es hat demnach diese Curve eine Gestalt, wie die 51ste Figur zeigt, und besteht aus einem Ovale, welches von der andern Curve, deren Asymptote DE ist, entfernt liegt, und das zugehörige Oval genannt wird.

§. 277.

Wenn zwei Wurzeln einander gleich sind, so fallen entweder die Punkte P und Q, oder Q und R, oder R und S zusammen. Aber wenn das erste statt finden sollte, so müßte, da A zwischen P und Q liegt, jede dieser Wurzeln x seyn, und dieses ist, da b nicht fehlen darf, unmöglich. Wenn hingegen die Punkte R und S zusammenfallen, so wird das zugehörige Oval unendlich klein, und geht in einen zugehörigen Punkt über. Fallen ferner Q und R zusammen, so ist das Oval mit den übrigen so verbunden, daß eine knotige Curve, Fig. 52., entsteht. Wenn endlich drei Wurzeln gleich sind, oder die Punkte Q, R und S zusammenfallen, so geht der Knoten in eine scharfe Spitze über, wie solches die 53ste Figur darstellt. Auf diese Weise finden bei der ersten Art fünf verschiedene Fälle statt, und daraus hat Newton eben so viel verschiedene Arten gemacht.

§. 278.

Auf eine ähnliche Art sind die Unterabtheilungen der übrigen Arten von Newton gefunden worden, indem alle Gleichungen so beschaffen sind, daß die eine von den Coordinaten nicht mehr als zwei Dimensionen hat. Wenn aber die eine Coordinate nur eine einzige Dimension hat, so ist die Gestalt der Curve sehr leicht zu finden. Es hat nemlich die Gleichung alsdann diese Form

$$y = P$$

so daß P irgend eine rationale Funktion von x ist, und es mag daher der Abscisse x ein Werth beigelegt werden, was für einer es sey, so erhält y auch stets einen einzigen Werth, und es begleitet also die Curve ununterbrochen die Axe auf beiden Seiten. Wenn P eine gebrochene Funktion ist, so kann es sich ereignen, daß die Applicate an einem oder an mehrern Orten unendlich, und also eine Asymptote der Curve wird; und zwar geschieht dieses alsdann, wenn der Nenner der Funktion verschwindet.

§. 279.

Setzt man also $y = \frac{P}{Q}$, so zeigen alle reelle Wurzeln der Gleichung $Q = o$ jene unendliche Applicaten an, denn es giebt eine jede Wurzel dieser Gleichung, z. B. $x = f$ zu erkennen, daß die Applicate, wenn man die Abscisse $x = f$ nimmt, unendlich seyn werde, weil dabei $Q = o$ ist. Ferner erhellet, daß die Applicaten, wenn sie positiv gewesen sind, da x größer war als f, negativ seyn werden, wenn x kleiner als f wird; und es ist demnach die Applicate eine Asymptote von der Form $u = \frac{A}{t}$, und dies ist überhaupt von allen ungleichen Faktoren zu merken. Wenn aber Q zwei gleiche Faktoren $(x - f)^2$ hat, so bleiben die Applicaten, wenn sie positiv sind, wenn x größer als f ist, ebenfalls positiv, wenn x kleiner wird als f, und wenn $x = f$ wird, so wird die Applicate eine Asymptote von der Art $uu = \frac{A}{t}$. Hat endlich der Nenner Q drei gleiche Faktoren, $(x - f)^3$, so haben die Applicaten wieder, wie im ersten Falle, vor und nach der unendlich großen entgegenstehende Zeichen.

§. 280.

Nach diesen Gleichungen lassen sich diejenigen sehr leicht behandeln, die unter der Form

$$yy = \frac{2Py - R}{Q}$$

begriffen sind, wo P, Q und R ganze Funktionen von x von irgend einer Art anzeigen. Aus diesen Gleichungen bekommt die Applicate für jede Abscisse x entweder einen doppelten oder gar keinen Werth; jenes findet statt, wenn PP größer als QR, und dieses, wenn PP kleiner als QR ist: und es ist daher in jeder Grenze, welche die reellen Applicaten von den imaginären trennt, $PP = QR$, und folglich $y = \frac{P}{Q}$, oder, es berührt diese Applicate die Curve in einem einzigen Punkte. Man betrachte also, um die Gestalt der Curve kennen zu lernen, die Gleichung

$$PP - QR = o,$$

deren reelle Wurzeln die Oerter geben werden, wo die Applicaten die Curve in einem einzigen Punkte berühren. Man bemerke diese Punkte in der Axe, so werden, wenn alle Wurzeln einander ungleich sind, die Theile der Axe zwischen ihnen wechselsweise zwei reelle und imaginäre Applicaten haben, und folglich die Curve aus so viel von einander abgesonderten Theilen bestehen, als es dergleichen Abwechselungen giebt, welches denn eine Quelle von zugehörigen Ovalen ist.

§. 281.

Wenn die Gleichung $PP - QR = o$ zwei gleiche Wurzeln hat, so fallen von jenen die in der Axe bemerkten Punkten zwei zusammen, und es verschwindet dadurch ein Theil der Axe, entweder ein solcher, der imaginäre, oder ein solcher, der reelle Applicaten hat. Im ersten Falle entsteht eine knotige Linie, wie Fig. 52., im andern schwindet ein zugehöriges Oval in einen Punkt zusammen. Hat die Gleichung $PP - QR = o$ drei gleiche Wurzeln, so wird der Knoten unendlich klein, und geht in eine Spitze über, wie Fig. 53.; und hat sie vier gleiche Wurzeln, so schwinden entweder zwei zugehörige Ovale in einen Punkt zusammen, oder es giebt in der Spitze einen Knoten, oder zwei an dem Scheitel entgegengesetzte Spitzen. Sind fünf Wurzeln einander gleich, so ergeben sich daher eigentlich keine neue Arten; denn es entsteht eine Spitze, in welcher nicht, wie vorhin, ein, sondern zwei Ovale in einen Punkt zusammenschwinden: und auf ähnliche Art bringt auch die Gleichheit einer noch größern Anzahl der Wurzeln keine neue Verschiedenheiten in der Gestalt der Curven hervor.

§. 282.

Der Knoten, oder der Durchschnittspunkt zweier Schenkel einer Curve wird auch doppelter Punkt genannt, weil die gerade Linie, welche die Curve in diesem Punkte schneidet, angesehen werden muß, als schnitte sie dieselbe in zwei Punkten. Wenn durch den Knoten noch ein anderer Schenkel der Curve ginge, so würde dadurch ein dreifacher Punkt, so wie, wenn zwei doppelte Punkte zusammenfielen, ein vierfacher Punkt entstehen, woraus sich denn die Entstehungsart und die Natur der vielfachen Punkte überhaupt erkennen läßt. Es ist demnach auch jedes verschwindende Oval oder jeder zugehörige Punkt ein doppelter Punkt, und eben so jede Spitze, welche durch einen zugehörigen Punkt, der mit der übrigen Curve verbunden ist, hervorgebracht wird.

§. 283.

Wenn die Gleichung, worin die Applicate y durch die Abscisse x ausgedrückt wird, cubisch ist, oder zu einem noch höhern Grade gehört, so daß y einer vielförmigen Funktion von x gleich ist: so kommen jeder Abscisse entweder so viel Werthe zu, als y in der Gleichung Dimensionen hat, oder es ist die Anzahl dieser Werthe um zwei, oder um vier, oder um sechs, 2c. kleiner. Es werden also allemal zwei Applicaten zugleich imaginär, und dabei, ehe sie dies werden, einander gleich. Dieser Uebergang von den imaginären Applicaten zu den reellen erzeugt mancherlei Verschiedenheiten, die aber mit den bisher erklärten theils übereinstimmen, theils aus ihnen zusammengesetzt sind. Wenn man aber für eine beträchtliche Anzahl von Abscissen, und zwar sowohl positiven als negativen, alle Werthe der Applicate sucht, so kann man durch die auf diese Art gefundenen Punkte eine Curve legen, und so die Gestalt der Curve finden.

§. 284.

Wir wollen dieses durch ein Beispiel erläutern, welches zwar eine Gleichung von einem höhern Grade zum Grunde hat, wo aber die Applicate y bloß durch Quadratwurzeln ausgedrückt werden kann. Es sey nemlich

$$2y = \pm\sqrt{(6x - xx)} \pm \sqrt{(6x + xx)} \pm \sqrt{(36 - xx)};$$

eine Gleichung, aus der jede zu einer Abscisse gehörige Applicate einen achtfachen Werth bekommt. Es fällt aber in die Augen, daß die Applicate, wenn man x negativ nimmt, imaginär wird; und eben das findet statt, wenn x größer angenommen wird als 6; so daß also die ganze Curve zwischen den Grenzen $x = 0$ und $x = 6$ enthalten seyn muß. Man setze also für x nach und nach die Werthe 0, 1, 2, 3, 4, 5, 6, so ist,

wenn

	x = 0	x = 1	x = 2	x = 3	x = 4	x = 5	x = 6
$\sqrt{(6x - xx)}$	0,000	2,235	2,828	3,000	2,828	2,235	0,000
$\sqrt{(6x + xx)}$	0,000	2,645	4,000	5,196	6,324	7,416	8,484
$\sqrt{(36 - xx)}$	6,000	5,916	5,656	5,196	4,470	3,316	0,000
Summe	6,000	10,796	12,484	13,392	13,622	12,967	8,484

folglich y wenn

+ + +	3,000	5,398	6,242	6,696	6,811	6,483	4,242
− + +	3,000	3,163	3,414	3,696	3,983	4,248	4,242
+ − +	3,000	2,753	2,242	1,500	0,487	0,933	4,242
+ +	−3,000	−0,518	0,586	1,500	2,341	3,167	4,242

Die vier übrigen Verwechselungen der Zeichem unterscheiden sich von den angeführten bloß in Ansehung der Zeichen. Es kommt demnach jeder Abscisse eine achtfache Applicate zu, und wenn man dieselben geometrisch construirt, so ergiebt sich eine Curve, die aus folgenden beiden, AFBEcagbcDA und afbECAGBCDa, besteht, zwei Spitzen in A und a, und vier doppelte Punkte oder vier Schenkel-Durchschnittspunkte in D, E, C und c hat.

Dreizehntes Capitel.

Von den Eigenschaften der Curven.

§. 285.

So wie wir oben [im siebenten und achten Capitel] die Natur der ohne Ende fortlaufenden Schenkel auf die Art zu beschreiben gesucht haben, daß wir eine gerade Linie oder eine Curve angaben, die mit jener Curve im Unendlichen zusammenfiel: eben so wollen wir nun im gegenwärtigen Capitel jeden Theil der Curven im endlichen Raume betrachten, und die gerade Linie oder die Curve kennen zu lernen suchen, die mit einem solchen Theile, wenigstens einen unendlich kleinen Raum hindurch, zusammenfällt. Zuvörderst ist hierbei klar, daß jede gerade Linie, welche eine Curve berührt, da, wo sie dieses thut, mit der Curve einerlei Richtung, und folglich auch zum wenigsten zwei Punkte gemein habe. Allein es lassen sich auch andere Curven finden die mit einem gegebenen Theile einer Curve noch mehr übereinkommen, und sich gleichsam daran hinkrummen oder anschmiegen. Kennt man aber die gedachte gerade Linie oder diese Curve, so ist dadurch auch die andere Curve an jedem Orte in derselben, und ihre Beschaffenheit bekannt.

§. 286.

Ist daher eine Gleichung für irgend eine Curve zwischen den Coordinaten x und y gegeben, so ertheile man der Abscisse x, Fig. 55., einen beliebigen bestimmten Werth, AP=p, suche die Werthe, welche der Applicate y für diesen Werth der Abscisse zukommen, und nehme davon, wenn es deren mehrere giebt, einen, PM = q, nach Willkühr an, wo denn M ein Punkt wird, durch welchen die Curve geht. Ist dieses geschehen, so werden sich die Glieder der gegebenen Gleichung, wenn man darin p für x, und q für y setzt, einander aufheben. Um nun die Natur des Theils der Curve, welcher durch den Punkt M geht, zu erforschen, ziehe man aus M die gerade Linie Mq der Axe AP parallel, nehme diese Linie zur Axe an, und setze die neue Abscisse Mq = t, und die Applicate qm = u. Da der Punkt m ebenfalls in der Curve befindlich ist, so muß sich, wenn man mq bis nach der vorigen Axe in p verlängert, und Ap = p + t für x, und pm = q + u für y substituirt, eine Gleichung ergeben, die der vorhin gedachten identisch ist.

§. 287.

Bringt man aber diese Substitutionen in die zwischen x und y gegebene Gleichung, so heben sich darin alle die Glieder, worin weder t noch u vorkommt, einander auf, und es bleiben bloß diejenigen übrig, welche die Coordinaten t und u enthalten. Auf diese Art entsteht eine Gleichung von folgender Form:

$$o = At + Bu + Ct^2 + Dtu + Euu + Ft^3 + Gt^2u + Htuu + \text{etc.}$$

worin A, B, C, D, etc. beständige Größen bedeuten, welche aus den beständigen Größen der ersten Gleichung, und aus p und q, die hier ebenfalls beständige Größen sind, bestehen. Es wird also durch diese neue Gleichung die Natur jener Curve ebenfalls ausgedrückt, wenn man Mq als die Axe, und den Punkt M als den Anfangspunkt der Abscissen betrachtet.

§. 288.

Hier fällt nun zuvörderst in die Augen, daß, wenn man Mq = t = o setzt, auch qm = u = o seyn werde, weil dann der Punkt m in M fällt. Da wir ferner nur einen unendlich kleinen Theil der Curve um M untersuchen wollen, so ist es zu dieser Absicht hinlänglich, wenn wir für t ebenfalls nur unendlich kleine Werthe setzen, und in diesem Falle hat auch qm = u nur dergleichen kleine Werthe, indem wir den Bogen Mm gleichsam als einen verschwindenden Bogen betrachten. Wenn man aber für t und u unendlich kleine Werthe setzt, so werden tt, tu und uu noch viel unbedeutender, und noch mehr schwinden t^3, t^2u, tuu, u^3, u. s. f. und es bleibt daher, da alle Glieder, worin diese Größen vorkommen, bei den übrigen, die gegen sie gleichsam unendlich groß sind, nicht in Betrachtung gezogen zu werden brauchen, bloß die Gleichung

$$o = At + Bu$$

übrig, welches eine Gleichung für die gerade Linie $M\mu$ ist, die durch den Punkt M geht und anzeigt, daß diese gerade Linie mit der Curve zusammenfalle, wenn sich der Punkt m dem Punkte M so sehr als möglich nähert.

§. 289.

Es ist also diese gerade Linie $M\mu$ die Tangente der Curve für den Ort M, und es kann daher hiernach die Tangente für einen jeden Punkt der Curve M gefunden werden. Da nämlich aus der Gleichung $At + Bu = o$

$$\frac{u}{t} = \frac{-A}{B} = \frac{q\mu}{Mq}$$

wird, so hat man

$$q\mu : Mq = MP : PT = -A : B$$

und da $PM = q$ ist, so wird

$$PT = \frac{-Bq}{A}.$$

Nun pflegt man den Theil der Axe PT die Subtangente zu nennen, und es fließt also aus dem Bisherigen folgende

Regel
für die Erfindung der Subtangente.

Man setze in der für die Curve gegebenen Gleichung, nachdem man gefunden hat, daß die Applicate $y = q$ zu der Abscisse $x = p$ gehöre,

$$x = p + t, \text{ und } y = q + u$$

und behalte von den Gliedern, welche man durch diese Substitution erhält, bloß diejenigen, worin t und u nicht mehr als eine Dimension haben, alle übrige aber lasse man weg. Auf diese Art gelangt man zu einer Gleichung

$$At + Bu = o$$

die aus nicht mehr als zwei Gliedern besteht, und woraus, wenn A und B bekannt sind, die Subtangente

$$PT = \frac{-Bq}{A}$$

wird.

Erstes Exempel.

Es sey eine Parabel gegeben, deren Natur durch die Gleichung

$$yy = 2ax$$

ausgedrückt wird, wenn AP die Hauptaxe und A der Scheitel ist.

Man setze $AP = p$, so wird, wenn man $PM = q$ seyn läßt,

$$qq = 2ap.$$

Ferner setze man $x = p + t$, und $y = q + u$, so wird

$$qq + 2qu + uu = 2ap + 2at$$

und behält man hiervon nach der gegebenen Regel bloß die Glieder

$$2qu = 2at$$

so wird

$$at - qu = o; \text{ und } \frac{u}{t} = \frac{a}{q} = \frac{-A}{B}.$$

Es ist demnach die Subtangente

$$PT = \frac{qq}{a} = 2p$$

weil $qq = 2ap$ ist, und folglich die Subtangente doppelt so groß als die Abscisse AP.

Zweites Exempel.

Es sey eine aus dem Mittelpunkte A beschriebene Ellipse gegeben, und ihre Gleichung

$$yy = \frac{bb}{aa}(aa - xx) \text{ oder } aayy + bbxx = aabb.$$

Setzt man $AP = p$, und $PM = q$, so wird

$$aaqq + bbpp = aabb.$$

Nun sey $x = p + t$, und $y = q + u$, so wird, weil man bloß die Glieder zu nehmen hat, worin t und u nicht mehr als eine Dimension haben, und die übrigen sogleich weggelassen werden können,

$$2aaqu + 2bbpt = o$$

und folglich

$$\frac{u}{t} = \frac{-bbp}{aaq} = \frac{-A}{B}.$$

Es ist demnach die Subtangente

$$PT = \frac{-B}{A}q = \frac{-aaqq}{bbp} = \frac{-aa + pp}{p}$$

und da dieser Ausdruck negativ ist, so zeigt er an, daß der Punkt T auf die entgegenstehende Seite falle. Uebrigens stimmt derselbe mit der obigen Bestimmung der Tangenten der Ellipse [im sechsten Capitel] auf das genaueste überein.

Dritte**s** Exempel.

Es sey eine Linie der siebenten Art der dritten Ordnung, deren Gleichung

$$yyx = axx + bx + c$$

ist, gegeben.

Setzt man $Ap = p$, und $PM = q$, so wird

$$pqq = app + bp + c.$$

Nun sey $x = p + t$, und $y = q + u$, so wird

$$(p + t)(qq + 2qu + uu) = a(pp + 2pt + tt) + b(p + t) + c$$

und wenn man alle überflüssige Glieder wegläßt,

$$2pqu + qqt = 2apt + bt.$$

Hieraus fließt

$$\frac{u}{t} = \frac{2ap + b - qq}{2pq} = \frac{-A}{B}$$

und es ist demnach die Subtangente

$$PT = \frac{-B}{A} q = \frac{2pqq \ldots}{2ap + b - qq} = \frac{2app + 2bp + 2c}{2ap + b - qq} = \frac{2ap^3 + 2bpp + 2cp}{app - c}$$

oder

$$PT = \frac{2ppqq}{app - c}.$$

§. 290.

Hat man auf diese Art die Tangente der Curve gefunden, so kennt man auch die Richtung, welche die Curve in dem Punkte M hat; denn es kann die Curve sehr füglich als ein Weg betrachtet werden, den ein bewegter Punkt beschreibt, dessen Richtung jeden Augenblick sich ändert. Es wird demnach der Punkt, welcher durch seine Bewegung die Curve Mm beschreibt, in M nach der Richtung der Tangente $M\mu$ bewegt, und würde, wenn er diese Richtung behielte, die gerade Linie $M\mu$ beschreiben; aber sobald er M verläßt, ändert er seine Richtung, wenn anders die Linie, die er beschreibt, eine krumme Linie ist: und wenn man also den Gang der krummen Linie kennen lernen will, so muß man für alle einzelne Punkte derselben die Lage der Tangente bestimmen. Dies geschieht nun nach der erklärten Methode sehr leicht und ohne alle Schwierigkeiten, wenn die Gleichung fur die Curve eine rationale Gleichung ist, die keine Brüche enthält; und auf diese Form kann man bekannter Maaßen jede Gleichung bringen. Wenn aber die Gleichung irrational ist, oder Brüche enthält, und man sich der Reduction derselben auf die Form der rationalen und ganzen Gleichungen nicht unterziehen will, so kann man zwar eben diese Methode anwenden, aber doch mit einer gewissen Veränderung, die eben der Grund der Erfindung der Differential=Rechnung gewesen ist. Aus dieser Ursache wollen wir auch die Methode, die Tangenten zu finden, wenn die für die Curve gegebene Gleichung keine rationale und ganze Gleichung ist, der Differential=Rechnung aufbewahren.

§. 291.

Hieraus läßt sich also die Neigung der Tangente $M\mu$ gegen die Axe AP oder gegen ihre Parallele Mq bestimmen. Denn da

$$q\mu : Mq = -A : B$$

ist, wenn die Coordinaten rechtwinklig, und also der Winkel $Mq\mu$ ein rechter Winkel ist, so ist

$$\frac{-A}{B} = \text{tang. } qM\mu;$$

wenn aber die Coordinaten schiefwinklig sind, so findet man den Winkel $qM\mu$ aus dem gegebenen Winkel $Mq\mu$ und dem Verhältnisse der Seiten Mq, $q\mu$ nach den Vorschriften der Trigonometrie. Es fällt aber in die Augen, daß der Winkel $qM\mu$, wenn in der Gleichung $At + Bu = o$ der Coefficient $A = o$ ist, verschwinde, und also die Tangente $M\mu$ der Axe AP parallel werde. Ist hingegen $B = o$, so wird die Tangente $M\mu$ den Applicaten PM parallel, oder es berührt alsdann die Applicate PM selbst die Curve in dem Punkte M.

§. 292.

Ist die Tangente MT gefunden worden, so ist, wenn man auf dieselbe die Linie MN in dem Berührungspunkte senkrecht zieht, diese Normale MN auf der Curve selbst senkrecht, und ihre Lage in jedem Falle leicht zu finden. Am bequemsten aber läßt sich dieselbe angeben, wenn die Coordinaten rechwinklig sind; denn alsdann sind die Dreiecke $Mq\mu$ und MPN einander ähnlich, und also

$$Mq : q\mu = MP : PN, \text{ oder } -B : A = q : PN$$

woher denn

$$PN = \frac{-Aq}{B}$$

wird. Da man nun diesen Theil der Axe PN, der zwischen der Applicate PM und der Normale MN liegt, die Subnormale nennt: so läßt sich die Subnormale bei rechtwinkligen Coordinaten aus der gefundenen Tangente PT sehr leicht bestimmen, indem

$$PT : PM = PM : PN; \text{ oder } PN = \frac{PM^2}{PT}$$

ist. Ueberdem ist aber, wenn $APM = R$, die Tangente

$$MT = \sqrt{(PT^2 + PM^2)}$$

und die Normale

$$MN = \sqrt{(PM^2 + PN^2)}$$

oder, da PT : TM = PM : MN ist, so ist

$$MN = \frac{PM \cdot TM}{PT} = \frac{PM}{PT} \sqrt{(PT^2 + PM^2)}.$$

§. 293.

Da wir [§. 291.] gesehen haben, daß die Tangente, wenn in der Gleichung $At + Bu = o$, entweder $A = o$, oder $B = o$ ist, entweder der Axe oder den Applicaten parallel lauft: so ist noch der Fall zu betrachten, wenn beide Coefficienten, oder sowohl A als $B = o$ werden. Wenn sich also dieser Umstand ereignet, so verschwinden in der §. 286. gefundenen Gleichung die Glieder, worin t und u zwei Dimensionen haben, nicht mehr gegen $At + Bu$, weil jedes davon selbst $= o$ wird, und dürfen daher auch nicht mehr weggelassen werden. Man hat folglich in diesem Falle die Gleichung

$$o = Ctt + Dtu + Euu$$

zu betrachten, weil man die übrigen Glieder, die gegen die angeführten, wenn t und u unendlich klein angenommen werden, verschwinden, aus der Acht lassen kann; und aus dieser Gleichung erhellet, eben so wie aus der allgemeinen [§. 287. 288.], daß für $t = o$ auch $u = o$, und also der Punkt M ein Punkt in der Curve seyn werde, so wie solches auch das Angenommene erfordert.

§. 294.

Da also die Gleichung

$$o = Ctt + Dtu + Euu$$

die Beschaffenheit der Curve nahe bei dem Punkte M ausdrückt, so ist klar, daß dieselbe imaginär wird, wenn DD größer als 4CE ist, und t und u nicht $= o$ sind. In diesem Falle gehört also zwar der Punkt M zu der Curve, ist aber von dem übrigen Theile derselben getrennt, und folglich ein zugehöriges Oval, welches in einem Punkt zusammenschwindet, so wie wir im vorhergehenden Capitel [§. 276. 277.] gehabt haben. Hier läßt sich also gar keine Tangente denken, weil ein Punkt von der Tangente, die eine gerade Linie ist, die mit der Curve zwei einander nächste Punkte gemein hat, nicht berührt werden kann. Auf diese Art läßt sich daher der zugehörige Punkt einer Curve, wenn sie dergleichen hat, erkennen, und von den übrigen Punkten der Curve unterscheiden.

§. 295.

Wenn aber DD nicht größer ist als 4CE, so läßt sich die Gleichung

$$o = Ctt + Dtu + Euu$$

in zwei Gleichungen von der Form $\alpha t + \beta u = o$ auflösen, davon jede die Natur der Curve ausdrückt. Da also jede dieser beiden Gleichungen die Lage der Tangente oder die Richtung der Curve in dem Punkte M bestimmt, so müssen sich zwei Schenkel der Curve in dem Punkte M schneiden, und daselbst einen doppelten Punkt erzeugen. Setzt man nemlich, Fig. 56., $Mq = t$, und läßt man dabei $q\mu$ und $q\nu$ die beiden Werthe von u seyn, so sind die beiden geraden Linien $M\mu$ und $M\nu$ Tangenten der Curve in dem Punkte M, und es giebt also in M ein Durchschnittspunkt zweier Schenkel der Curve, davon der eine nach $M\mu$ und der andere nach $M\nu$ gerichtet ist. Da nun der zugehörige Punkt ebenfalls als ein doppelter Punkt angesehen werden muß, so zeigt die Gleichung $Ctt + Dtu + Euu = o$ allemal das Daseyn eines doppelten Punktes an, so wie die Gleichung $At + Bu = o$, wenn sie statt findet, allemal bloß einen einfachen Punkt der Curve zu erkennen giebt.

§. 296.

Wenn endlich $DD = 4CE$ ist, so fallen die beiden Tangenten $M\mu$ und $M\nu$ zusammen, und der Winkel $\mu M\nu$ verschwindet. Hieraus erhellet, nicht nur, daß zwei Schenkel der Curve in dem Punkte M zusammenkommen, sondern auch, daß sie eine und dieselbe Richtung haben, und sich also einander berühren; und es ist daher in diesem Falle der Punkt M ebenfalls ein doppelter Punkt, weil die gerade Linie, die durch diesen Punkt gezogen wird, als eine Linie angesehen werden muß, welche die Curve in zwei Punkten schneidet. Wenn also in der Gleichung, die wir §. 286. gefunden haben, die beiden Coefficienten A und B verschwinden, so ist dies ein Kennzeichen, daß die Curve in M einen doppelten Punkt hat. Ferner ist dieser doppelte Punkt von dreifacher Art; entweder ein in einen Punkt zusammenschwindendes Oval oder zugehöriger Punkt; oder ein Durchschnittspunkt zweier Schenkel der Curve, mit andern Worten, ein Knoten; oder ein Berührungspunkt zweier Schenkel der krummen Linie: und diese drei Arten des doppelten Punkts fließen aus der dreifachen Beschaffenheit, welche die Gleichung $o = Ctt + Dtu + Euu$ haben kann.

§. 297.

Wenn außer den Coefficienten A und B, auch folgende drei, C, D und E insgesammt verschwinden, so muß man die nächsten Glieder nehmen, worin t und u drei Dimensionen haben, und dann ist

$$Ft^3 + Gttu + Htuu + Iu^3 = o.$$

Hat diese Gleichung nicht mehr als einen reellen Faktor, so

zeigt derselbe an, daß nur ein Schenkel der Curve durch den Punkt M gehe, und giebt zugleich die Richtung desselben oder die Tangente zu erkennen; die beiden imaginären Faktoren aber sind ein Kennzeichen eines in dem Punkte M verschwindenden Ovals. Sind alle drei Tangente jener Gleichung reell, so sieht man daraus, daß sich in dem Punkte M drei Schenkel entweder schneiden oder berühren, je nachdem die Wurzeln ungleich oder gleich sind. Es mag aber ein Fall statt finden, was für einer wolle, so hat die Curve in dem Punkte M allemal einen dreifachen Punkt, und die gerade Linie, die durch M gezogen wird, muß als eine gerade Linie betrachtet werden, welche die Curve in drei Punkten schneidet.

§. 298.

Wenn außer allen vorhergehenden Coefficienten auch folgende viere, F, G, H und I verschwinden: so muß man, um die Natur der Curve kennen zu lernen, die weiter folgenden Glieder betrachten, worin t und u vier Dimensionen haben, und welche den Punkt M als einen einfachen Punkt darstellen werden. Denn alsdann fallen entweder darin zwei zugehörige Ovale zusammen, wenn nemlich alle vier Wurzeln dieser Gleichung des vierten Grades imaginär sind; oder es ist M entweder der Durchschnitts- oder der Berührungspunkt zweier Schenkel der Curve, und zugleich ein zugehöriger Punkt, wenn zwei Wurzeln reell und die beiden übrigen imaginär sind; oder ein Durchschnittspunkt von vier Schenkeln der Curve, wenn alle vier Wurzeln reell sind. Der Durchschnittspunkt zweier oder dreier, oder aller vier Schenkel aber wird ein Berührungspunkt, wenn zwei oder drei oder alle vier Wurzeln einander gleich werden. Auf eine ähnliche Art fährt man fort zu schließen, wenn auch die Glieder, worin t und u vier Dimensionen haben, verschwinden, und man also diejenigen nehmen muß, worin t und u fünf oder noch mehr Dimensionen haben.

§. 299.

Nach diesen Betrachtungen ist es leicht, eine allgemeine Gleichung für alle Curven zu finden, welche nicht nur durch den Punkt M gehen, sondern auch daselbst einen einfachen, oder doppelten, oder dreifachen, oder überhaupt so vielfachen Punkt haben, als man will. Denn setzt man $AP = p$, und $PM = q$, und läßt man P, Q, R, S etc. Funktionen zwischen den Coordinaten x und y bedeuten; so ist offenbar, daß die Gleichung

$$P(x - p) + Q(y - q) = 0$$

die Curve ausdrücke, die durch den Punkt M geht. Denn setzt man $x = AP = p$, so wird $y = PM = q$, wofern nur weder P durch $y-q$, noch Q durch $x-p$ theilbar ist, oder die Faktoren $x-p$ und $y-q$, von welchen der Durchgang der Curve durch M abhängt, nicht durch die Division aus der Gleichung weggeschafft werden können. Auch ist bekannt, daß die Gleichung $P(x-p)+Q(y-q)=0$ alle Curven enthalte, die durch den Punkt M gehen, und es wird dieser Punkt ein einfacher Punkt seyn, wenn die Gleichung keine von den Formen hat, welche wir sogleich beschreiben werden, und welche ihr zukommen, wenn M ein vielfacher Punkt ist.

§. 300.

Soll M ein doppelter Punkt seyn, so muß die Gleichung für die Curve unter diese allgemeine Form gehören:

$$P(x-p)^2+Q(x-p)(y-q)+R(y-q)^2=0$$

und diese Form nicht durch die Division zerstört werden können. Hieraus erhellet, daß die Linien der zweiten Ordnung keinen doppelten Punkt haben können, weil die angeführte Gleichung nur dann zum zweiten Grade gehören kann, wenn P, Q und R beständige Größen sind; aber alsdann hört dieselbe auf, eine Gleichung für eine Curve zu seyn, und wird eine Gleichung für zwei gerade Linien. Sind hingegen P, Q und R Funktionen vom ersten Grade, z. B. $\alpha x+\beta y+\gamma$; so drückt die Gleichung Linien der dritten Ordnung aus, die in M einen doppelten Punkt haben. Mehr als einen doppelten Punkt aber können die Linien der dritten Ordnung, oder sie müssen complexe aus drei geraden bestehende Linien seyn, nicht bekommen. Denn gesetzt, daß es zwei doppelte Punkte gebe, und daß dadurch eine gerade Linie gezogen worden sey, so müßte diese gerade Linie die Curve in vier Punkten schneiden, und dies ist der Natur der Linien der dritten Ordnung zuwider. Auf ähnliche Art können die Linien der vierten Ordnung nicht mehr als zwei doppelte Punkte, die Linien der fünften Ordnung nicht mehr als drei doppelte Punkte haben u. s. f.

§. 301.

Ist M ein dreifacher Punkt der Curve, so wird die Natur der krummen Linie durch diese Gleichung ausgedrückt:

$$P(x-p)^3+Q(x-p)^2(y-q)+R(x-p)(y-q)^2+S(y-q)^3=0.$$

Soll nun aber diese Gleichung eine Gleichung für eine Curve seyn, so muß sie zu einer höhern als zu der dritten Ordnung gehören, weil sie, wenn P, Q, R und S beständige Größen wären, welches die Natur der Linien der dritten Ordnung nothwendig macht, drei Faktoren von der Form $\alpha(x-p)+\beta(y-q)$ haben, und folglich eine Gleichung für drei gerade Linien seyn würde. Es können also die Curven, die zu einer niedrigern als zu der vierten Ordnung gehören, keinen dreifachen Punkt haben, und den Linien der fünften Ordnung kann nicht mehr als ein einziger dreifacher Punkt zukommen, weil es sonst eine gerade Linie geben müßte, welche die Linien der fünften Ordnung in sechs Punkten schnitte. Dagegen ist kein Grund vorhanden, warum die Linien der sechsten Ordnung nicht zwei dreifache Punkte bekommen könnten.

§. 302.

Wenn die Gleichung folgende Form hat:

$$P(x-p)^4 + Q(x-p)^3(y-q) + R(x-p)^2(y-q)^2 + S(x-p)(y-q)^3 + T(y-q)^4 = 0$$

so hat die Curve in M einen vierfachen Punkt. Die einfachste Curve, die einen vierfachen Punkt hat, ist also die Linie der fünften Ordnung. Zwei vierfache Punkte hingegen kommen nur den Linien der achten und den folgenden höhern Ordnungen zu. Auf eine ähnliche Art lassen sich allgemeine Gleichungen für die Linien geben, die in M einen fünffachen oder überhaupt jeden vielfachen Punkt haben sollen.

§. 303.

Wenn aber M ein doppelter, oder dreifacher, oder überhaupt ein vielfacher Punkt ist, so schneiden oder berühren sich eben so viel Schenkel der Curve in dem Punkte M, oder es fallen, wenn die Anzahl der sich schneidenden Schenkel kleiner ist, ein oder mehrere zugehörige Punkte in M zusammen; und was davon statt finde, läßt sich aus dem vorher Angeführten erkennen. Man darf nemlich nur in den Funktionen P, Q, R, S, rc. allenthalben p und q für x und y, und t und u für x — p und y — q setzen, so erhält man solche Gleichungen, woraus sich die Beschaffenheit der Curve und die Tangenten der Schenkel, die sich in M schneiden, bestimmen lassen.

Vierzehntes Capitel.

Von der Krümmung der Curven.

§. 304.

Wir haben in dem vorhergehenden Capitel die geraden Linien aufgesucht, die die Richtung der Curven für eden Punkt derselben anzeigen: jetzt wollen wir uns mit der Erforschung einfacherer krummen Linien beschäftigen, welche an jedem Orte mit einer gegebenen Curve so genau übereinstimmen, daß man dieselben, wenigstens einen unendlich kleinen Raum hindurch, als mit ihr zusammenfallend betrahten kann. Hierdurch werden wir uns in den Stand setzen, die Natur der gegebenen Curve aus der erkannten Natur der gedachten einfachern zu bestimmen. Wir wollen aber dabei einen ähnlichen Weg einschlagen, als wir oben bei der Erforschung der Natur der ohne Ende fortlaufenden Schenkel gegangen sind. Zuerst nemlich wollen wir die gerade Linie aufsuchen, welche die gegebene Curve berührt; und dann die einfachere Curve zu finden uns bemühen, die damit eine noch weit größere Uebereinstimmung hat, und dieselbe nicht bloß berühret, sondern sich gleichsam an sie anschmiegt oder an ihr hinkrümmt. Man pflegt aber dergleichen genauere Berührung krummer Linen mit dem Worte Osculation [Anschmiegung, Krümmung] zu bezeichnen.

§. 305.

Es sey also irgend eine Gleichung zwischen den rechtwinkligen Coordinaten x und y gegeben, und zur Erforschung der Natur des unendlichen kleinen Theils der Curve Mm, Fig. 55., nachdem man die Abscisse AP = p und die Applicate PM = q gefunden hat, in der Axe MR die unendlich kleine Abscisse Mq = t und die zugehörige Applicate qm = u gesetzt worden: so erhält man, wenn man die hieraus fließenden Werthe von x und y, x = p + t, und y = q + u, in die gegebene Gleichung bringt, dafür folgende Gleichung:

$$o = At + Bu + Ct^2 + Dtu + Eu^2 + Ft^3 + Gt^2u + \text{etc.}$$

und diese Gleichuug drückt die Natur derselben Curve, auf die Axe MR bezogen, aus. Da wir aber die neuen Coordinaten t und u unendlich klein angenommen haben, so verschwinden die folgenden Glieder als unendlichmal kleinere Größen gegen die vorhergehenden, und können daher, in Vergleichung gegen sie, ohne Irrthum aus der Acht gelassen werden. [Man vergleiche hierbei §. 286. f.]

§. 306.

Wenn also A und B nicht = o sind, so zeigt die Gleichung

$$o = At + Bu,$$

welche man durch Weglassung aller folgenden Glieder erhält, die gerade Linie Mμ an, welche die Curve in dem Punkte M berühret, und mit ihr in diesem Punkte einerlei Richtung hat. Es ist also [§. 289.]

$$Mq : q\mu = B : -A$$

und da A und B bekannt sind, so erhellet hieraus die Lage der Tangente Mμ, und nun wollen wir untersuchen, wie weit sich die Curve Mm, als unendlich klein betrachtet, von der geraden Linie Mμ unterscheide. Zu dieser Absicht sey die Normale MN die Axe, und darauf aus m die senkrechte

Applicate mr herabgefällt; auch sey dabei Mr = r, und rm = s. Alsdann ist

$$t = \frac{-Ar + Bs}{\sqrt{(A^2 + B^2)}};\ u = \frac{-As - Br}{\sqrt{(A^2 + B^2)}}$$

$$r = \frac{-At - Bu}{\sqrt{(A^2 + B^2)}};\ s = \frac{Bt - Au}{\sqrt{(A^2 + B^2)}}.$$

Da nun

$$-At - Bu = Ct^2 + Dtu + Eu^2 + Ft^3 + Gt^2u + \text{ꝛc.}$$

ist: so ist r unendlichmal kleiner als t und u, und deswegen auch unendlichmal kleiner als s; indem s durch t und u, hingegen r durch die Quadrate oder höhern Potestäten von t und u bestimmt wird.

§. 307.

Wir werden daher die Natur der Curve Mm weit genauer kennen lernen, wenn wir auch die Glieder $Ct^2 + Dtu + Eu^2$ beibehalten, und bloß die nach ihnen folgenden aus der Acht lassen. Auf diese Art erhalten wir folgende Gleichung zwischen t und u:

$$-At - Bu = Ct^2 + Dtu + Eu^2$$

und wenn wir darin für t und u die im vorhergehenden §. stehenden Werthe setzen, so wird

$$r\sqrt{(A^2 + B^2)} = \frac{(A^2C + ABD + B^2E)rr}{A^2 + B^2} + \frac{(A^2D - B^2D - 2ABC + 2ABE)rs}{A^2 + B^2} + \frac{(A^2E - ABD + B^2C)ss}{A^2 + B^2}.$$

Da aber r unendlichmal kleiner ist als s, so verschwinden die Glieder rr und rs gegen ss, und es wird demnach

$$ss = \frac{(A^2 + B^2)r\sqrt{(A^2 + B^2)}}{A^2E - ABD + B^2C}$$

welches die Gleichung ist, wodurch die Natur der Curve ausgedrückt wird, die sich an der gegebenen Curve in dem Punkte M hinkrümmt, oder dieselbe an diesem Orte genau berührt.

§. 308.

Es fällt also der unendlich kleine Bogen Mm mit dem Scheitel einer über der Axe MN beschriebenen Parabel zusammen, deren Parameter

$$= \frac{(A^2 + B^2)\sqrt{(A^2 + B^2)}}{A^2E - ABD + B^2C}$$

ist; und so wie daher die Krümmung dieser Parabel am Scheitel beschaffen ist, so ist auch die Krümmung der gegebenen Curve in dem Punkte M. Da aber die Krümmung keiner Curve so deutlich und leicht erkannt werden kann, als die des Kreises, weil dieselbe allenthalben gleich und desto größer ist, je kleiner der Halbmesser wird: so ist es bequemer, die Krümmung der Curven durch einen Kreis zu bestimmen, der eine gleiche Krümmung hat, und daher Krümmungskreis [Circulus osculator] genannt zu werden pflegt. Wir müssen also einen Kreis zu finden suchen, dessen Krümmung mit der Krümmung der gegebenen Parabel am Scheitel übereinkömmt, damit wir denselben anstatt der sich anschmiegenden Parabel zu gebrauchen berechtiget seyn mögen.

§. 309.

Um dieses zu thun, wollen wir die Krümmung des Kreises als unbekannt ansehen, und dieselbe auf die erklärte Art durch die Krümmung der Parabel ausdrücken. Wenn nemlich dieses geschehen ist, so sind wir dadurch berechtigt, auch umgekehrt für die sich anschmiegende Parabel den Krümmungskreis zu setzen. Es sey also die gegebene Curve Mm ein Kreis, der mit dem Halbmesser $= a$ beschrieben worden, und dessen Natur daher durch die Gleichung

$$yy = 2ax - xx$$

ausgedrückt werde. Nimmt man daher $AP = p$, und $PM = q$, so wird

$$qq = 2ap - pp.$$

Nun setze man $x = p + t$, und $y = q + u$, so bekommt man die Gleichung:

$$qq + 2qu + uu = 2ap + 2at - pp - 2pt - tt$$

die, weil $qq = 2ap - pp$ ist, auf diese Form gebracht werden kann:

$$o = 2at - 2pt - 2qu - tt - uu.$$

Vergleicht man aber diese Gleichung mit der obigen, so findet man

$$A = 2a - 2p;\ B = -2q;\ C = -1;\ D = o$$
$$\text{und } E = -1$$

und daher wird denn

$$AA + BB = 4(aa - 2ap + pp + qq) = 4aa$$
$$(AA + BB)\sqrt{(AA + BB)} = 8a^3; \text{ und}$$
$$AAE - ABD + BBC = -AA - BB = -4aa.$$

Wenn also der Halbmesser eines Kreises $= a$ genommen wird, so wird derselbe von dem Scheitel einer Parabel, deren Natur durch die Gleichung $ss = 2ar$ ausgedrückt wird, genau berührt; und wenn daher eine Curve von dem Scheitel einer Parabel, deren Gleichung $ss = br$ ist, genau berührt wird, so wird dieselbe auch von dem Kreise genau berührt, dessen Halbmesser $= \frac{1}{2}b$ ist.

§. 310.

Da wir also vorhin gefunden haben, daß die Curve Mm von einer Parabel, deren Gleichung

$$ss = \frac{(A^2 + B^2)\sqrt{(A^2 + B^2)}}{A^2E - ABD + B^2C} r$$

ist, genau berührt wird: so fällt in die Augen, daß die Krümmung eben dieser Curve in dem Punkte M auch mit der Krümmung eines Kreises übereinkomme, dessen Halbmesser

$$= \frac{(A^2 + B^2)\sqrt{(A^2 + B^2)}}{2(A^2E - ABD + B^2C)}$$

ist. Dieser Ausdruck giebt demnach den Halbmesser des Krümmungskreises, der auch Krümmungshalbmesser [radius osculi] genannt zu werden pflegt, an; und es kann folglich aus der Gleichung zwischen t und u, die wir aus der gegebenen Gleichung zwischen x und y abgeleitet haben, der Krümmungshalbmesser der Curve in dem Punkte M, oder der Halbmesser des Kreises, der sich in M an der Curve hinkrümmt, sogleich bestimmt werden. Man darf nemlich nur aus der zwischen t und u gefundenen Gleichung alle Glieder weglassen, worin t und u mehr als zwei Dimensionen haben, und darauf aus der zurückbleibenden Gleichung von dieser Form

$$o = At + Bu + Ctt + Dtu + Euu$$

den Krümmungshalbmesser $= \frac{(A^2 + B^2)\sqrt{(A^2 + B^2)}}{2(A^2E - ABD + B^2C)}$ setzen.

§. 311.

Da aber die Wurzelgröße $\sqrt{(A^2 + B^2)}$ einen zweifachen Werth hat, so ist noch unausgemacht, ob der Ausdruck

$$\frac{(A^2 + B^2)\sqrt{(A^2 + B^2)}}{2(A^2E - ABD + B^2C)}$$

positiv oder negativ sey; d. h. ob der Punkt N auf der hohlen oder auf der erhabenen Seite der Curve liege. Um diese Ungewißheit aus dem Wege zu räumen, muß man untersuchen, ob der Punkt der Curve m diesseits der Tangente Mμ nach der Axe AN hin, oder jenseits der Tangente befindlich sey. Im ersten Falle ist die Curve nach N zu hohl, und der Mittelpunkt des Krümmungskreises liegt in dem Theile der geraden Linie MN, der nach der Axe hin gerichtet ist: im andern Falle hingegen fällt derselbe in den jenseits M verlängerten Theil von MN. Es verschwindet daher alle Ungewißheit, wenn man untersucht, ob qm kleiner oder größer als $q\mu$ ist; denn im ersten Falle ist die Curve nach N zu hohl, und im andern erhaben.

§. 312.

Nun ist $q\mu = \frac{-At}{B}$, und $qm = u$; folglich muß man untersuchen, ob $\frac{-At}{B}$ größer oder kleiner als u ist. Da nun $m\mu$ eine unendlich kleine Linie ist, so setze man $m\mu = \omega$, wodurch denn

$$u = \frac{-At}{B} - \omega$$

und wenn man substituirt

$$o = -B\omega + Ctt - \frac{ADtt}{B} - Dt\omega + \frac{A^2Ett}{BB} + \frac{2AEt\omega}{B} + E\omega^2$$

wird. Da aber ω gegen t unendlich klein ist, so verschwinden die Glieder $t\omega$ und ω^2, und es wird folglich

$$\omega = \frac{(B^2C - ABD + A^2E)tt}{B^3}.$$

Ist demnach ω eine positive Größe, welches statt findet, wenn $\frac{B^2C - ABD + A^2E}{B^3}$ oder $\frac{B^2C - ABD + A^2E}{B}$ positiv ist: so ist die Curve nach N zu hohl; ist aber $\frac{B^2C - ABD + A^2E}{B}$ negativ, so ist dieselbe nach N zu erhaben.

§. 313.

Damit dieses deutlicher werde, wollen wir die verschiedenen Fälle, die sich ereignen können, jeden besonders betrachten. Es sey daher zuvörderst $B = o$, wo denn die Applicate PM, Fig. 57., die Tangente der Curve Mm, und der Krümmungshalbmesser $= \frac{A}{2E}$ ist. Ob aber die Curve nach R zu hohl seyn werde, wie in der Figur, oder erhaben, erkennt man aus der Gleichung

$$o = At + Ctt + Dtu + Euu.$$

Denn da $Mq = t$, und $qm = u$, und t unendlichmal kleiner ist als u, so verschwinden die Glieder tt und tu gegen uu, und es wird daher

$$At + Euu = o.$$

Haben nun in dieser Gleichung A und E verschiedene Zeichen, oder ist $\frac{E}{A}$ eine negative Größe, so ist die Curve nach R zu hohl; sind aber die Zeichen von A und E gleich oder ist $\frac{E}{A}$ eine positive Größe, so liegt die Curve auf der andern Seite der Tangente, weil man die Abscisse Mq negativ annehmen muß, wenn dazu eine reelle Applicate qm gehören soll.

§. 314.

Nun sey Fig. 55. die Tangente Mμ gegen die Axe AP geneigt, oder ihr parallel, so daß der Winkel RMμ spitzig sey, und die Normale MN die Axe in N jenseits P schneide. In diesem Falle gehören zu den Abscissen t positive Applicaten u, und es haben daher die Coefficienten A und B ungleiche Zeichen, und der Bruch $\frac{A}{B}$ ist negativ. Wenn aber dieses statt findet, so haben wir bereits vorhin gesehen, [§. 312.], daß die Curve nach N zu hohl wird, wenn $\frac{A^2E - ABD + B^2C}{B}$ eine positive Größe ist, oder wenn, im Fall $\frac{B}{A}$ negativ wird, $\frac{A^2E - ABD + B^2C}{A}$ negativ ist. Wird hingegen $\frac{A^2E - ABD + B^2C}{B}$ negativ, oder $\frac{A^2E - ABD + B^2C}{A}$ positiv, so ist die Curve nach N zu erhaben. In beiden Fällen aber ist der Krümmungshalbmesser

$$= \frac{(A^2 + B^2)\sqrt{(A^2 + B^2)}}{2(A^2E - ABD + B^2C)}$$

§. 315.

Ist aber A = o, so wird die der Axe parallele gerade Linie MR, Fig. 58., zugleich eine Tangente der Curve; auch ist u unendlichmal kleiner als t, und folglich

$$o = Bu + Ctt.$$

Haben daher B und C gleiche Zeichen, oder ist BC positiv, so muß u einen negativen Werth haben, und also die Curve nach dem Punkte P zu hohl seyn. Dabei fällt N in P, wie solches auch die vorhergehende Regel giebt, wenn man A = o setzt, und der Krümmungshalbmesser ist $= \frac{B}{2C}$. Eben diese vorhin gegebene Regel gilt, wenn die Tangente MΓ, Fig. 59., jenseits P mit der Axe zusammenkömmt; denn es ist alsdann ebenfalls die Curve nach N zu entweder hohl oder erhaben, je nachdem der Ausdruck $\frac{A^2E - ABD + B^2C}{B}$ entweder positiv oder negativ ist, und der Krümmungshalbmesser ist wie vorhin $= \frac{(A^2 + B^2)\sqrt{(A^2 + B^2)}}{2(A^2E - ABD + B^2C)}$.

§. 316.

Es sey eine Ellipse oder ein Quadrant derselben DMC, Fig. 60., gegeben, der den Mittelpunkt A, die halbe Hauptaxe $AD = a$, und die halbe zugehörige Axe $AC = b$ habe. Nimmt man die Abscissen x in der Axe AD vom Mittelpunkte A aus, so ist die Gleichung für diese Ellipse [nach §. 138.]

$$aayy + bbxx = aabb.$$

Setzt man nun irgend eine Abscisse $AP = p$, und die Applicate $PM = q$, so wird

$$aaqq + bbpp = aabb$$

und, wenn man $x = p + t$, und $y = q + u$ macht,

$$aaqq + 2aaqu + aauu + bbpp + 2bbpt + bbtt = aabb$$

oder

$$2bbpt + 2aaqu + bbtt + aauu = o.$$

Es kommt also zuvörderst die Normale MN, wegen der Coefficienten von t und u, diesseits P mit der Axe zusammen, und es wird

$$PM : PN = B : A = aaq : bbp; \text{ und } PN = \frac{bbp}{aa}$$

weil $A = 2bbp$, und $B = aaq$ ist.

Außerdem aber ist auch, weil

$$C = bb;\ D = o;\ \text{und } E = aa \text{ ist}$$

$$\frac{A^2E - ABD + B^2C}{B} = \frac{4aabb\,(aaqq + bbpp)}{2aaq} = \frac{4a^4b^4}{2aaq}$$

und also positiv: woraus denn erhellet, daß die Curve nach N zu hohl ist.

§. 317.

Was den Krümmungshalbmesser betrifft so ist

$$A^2 + B^2 = 4(a^4qq + b^4pp), \text{ und}$$
$$A^2E - ABD + B^2C = 4a^4b^4,$$

und folglich der Krümmungshalbmesser

$$= \frac{(a^4qq + b^4pp)^{\frac{3}{2}}}{a^4b^4}.$$

Da nun

$$MN = \sqrt{(qq + \frac{b^4pp}{a^4})}, \text{ und folglich}$$

$$\sqrt{(a^4qq + b^4pp)} = aa \,.\, MN$$

ist, so wird der Krümmungshalbmesser

$$= \frac{a^2 \,.\, MN^3}{b^4}.$$

Wenn man aber auf die verlängerte Normale MN aus dem Mittelpunkte A die senkrechte Linie AO zieht, so wird, weil $AN = p - \frac{bbp}{aa}$, und die Dreiecke MNP und ANO einander ähnlich sind,

$$NO = \frac{aabbpp - b^4pp}{a^4 \,.\, MN}, \text{ und}$$

$$MO = NO + MN = \frac{aaqq + bbpp}{aa \,.\, MN} = \frac{bb}{MN}$$

und also

$$MN = \frac{bb}{MO}.$$

Hieraus erhält man für den Krümmungshalbmesser den Ausdruck

$$\frac{aabb}{MO^3},$$

der für jede der beiden Axen gleich bequem gebraucht werden kann.

§. 318.

Hat man für jeden Punkt einer Curve den Krümmungshalbmesser gefunden, so kennt man eben dadurch die Natur der Curve auf das deutlichste. Denn theilt man ein Stück der Curve in sehr viele sehr kleine Theile, so kann man einen jeden dieser Theile als einen Kreisbogen betrachten, dessen Halbmesser der Krümmungshalbmesser von ihm ist. Dadurch ist man aber auch im Stande, die Beschreibung einer Curve durch eine beträchtliche Menge von Punkten weit genauer zu verrichten. Denn wenn man, nachdem man eine hinlängliche Anzahl von Punkten, durch welche die Curve gehet, gefunden hat, für jeden dieser Punkte zuvörderst die Tangenten, dann die Normalen, und nun die Krümmungshalbmesser sucht, so kann man die kleinen Theile der Curve zwischen den gefundenen Punkten mit Hülfe des Zirkels beschreiben, und es wird auf diesem Wege die wahre Gestalt der Curve desto genauer dargestellt, je mehr Punkte man zuvor gefunden hat.

§. 319.

Da also der sehr kleine Theil der Curve bei M mit dem Kreisbogen, der mit dem Krümmungshalbmesser beschrieben worden ist, zusammenfällt, so hat nicht nur das Element der Curve Mm, sondern auch das vorhergehende Mn eben dieselbe Krümmung. Da nemlich die Natur des unendlich kleinen Theils Mm durch eine Gleichung, wie diese: $ss = \alpha r$, wo $r = Mr$, und $s = rm$ die Coordinaten bedeuten, ausgedrückt wird: so kommt jeder unendlich kleinen Abscisse $Mr = r$ eine doppelte Applicate, eine positive und eine negative zu, und es erstreckt sich folglich die Curve auf eben die Art nach n als nach m. Wenn daher der Krümmungshalbmesser, der $= \frac{1}{2}\alpha$ ist, eine endliche Größe hat, so ist die Krümmung auf beiden Seiten, wenigstens einen unendlich kleinen Raum hindurch, einförmig. Es kann folglich auch in diesen Fällen die Curve weder plötzlich aus M, nachdem sie daselbst eine Spitze gemacht hat, zurücktreten, noch daselbst ihre Krümmung verändern, und die erhabene Seite von Mn nach N zu kehren, wenn Mm nach eben diesem Punkte zu hohl ist. Da man nun eine solche Veränderung der Krümmung **Wendungspunkt** nennt, so kann da, wo der Krümmungshalbmesser eine endliche Größe hat, weder eine Spitze noch ein Wendungspunkt statt finden.

§. 320.

Da aus der Gleichung zwischen t und u

$$0 = At + Bu + Ct^2 + Dtu + Euu + Ft^3 + Gttu + Htu^2 + \text{etc.}$$

der Krümmungshalbmesser $= \frac{(A^2 + B^2)\sqrt{(A^2 + B^2)}}{2(A^2E - ABD + B^2C)}$

wird: so fällt in die Augen, daß der Krümmungshalbmesser, wenn

$$A^2E - ABD + B^2C = 0$$

ist, unendlich groß wird, und also der berührende Kreis in eine gerade Linie übergehet. Da also, wo dieses geschiehet, kömmt der Curve keine Krümmung zu, und es gehen daselbst die beiden Elemente der Curve gleichsam in einer geraden Linie fort. Um aber die Natur der Curve in diesen Fällen genauer kennen zu lernen, muß man die Substitutionen

$$t = \frac{-Ar + Bs}{\sqrt{(A^2 + B^2)}}, \text{ und } u = \frac{-As - Br}{\sqrt{(A^2 + B^2)}}$$

[§. 306.] auch in die Glieder $Ft^3 + Cttu + Htuu + Iu^3$ bringen. Da nun gegen das erste Glied $r\sqrt{(A^2 + B^2)}$ alle folgende Glieder, die r enthalten, verschwinden, so bekommt man, wenn man diese Glieder wegläßt, und die Substitution durch die ganze Gleichung vornimmt, eine Gleichung von dieser Form

$$r\sqrt{(A^2 + B^2)} = \alpha ss + \beta s^3 + \gamma s^4 + \delta s^5 + \text{etc.}$$

§. 321.

Aus dieser Gleichung findet man sogleich wie oben [§. 310.] daß der Krümmungshalbmesser $= \frac{\sqrt{(A^2+B^2)}}{2\alpha}$ ist. Ist aber $\alpha = o$, und folglich der Krümmungshalbmesser unendlich groß, so muß man, um die Natur der Curve genauer kennen zu lernen, das folgende Glied βs^3 nehmen, so daß

$$r\sqrt{(A^2 + B^2)} = \beta s^3$$

sey; denn wenn β nicht $= o$ ist, so verschwinden alle übrige Glieder γs^4, δs^5, 2c. gegen βs^3. Es wird also in diesem Falle die Curve in M von einer durch diese Gleichung $r\sqrt{(A^2+B^2)} = \beta s^3$ ausgedrückten Curve berührt, und daraus läßt sich denn auch die Gestalt jener Curve um M erkennen. Da also zu der Abscisse r, wenn dieselbe negativ genommen wird, eine negative Applicate s gehört, so schlängelt sich die Curve in M, wie Fig. 61., und hat also in M einen Wendungspunkt.

§. 322.

Ist außer α auch $\beta = o$, so wird die Natur der Curve um M durch diese Gleichung

$$r\sqrt{(A^2 + B^2)} = \gamma s^4$$

ausgedrückt; und da daraus zu jeder Abscisse r eine doppelte Applicate s, eine positive und eine negative, gehört, und die Abscisse nicht auf beiden Seiten genommen werden kann, so liegen in diesem Falle beide Theile der Curve Mm und Mμ, Fig. 62., auf einer und derselben Seite der Tangente. Wenn aber, weil α, β und γ verschwinden, die Natur der Curve durch die Gleichung

$$r\sqrt{(A^2 + B^2)} = \delta s^5$$

ausgedrückt wird, so hat die Curve bei M wieder einen Wendungspunkt, wie Fig. 61.; und wenn auch $\delta = o$, und also

$$r\sqrt{(A^2 + B^2)} = \varepsilon s^6$$

ist, so hat abermals die Curve dergleichen nicht, wie Fig. 62. Ueberhaupt hat die Curve, wenn der Exponent von s eine ungerade Zahl ist, in M einen Wendungspunkt, wenn aber dieser Exponent eine gerade Zahl ist, so findet daselbst kein Wendungspunkt statt.

§. 323.

So verhält es sich mit den Curven, wenn der Punkt M ein einfacher Punkt ist, oder wenn in der Gleichung

$$o = At + Bu + Ct^2 + Dtu + Eu^2 + Ft^3 + \text{2c.}$$

A und B nicht zugleich verschwinden. Wenn aber sowohl A als B = o ist, und die Curve zwei oder mehrere sich in dem Punkte M schneidende Schenkel hat, so muß man eben so wie vorhin, die Krümmung eines jeden Schenkels und seine Beschaffenheit in M besonders untersuchen. Angenommen nemlich, daß fur die Tangente eines Schenkels

$$mt + nu = o$$

sey, so suche man eine Gleichung für diesen Schenkel zwischen den Coordinaten r und s, so daß jene, r, auf der Normale MN, Fig. 55., genommen wird, und unendlichmal kleiner ist als s. [§. 306.] Man muß also

$$t = \frac{-mr + ns}{\sqrt{(m^2 + n^2)}}, \text{ und } u = \frac{-ms - nr}{\sqrt{(m^2 + n^2)}}$$

setzen; und ist dieses geschehen, und sind die Glieder, die wegen ihrer unendlichen Kleinheit gegen die übrigen verschwinden, weggelassen worden: so erhält man, wenn M ein doppelter Punkt ist, eine Gleichung von der Form:

$$rs = \alpha s^3 + \beta s^4 + \gamma s^5 + \delta s^6 + \text{etc.}$$

wenn aber M ein dreifacher Punkt ist, eine Gleichung wie diese:

$$rss = \alpha s^4 + \beta s^5 + \gamma s^6 + \delta s^7 + \text{etc.}$$

etc.

Alle diese Gleichungen lassen sich aber auf folgende Form bringen:

$$r = \alpha ss + \beta s^3 + \gamma s^4 + \delta s^5 + \text{etc.}$$

§. 324.

Aus dieser Gleichung sieht man, daß der Schenkel der Curve, welchen wir untersuchen, in M den Krümmungshalbmesser $= \frac{1}{2\alpha}$ hat, und daß folglich dieser Krümmungshalbmesser, wenn $\alpha = o$ ist, $= \infty$ wird. In diesem Falle wird also die Natur der Curve durch eine von folgenden Gleichungen ausgedrückt:

$$r = \beta s^3;\ r = \gamma s^4;\ r = \delta s^5;\ \text{etc.}$$

und daraus schließt man wieder wie vorhin, [§. 321. 322.] entweder, daß die Curve in M einen Wendungspunkt habe, oder daß dergleichen daselbst nicht statt finde. Das erste ist, wenn der Exponent von s eine ungerade Zahl, das letzte aber, wenn er eine gerade Zahl wird. Auf diese Art muß man also jeden durch M gehenden Schenkel der Curve besonders untersuchen, wenn man zuvor seine Tangente gefunden hat, und diese Tangente von den Tangenten der übrigen in eben diesem Punkte M sich schneidenden Schenkeln verschieden ist.

§. 325.

Auf eine andere Art aber verhält es sich, wenn die Tangenten zweier oder mehrerer Schenkel zusammenfallen. Denn verschwinden A und B, und sind in der Gleichung

$$o = Ctt + Dtu + Euu + Ft^3 + Gt^2u + \text{ꝛc.}$$

die beiden einfachen Faktoren des ersten Gliedes $Ctt + Dtu + Euu$ einander gleich, oder haben die beiden in M, Fig. 55., sich schneidenden Schenkel der Curve eine gemeinschaftliche Tangente: so setze man

$$Ctt + Dtu + Euu = (mt + nu)^2$$

und suche eine Gleichung zwischen den Coordinaten $Mr = r$, und $rm = s$, indem man:

$$t = \frac{-mr + ns}{\sqrt{(m^2 + n^2)}}, \text{ und } u = \frac{-ms - nr}{\sqrt{(m^2 + n^2)}}$$

macht. Hierdurch erhält man eine Gleichung von folgender Form:

$$rr = \alpha rss + \beta s^3 + \gamma rs^4 + \delta s^4 + \varepsilon rs^4 + \zeta s^5 + \text{ꝛc.}$$

weil alle Glieder, worin r zwei oder mehr Dimensionen hat, gegen das erste rr verschwinden.

§. 326.

Hier ist nun zuvörderst das Glied βs^3 zu betrachten, denn ist dieses da, so verschwinden dagegen alle übrige Glieder, weil r unendlichmal kleiner ist als s. Ist also β nicht $= o$, so wird die Natur der Curve um M durch die Gleichung

$$rr = \beta s^3$$

ausgedrückt; und da daraus

$$r = s\sqrt{\beta s} = ss\sqrt{\frac{\beta}{s}}$$

wird, so sieht man, daß der Krümmungshalbmesser in $M = \frac{1}{2}\sqrt{\frac{s}{\beta}}$, oder auch, weil s in M verschwindet, $= o$ ist. Es ist demnach in dem betrachteten Falle die Krümmung unendlich groß, oder das Element der Curve in M ein Theil eines unendlich kleinen Kreises. Da ferner die Applicate s einerlei Werth bekommt, man mag die Abscisse r positiv oder negativ nehmen, so erhellet zugleich, daß die Curve in M, Fig. 63., eine Spitze habe, und in zweien Schenkeln Mm, $M\mu$ auseinanderfahre, die sich in M berühren, und der Tangente Mt die erhabene Seite zukehren.

§. 327.

Nun sey $\beta = o$, dagegen aber fehle das Glied δs^4 nicht, gegen welches das Glied γrs^3 verschwindet. Alsdann wird die Natur der Curve um M durch die Gleichung

$$rr = \alpha rss + \delta s^4$$

ausgedrückt, welche, wenn $\alpha\alpha$ kleiner als -4δ ist, wegen ihrer imaginären Faktoren in M einen zugehörigen Punkt zu erkennen giebt, und, wenn $\alpha\alpha$ größer als -4δ ist, in zwei Gleichungen von der Form

$$r = fss; \text{ und } r = gss$$

zerfällt. In diesem Falle berühren sich also in M zwei Schenkel der Curve, davon der eine den Krümmungshalbmesser $= \frac{1}{2f}$, und der andere $= \frac{1}{2g}$ hat. Wenn daher diese beiden Schenkel die hohle Seite nach eben der Gegend zu kehren, so hat die Curve die Gestalt zweier von innen, Fig. 64., wenn sie aber dieselbe nach entgegengesetzten Seiten zu gerichtet haben, zweier von außen sich berührenden Kreisbogen, Fig. 65.

§. 328.

Wenn auch δ verschwindet, so läßt sich die Gleichung entweder in zwei andere Gleichungen auflösen oder nicht. Im ersten Falle ergeben sich zwei Schenkel, die sich in dem Punkte M berühren, und davon die Natur eines jeden durch eine Gleichung von der Form

$$r = as^m$$

ausgedrückt wird. Hier giebt es also so viel verschiedene Gestalten, als Combinationen zweier Schenkel, die in M einen einfachen Punkt erzeugen. Diese Schenkel wollen wir Schenkel der ersten Ordnung nennen, die folglich insgesammt in der Gleichung $r = as^m$ enthalten sind. Im andern Falle, wenn sich nemlich die Gleichung nicht in zwei andere Gleichungen auflösen läßt, wird die Natur der Curve durch eine von folgenden Gleichungen ausgedrückt:

$$rr = as^5;\; rr = as^7;\; rr = as^9;\; \text{rc.}$$

und diese Schenkel wollen wir, nebst dem, den wir vorhin $rr = as^3$ gefunden haben, mit dem Namen, Schenkel der zweiten Ordnung, belegen, weil sie die Stelle zweier Schenkel der ersten Ordnung, die sich in M berühren, vertreten. Diese Schenkel der zweiten Ordnung haben insgesammt in M eine Spitze, wie die Gleichung $rr = as^3$ [§.326.] gab, doch mit dem Unterschiede, daß der Krümmungshalbmesser in M, der aus der Gleichung $rr = as^3$ unendlich klein war, bei den übrigen Gleichungen unendlich groß wird. Denn da aus der Gleichung $rr = as^5$

$$r = ss\sqrt{as}$$

wird, so ist der Krümmungshalbmesser $M = \frac{1}{2\sqrt{as}}$, oder unendlich groß, weil $s = o$ ist.

§. 329.

Wenn die Tangenten dreier Schenkel, die sich im M schneiden, zusammenfallen, so berühren sich entweder drei Schenkel der ersten Ordnung in eben demselben Punkte M, oder es ist M ein Berührungspunkt eines Schenkels der zweiten und eines Schenkels der ersten Ordnung, oder es geht durch M ein einziger Schenkel der dritten Ordnung. Es wird aber die Natur der Schenkel der dritten Ordnung durch eine von folgenden Gleichungen:

$$r^3 = as^4;\ r^3 = as^5;\ r^3 = as^7;\ r^3 = as^8;\ \text{ꝛc.}$$

oder überhaupt durch

$$r^3 = as^n$$

ausgdrückt, wenn n irgend eine ganze Zahl, die größer als 3, und dabei nicht durch 3 theilbar ist, bedeutet. Die Gestalt dieser Schenkel aber ist so beschaffen, daß in M ein Wendungspunkt statt findet, wenn n eine ungerade Zahl ist; wenn aber n eine gerade Zahl wird, so gehen die Schenkel ohne Wendungspunkt, wie Fig. 62., fort. Uebrigens ist der Krümmungshalbmesser bei diesen Curven in M unendlich klein, wenn n kleiner als 6, und unendlich groß, wenn n größer als 6 ist.

§. 330.

Auf eine ähnliche Art verhält es sich, wenn vier Tangenten von den Schenkeln, die sich in dem Punkte M schneiden, zusammenfallen. Es berühren sich nemlich alsdann entweder vier Schenkel der ersten Ordnung, oder zwei von der ersten und einer von der zweiten Ordnung, oder zwei von der zweiten Ordnung, oder einer von der ersten und einer von der dritten Ordnung einander in einem und demselben Punkte M, oder es geht endlich durch diesen Punkt M ein einziger Schenkel der vierten Ordnung. Es wird aber die Natur der Schenkel der vierten Ordnung durch die allgemeine Gleichung

$$r^4 = as^n$$

ausgedrückt, wenn n eine ganze ungerade Zahl bedeutet, die größer als 4 ist. Alle diese Gleichungen geben eine Spitze, wie die Schenkel der zweiten Ordnung, Fig. 63.; und was den Krümmungshalbmesser in M betrifft, so ist derselbe unendlich klein, wenn n kleiner als 8, und unendlich groß, wenn n größer als 8 ist.

§. 331.

Auf eben die Art läßt sich die Natur der Schenkel der fünften und der übrige höhern Ordnungen bestimmen. Was die Gestalt derselben betrifft, so kommen die Schenkel der fünften, der siebenten, der neunten und überhaupt aller ungeraden Ordnungen mit den Schenkeln der ersten Ordnung überein, die entweder einen Wendungspunkt haben, oder nicht. Die Schenkel der sechsten, achten und überhaupt aller geraden Ordnungen hingegen sind in Ansehung der Gestalt mit den Schenkeln der zweiten und vierten Ordnung von einerlei Art, oder haben insgesammt eine Spitze in M, wie die 63ste Figur darstellt. Den Krümmungshalbmesser anlangend, so läßt sich, da die Natur aller dieser Bogen durch die Gleichung

$$r^m = as^n$$

ausgedrückt wird, wenn n größer ist als m, leicht einsehen, daß derselbe, wenn n kleiner ist als 2m, unendlich klein, und wenn n größer ist als 2m, unendlich groß sey.

§. 332.

Es lassen sich also die verschiedenen Beschaffenheiten, mit welchen sich die Curven in Ansehung ihrer Gestalt darstellen, auf drei Gattungen zurückbringen. Zuvörderst giebt es nemlich Curven, die mit einer stetigen Krümmung fortgehen, und nirgends weder einen Wendungspunkt noch eine Spitze haben. Dieses findet statt, einmal, wenn der Krümmungshalbmesser allenthalben endlich ist; zweitens giebt es auch einige Fälle, wo die unendliche Größe oder Kleinheit des Krümmungshalbmessers das Fortschreiten der Curve in stetiger Krümmung nicht verhindert; und zwar ereignen sich diese Fälle, wenn die Natur der Curve um M durch die Gleichung

$$ar^m = s^n$$

ausgedrückt wird, so daß m eine ungerade Zahl, n hingegen eine gerade Zahl und größer als m ist. Zum andern können die Curven einen Wendungspunkt haben, wobei denn der Krümmungshalbmesser nothwendig entweder unendlich klein oder unendlich groß seyn muß. Man erkennt solches aus der Gleichung

$$ar^m = s^n$$

wenn beide Exponenten m und n ungerade Zahlen sind; n muß aber stets größer als m seyn. Es ist nemlich der Krümmungshalbmesser unendlich groß, wenn n größer als 2m, und unendlich klein, wenn n kleiner als 2m ist. Endlich kann es eine Spitze oder Rückkehrpunkt geben, wo gleichsam zwei Schenkel, mit ihren erhabenen Seiten gegen einander gekehrt, bei ihrer Zusammenkunft in einem Punkte sich berühren und daselbst endigen. Einen solchen Punkt giebt die Gleichung

$$ar^m = s^n$$

zu erkennen, wenn m eine gerade und n eine ungerade Zahl ist. Bei einer Spitze ist daher der Krümmungshalbmesser allemal entweder unendlich groß oder unendlich klein.

§. 333.

Da sich also alle Verschiedenheiten, die sich bei den Curven in Ansehung ihrer stetigen Fortschreitung finden können, auf diese drei Arten bringen lassen, so erhellet, einmal, daß der Schenkel einer continuirlichen Curve nie auf die Art gebogen seyn kann, daß er bei C, Fig. 66., einen endlichen Winkel ACB mache. Da ferner bei einer Spitze beide Schenkel einander ihre erhabene Seite zukehren, so giebt es keine solche Spitze ACB in C, Fig. 67., wo die beiden Schenkel AC und BC zwar in C eine gemeinschaftliche Tangente haben, dabei aber die hohle Seite des einen nach der erhabenen Seite des andern hingerichtet ist; und so oft eine Curve auf diese Art zurückzutreten scheinet, so oft ist dieselbe unvollständig, so daß, wenn man die Curve nach einer Gleichung ergänzt, und nach allen ihren Theilen ausdrückt, eine Curve wie Fig. 64., entsteht. Es giebt zwar Methoden, Curven zu beschreiben, wobei dergleichen Spitzen ACB entstehen, die daher auch vom Marquis de L'Hopital Spitzen der zweiten Art genannt werden. Aber man muß dabei bedenken, daß die mechanischen Methoden nicht immer die ganze Curve, die in einer Gleichung enthalten ist, hervorbringen, sondern öfters nur einen gewissen Theil derselben darstellen. Durch diesen einzigen Umstand wird der ganze Streit, der über die Spitzen der zweiten Art entstanden und geführt worden ist, gehoben.

So sehr man indeß hierdurch berechtigt scheint, zu behaupten, daß es keine Spitze der zweiten Ordnung gebe, so hat man gleichwohl eine Menge von algebraischen Curven, die damit versehen sind. Unter andern sogar eine Linie der vierten Ordnung, die in der Gleichung

$$y^4 - 2y^2x - 4yxx - x^3 = o,$$

welche aus dieser, $y = \sqrt{x} \pm \sqrt[4]{x^3}$ entspringt, enthalten ist. Denn wenn hier gleich zuerst das Glied $\sqrt{x}$ vorkommt, so kann dasselbe dennoch nicht positiv und negativ genommen werden, sondern muß nothwendig das Zeichen + haben, weil, wenn man ihm das Zeichen — geben wollte, das andere Glied $\sqrt[4]{x^3} = \sqrt{(x\sqrt{x})}$ imaginär werden würde. Und aus diesem Beispiele läßt sich die Einschränkung, die man zu den obigen hinzufügen muß, hinlänglich abnehmen.

§. 334.

Wenn, Fig. 64., zwei Schenkel, die in M eine gemeinschaftliche Tangente haben, und also vier aus M ausgehende Bogen, Mm, Mμ, Mn, Mν vorstellen, durch verschiedene Gleichungen ausgedrückt werden, so ist es keinem Zweifel unterworfen, welche von diesen Schenkeln continuirlich sind; es sind solches nemlich diejenigen, die durch einerlei Gleichung ausgedrückt werden, so daß daher der Bogen Mm eine Fortsetzung von Mn, und der Bogen Mμ eine Fortsetzung von Mν ist. Wenn aber jene beide Schenkel durch einerlei Gleichung ausgedrückt werden, so kann, da der vorhergehende Grund wegfällt, der Bogen Mm nicht nur als eine Fortsetzung des Bogens Mn, sondern auch als eine Fortsetzung von Mν angesehen werden; und da auf diese Art jeder der Bogen Mn und Mν als eine Fortsetzung von Mm betrachtet werden kann, so kann man auch den einen als die Fortsetzung des andern ansehen. Man kann also hiernach sagen, daß sowohl die Bogen Mm und Mμ als jede zwei andere von den angeführten eine continuirliche Curve bilden, und in diesem Falle stoßen in M zwei Spitzen der zweiten Art mMμ und nNν zusammen.

§. 335.

Und dies gilt nicht nur von zwei Schenkeln, die sich ohne Wendungspunkt und ohne Spitze in dem Punkte M berühren, und durch einerlei Gleichung ausgedrückt werden, sondern es verhält sich in Ansehung der Continuität auf eben die Art bei jeden zwei Schenkeln, die sich in M berühren, wofern sie nur durch einerlei Gleichung ausgedrückt werden. Es geschicht dieses, so oft man zu einer Gleichung zwischen r und s von folgender Form kommt

$$a^2 r^{2m} - 2\alpha\beta r^m s^n + \beta\beta s^{2n} = o$$

denn alsdann wird jeder Schenkel durch die Gleichung

$$\alpha r^m = \beta s^n$$

ausgedrückt. In diesem Falle können also je zwei von den vier Bogen, die aus dem Punkte M ausgehen, für eine continuirliche Linie gehalten werden, und daher entstehet denn eine unzählige Menge von Spitzen der zweiten Art. Eben diese Beschaffenheit der Continuität ist aber auch der Grund, warum einige mechanische Beschreibungen und Constructionen Spitzen der zweiten Art hervorbringen; doch kann dieses nicht geschehen, als wenn man dadurch nicht die ganze in der Gleichung enthaltene Curve, sondern nur einen oder einige Schenkel derselben darstellet.

Fünfzehntes Capitel.

Von den Curven, die einen oder mehr Durchmesser haben.

§. 336.

Wir haben oben [im fünften und sechsten Capitel] gesehen, daß alle Linien der zweiten Ordnung zum wenigsten einen rechtwinkligen Durchmesser haben, der die ganze Curve in zwei ähnliche und gleiche Theile theilt. Die Parabel nemlich hat einen solchen Durchmesser, und besteht daher aus zwei einander gleichen und ähnlichen Theilen; die Ellipse hingegen und die Hyperbel haben deren zwei, die sich im Mittelpunkte unter einem rechten Winkel schneiden, und daher giebt es bei ihnen vier einander gleiche und ähnliche Bogen oder Schenkel. Und was den Kreis betrifft, so hat derselbe, da er von jeder durch den Mittelpunkt gezogenen geraden Linie in zwei gleiche Theile getheilt wird, unzählige gleiche und ähnliche Theile, und zwar sind solches alle Bogen, die zu gleichen Sehnen gehören.

§. 337.

Diese Aehnlichkeit zweier oder mehrerer Theile einer und derselben Curve wollen wir also jetzt genauer untersuchen, und die Curven, die zwei oder mehr einander ähnliche Theile haben, durch allgemeine Gleichungen ausdrücken. Ist daher eine Gleichung zwischen rechtwinkligen Coordinaten x und y gegeben, und hat man den ganzen Raum in die vier Gegenden Q, R, S und T, Fig. 68., welche durch die in C sich senkrecht schneidenden geraden Linien AB, EF von einander abgesondert werden, eingetheilt: so liegt der Theil der Curve, wobei x und y positiv sind, in der Gegend Q, der aber, wobei x positiv und y negativ ist, in der Gegend R; ferner der, wobei x negativ, y aber positiv ist, in S, und der endlich, wobei x und y negativ sind, in T.

§. 338.

Es werden demnach die Theile der Curve in den Gegenden Q und R einander gleich und ähnlich seyn, wenn die Gleichung so beschaffen ist, daß sie unverändert bleibt, wenn man $-y$ für $+y$ setzt. Und da sich diese Beschaffenheit bei allen Potestäten von y, deren Exponenten gerade Zahlen sind, findet: so erhellet, daß die Theile der Curve, in den Gegenden Q und R einander gleich und ähnlich seyn werden, wenn in der Gleichung keine Potestäten von y mit ungeraden Exponenten vorkommen; und daß folglich in diesem Falle die gerade Linie AB, worauf die Abscissen CP genommen werden, ein Durchmesser der Curve seyn werde. Hiernach sind alle diese Curven, vorausgesetzt, daß sie zu den algebraischen gehören, unter folgender allgemeinen Gleichung enthalten:

$$0 = \alpha + \beta x + \gamma xx + \delta y^2 + \varepsilon x^3 + \zeta xy^2 + \eta x^4 + \vartheta x^2y^2 + \iota y^4 + \text{etc.}$$

und diesen Ausdruck kann man auch auf die Art anzeigen, daß man sagt, er sey eine rationale Funktion von x und yy. Wenn also Z irgend eine rationale Funkton von x und yy ist, so drückt die Gleichung

$$Z = 0$$

eine Curve aus, die von der geraden Linie AB in zwei gleiche und ähnliche Theile getheilt wird; und es sind daher auch die Theile der Curve in den Gegenden S und T einander gleich und ähnlich.

§. 339.

Die Theile der Curve in den Gegenden Q und S aber werden einander gleich und ähnlich seyn, wenn die Gleichung so beschaffen ist, daß sie unverändert bleibt, wenn man $-x$ für $+x$ setzt; und wenn daher Z irgend eine rationale Funktion von xx und y ist, so drückt die Gleichung

$$Z = o$$

eine Curve aus, die durch die gerade Linie EF in zwei gleiche und ähnliche Theile getheilt wird. Die allgemeine Gleichung für diese Curven ist demnach

$$o = \alpha + \beta y + \gamma xx + \delta yy + \epsilon xxy + \zeta y^3 + \eta x^4 + \vartheta x^2 y^2 + \iota y^4 + \text{etc.}$$

und aus dieser Gleichung ist der Theil der Curve in S dem Theile in Q, so wie der Theil in T dem Theile in R gleich und ähnlich.

§. 340.

Die Theile in den Gegenden Q und T aber, oder die Theile in R und S, werden einander gleich seyn, wenn die Gleichung zwischen den Coordinaten x und y so beschaffen ist, daß sie unverändert bleibt, wenn man beide Coordinaten negativ nimmt. Es sey $Z = o$ die Gleichung für diese Curven, so erhellet, daß diese Gleichung die angeführte Beschaffenheit haben werde, wenn Z eine Funktion von x und y von geraden Dimensionen, oder ein Aggregat irgend einer Anzahl homogener Funktionen von geraden Dimensionen ist. Wenn hingegen Z ein Aggregat irgend einer Anzahl homogener Funktionen von ungeraden Dimensionen ist, so geht Z, wenn man x und y negativ nimmt, in $-Z$ über, und es wird daher, da $Z = o$ war, auch $-Z = o$. Hiernach findet man also eine doppelte allgemeine Gleichung für die Curven, die in den entgegengesetzten Gegenden Q und T, desgleichen in R und S, gleiche und ähnliche Theile haben. Die eine nemlich ist

$$o = \alpha + \beta xx + \gamma xy + \delta y^2 + \epsilon x^4 + \zeta x^3 y + \eta xxyy + \vartheta xy^3 + \iota y^4 + \kappa x^6 + \text{etc.}$$

und die andere

$$o = \alpha x + \beta y + \gamma x^3 + \delta x^2 y + \epsilon xy^2 + \zeta y^3 + \eta x^5 + \vartheta x^4 y + \iota x^3 y^2 + \text{etc.}$$

§. 341.

Es sind also die Curven, die zwei einander ähnliche und gleiche Theile haben, von einer zweifachen Gattung. Entweder liegen diese beiden Theile dergestalt auf den beiden

Seiten um einer geraden Linie, daß alle auf diese Linie gezogene senkrechte Ordinaten in zwei gleiche Theile getheilt werden. In diesem Falle heißt die gedachte gerade Linie ein rechtwinkliger Durchmesser der Curve, und es gehören dahin die Gleichungen im 337 und 338sten §. Oder es befinden sich jene beide ähnliche und gleiche Theile auf den entgegengesetzten Seiten so, daß jede durch den Punkt C gezogene gerade Linie die Curve in zwei wechselsweise einander gleiche Theile theilt, welches bei den Gleichungen des vorhergehenden §. der Fall ist. Diese verschiedene Lage der gleichen Theile wollen wir nun auf die Art ausdrücken, daß wir diejenigen, die zu der ersten Art gehören, mit dem Namen, entgegengesetzt gleich, die von der andern aber mit der Benennung, wechselsweise gleich, belegen. Da es ferner bei der letzten Gattung einen Punkt C giebt, der so beschaffen ist, daß jede dadurch zu beiden Seiten nach der Curve gezogene gerade Linie in ihm in zwei gleiche Theile getheilt wird, so kann man diesem Punkte sehr füglich den Namen Mittelpunkt geben, so daß also den Curven, die zwei wechselsweise gleiche Theile haben, ein Mittelpunkt zukommt, denen aber, wobei zwei Theile entgegengesetzt einander gleich sind, ein Durchmesser zugeschrieben werden kann.

§. 342.

Da die Gleichung $Z = 0$, wenn y in der Funktion Z keine andere als gerade Dimensionen hat, Curven ausdrückt, die einen Durchmesser AB, Fig. 68., haben; und eben diese Gleichung, wenn darin die andere Coordinate x bloß in geraden Dimensionen vorkommt, eine Gleichung für Curven mit dem Durchmesser EF ist: so müssen, wenn Z eine solche Funktion von x und y ist, daß alle Exponenten von x und y gerade Zahlen sind, AB und EF rechtwinklige Durchmesser der Curve, und also die in den Gegenden Q, R, S und T liegenden vier Theile der Curve einander gleich und ähnlich seyn. Die allgemeine Gleichung für dergleichen Curven ist daher:

$$0 = \alpha + \beta x^2 + \gamma y^2 + \delta x^4 + \varepsilon x^2 y^2 + \zeta y^4 + \eta x^6 + \vartheta x^4 y^2 + \text{etc.}$$

§. 343.

Es haben also die in dieser Gleichung enthaltene Curven zwei rechwinklige Durchmesser AB und EF, die sich in dem Punkte C senkrecht schneiden, und es gehören dieselben insgesammt entweder zu der zweiten, oder zu der vierten, oder zu der sechsten Ordnung etc., so daß keine Linie von einer ungeraden Ordnung Curven enthält, die mit zwei Durchmessern, die sich senkrecht schnitten, versehen wären. Und da die Gleichung §. 342. auch in der ersten Gleichung im

340sten §. begriffen ist, so haben jene Curven auch in C einen Mittelpunkt, so daß jede dadurch zu beiden Seiten nach der Curve gezogene gerade Linie in demselben in zwei gleiche Theile getheilt wird. Dergleichen Curven mit einem doppelten Durchmesser erhält man also aus der Gleichung $Z = o$, wenn Z irgend eine rationale Funktion von xx und yy ist.

§. 344.

Da wir auf diese Art zu Curven mit zwei Durchmessern gelangt sind, so wollen wir nun auch Gleichungen für solche Curven suchen, die mehr als zwei Durchmesser haben. Zuvörderst ist leicht zu zeigen, daß die Durchmesser jeder Curve, die deren nur zwei hat, auf einander senkrecht seyn müssen, so daß keine Curve mit zwei Durchmessern möglich ist, die nicht in der zuletzt gefundenen Gleichung enthalten wäre. Denn wir wollen annehmen, daß eine Curve zwei Durchmesser AB und EF [Fig. 69.] habe, die sich in C nicht senkrecht schneiden. Da alsdann EC ein Durchmesser ist, so muß der Curve auf beiden Seiten dieser geraden Linie gleiche Beschaffenheit zukommen; und folglich, da der Theil diesseits EC die Linie AC zum Durchmesser hat, auch der Theil jenseits EC den Durchmesser GC haben, der in dem Punkte C mit EC den Winkel $GCE = ACE$ mache. Auf ähnliche Art muß, da GC ein Durchmesser ist, auch IC, wenn $GCI = GCE$ ist, ein Durchmesser von eben der Beschaffenheit als EC seyn. Ferner ist auch LC ein Durchmesser, wenn man $ICL = ICG$ macht; und so findet man, wenn man fortfährt, immer neue Durchmesser, bis der letzte mit dem ersten AC zusammenfällt, welches geschiehet, wenn der Winkel ACE zum rechten Winkel ein rationales Verhältniß hat.

§. 345.

Hat aber der Winkel ACE zum rechten Winkel kein rationales Verhältniß, so wird die Anzahl der Durchmesser unendlich groß, und die Curve ist dann ein Kreis, in welchem jede durch den Mittelpunkt gezogene gerade Linie ein rechtwinkliger Durchmesser ist; denn dergleichen Durchmesser verstehen wir hier allemal, wenn wir von Durchmessern reden, weil diese nur die Curven in zwei ähnliche und gleiche Theile theilen. Hieraus erhellet, daß keine algebraische Linie zwei einander parallele Durchmesser haben könne. Denn hätte sie zwei solche Durchmesser, so würde sie, aus den angeführten Gründen, auch unendlich viele unter einander parallele und gleichweit von einander entfernte Durchmesser haben, und also von einer geraden Linie in unendlich vielen

Punkten geschnitten werden müssen. Allein diese Beschaffenheit kommt den algebraischen Linien nicht zu.

§. 346.

Wenn also eine Curve mehr als zwei Durchmesser hat, so schneiden sich dieselben insgesammt in einem und demselben Punkte C, und sind von einander unter gleichen Winkeln entfernt. Ferner sind diese Durchmesser von zweifacher Gattung, und folgen wechselsweise auf einander, indem nemlich der Durchmesser CG von eben der Beschaffenheit ist, als der Durchmesser CA. Daher kommt die Gleichung für die Curve, wobei CG die Axe ist, mit der überein, wobei CA zur Axe angenommen wird, und die wechselnden Durchmesser CA, CG, CL, ꝛc. so wie auch CE, CI ꝛc. gehören auf gleiche Art zu der Curve. Wenn also die Anzahl der Durchmesser endlich ist, so ist der Winkel ACG ein aliquoter Theil von vier rechten Winkeln, oder ACE ein aliquoter Theil von 180°, oder der halben Peripherie, die wir $= \pi$ setzen wollen.

§. 347.

Wenn der Winkel ACE, Fig. 70., $= 90° = \frac{1}{2}\pi$ ist, so findet der vorhin schon untersuchte Fall statt, wo die Curve zwei auf einander senkrechte Durchmesser hat. Diese Curven wollen wir jetzt nochmals, aber auf einem andern Wege, untersuchen, den wir auch zur Erfindung mehrerer Durchmesser betreten können. Es habe demnach die Curve die beiden Durchmesser AB und EF. Man nehme in ihr irgend einen Punkt M an, setze, nachdem man aus dem Mittelpunkte C die gerade Linie CM gezogen hat,

$$CM = z, \text{ und } ACM = s$$

und suche eine Gleichung zwischen z und s. Da AC ein Durchmesser ist, so fällt in die Augen, daß z eine solche Funktion von s seyn muß, die unverändert bleibt, wenn man $-s$ für s setzt; denn es muß, wenn man statt des Winkels $ACM = s$ den negativen Winkel ACm nimmt, $Cm = CM$ seyn. Nun ist cos. s eine solche Funktion von s, welche durch die Substitution von $-s$ für $+s$ nicht verändert wird; und es wird daher dem gedachten Erfordernisse ein Genüge geschehen, wenn z irgend eine rationale Funktion von cos. s ist.

§. 348.

Setzt man die Abscisse $CP = x$, und die Applicate $PM = y$, so wird

$$z = \sqrt{(xx + yy)} \text{ und } \cos. s = \frac{x}{z}.$$

Soll nun $Z = o$ die Gleichung für die Curve seyn, deren Durchmesser CA ist, so muß Z eine rationale Funktion von z und $\frac{x}{z}$, oder von z und x, oder, wegen der Rationalität, von xx + yy und x seyn. Aber wenn Z eine Funktion von xx + yy und x ist, so ist es auch eine Funktion von yy und x. Denn setzt man $xx + yy = u$, so wird Z eine Funktion von x und u; und setzt man ferner $u = t + xx$, so daß $t = yy$ wird: so wird Z eine Funktion von t und x, d. h. von yy und x. Wenn daher Z eine rationale Funktion von yy und x ist, so ist die gerade Linie CA ein Durchmesser der Curve: und diese Bestimmung kommt mit derjenigen durchaus überein, die wir oben [§. 338.] für die Curven, denen ein Durchmesser zukommt, gefunden haben.

§. 349.

Aber die gesuchte Curve soll zwei Durchmesser AB und EF haben, woher denn der Durchmesser CB von eben der Art seyn wird, als der Durchmesser CA, §. 346. Wenn man also die gerade Linie $CM = z$ auf den Durchmesser CB bezieht, so muß, weil $BCM = \pi - s$ ist, z eine solche Funktion von s seyn, die unverändert bleibt, wenn man $\pi - s$ für s setzt. Dergleichen wäre nun zwar sin. s, weil sin. s = sin. $(\pi - s)$ ist, allein es geschiehet dadurch der vorhergehenden Bedingung kein Genüge. Man muß also einen Ausdruck suchen, der auf gleiche Art zu s, — s, und $\pi - s$ gehört, und ein solcher ist cos. 2s, indem cos. 2s = cos. — 2s = cos. 2 $(\pi - s)$ ist; und es ist demnach die Gleichung Z = o eine Gleichung für die Curven mit zwei Durchmessern AB und EF, wenn Z eine rationale Funktion von z und cos. 2s ist. Nun ist cos. 2s = $\frac{xx - yy}{zz}$, und es muß daher Z eine Funktion von xx + yy und xx — yy oder von xx und yy seyn, wie wir vorhin [§. 342.] gefunden haben.

§. 350.

Nun wollen wir zu den Curven, die drei Durchmesser AB, EF und GH, Fig. 71., haben, fortgehen, wo sich denn [§. 346.] diese Durchmesser in einem Punkte C unter den Winkeln ACE, ECG, GCB = 60° = $\frac{1}{3}\pi$ schneiden, und die wechselnden Durchmesser CA, CG, CF von einerlei Beschaffenheit seyn werden. Setzt man daher CM = z, und ACM = s, so muß, weil GCM = $\frac{2}{3}\pi - s$ ist, die Funktion für die Curve Z = o so beschaffen seyn, daß Z eine rationale Funktion von z und einer Größe w ist, die unverändert bleibt, wenn man — s oder $\frac{2}{3}\pi - s$ für s setzt. Es ist demnach w = cos. 3s, weil cos. 3s = cos. — 3s = cos. $(2\pi - 3s)$ ist. Setzt man aber die Coordinaten CP = x, und PM = y, so wird $\cos. 3s = \frac{x^3 - 3xyy}{z^3}$, und es muß folglich Z eine rationale Funktion von $xx + yy$, und $x^3 - 3xyy$ seyn.

§. 351.

Macht man daher $xx + yy = t$, und $x^3 - 3xyy = u$, so wird die allgemeine Gleichung für die Curven mit drei Durchmessern

$$o = \alpha + \beta t + \gamma u + \delta tt + \varepsilon tu + \zeta uu + \eta t^3 + \text{ꝛc.}$$

und diese giebt folgende zwischen x und y

$$o = \alpha + \beta(xx + yy) + \gamma x(xx - 3yy) + \delta(xx + yy)^2 + \text{ꝛc.}$$

Da nun die Gleichung

$$o = \alpha + \beta xx + \beta yy$$

dem Kreise zugehört, der als eine Curve mit unzähligen Durchmessern auch zu den Curven gerechnet werden kann, die drei Durchmesser haben: so ist die einfachste Curve mit drei Durchmessern die Linie der dritten Ordnung, die durch die Gleichung

$$x^3 - 3xyy = axx + ayy + b^3$$

ausgedrückt wird, und drei Asymptoten hat, die ein gleichseitiges Dreieck machen, in dessen Mitte der Punkt C liegt. Die gedachten Asymptoten gehören insgesammt zu der Art $u = \frac{A}{tt}$, und die Curve nach der oben gemachten Classification zu der fünften Art.

§. 352.

Wenn die Curve vier Durchmesser AB, EF, GH und IK, Fig. 72., hat, die sich in dem Punkte C unter halben rechten Winkeln $= \frac{1}{4}\pi$ schneiden, so sind die Durchmesser CA, CG, CB und CH von einer und derselben Beschaffenheit. Wenn man daher CM = z und ACM = s setzt, so muß eine solche Funktion von s gesucht werden, die unverändert bleibt, wenn $-s$ oder $\frac{2}{4}\pi - s$ für s gesetzt wird. Dergleichen ist aber cos. 4s, und wenn also Z eine Funktion von z und cos. 4s, oder von $xx + yy$ und $x^4 - 6xxyy + y^4$ ist, so giebt die Gleichung Z = o eine Curve mit vier Durchmessern. Es wird daher Z eine Funktion von t und u, wenn man $t = xx + yy$, und $u = x^4 - 6xxyy + y^4$ setzt; nimmt man aber $v = tt - u$, so wird Z eine Funktion von t und v, d. h. von $xx + yy$ und $xxyy$. Oder man kann auch Z so bestimmen, daß man sagt, es sey eine Funktion von $xx + yy$ und $x^4 + y^4$.

§. 353.

Wenn die durch die Gleichung Z = o ausgedrückte Curve fünf Durchmesser haben soll, so muß Z eine Funktion von z und cos. 5s seyn. Da nun, wenn die rechtwinkligen Coordinaten x und y sind,

$$\cos. 5s = \frac{x^5 - 10x^3yy + 5xy^4}{z^5}$$

wird, so ist $Z = o$ eine Gleichung für eine Curve mit fünf Durchmessern, wenn Z eine rationale Funktion von $xx + yy$ und $x^5 - 10x^3yy + 5xy4$ ist. Die einfachste Curve, den Kreis ausgenommen, die fünf Durchmesser hat, ist demnach eine Linie der fünften Ordnung, die durch folgende Gleichung ausgedrückt wird:

$$x^5 - 10x^3yy + 5xy4 = a(xx + yy)^2 + b(xx + yy) + c,$$

und wegen der Realität aller Faktoren des höchsten Gliedes hat diese Curve fünf Asymptoten, die durch ihre Schnitte ein reguläres Fünfeck machen, in dessen Mitte der Mittelpunkt C liegt.

§. 354.

Hieraus erhellet schon allgemein, daß eine durch die Gleichung $Z = o$ ausgedrückte Curve n Durchmesser, davon je zwei neben einander liegende den Winkel $= \frac{\pi}{n}$ einschließen, haben werde, wenn Z eine Funktion von z und cos. ns, oder, bei rechtwinkligen Coordinaten, irgend eine rationale Funktion von $xx + yy$, und $x^n - \frac{n(n-1)}{1.2}x^{n-2}y^2 + \frac{n(n-1)(n-2)(n-3)}{1.2.3.4}x^{n-4}y^4 -$ 2c. ist; oder daß die Gleichung:

$$o = \alpha + \beta t + \gamma u + \delta tt + \varepsilon tu + \zeta uu + \eta t^3 + \vartheta ttu + \text{2c.}$$

eine Curve mit n Durchmessern geben werde, wenn

$$t = xx + yy$$

und

$$u = x^n - \frac{n(n-1)}{1.2}x^{n-2}y^2 + \frac{n(n-1)(n-2)(n-3)}{1.2.3.4}x^{n-4}y^4 - \text{2c.}$$

genommen wird. Hieraus lassen sich Curven mit so viel, unter gleichen Winkeln in einem und demselben Punkte C sich schneidenden, Durchmessern, als man will, finden, und dabei begreift diese Gleichung ohne Ausnahme alle algebraische Curven unter sich, die eine gegebene Anzahl von Durchmessern haben.

§. 355.

Dergleichen mit mehrern Durchmessern versehene Curven haben allemal eine doppelt so große Anzahl einander ähnlicher und gleicher Theile. So hat die Curve mit zwei Durchmessern, Fig. 70., vier ähnliche und gleiche Theile

AE, BE, AF und BF; die Curve mit drei Durchmessern, Fig. 71., sechs ähnliche und gleiche Theile, AE, GE, GB, FB, FH und AH; die Curve mit vier Durchmessern, Fig. 72., acht ähnliche und gleiche Theile AE, AK, GE, GI, BI, BF, HF und HK; und auf ähnliche Art ist die Anzahl der gleichen Theile immer noch einmal so groß, als die Anzahl der Durchmesser. So wie wir aber oben [§. 338.] gesehen haben, daß es Curven giebt, die zwei ähnliche und gleiche Theile, aber keinen Durchmesser haben, so finden auch Curven mit mehr als zwei ähnlichen und gleichen Theilen ohne Durchmesser statt.

§. 356.

Wir wollen von zwei gleichen auf durchaus entgegengesetzten Seiten liegenden Theilen, AME, BKF, Fig. 73., anfangen, welchen Fall wir schon oben [§. 340.] gehabt haben. Sollen nemlich einer Curve nicht mehr als zwei gleiche Theile zukommen, so müssen dieselben nothwendig einander entgegengesetzt seyn. Dies wird deutlich werden, wenn wir mehrere gleiche Theile betrachten. Setzt man also wieder, wie vorhin, CM = z, und den Winkel ACM = s, so ist offenbar, daß den Winkeln s und $\pi + s$ einerlei Werth von z zukommen müsse; denn nimmt man ACM = $\pi + s$, so wird $z = CK$, CK aber muß $= CM$ seyn. Man muß also einen Ausdruck suchen, der den Winkeln s und $\pi + s$ gemein ist, und da $\tang. s = \tang. (\pi + s)$, so ist tang. s ein solcher. Hiernach gehört die Gleichung $Z = o$ für eine Curve, so wie wir sie jetzt betrachten, wenn Z eine Funktion von z und tang. s, oder eine Funktion $xx + yy$ und $\frac{x}{y}$ ist. Macht man $\frac{x}{y} = t$, so wird $xx + yy = yy \times (1 + tt)$, und dann muß Z eine Funktion von t und $yy \times (1 + tt)$ d. h. von t und yy seyn. Hieraus ergeben sich eben die Gleichungen, die wir oben gefunden haben.

§. 357.

Damit aber die Brüche, welche in den Ausdrücken für die Tangenten vorkommen, vermieden werden, kann man zu eben diesem Behufe die Sinus und Cosinus brauchen. Denn da $\sin. 2s = \sin. 2(\pi + s)$ und $\cos. 2s = \cos. 2(\pi + s)$ ist, so kann Z auch eine rationale Funktion von z, sin. 2s und cos. 2s, oder von $xx + yy$, $2xy$, und $xx - yy$ seyn. Wenn einer von den Ausdrücken sin. 2s, und cos. 2s weggelassen wird, so hat die Curve außerdem auch einen Durchmesser. Es kommt also bei der gesuchten Auflösung darauf an, daß Z eine rationale Funktion von xx, yy, und xy sey, und daher entsteht denn die Gleichung:

$$o = \alpha + \beta xx + \gamma xy + \delta yy + \varepsilon x^4 + \zeta x^3 y + \eta x^2 y^2 + \vartheta xy^3 + \iota y^4 + \text{rc.}$$

Wenn nun die Glieder, worin x nicht enthalten ist, verschwinden, so läßt sich die ganze Gleichung durch x dividiren, und dann wird

$$o = \beta x + \gamma y + \varepsilon x^3 + \zeta xxy + \eta xy^2 + \vartheta y^3 + \varkappa x^5 + \text{rc.}$$

Dieses sind aber die beiden Gleichungen, welche wir oben [§. 340.] gefunden haben.

§. 358.

Nun wollen wir eine Curve suchen, die nicht mehr als drei ähnliche und gleiche Theile AM, BN und DL, Fig. 74., habe, welche daher so beschaffen seyn muß, daß, wenn man aus dem Mittelpunkte C drei gerade Linien CM, CN, CL unter gleichen Winkeln gegen einander zieht, diese gerade Linien immer einander gleich werden. Setzt man also den Winkel ACM = s, und die gerade Linie CM = z, so muß die gerade Linie z durch s auf eine solche Art bestimmt werden, daß den drei Winkeln s, $\frac{2}{3}\pi + s$, und $\frac{4}{3}\pi + s$ ein und derselbe Werth von z zukomme, indem MCN = NCL = $\frac{2}{3}\pi$ ist. Nun haben diese drei Winkel die Ausdrücke sin. 3s, und cos. 3s gemein. Wenn daher Z eine rationale Funktion von folgenden drei Größen, $xx + yy$; $3xxy - y^3$; und $x^3 - 3xyy$ ist, so giebt die Gleichung Z = o. alle Curven von der gesuchten Art. Es fließt also hieraus die allgemeine Gleichung:

$$o + \alpha + \beta(xx + yy) + \gamma(3xxy - y^3) + \delta(x^3 - 3xyy) + \varepsilon(xx + yy)^2 + \zeta(xx + yy)(3xxy - y^3) + \eta(xx + yy)(x^3 - 3xyy) + \text{rc.}$$

und die Linien der dritten Ordnung, die hieher gehören, sind in der Gleichung begriffen:

$$o = \alpha + \beta xx + \beta yy + \delta x^3 + 3\gamma xxy - 3\delta xyy + \gamma y^3.$$

§. 359.

Wenn die Curve vier gleiche Theile AM, EN, BK und FL, Fig. 73., haben soll, so daß jede vier aus dem Mittelpunkte C unter gleichen Winkeln gezogene gerade Linien CM, CN, CK und CL einander gleich sind: so setze man den Winkel ACM = s, und die gerade Linie CM = s, wo denn, weil MCN = NCK = KCL = 90° = $\frac{1}{2}\pi$ ist, die gerade Linie z so durch den Winkel s ausgedrückt werden muß, daß zu den Winkeln s, $\frac{1}{2}\pi + s$, $\pi + s$, $\frac{3}{2}\pi + s$ einerlei Werth gehört. Diese Eigenschaft haben nun die Ausdrücke sin. 4s und cos. 4s; und es wird daher die Gleichung Z = o eine Curve mit vier solchen gleichen Theilen geben, wenn Z irgend eine rationale Funktion dieser drei Größen, $xx + yy$; $4x^3y - 4xy^3$, und $x^4 - 6xxyy + y^4$

ist. Die allgemeine Gleichung für dergleichen Curven ist demnach

$$o = \alpha + \beta xx + \beta yy + \gamma x^4 + \delta x^3 y + \varepsilon xxyy - \delta xy^3 + \gamma y^4 + \text{ic.}$$

§. 360.

Auf eine ähnliche Art findet man, daß Z in der Gleichung $Z = o$, wenn dieselbe eine Curve mit fünf ähnlichen und gleichen Theilen ausdrücken soll, eine Funktion folgender drei Größen:

$$xx + yy;\ 5x^4 y - 10x^2 y^3 + y^5;\ x^5 - 10x^3 y^2 + 5xy^4$$

seyn muß. Ueberhaupt aber muß Z, wenn die durch $Z = o$ ausgedrückte Curve n gleiche Theile haben soll, eine rationale Funktion von diesen drei Größen:

$$xx + yy;$$

$$nx^{n-1}y - \frac{n(n-1)(n-2)}{1 \cdot 2 \cdot 3} x^{n-3}y^3 + \frac{n(n-1)(n-2)(n-3)(n-4)}{1 \cdot 2 \cdot 3 \cdot 4 \cdot 5} x^{n-5}y^5 - \text{ic.}$$

und

$$x^n - \frac{n(n-1)}{1 \cdot 2} x^{n-2}y^2 + \frac{n(n-1)(n-2)(n-3)}{1 \cdot 2 \cdot 3 \cdot 4} x^{n-4}y^4 - \text{ic.}$$

seyn; und wenn einer von diesen beiden letzten Ausdrücken aus der Gleichung wegfällt, so hat die Curve zugleich so viel Durchmesser, als n Einheiten enthält.

§. 361.

Zu dieser doppelten Classe der Curven mit gleichen Theilen, wonach einigen Durchmesser zukommen, andern aber nicht, gehören überhaupt alle algebraische Curven, die zwei oder mehr ähnliche und gleiche Theile haben. Um sich hiervon zu überzeugen, habe eine continuirliche Curve die beiden Theile OAa und OBb, Fig. 75., einander ähnlich und gleich. Man ziehe AB, und beschreibe darüber als über der Grundlinie das gleichschenklige Dreieck ACB, dessen Winkel C dem Winkel O gleich sey. Da nun die Winkel OAC und OBC einander gleich sind, so sind auch die Theile der Curve CAa und CBb ähnlich und gleich; und wenn man die Winkel BCD, DCE, ic. dem Winkel ACB, und CD = CE = CA = CB macht, so hat die Curve, wegen des Gesetzes der Continuität, auch die Theile Dd, Ec ic. bei diesen geraden Linien ähnlich und gleich den Theilen Aa, Bb. Wofern also das Verhältniß des Winkels ACB zu

360° nicht irrational ist, so wird die Anzahl der gleichen Theile endlich seyn; ist hingegen dieses Verhältniß irrational, so ist dieselbe unendlich groß, und also die Curve keine algebraische mehr. Es gehört aber jene Curve allemal zu den vorhin von uns untersuchten, die keinen Durchmesser haben.

§. 362.

Wenn aber die beiden ähnlichen und gleiche Theile auf entgegengesetzte Seiten der Linien AO und BO, Fig. 76., fallen, so daß der Theil AOa dem Theile OBb ähnlich und gleich ist: so ziehe man auf beiden Seiten die geraden Linien AR und BS so, daß OAR = OBS = $\frac{1}{2}$AOB, und folglich AR der BS parallel werde. Wird nun AB gezogen, und durch den Mittelpunkt C die gerade Linie CV der AR und der BS parallel gelegt, so sind die Theile aA und bB in Rücksicht auf die gerade Linie CV ähnlich und gleich. Wenn also nicht ba = o ist, so wird, weil dem Bogen bB, wenn man von b nach a zu fortgeht, der auf der andern Seite liegende ähnliche und gleiche Bogen aA entspricht, diesen Bogen auch, wenn man von a nach e durch den Raum ae = ba fortgeht, der ähnliche und gleiche Bogen eE, und diesem ferner der Bogen dD entsprechen, und folglich die Curve unendlich viel ähnliche und gleiche Theile haben. Eine solche Curve ist aber keine algebraische.

§. 363.

So verhält es sich, wenn die gerade Linie AB gegen die Parallelen AR und BS eine schiefe Lage hat, oder, welches auf einerlei hinausläuft, wenn die Seiten AO und BO des Dreiecks AOB ungleich sind. Ist hingegen AO = BO, so ist auch AB senkrecht auf den Parallelen AR und BS und CV, welche letztere denn zugleich durch O geht. Wenn dieses ist, so fallen die Punkte a und b zusammen; und da die Theile aA und bB nicht nur gleich und ähnlich seyn, sondern auch auf beiden Seiten der CV auf gleiche Art liegen werden: so ist in diesem Falle CV ein Durchmesser, und es gehört demnach die Curve zu den vorhin betrachteten mit einem Durchmesser versehenen Curven. Es giebt folglich keine algebraische Curven mit zwei oder mehr ähnlichen und gleichen Theilen, die nicht in der untersuchten doppelten Classe dieser Curven enthalten wären.

Sechszehntes Capitel.

Von der Erfindung der Curven aus gegebenen Eigenschaften der Applicaten.

§. 364.

Wenn P und Q rationale Funktionen der Abscisse x sind, und die Natur einer Curve durch die Gleichung

$$yy - Py + Q = o$$

ausgedrückt wird: so gehört zu jeder Abscisse x entweder gar keine oder eine doppelte Applicate, uud dabei ist die Summe dieser Applicaten $= P$, und ihr Produkt $= Q$. Ist daher P eine beständige Größe, so ist auch die Summe der Applicaten, die zu jeder Abscisse gehören, eine beständige Größe, und die Curve mit einem Durchmesser versehen. Eben dieses findet statt, wenn

$$P = a + nx$$

ist; denn aldann ist die gerade Linie, die durch die Gleichung

$$z = \tfrac{1}{2}a + \tfrac{1}{2}nx$$

ausgedrückt wird, ein Durchmesser der Curve im weitern Verstande, so daß nicht bloß rechtwinklige sondern auch schiefwinklige Durchmesser verstanden werden. Ist hingegen Q eine beständige Größe, so ist das Rechteck zwischen jeden zwei zu einer Abscisse gehörigen Applicaten beständig, und es kann folglich die Axe nirgends von der Curve geschnitten werden. Wenn aber

$$Q = \alpha + \beta x + \gamma xx$$

ist, und dieser Ausdruck reelle Faktoren hat, so wird die Axe von der Curve in zwei Punkten geschnitten, und Q ist ein Vielfaches von dem Rechtecke zwischen den Theilen der Axe, und das Rechteck zwischen den Applicaten steht mit dem Rechtecke zwischen den Theilen der Axe in einem beständigen Verhältnisse.

§. 365.

Es kommen also diese Eigenschaften, die wir oben als Eigenschaften der Linien der zweiten Ordnung kennen gelernt haben, unzähligen andern Curven zu. So ist die beständige Größe der Rechtecke zwischen den beiden Applicaten, die zu einer Abscisse gehören, welche wir [§. 163. f.] als eine Eigenschaft der auf die Asymptote bezogenen Hyperbel gehabt haben, allen Curven gemein, die in der Gleichung $yy - Py \pm aa$ enthalten sind. So wie ferner bei den Kegelschnitten, wenn man eine gerade Linie EF, Fig. 19., welche die Curve in den beiden Punkten E und F schneidet, zur Axe annimmt, das Rechteck PM . PN zu dem Rechtecke PE . PF ein beständiges Verhältniß hat: so findet solches bei allen Curven statt, die durch die Gleichung $yy - Py + ax - nxx = o$ ausgedrückt werden, und zwar ist PM . PN = PE . PF, oder pm . pn = Ep . pF, wenn $yy - Py = ax - xx$ ist. Es kommt also diese Eigenschaft, die man als eine Eigenschaft des Kreises in den Elementen kennen lernt, außer ihm nicht nur auch einer unzähligen Menge Curven der höhern Ordnungen zu, sondern es haben sie auch die übrigen Kegelschnitte mit ihm gemein. Denn setzt man $P = b + nx$, so begreift die Gleichung $yy - nxy + xx = ax + by$, welches eine Gleichung für den Kreis ist, wenn $n = 0$ und der Winkel EPM ein rechter Winkel ist, auch die Ellipse, wenn nn kleiner als 4, und die Hyperbel, wenn nn größer als 4, und die Parabel, wenn $nn = 4$ ist, unter sich.

§. 366.

Hieraus folgt, daß sich in einem jedem Kegelschnitte AEBF, Fig. 77., dessen Axen oder Hauptdurchmesser AB und EF sind, jede zwei gerade Linien pq und mn, die auf die Hauptaxen unter einem halben rechten Winkel gezogen worden, in h so schneiden müssen, daß mh . nh = ph . qh wird. Eben dieses fließt auch aus den allgemeinen Eigenschaften der Kegelschnitte. Denn zieht man durch den Mittelpunkt C die geraden Linien PQ und MN unter einem halben rechten Winkel auf die Hauptaxen, so werden diese Linien gleich, und folglich MC . NC = PC . QC; und da sich alle diesen Linien gezogene parallele Linien auf eben die Art schneiden, so muß auch mh . nh = ph . qh seyn. Ja, wenn nur die geraden Linien MN und PQ so gezogen worden sind, daß sie gegen einerlei Hauptaxe eben dieselbe Neigung haben, oder daß PCA = NCA ist, so erhellet daraus, da CP = CN ist, selbst, daß alle der MN und PQ parallel gezogene gerade Linien sich so schneiden werden, daß die Rechtecke zwischen ihren Theilen gleich sind, oder mh . hn = ph . hq ist.

§. 367.

Dies vorausgesetzt, wollen wir uns zur Betrachtung anderer Eigenschaften, die jeden zwei zu einer Abscisse aus der Gleichung

$$yy - Py + Q = 0$$

gehörigen Applicaten zukommen, wenden. Es sey, Fig. 78., die Abcisse AP = x, und die dazu gehörigen Applicaten PM und PN. Sollen nun zuvörderst Curven gesucht werden, wobei $PM^2 + PN^2$ eine beständige Größe = aa ist: so geschieht dieser Forderung, da

$$PM + PN = P; \text{ und } PM . PN = Q; \text{ und } PM^2 + PN^2 = PP - 2Q$$

ist, ein Genüge, wenn

$$PP - 2Q = aa, \text{ oder } Q = \frac{PP - aa}{2}$$

wird; und man hat daher für die gesuchten Curven die Gleichung

$$yy - Py + \frac{PP - aa}{2} = o.$$

Setzt man $P = 2nx$, so erhält man für den Kegelschnitt, wobei sich diese Eigenschaft findet,

$$yy - 2nxy + 2nnxx - \tfrac{1}{2}aa = o$$

und dies ist eine Gleichung für eine Ellipse, wenn man die Abscissen vom Mittelpunkte aus nimmt.

§. 368.

Hieraus fließt folgende merkwürdige Eigenschaft der Ellipsen. Wenn man um irgend zwei zugehörige Halbmesser einer Ellipse AB und EF, Fig. 79., ein Parallelogramm GHIK beschreibt, dessen Seiten die Ellipse in A, B, E und F berühren, so theilen die Diagonalen dieses Parallelogramms GK und HI alle Sehnen MN, die dem einen Durchmesser EF parallel gezogen worden, in P und p so, daß die Summe der Quadrate $PM^2 + PN^2$ oder $pM^2 + pN^2$ stets eine und dieselbe Größe $= 2CE^2$ wird; und auf ähnliche Art ist, wenn man die Sehne RS dem andern Durchmesser AB parallel zieht, $PR^2 + PS^2 = \pi R^2 + \pi S^2 = 2CA^2$. Denn setzt man $CA = CB = a$; und $CE = CF = b$; $CQ = t$; und $QM = u$ so wird

$$aauu + bbtt = aabb.$$

Nun ist $a : b = CQ\ (t) : PQ$, und $CP : CQ$ in einem gegebenen Verhältnisse, $m : 1$. Macht man daher

$$CP = x; \text{ und } PM = y;$$

so wird $x = mt$, und $y = u + \frac{bt}{a}$; oder

$$t = \frac{x}{m}; \text{ und } u = y - \frac{bx}{ma}$$

und durch die Substitution dieser Werthe ergiebt sich die Gleichung

$$aayy - \frac{2abxy}{m} + \frac{bbxx}{mm} = aabb.$$

Nun sey $\frac{b}{ma} = n$, so wird

$$yy - 2nxy + 2nnxx = bb$$

und dies ist die vorhin gefundene Gleichung, welche anzeigt, daß $PM^2 + PN^2$ eine beständige Größe ist.

§. 369.

Nun seyen, Fig. 78., Curven zu suchen, wo die Summe der Würfel $PM^3 + PN^3$ eine beständige Größe ist. Da $PM + PN = P$, und $PM . PN = Q$ ist, so ist

$$PM^3 + PN^3 = P^3 - 3PQ.$$

Wenn man daher $PM^3 + PN^3 = a^3$ setzt, so wird $Q = \frac{P^3 - a^3}{3P}$, und folglich die allgemeine Gleichung für diese Curven

$$yy - Py + \tfrac{1}{3}P^2 - \frac{a^3}{3P} = o$$

wo für P jede rationale Funktion von x gesetzt werden kann. Die einfachste Curve, die mit dieser Eigenschaft versehen ist, ist daher eine Linie der dritten Ordnung, welche, wenn man

$$P = 3nx, \text{ und } a = 3nb$$

setzt, durch diese Gleichung ausgedrückt wird,

$$xyy - 3nxxy + 3nnx^3 - 3nnb^3 = o$$

und zu der zweiten Art nach der oben festgesetzten Eintheilung gehört.

§. 370.

Auf eine ähnliche Art muß man, wenn $PM^4 + PN^4$ eine beständige Größe seyn soll, da

$$PM^4 + PN^4 = P^4 - 4P^2Q + 2QQ$$

ist, die Größe Q durch P so bestimmen, daß $P^4 - 4P^2Q + 2QQ = a^4$, oder

$$Q = PP + \surd(\tfrac{1}{2}P^4 + \tfrac{1}{2}a^4)$$

wird. Da aber sowohl P als Q rationale oder einförmige Funktionen von x seyn müssen, damit y für jede Abscisse x nicht mehr als zwei Werthe bekommen könne, so sollte diese Größe $\surd(\frac{1}{2}P^4 + \frac{1}{2}a^4)$ rational seyn; und da dieses nicht statt finden kann, so ist die Funktion Q allemal zweiförmig, und giebt daher eine vierförmige Applicate. Allein aus der Gleichung

$$yy - Py + Q = o$$

wird

$$y = \tfrac{1}{2}P \pm \surd(-\tfrac{3}{4}PP \pm \surd(\tfrac{1}{2}P^4 + \tfrac{1}{2}a^4))$$

und es kann deswegen die Applicate y nicht anders moglich seyn, als wenn $\surd(\frac{1}{2}P^4 + \frac{1}{2}a^4)$ positiv genommen wird. Wenn also auch gleich Q eine zweiförmige Funktion ist, so kann dennoch die Applicate y nie mehr als zwei Werthe haben, und die Summe der Biquadrate dieser Werthe ist, dem Verlangten gemäß, eine beständige Größe.

§. 371.

Soll eine Curve die Eigenschaft haben, daß die Summe der fünften Potestäten der beiden Werthe, welche die Applicate y für jeden Werth der Abscisse x hat, eine beständige Größe, oder $PM^5 + PN^5 = a^5$ werde; so muß

$$P^5 - 5P^3Q + 5PQ^2 = a^5$$

seyn. Da also aus der Gleichung $yy - Py + Q = 0$

$$Q = -yy + Py$$

wird, so ist

$$P^5 - 5P^4y + 10P^3yy - 10P^2y^3 + 5Py^4 = a^5$$

oder

$$(P - y)^5 + y^5 = a^5.$$

Auf eben diese Art findet man, wenn $PM^6 + PN^6 = a^6$ seyn soll, die Gleichung

$$(P - y)^6 + y^6 = a^6$$

und überhaupt, wenn $PM^n + PN^n = a^n$ seyn soll

$$(P - y)^n + y^n = a^n$$

wo P jede einförmige Funktion von x seyn kann. Der Grund von dieser Gleichung ist übrigens sehr leicht. Denn da die Summe beider Applicaten = P ist, so muß, wenn man die eine y setzt, die andern P — y werden, und daraus ergiebt sich unmittelbar

$$(P - y)^n + y^n + a^n.$$

§. 372.

Wenn man aber P anstatt Q wegschafft, indem man in die Gleichung, welche das Verhältniß von P und Q ausdrückt, $P = \frac{yy + Q}{y}$ setzt, so erhält man für $PM^n + PN^n = a^n$ diese Gleichung:

$$y^n + \frac{Q^n}{y^n} = a^n.$$

Da nemlich das Produkt der Applicaten = Q ist, so wird, wenn man die eine = y setzt, die andere $= \frac{Q}{y}$, und daraus fließt die gefundene Gleichung ebenfalls unmittelbar. Wir haben also für die Curven, wo $PM^n + PN^n = a^n$ seyn soll, eine doppelte Gleichung, nemlich,

$$(P - y)^n + y^n = a^n; \text{ und } y^n + \frac{Q^n}{y^n} = a^n.$$

Aus der letzten fließt

$$y^{2n} = a^n y^n - Q^n; \text{ und } y^n = \tfrac{1}{2}a^n \pm \sqrt{(\tfrac{1}{4}a^{2n} - Q^n)}$$

so daß

$$y = \sqrt[n]{(\tfrac{1}{2}a^n \pm \sqrt{(\tfrac{1}{4}a^{2n} - Q^n)})}$$

ist; welches aber bloß eine zweiförmige Funktion ist, und für jede Abscisse nicht mehr als zwei Applicaten giebt, wofern nur Q eine rationale oder einförmige Funktion von x ist. Die erste Gleichung $y^n + (P - y)^n = a^n$ hat indeß den Vorzug, daß sie weniger Dimensionen hat.

§. 373.

Es gelten aber diese Gleichungen nicht bloß, wenn n eine ganze und positive Zahl, sondern auch, wenn es eine negative Zahl oder ein Bruch ist. So findet man

wenn seyn soll	die Gleichung
$\frac{1}{PM} + \frac{1}{PN} = \frac{1}{a}$	$aP = Py - yy$ oder $aQ - ayy = Qy$
$\frac{1}{MP^2} + \frac{1}{PN^2} = \frac{1}{a^2}$	$a^2y^2 + a^2(P - y)^2 = y^2(P - y)^2$ oder $a^2Q^2 + a^2y^4 = Q^2y^2$
$\frac{1}{PM^3} + \frac{1}{PN^3} = \frac{1}{a^3}$	$a^3y^3 + a^3(P - y)^3 = y^3(P - y)^3$ oder $a^3Q^3 + a^3y^6 = Q^3y^3$

ꝛc.

und für die gebrochenen Exponenten

wenn seyn soll	die Gleichung
$\sqrt{PM} + \sqrt{PN} = \sqrt{a}$	$\sqrt{y} + \sqrt{(P - y)} = \sqrt{a}$ oder $y = \sqrt{ay} - \sqrt{Q}$ oder rational gemacht $yy - Py + \frac{1}{4}(a - P)^2 = o$ oder $yy - (a - 2\sqrt{Q})y + Q = o$
$\sqrt[3]{PM} + \sqrt[3]{PN} = \sqrt[3]{a}$	$\sqrt[3]{y} + \sqrt[3]{(P - y)} = \sqrt[3]{a}$ oder $yy - Py + \frac{1}{27a}(a - P)^3 = o$ ferner $\sqrt[3]{y} + \sqrt[3]{\frac{Q}{y}} = \sqrt[3]{a}$ oder $yy - (a - 3\sqrt[3]{aQ})y + Q = o$

ꝛc.

Auf diese Art lassen sich also alle algebraische Curven, worin allenthalben $PM^n + PN^n = a^n$ ist, durch eine einzige allgemeine Gleichung ausdrücken, n mag eine ganze oder gebrochene, positive oder negative Zahl seyn.

§. 374.

Was wir bisher von zwei Applicaten gehabt haben, die zu einer Abscisse x gehören, das läßt sich auf ähnliche Art auf drei zu einer Abscisse gehörige Applicaten anwenden. Es ist aber die allgemeine Gleichung der Curven, die von den Applicaten in drei Punkten geschnitten werden,

$$y^3 - Py^2 + Qy - R = 0$$

wo die Buchstaben P, Q und R einförmige Funktionen von x von jeder Art bedeuten. Nun seyen p, q und r die drei Applicaten, die zu der Abscisse x gehören. Hiervon ist zwar nur eine allemal nothwendiger Weise reell, allein wir betrachten jetzt vorzuglich die Oerter der Curven, wo alle drei Applicaten reell sind. Es ist also aus der Gleichung $P = p + q + r$; $Q = pq + pr + qr$; und $R = pqr$; und wenn daher eine Curve gefunden werden soll, worin entweder $p + q + r$; oder $pq + pr + qr$; oder pqr eine beständige Größe ist: so hat man nichts anders zu thun, als entweder P, oder Q, oder R zu einer beständigen Größe zu machen, so daß die beiden übrigen willkührlich bleiben.

§. 375.

Hieraus lassen sich auch Curven finden, worin $p^n + q^n + r^n$ allenthalben eine beständige Größe ist. Es ist nemlich nach dem, was in dem ersten Buche [im zehnten Capitel im 166sten §.] da gewesen ist,

$$\begin{aligned}
p + q + r &= P \\
p^2 + q^2 + r^2 &= P^2 - 2Q \\
p^3 + q^3 + r^3 &= P^3 - 3PQ + 3R \\
p^4 + q^4 + r^4 &= P^4 - 4P^2Q + 2QQ + 4PR \\
p^5 + q^5 + r^5 &= P^5 - 5P^3Q + 5PQQ + 5PPR - 5QR
\end{aligned}$$

2c.

Ist ferner n eine negative Zahl, so setze man $z = \frac{1}{y}$, wodurch denn

$$z^3 - \frac{Qzz}{R} + \frac{Pz}{R} - \frac{1}{R} = 0$$

wird, und die Wurzeln dieser Gleichung sind $\frac{1}{p}$, $\frac{1}{q}$, $\frac{1}{r}$. Hieraus findet man auf ähnliche Art

$$\frac{1}{p}+\frac{1}{q}+\frac{1}{r}=\frac{Q}{R}$$

$$\frac{1}{p^2}+\frac{1}{q^2}+\frac{1}{r^2}=\frac{Q^2-2PR}{RR}$$

$$\frac{1}{p^3}+\frac{1}{q^3}+\frac{1}{r^3}=\frac{Q^3-3PQR+3RR}{R^3}$$

$$\frac{1}{p^4}+\frac{1}{q^4}+\frac{1}{r^4}=\frac{Q^4-4PQ^2R+4QRR+2P^2R^2}{R^4}$$

ꝛc.

Setzt man daher einen von diesen Ausdrücken einer beständigen Größe gleich, so findet man dadurch das erforderliche Verhältniß zwischen den Funktionen P, Q und R; und wenn man darauf vermittelst dieser Gleichung aus der gegebenen

$$y^3 - Py^2 + Qy - R = o$$

eine von den Funktionen P, oder Q, oder R wegschafft, so erhält man die Gleichung für die gesuchte Curve. Sollte z. B. eine Curve gefunden werden, worin $p^3 + q^3 + r^3 = a^3$ wäre, so müßte man

$$P^3 - 3PQ + 3R = a^3$$

setzen; und da aus $y^3 - Py^2 + Qy - R = o$

$$R = y^3 - Py^2 + Qy$$

ist, so wäre

$$3y^3 - 3Py^2 + 3Qy + P^3 - 3PQ = a^3$$

die Gleichung, wodurch dem Verlangten ein Genüge geschähe.

§. 376.

Man erreicht also vermittelst der angeführten Formeln den vorgesetzten Zweck sehr leicht, n mag eine positive oder eine negative ganze Zahl seyn; aber schwerer wird es, wenn n eine gebrochene Zahl ist. Es sey eine Curve zu suchen, worin

$$\sqrt{p}+\sqrt{q}+\sqrt{r}=\sqrt{a}$$

sey. Quadrirt man beide Hälften dieser Gleichung, so bekommt man, da $p+q+r=P$ ist,

$$P+2\sqrt{pq}+2\sqrt{pr}+2\sqrt{qr}=a$$

oder

$$\frac{a-P}{2}=\sqrt{pq}+\sqrt{pr}+\sqrt{qr};$$

und wenn man hier nochmals die Quadrate sucht, so wird, da $pq + pr + qr = Q$ ist,

$$\frac{(a-P)^2}{4} = Q + 2\sqrt{p^2qr} + 2\sqrt{pq^2r} + 2\sqrt{pqr^2} =$$
$$Q + 2(\sqrt{p} + \sqrt{q} + \sqrt{r})\sqrt{pqr} = 2\sqrt{aR} + Q.$$

Hieraus aber fließt

$$(a-P)^2 = 4Q + 8\sqrt{aR}, \text{ oder } Q = \frac{(a-P)^2}{4} - 2\sqrt{aR}.$$

Es sind demnach die gesuchten Curven in der Gleichung

$$y^3 - Pyy + (\tfrac{1}{4}(a-P)^2 - 2\sqrt{aR})y - R = 0$$

oder, wenn man die Irrationalität wegbringt, da $R = \frac{(aa - 2aP + PP - 4Q)^2}{64a}$ ist, in der Gleichung

$$y^3 - Pyy + Qy - \frac{(aa - 2aP + PP - 4Q)^2}{64a} = 0$$

enthalten.

§. 377.

Noch lästiger ist dieser Weg, wenn Wurzeln höherer Potestäten gegeben werden, und es wird daher eine andere Methode nothwendig, welche folgendes Beispiel vor Augen legen mag. Es sey nemlich eine Curve zu finden, worin

$$\sqrt[3]{pq} + \sqrt[3]{pr} + \sqrt[3]{qr} = \sqrt[3]{a}$$

sey. Setzt man hier

$$\sqrt[3]{pq} + \sqrt[3]{pr} + \sqrt[3]{qr} = v$$

so wird, da $\sqrt[3]{pqr} = \sqrt[3]{R}$ ist,

$$\sqrt[3]{p^2} + \sqrt[3]{q^2} + \sqrt[3]{r^2} = \sqrt[3]{aa} - 2v, \text{ und}$$
$$p + q + r = a - 3v\sqrt[3]{a} + 3\sqrt[3]{R} = P$$

desgleichen

$$\sqrt[3]{p^2q^2} + \sqrt[3]{p^2r^2} + \sqrt[3]{q^2r^2} = v^2 - 2\sqrt[3]{aR}, \text{ und}$$
$$pq + pr + qr = Q = v^3 - 3v\sqrt[3]{aR} + 3\sqrt[3]{RR}.$$

Nachdem man so für P und Q schickliche Werthe gefunden, so ist die Gleichung für die gesuchte Curve

$$y^3 - (a - 3v\sqrt[3]{a} + 3\sqrt[3]{R})y^2 + (v^3 - 3v\sqrt[3]{aR} + 3\sqrt[3]{R^2})y - R = 0$$

worin man für v jede Funktion von x setzen kann.

§. 378.

Dieser Schwierigkeiten ungeachtet, läßt sich eine allgemeine Auflösung geben. Denn da in der Gleichung

$$y^3 - Py^2 + Qy - R = 0$$

y die drei Applicaten p, q und r vorstellt, so ist, wenn man $p = y$ setzt,

$$P = y + q + r, \text{ und } Q = qy + ry + qr$$

oder

$q + r = P - y$; und $qr = Q - y(q + r) = Q - Py + yy$.
Hieraus fließt aber

$$q - r = \sqrt{(P^2 + 2Py - 3yy - 4Q)}$$

und es wird demnach

$$q = \tfrac{1}{2}(P - y) + \tfrac{1}{2}\sqrt{(P^2 + 2Py - 3yy - 4Q)}$$

und

$$r = \tfrac{1}{2}(P - y) - \tfrac{1}{2}\sqrt{(P^2 + 2Py - 3yy - 4Q)}.$$

Wenn also eine Curve gefunden werden soll, worin $p^n + q^n + r^n = a^n$ ist, so thut dieser Aufgabe folgende Gleichung

$$y^n + (\tfrac{1}{2}(P - y) + \tfrac{1}{2}\sqrt{(P^2 + 2Py - 3yy - 4Q)})^n + (\tfrac{1}{2}(P - y) - \tfrac{1}{2}\sqrt{(P^2 + 2Py - 3yy - 4Q)})^n = a^n$$

ein Genüge, n mag eine ganze oder eine gebrochene Zahl bedeuten.

§. 379.

Auf eben die Art lassen sich unzählige andere Fragen, die Beschaffenheit dieser drei Applicaten betreffend, beantworten; z. B. wenn für a^n irgend eine Funktion von x angenommen wird: und dabei können auch anstatt der Summe der Potestäten anderer Funktionen von p, q und r bestimmt seyn, wofern nur alles so eingerichtet bleibt, daß durch die Verwechselung dieser Größen keine Veränderung hervorgebracht wird. So lassen sich z. B. die drei Applicaten p, q und r, die zu eben derselben Abscisse x gehören, dergestalt bestimmen, daß das Dreieck, welches mit ihnen beschrieben werden kann, eine beständige Größe haben. Der Inhalt dieses Dreiecks ist nemlich

$$\tfrac{1}{4}\sqrt{(2ppqq + 2pprr + 2qqrr - p^4 - q^4 - r^4)}$$

und wir wollen ihn $= aa$ setzen. Da nun

$$p^4 + q^4 + r^4 = P^4 - 4P^2Q + 4PR + 2QQ$$

und

$$p^2q^2 + p^2r^2 + q^2r^2 = Q^2 - 2PR$$

ist, so wird

$$16a^4 = 4P^2Q - 8PR - P^4$$

und

$$R = \tfrac{1}{2}PQ - \tfrac{1}{8}P^3 - \frac{2a^4}{P}$$

und man hat also die Gleichung

$$y^3 - Pyy + Qy - \tfrac{1}{2}PQ + \tfrac{1}{8}P^3 + \frac{2a^4}{P} = 0.$$

Wenn P einer beständigen Größe, 2b, gleich gesetzt wird, so wird außerdem auch der Umfang oder Perimeter aller dieser Dreiecke eine beständige Größe. Setzt man folglich

$$Q = mxx + nbx + kaa$$

so findet man eine Linie der dritten Ordnung, deren Gleichung

$$y^3 + mxxy - 2byy + nbxy - mbxx + kaay -$$
$$nbbx + \frac{a^4}{b} - kaab + b^3 = o$$

ist, und die Eigenschaft hat, daß einmal die Summe der drei Applicaten p, q und r, die zu jeder Absciſſe gehören, eine beständige Größe = 2b, und zweitens der Inhalt des zwischen den Seiten p, q und r eingeschlossenen Dreiecks allenthalben sich gleich, und = aa ist.

§. 380.

Auch dient diese Methode zur Auflösung ähnlicher Aufgaben bei vier zu einer und derselben Absciſſe gehörigen Applicaten; aber da hierbei weiter keine Schwierigkeit vorfällt, so wenden wir uns zu andern, die Vergleichung, nicht solcher Applicaten, die zu derselben, sondern solcher, die zu verschiedenen Absciſſen gehören, betreffenden, Fragen. Es sey also das Verhältniß zu bestimmen, welches die Applicaten PM und QN, Fig. 80., zu einander haben, davon jene der Absciſſe AP = + x, und diese der Absciſſe AQ = — x zugehöre. Angenommen, daß

$$y = X$$

die Gleichung für diese Curve sey, wenn X irgend eine Funktion von x bedeutet: so giebt diese Funktion X selbst die Applicate PM; wenn man aber darin — x für + x setzt, so erhält man durch sie die andere Applicate QN. Wenn also X eine gerade Funktion von x, (= P) ist, so wird QN = PM; ist aber X eine ungerade Funktion von x (= Q) so wird QN = — PM. Und wenn P und R gerade, Q und S hingegen ungerade Funktionen von x anzeigen, und die Gleichung für die Curve

$$y = \frac{P + Q}{R + S}$$

ist: so wird

$$PM = \frac{P + Q}{R + S}; \text{ und } QN = \frac{P - Q}{R - S}.$$

§. 381.

Nun sey eine Curve von der Art zu finden, daß PM + QN eine beständige Größe, z. B. = 2AB = 2a werde. Hier ist klar, daß der Aufgabe durch die Gleichung

$$y = a + Q$$

eine Genüge geschehen muß, wenn Q eine ungerade Funktion von x ist; denn es wird alsdann

$$PM = a + Q, \text{ und } QN = a - Q$$

und folglich

$$PM + QN = 2a,$$

wie verlangt worden ist. Setzt man also

$$y - a = u$$

so wird

$$u = Q$$

und dies ist eine Gleichung für eben die Curve, wenn man die gerade Linie Bp zur Axe, und den Punkt B zum Anfangspunkte der Abscissen macht, und also $Bp = x$, und $pM = u$ ist. Wenn man daher irgend eine Curve von dieser Art, MBN, Fig. 80., beschreibt, und eine gerade Linie PQ zur Axe annimmt: so wird allemal, wenn man aus dem Mittelpunkte B die Linie AB senkrecht auf die Axe PQ herabfällt, und zu beiden Seiten gleiche Abscissen $AP = AQ$ abschneidet, die Summe $PM + QN$ eine beständige Größe, und $= 2AB$ seyn.

§. 382.

Da wir aber für die Curven mit zwei um B auf beiden Seiten liegenden gleichen Theilen oben [§. 340.] zwei Gleichungen gefunden haben, die für die Coordinaten x und u folgende sind.

I.

$$0 = \alpha x + \beta u + \gamma x^3 + \delta x^2 u + \varepsilon x u u + \zeta u^3 + \eta x^5 + \vartheta x^4 u + \text{ꝛc.}$$

II.

$$0 = \alpha + \beta x^2 + \gamma x u + \delta u^2 + \varepsilon x^4 + \zeta x^3 u + \eta x^2 u^2 + \vartheta x u^3 + \text{ꝛc.}$$

so findet man, wenn man in jede dieser Gleichungen $u = y - a$ setzt, zwei allgemeine Gleichungen zwischen den Coordinaten x und y für die algebraischen Curven, die der vorhergehenden Aufgabe ein Genüge thun. Es gehört also dahin, einmal, jede durch den Punkt B gezogene gerade Linie; und dann auch jeder Kegelschnitt, dessen Mittelpunkt in B liegt. Da aber in dem letzten Falle jeder Abscisse AP und AQ zwei Applicaten zukommen, (außer wenn die Curve eine Hyperbel ist, und die Applicaten der einen Asymptote parallel genommen werden) so hat man dabei zwei Paar Applicaten, die eine und dieselbe Summe geben.

§. 383.

Wenn eine Curve gefunden werden soll, worin nicht die Summe jeder zwei Applicaten PM und QN, sondern die Summe der Potestäten derselben von irgend einem Grade eine beständige Größe seyn soll; so findet eine ähnliche Auflösung statt. Denn soll

$$PM^n + QN^n = 2a^n$$

seyn, so ist klar, daß diese Bedingung durch die Gleichung

$$y^n = a^n + Q$$

erfüllt werde, wenn Q irgend eine ungerade Funktion von x ist. Es wird nemlich alsdann

$$PM^n + a^n + Q, \text{ und } QN^n = a^n - Q$$

und folglich

$$PM^n + QN^n = 2a^n.$$

Setzt man $y^n - a^n = u$, so drückt die Gleichung $u = Q$ die Natur einer Curve aus, die für die Coordination x und y um dem Mittelpunkte B zwei wechselnde gleiche Theile hat, und wenn man daher in den Gleichungen des vorhergehenden §. allenthalben $y^n - a^n$ für u schreibt, so erhält man allgemeine Gleichungen für die Curven, die der gegenwärtigen Aufgabe ein Genüge thun.

§. 384.

Da also diese Untersuchungen keine Schwierigkeit haben, so werde verlangt, eine Curve MBN, Fig. 80., von der Art zu finden, daß das Rechteck zwischen den Applicaten PM.QN, welche von dem Punkte A in der Axe auf beiden Seiten in gleicher Größe genommen werden, eine beständige Größe, = aa sey. Diese Aufgabe läßt mehrere besondere Auflösungen zu, und die vornehmsten davon wollen wir vor der allgemeinen vorhergehen lassen. Es sey P eine gerade und Q eine ungerade Funktion der Abscisse AB = x, und die Applicate PM = y = P + Q, woher denn, wenn man x negativ nimmt, QN = P − Q wird. Es muß demnach

$$PM \cdot QN = PP - QQ = aa, \text{ oder}$$

$$P = \sqrt{(aa + QQ)}$$

werden, und dieser Ausdruck $\sqrt{(aa + QQ)}$ ist, da er, weil QQ eine gerade Funktion von x ist, eine gerade Funktion giebt, eine brauchbare Substitution für P. Es ist also die Gleichung für die gesuchte Curve

$$y = Q + \sqrt{(aa + QQ)}$$

wo Q jede ungerade Funktion von x bedeutet:

§. 385.

Da aber das Wurzelzeichen sowohl + als − zuläßt, so gehört zu jeder Abscisse eine doppelte Applicate, z. B. zu AB

$$Q + \sqrt{(aa + QQ)}; \text{ und } Q - \sqrt{(aa + QQ)}$$

zu AQ hingegen

$$-Q + \sqrt{(aa + QQ)}; \text{ und } -Q - \sqrt{(aa + QQ)}$$

und es hat demnach die Curve um A, als dem Mittelpunkte, wechselnde gleiche Theile. Auch läßt sich die Zweideutigkeit, die das Wurzelzeichen erzeugt, nicht dadurch aus dem Wege räumen, daß man für Q eine solche ungerade Funktion, wie

$\frac{aa}{4x} - x$ setzt, daß $aa + QQ$ ein Quadrat würde; denn es würde alsdann $\sqrt{(aa + QQ)} = \frac{aa}{4x} + x$ und also eine ungerade Funktion, dergleichen man aber nicht für P setzen darf. Man muß daher allemal für Q eine solche ungerade Funktion von x nehmen, wobei $aa + QQ$ kein Quadrat wird.

§. 386.

Auf ähnliche Art wird, wenn man $y = (P + Q)^n$ setzt, $QN = (P - Q)^n$ und es muß daher $(P^2 - Q^2)^n = aa$ seyn. Hieraus wird

$$P^2 = a^{\frac{2}{n}} + Q^2; \text{ und } P = \sqrt{(a^{\frac{2}{n}} + Q^2)}$$

und diesen Ausdruck kann man für P setzen, wofern er nur irrational ist. Man hat daher für die Curve, welche der Aufgabe ein Genüge thut, die Gleichung:

$$y = (Q + \sqrt{(a^{\frac{2}{n}} + Q^2)})^n$$

Was aber die Construction dieser Curven betrifft, so ist dieselbe leicht Denn beschreibt man eine Curve, die um dem Mittelpunkte A zwei wechselnde ähnliche und gleiche Theile hat, und setzt man die Applicate, die zu der Abscisse $AP = x$ gehört, $= z$: so ist z eine ungerade Funktion von x, und kann also für Q gesetzt werden. Nun fließt aber aus der gefundenen Gleichung

$$y^{\frac{1}{n}} - Q = \sqrt{(a^{\frac{2}{n}} + Q^2)}$$

und es wird daher

$$Q = z = \frac{y^{\frac{2}{n}} - a^{\frac{2}{n}}}{2y^{\frac{1}{n}}}.$$

Setzt man daher $\frac{1}{n} = m$, und in der zwischen z und x gegebenen Gleichung allenthalben $z = \frac{y^{2m} - a^{2m}}{2y^m}$: so erhält man die Gleichung für die gesuchte Curve zwischen x und y. Da wir nun zwei Gleichungen zwischen z und x gefunden haben, nemlich, entweder

$$0 = \alpha + \beta xx + \gamma xz + \delta zz + \varepsilon x^4 + \zeta x^3 z + \eta x^2 z^2 + \vartheta xz^3 + \text{etc.}$$

oder

$$o = \alpha x + \beta z + \gamma x^3 + \delta x^2 z + \varepsilon x z^2 + \zeta z^3 + \eta x^5 + \vartheta x^4 z + \text{2c.}$$

so erhält man daraus, wenn man (mit Weglassung des Divisors 2, weil man für Q jedes Vielfache von z nehmen kann) allenthalben $z = y^m - \frac{a^{2m}}{y^m}$ setzt, zwei allgemeine Gleichungen für Curven, die der Aufgabe ein Genüge thun.

§. 387.

Es sey außer P auch R eine gerade, und außer Q auch S eine ungerade Funktion von x, und dabei die Gleichung für die gesuchten Curven

$$y = \frac{P + Q}{R + S} = PM:$$

so ist

$$QN = \frac{P - Q}{R - S}, \text{ und es wird demnach } \frac{PP - QQ}{RR - SS} = aa.$$

Diese Bedingung läßt sich aber sehr leicht erfüllen, wenn man

$$y = \frac{P + Q}{P - Q} a, \text{ oder } y = \left(\frac{P + Q}{P - Q}\right)^n a$$

macht. Hierdurch wird auch die Unbequemlichkeit weggeschafft, die vorhin da war, daß zu jeder Abscisse zwei oder mehr Applicaten gehörten, und solche Curven gefunden, wo jeder Abscisse nicht mehr als eine Applicate zukommt. Die einfachste krumme Linie, die der Aufgabe ein Genüge thut, ist daher eine Linie der zweiten Ordnung, die durch die Gleichung

$$y = \frac{b + x}{b - x} a$$

ausgedrückt wird, und also eine Hyperbel. Es thut aber die Hyperbel auch der vorhin gefundenen Gleichung

$$y = Q + \sqrt{(aa + QQ)}$$

ein Genüge, wenn man $Q = nx$ setzt, indem dadurch

$$yy - 2nxy = aa$$

wird; und es lassen sich daher die Bedingungen der gegenwärtigen Aufgabe auf eine doppelte Art durch die Hyperbel erfüllen.

§. 388.

Dies vorausgesetzt, so ist deutlich, daß die Gleichung für die gesuchte Curve so beschaffen seyn muß, daß dieselbe keine Veränderung leidet, wenn man darin $-x$ für x, und $\frac{aa}{y}$ für y setzt. Dergleichen Formeln sind aber

$$(y^n + \frac{a^{2n}}{y^n}) P; \text{ und } (y^n - \frac{a^{2n}}{y^n}) Q;$$

wenn P eine gerade, und Q eine ungerade Funktion von x bedeutet. Wenn man also eine Gleichung aus einer beliebigen Anzahl solcher Ausdrücke zusammensetzt; so ist solches eine Gleichung für Curven, die der Aufgabe ein Genüge thun. Wenn daher M, P, R, T, ꝛc. gerade, N, Q, S, V, ꝛc. hingegen ungerade Funktionen von x bedeuten; so hat man folgende allgemeine Gleichung:

$$0 = M + (\frac{y}{a} + \frac{a}{y})P + (\frac{yy}{aa} + \frac{aa}{yy})R + (\frac{y^3}{a^3} + \frac{a^3}{y^3}) T \text{ ꝛc.}$$
$$+ (\frac{y}{a} - \frac{a}{y})Q + (\frac{yy}{aa} - \frac{aa}{yy})S + (\frac{y^3}{a^3} - \frac{a^3}{y^3}) V \text{ ꝛc.}$$

und multiplicirt man dieselbe durch eine ungerade Funktion von x, so gehen die geraden Funktionen von x in ungerade, und die ungeraden in gerade über. Dadurch erhält man folgende Gleichung:

$$0 = N + (\frac{y}{a} + \frac{a}{y})Q + (\frac{yy}{aa} + \frac{aa}{yy})S + (\frac{y^3}{a^3} + \frac{a^3}{y^3}) V \text{ ꝛc.}$$
$$+ (\frac{y}{a} - \frac{a}{y})P + (\frac{yy}{aa} - \frac{aa}{yy})R + (\frac{y^3}{a^3} - \frac{a^3}{y^3}) T \text{ ꝛc.}$$

Befreiet man aber diese Gleichungen von den in ihnen vorkommenden Brüchen, so ergeben sich daraus folgende zur Ordnung n gehörige:

I.

$$0 = a^n y^n M + a^{n-1} y^{n+1} (P + Q) + a^{n-2} y^{n+2} (R + S) + a^{n-3} y^{n+3} (T + V) \text{ ꝛc.}$$
$$+ a^{n+1} y^{n-1} (P - Q) + a^{n+2} y^{n-2} (R - S) + a^{n+3} y^{n-3} (T - V) \text{ ꝛc.}$$

II.

$$0 = a^n y^n N + a^{n-1} y^{n+1} (P + Q) + a^{n-2} y^{n+2} (R + S) + a^{n-3} y^{n+3} (T + V) \text{ ꝛc.}$$
$$- a^{n+1} y^{n-1} (P - Q) - a^{n+2} y^{n-2} (R - S) - a^{n+3} y^{n-3} (T - V) \text{ ꝛc.}$$

§. 389.

Es kann aber n in den Formeln $(y^n + \frac{a^{2n}}{y^n}) P$, und $(y^n - \frac{a^{2n}}{y^n}) Q$ auch ein Bruch seyn. Setzt man daher für n die Brüche $\frac{1}{2}$, $\frac{3}{2}$, $\frac{5}{2}$, $\frac{7}{2}$, ꝛc., so verschwindet in den auf diese Art entstehenden allgemeinen Gleichungen die Irrationalität von selbst. Man erhält nemlich dadurch

$$o = \frac{y+a}{\sqrt{ay}}P + \frac{y^3+a^3}{ay\sqrt{ay}}R + \frac{y^5+a^5}{a^2y^2\sqrt{ay}}T + \text{rc.}$$

$$+ \frac{y-a}{\sqrt{ay}}Q + \frac{y^3-a^3}{ay\sqrt{ay}}S + \frac{y^5-a^5}{a^2y^2\sqrt{ay}}V + \text{rc.}$$

oder

$$o = \frac{y+a}{\sqrt{ay}}Q + \frac{y^3+a^3}{ay\sqrt{ay}}S + \frac{y^5+a^5}{a^2y^2\sqrt{ay}}V + \text{rc.}$$

$$+ \frac{y-a}{\sqrt{ay}}P + \frac{y^3-a^3}{ay\sqrt{ay}}R + \frac{y^5-a^5}{a^2y^2\sqrt{ay}}T + \text{rc.}$$

und diese Gleichungen erhalten, wenn man sie von den Brüchen befreiet, folgende Form:

$$o = a^ny^{n+1}(P+Q) + a^{n-1}y^{n+2}(R+S) + a^{n-2}y^{n+3}(T+V)\text{rc.}$$
$$+ a^{n+1}y^n(P-Q) + a^{n+2}y^{n-1}(R-S) + a^{n+3}y^{n-2}(T-V)\text{rc.}$$

und

$$o = a^ny^{n+1}(P+Q) + a^{n-1}y^{n+2}(R+S) + a^{n-2}y^{n+3}(T+V)\text{rc.}$$
$$- a^{n+1}y^n(P-Q) - a^{n+2}y^{n-1}(R-S) - a^{n+3}y^{n-2}(T+V)\text{rc.}$$

§. 390.

Aus diesen vier Gleichungen lassen sich nun die Curven einer jeden Ordnung, die der Aufgabe ein Genüge thun, leicht finden. Zuvörderst gehört dazu aus der ersten Ordnung die gerade Linie, welche der Axe AP parallel ist, und durch den Punkt B gehet. Für die zweite Ordnung geben die beiden ersten Gleichungen, wenn man $n = 1$ setzt,

$$\alpha axy + yy - aa = o;$$

man erhält nemlich diese Gleichung, da die erste keine Curve giebt, aus der zweiten, durch die Substitutionen $N = \alpha x$; $P = 1$; und $Q = o$: die beiden andern aber geben, wenn man $n = o$ macht,

$$y(\alpha + \beta x) \pm a(\alpha - \beta x) = o.$$

Für die dritte Ordnung geben die beiden ersten Gleichungen, wenn man $n = 1$ setzt,

$$o = ay(\alpha + \beta xx) + yy(\gamma + \delta x)$$
$$+ aa(\gamma - \delta x)$$

und

$$o = \alpha ayx + yy(\gamma + \delta x)$$
$$- aa(\gamma - \delta x)$$

die beiden letzten aber, wenn man $n = o$, und $n = 1$ setzt,

$$o = y(\alpha + \beta x + \gamma xx)$$
$$\pm a(\alpha - \beta x + \gamma xx)$$

und

$$o = ay^2(\alpha + \beta x) + y^3$$
$$\pm a^2y(\alpha - \beta x) \pm a^3.$$

Auf eine ähnliche Art lassen sich auch die Curven der übrigen Ordnungen finden, die der Aufgabe ein Genüge thun.

Siebenzehntes Capitel.

Von der Erfindung der Curven aus andern Eigenschaften.

§. 391.

Die Aufgaben, womit wir uns im vorhergehenden Capitel beschäftiget haben, waren von der Art, daß es sehr leicht war, Gleichungen zwischen rechtwinkligen oder schiefwinkligen Coordinaten zu finden, die ihre Auflösung enthielten. Jetzt wollen wir daher solche Eigenschaften betrachten, die sich nicht unmittelbar auf einander parallele Applicaten beziehen; wohin z. B. der Fall gehört, wenn eine gewisse Beschaffenheit gerader Linien, die aus einem gewissen Punkte nach der Curve gezogen worden, gegeben ist. Es sey C, Fig. 81., ein solcher Punkt, und aus demselben nach der Curve die geraden Linien CM und CN gezogen, und dabei eine gewisse auf diese Linie sich beziehende Eigenschaft gegeben. Hier muß man von dem bisherigen Verfahren, die Natur der Curve durch die Coordinaten auszudrücken, auf die Art abgehen, daß man die gedachten geraden Linien in die Gleichung bringt.

§. 392.

Da nun die Natur der Linien auf sehr viele andere Arten durch Gleichungen zwischen zwei veränderlichen Größen ausgedrückt werden kann, so kann man bei der gegenwärtigen Untersuchung die gerade Linie CM, die aus dem Punkte C nach der Curve gezogen worden, die Stelle der einen veränderlichen Größe vertreten lassen. Alsdann aber muß man noch eine andere veränderliche Größe haben, wodurch die Lage dieser geraden Linie CM bestimmt wird. Nimmt man nun zu diesem Zwecke eine durch den Punkt C gezogene gerade Linie CA zur Axe an, so kann der Winkel ACM, oder eine Größe, die von diesem Winkel abhängt, sehr füglich diese andere veränderliche Größe seyn. Es sey die gerade Linie $CM = z$, der Winkel $ACM = \varphi$, und sein Sinus oder seine Tangente in der Gleichung befindlich: so ist offenbar, daß jede Gleichung zwischen z und sin. φ, oder tang.

φ die Natur der Curve AMN bestimmen werde. Es wird nemlich dadurch für jeden Winkel ACM die Lage der geraden Linie CM, und folglich der Punkt M der Curve bestimmt.

§. 393.

Wir müssen aber diese Art, die Curven auszudrücken, genauer erwägen, und es sey daher zuvörderst die gerade Linie CM = z irgend eine Funktion des Sinus des Winkels φ. Ist diese Funktion einförmig, so könnte es scheinen, daß die gerade Linie CM der Curve nur in einem Punkte M begegnen werde, weil dem Winkel ACM = φ nur ein einziger Werth der geraden Linie CM zugehört. Allein wenn der Winkel φ um zwei rechte Winkel vergrößert wird, so bleibt die Lage der geraden Linie CM, die durch den Punkt C gezogen ist, dieselbe, nur daß sie nach der entgegengesetzten Seite zu gerichtet ist; und es giebt daher noch einen andern Durchschnittspunkt der geraden Linie CM mit der Curve, wenn auch gleich z durch eine einförmige Funktion des Sinus des Winkels φ bestimmt wird. Es sey nemlich P diese Funktion des sin. φ, so daß der Punkt M, Fig. 82., durch die Gleichung z = P angegeben werde. Ferner werde φ um zwei rechte Winkel vergrößert, oder sein Sinus negativ genommen, und dadurch P in Q verwandelt, so daß nun z = Q sey. Ist dieses geschehen, so giebt es einen neuen Durchschnitt eben der geraden aber verlängerten Linie CM mit der Curve, nemlich m, wenn man Cm = Q nimmt.

§. 394.

Ob daher gleich P eine einförmige Funktion des Sinus des Winkels φ ist, so begegnet dennoch die gerade Linie CM, die unter einem gegebenen Winkel ACM = φ durch den Punkt C gezogen ist, der Curve in zwei Punkten M nnd m, es müßte denn Q = — P seyn. Soll daher die gerade Linie CM der Curve nur in einem Punkte begegnen, so muß die Größe P eine ungerade Funktion des sin. φ seyn. Allein eben dieses findet statt, wenn P eine ungerade Funktion des cos. φ ist; und es sind demnach alle Curven, die von den aus dem Punkte C gezogenen geraden Linien in einem einzigen Puukte geschnitten werden, in der Gleichung z = P enthalten, wenn P eine ungerade Funktion des Sinus oder des Cosinus des Winkels ACM = φ ist.

§. 395.

Da also die Curven, die von den aus dem Punkte C, Fig. 81., gezogenen geraden Linien in einem einzigen Punkte geschnitten werden, in der Gleichung z = P enthalten sind, wenn P eine ungerade Funktion des Sinus oder Cosinus des Winkels φ, oder eine solche Funktion ist, die einen negativen Werth bekommt, wenn man den Sinus oder den Cosinus des Winkels φ negativ nimmt: so läßt sich hieraus sehr leicht für dergleichen Curven eine Gleichung zwischen rechtwinkligen Coordinaten finden. Fällt man nemlich aus dem Punkte M nach der Axe CA die senkrechte Linie MP herab, und setzt man dabei CP = x, und PM = y: so ist

$$\frac{y}{z} = \sin.\ \varphi;\ \text{und}\ \frac{x}{z} = \cos.\ \varphi.$$

Wenn also P eine ungerade Funktion von $\frac{x}{z}$ und $\frac{y}{z}$ ist, so sind alle jene Curven in dieser Gleichung, z = P, enthalten, und es wird demnach, um von dem einfachsten Falle anzufangen

$$z = \frac{\alpha x}{z} + \frac{\beta y}{z} + \frac{\gamma z}{x} + \frac{\delta z}{y};$$

und, wenn man zu den höhern Potestäten fortgeht,

$$z = \frac{\alpha x}{z} + \frac{\beta y}{z} + \frac{\gamma z}{x} + \frac{\delta z}{y} + \frac{\varepsilon x^3}{z^3} + \frac{\zeta x^2 y}{z^3} + \frac{\eta x y^2}{z^3} + \frac{\vartheta y^3}{z^3} + \frac{\iota xx}{yz} + \frac{\kappa yy}{xz} + \frac{\lambda yz}{xx} + \text{rc.}$$

§. 396.

Wenn man diese Gleichung durch z dividirt, so kommen allenthalben bloß gerade Potestäten von z vor, und da $z = \sqrt{(xx + yy)}$ ist, so bleibt, wenn man nun z wegschafft, keine Irrationalität weiter übrig, und man erhält eine Gleichung zwischen x und y. Es ist daher die allgemeine Gleichung so beschaffen, daß die Einheit, oder die beständige Größe, einer Funktion von — 1 Dimensionen von x und y gleich ist. Ist P eine solche Funktion, so wird C = P, und also $\frac{1}{C} = \frac{1}{P}$. Aber $\frac{1}{P}$ ist eine Funktion von einer Dimension von x und y. Wenn also eine Funktion von einer Dimenosin von x und y einer beständigen Größe gleich ist, so ist dieses eine Gleichung für Curven, die von den aus dem Punkte C gezogenen geraden Linien in einem einzigen Punkte geschnitten werden.

§. 397.

Wenn P eine Funktion von n Dimensionen von x und y, und Q eine Funktion von n + 1 Dimensionen ist, so ist $\frac{Q}{P}$ eine Funktion von einer Dimension; und es sind demnach alle Curven, die wir hier untersuchen, in der Gleichung

$$\frac{Q}{P} = c;\ \text{oder}\ Q = cP$$

enthalten. Bedeutet also n irgend eine Zahl, so ist die allgemeine Gleichung für diese Curven

$$\alpha x^{n+1} + \beta x^n y + \gamma x^{n-1} y^2 + \delta x^{n-2} y^3 + \varepsilon x^{n-3} y^4 + \text{ic.}$$
$$= c(Ax^n + Bx^{n-2} y + Cx^{n-2} y^2 + Dx^{n-3} y^3\ C + \text{ic.})$$

und daher werden die Linien der einzelnen Ordnungen, die von den aus dem Punkte C gezogenen geraden Linien in nicht mehr als in einem einzigen Punkte geschnitten werden, durch folgende Gleichungen ausgedrückt:

I.

$$\alpha x + \beta y = c$$

II.

$$\alpha x^2 + \beta xy + \gamma yy = c(Ax + By)$$

III.

$$\alpha x^3 + \beta x^2 y + \gamma xy^2 + \delta y^3 = c(Ax^2 + Bxy + Cyy)$$

IV.

$$\alpha x^4 + \beta x^3 y + \gamma x^2 y^2 + \delta xy^3 + \varepsilon y^4 = c \times$$
$$(Ax^3 + Bx^2 y + Cxy^2 + Dy^3)$$

ic.

§. 398.

Zuvörderst also thut die gerade Linie der Aufgabe ein Genüge, und man weiß auch ohnehin von ihr, daß sie von andern aus einem gegebenen Punkte gezogenen geraden Linien in nicht mehr als in einem Punkte geschnitten werden kann. Die zweite Gleichung ist die allgemeine Gleichung für die Kegelschnitte, wenn dieselben durch den Punkt C gehen; aber diesen Durchschnittspunkt rechnet man, weil er allen aus ihm gezogenen geraden Linien gemein ist, nicht mit. Da nun alle Kegelschnitte von einer geraden Linie in nicht mehr als in zwei Punkten geschnitten werden, so giebt aus dem angeführten Grunde jede gerade durch den Punkt C, wo er auch in der Curve genommen wird, gezogene Linie nur einen einzigen Durchschnittspunkt. Die Linien der folgenden Ordnungen gehen insgesammt durch den Punkt C, und auch bei ihnen wird dieser Durchschnittspunkt, da er allen durch C gezogenen geraden Linien gemein ist, nicht mitgerechnet. Dieserwegen sind in den angeführten Gleichungen von den Linien der höhern Ordnungen bloß diejenigen enthalten, welche von den aus dem Punkte C gezogenen geraden Linien nur in einem Punkte geschnitten werden. Auf diese Art haben wir also alle algebraische Curven angeführt, welche von den durch einen gegebenen Punkt C gezogenen geraden Linien in nicht mehr als in einem einzigen Punkte geschnitten werden.

§. 399.

Nun wollen wir uns zur Untersuchung solcher Curven wenden, die von den geraden Linien, welche aus einem gegebenen Punkt C gezogen werden, entweder in zwei Punkten, oder gar nicht geschnitten werden, welches letztere statt findet, wenn die Wurzeln der Gleichung, die den doppelten Durchschnittspunkt anzeigt, imaginär werden. Da also die gerade Linie CM = z für einen jeden Winkel ACM = φ einen doppelten Werth bekommen muß, so wird dieselbe durch eine quadratische Gleichung bestimmt werden. Es sey also

$$zz - Pz + Q = 0$$

wo P und Q Funktionen des Winkels φ oder seines Sinus oder Cosinus bedeuten. Da nun die gerade Linie CM die Curve nur in zwei Punkten M und N schneiden soll, so müssen nicht nur P und Q einförmige Funktionen des Winkels φ seyn, sondern es dürfen auch, wenn man den Winkel φ um zwei rechte Winkel vergrößert, keine neue Durchschnittspunkte entstehen. Dieses findet statt, wenn P eine ungerade Funktion des Sinus oder des Cosinus von φ ist, so daß es negativ wird, wenn man den Sinus oder Cosinus negativ nimmt; Q aber muß eine gerade Funktion eben desselben Sinus oder Cosinus seyn.

§. 400.

Setzt man nun die rechtwinkligen Coordinaten CP = x, und PM = y, so wird $\frac{y}{z} = \sin.\varphi$; und $\frac{x}{z} = \cos.\varphi$, und es muß folglich

P eine ungerade Funktion von $\frac{x}{z}$ und $\frac{y}{z}$; und

Q eine gerade Funktion von $\frac{x}{z}$ und $\frac{y}{z}$

seyn. Hieraus erhellet, daß $\frac{P}{z}$ eine rationale Funktion von x und y, und also eine homogene Funktion von — 1 Dimensionen, und auf ähnliche Art, daß $\frac{Q}{zz}$ eine rationale und homogene Funktion von x und y von — 2 Dimensionen seyn werde. Wenn also

L eine homogene Funktion von $n + 2$ Dimensionen
M eine homogene Funktion von $n + 1$ Dimensionen und } von x u. y
N eine homogene Funktion von n Dimensionen
ist: so giebt der Bruch

$$\frac{M}{L} \text{ eine passende Funktion für } \frac{P}{z}, \text{ und}$$

$$\frac{N}{L} \text{ eine passende Funktion für } \frac{Q}{zz}.$$

Da nun

$$zz - Pz + Q = o$$

ist, so wird

$$1 - \frac{P}{z} + \frac{Q}{zz} = o:$$

und es ist daher die allgemeine Gleichung für die Curven, die von den durch den Punkt C gezogenen geraden Linien in zwei Punkten geschnitten werden,

$$1 - \frac{M}{L} + \frac{N}{L} = o, \text{ oder } L - M + N = o$$

und darin $P = \frac{Mz}{L}$, und $Q = \frac{Nzz}{L} = \frac{N(xx + yy)}{L}$, und also P eine irrationale Funktion von x und y, weil $z = \sqrt{(xx + yy)}$, und Q eine rationale Funktion von keiner Dimension.

§. 401.

Hiernach ist es schon leicht, aus einer jeden Ordnung der Linien diejenigen zu bestimmen, welche von den durch einen gegebenen Punkt C gezogenen geraden Linien in zwei oder in gar keinem Punkte geschnitten werden. Für die zweite Ordnung nemlich setze man $n = o$, so erhält man die allgemeinste Gleichung für die Kegelschnitte:

$$\alpha xx + \beta xy + \gamma yy - \delta x - \epsilon y + \zeta = o.$$

Mag man also den Punkt C annehmen, wo man will, so schneidet jede dadurch gezogene gerade Linie den Kegelschnitt entweder in zwei Punkten oder nirgends. Es kann sich indeß ereignen, daß ein Kegelschnitt von einer geraden Linie in nicht mehr als in einem Punkte geschnitten werde; allein da sich dieses unter den unzähligen durch den Punkt C möglichen geraden Linien nur in einem oder zwei Fällen zutragen kann, so ist diese Ausnahme von keiner Wichtigkeit; und dann kann man auch sagen, daß der zweite Durchschnittspunkt unendlich weit entfernt sey, so daß daher wieder die Allgemeinheit des obigen Satzes nichts fließt.

§. 402.

Damit aber deutlich werde, in welchen Fällen jene Ausnahme eintrete, so wollen wir die Gleichung zwischen x und y auf eine Gleichung zwischen z und den Winkel φ zurückführen, welche, da $y = z. \sin. \varphi$, und $x = z. \cos. \varphi$ ist, folgende seyn wird:

$$z^2(\alpha(\cos. \varphi)^2 + \beta. \sin. \varphi : \cos. \varphi. + \gamma(\sin. \varphi)^2) - z \times (\delta. \cos. \varphi + \varepsilon. \sin. \varphi.) + \zeta = o.$$

Hieraus erhellet, daß nur ein Durchschnittspunkt statt findet, wenn der Coefficient von z^2 gleich o wird, und dieses geschiehet, wenn

$$\alpha + \beta. \text{tang.}\, \varphi + \gamma(\text{tang.}\, \varphi)^2 = o$$

ist. Wenn also diese Gleichung zwei reelle Wurzeln hat, so schneidet die durch den Punkt C gezogene gerade Linie die Curve nur in einem einzigen Punkte. Da aber die Wurzeln eben dieser Gleichung die Asymptoten der Curve anzeigen, so erhellet, daß die Hyperbeln von den geraden Linien, die der einen Asymptote parallel sind, nur in einem einzigen Punkte geschnitten werden, und dergleichen durch C gehende Linien giebt es nicht mehr als zwei; bei der Parabel hingegen gehöret bloß eine mit der Axe parallel gezogene gerade Linie unter die Ausnahme. Ist der Kegelschnitt eine Ellipse, so mag man den Punke C annehmen wo man will, es schneidet jede durch ihn gezogene gerade Linie die Curve entweder gar nicht oder in zwei Punkten.

§. 403.

Die Linien der dritten Ordnung, die jene Eigenschaft haben, findet man, wenn man $n = 1$ setzt, und sie sind also in folgender Gleichung enthalten:

$$\alpha x^3 + \beta x^2 y + \gamma x y^2 + \delta y^3 - \varepsilon x^2 - \zeta x y - \eta y^2 + \vartheta x + \iota y = o.$$

Diese Gleichung begreift alle Linien der dritten Ordnung unter sich, und sie gehören insgesammt hieher, wofern nur der Punkt C in der Curve selbst genommen wird; denn macht man $x = o$, so verschwindet zugleich auch y. Auf ähnliche Art muß bei den Linien der vierten Ordnung, die hieher gehören, der Punkt C nicht bloß in der Curve liegen, sondern auch ein doppelter Punkt derselben seyn; und es thun daher alle Linien der vierten Ordnung der Aufgabe ein Genüge, die einen doppelten Punkt haben, wenn der Punkt C in dem doppelten Punkte angenommen wird. Auf gleiche Art gehören hieher die Linien der fünften Ordnung, die einen dreifachen Punkt haben, wenn C in diesem dreifachen Punkte genommen wird, u. s. w. Dabei aber muß man bemerken, daß es allemal nicht mehr als einen Durchschnittspunkt gebe, wenn die durch C gezogene gerade Linie einer geradlinigen Asymptote oder der Axe einer parabolischen

Asymptote parallel ist, indem alsdann der andere Durchschnittspunkt unendlich weit entfernt liegt.

§. 404.

Dieses stimmt mit der Natur der Linien, die zu einer jeden Ordnung gehören, aufs vollkommenste überein. Denn da jede zu irgend einer Ordnung gehörige Linie in so viel Punkten von einer geraden Linie geschnitten werden kann, als der Exponent der Ordnung Einheiten enthält; (und sie wird auch davon in der That jedesmal in so viel Punkten geschnitten, wofern nicht einige Durchschnittspunkte imaginär werden, oder unendlich weit sich entfernen) und da wir hier alle Durchschnittspunkte, sie mögen reell oder imaginär seyn, in Rechnung bringen, und bloß diejenigen nicht mitzählen, die in den Punkt C fallen: so ist, da jede Linie von der Ordnung n in n Punkten geschnitten wird, klar, daß der Punkt C in einem so vielfachen Punkte, als die Zahl $n - 2$ Einheiten enthält, angenommen werden muß, wenn man einen doppelten Durchschnittspunkt erhalten will.

§. 405.

Nach diesen Betrachtungen ist es leicht, von den Aufgaben, die das Verhaltniß jeder zweier Werthe von z, CM und CN, betreffen, entweder die Auflösung zu finden, oder die Unmöglichkeit zu zeigen. Denn da die beiden Werthe von z, CM und CN, die Wurzeln der Gleichung

$$zz - Pz + Q = 0$$

sind, so ist ihre Summe $CM + CN = P$, und das Rechteck zwischen ihnen $CM . CN = Q$. Sollten daher zuvörderst Curven gesucht werden, wobei allenthalben die Summe $CM + CN$ eine beständige Größe wäre: so müßte P eine beständige Größe seyn. Da aber wegen der Natur der Aufgabe jede durch C gezogene gerade Linie die Curve bloß in zwei Punkten schneiden darf, so muß nach §. 399. nothwendiger Weise

$$P = \frac{Mz}{L} = \frac{M\sqrt{(xx + yy)}}{L}$$

seyn, und diese Größe kann als eine Irrational-Größe nie eine beständige werden. Es giebt daher keine Curve, die dieser Aufgabe ein Genüge thäte.

§. 406.

Wenn aber die Bedingung, daß die durch C gezogenen geraden Linien die Curve bloß in zwei Punkten schneiden sollen, weggelassen, und also solche Curven gesucht werden, bei welchen es zwar mehrere Durchschnittspunkte, aber darunter zwei, M und N, von der Beschaffenheit giebt, daß $CM + CN$ eine beständige Größe wird: so lassen sich unzählige Curven von dieser Art finden, wenn man $P =$ jener beständigen Größe $CM + CN = a$ setzt. Es wird nemlich alsdann

$$zz - az + Q = o$$

wo Q die Funktion $\frac{Nzz}{L}$ bedeutet: und weil diese Gleichung irrational ist, so erhält man daraus durch Wegbringung der Irrationalität

$$a^2z^2 = (zz + Q)^2 \text{ oder } a^2 = zz(1 + \frac{N}{L})^2$$

oder

$$a^2L^2 = (xx + yy)(L^2 + 2LN + N^2)$$

worin L eine homogene Funktion von $n + 2$, N aber eine homogene Funktion von n Dimensionen von x und y ist. Die einfachste Curve, wodurch die jetzige Aufgabe aufgelöset wird, findet man daher, wenn man

$$L = xx + yy; \text{ und } N = \pm bb$$

setzt; und man bekömmt dadurch

$$aa(xx + yy) = (xx + yy + bb)^2$$

welches eine Gleichung für eine complexe Linie der vierten Ordnung ist, indem sie zwei Kreise ausdrückt, die den Mittelpunkt C gemein haben. Die einfachsten continuirlichen Curven aber, die dem Verlangten ein Genüge thun, gehören zu der sechsten Ordnung, und man findet sie, wenn man

$$L = \alpha xx + \beta xy + xy^2; \text{ und } N = \pm bb$$

setzt. Dadurch erhält man

$$aa(\alpha xx + \beta xy + \gamma yy)^2 = (xx + yy)(\alpha xx + \beta xy + \gamma yy \pm bb)^2$$

Es sey $\alpha = 1$; $\beta = o$; und $\gamma = o$; so wird

$$yy + xx = \frac{aax^4}{x^4 \pm 2bbxx + b^4}$$

oder

$$y = \frac{x\sqrt{(aaxx - x^4 \mp 2bbxx - b^4)}}{xx \pm bb},$$

§. 407.

Wenn aber diese Auflösungen, wobei die durch C gezogenen geraden Linien die Curven in mehr als zwei Punkten schneiden, ausgeschlossen werden; und die Natur der Aufgabe scheint solches zu erfordern: so giebt es gar keine Curven, die der Aufgabe ein Genüge thun; und es läßt sich daher keine krumme Linie denken, welche von den durch C gezogenen geraden Linien bloß in zwei Punkten M und N so geschnitten würden, daß $CM + CN$ eine beständige Größe wäre. Werden hingegen Durchschnittspunkte von der Art verlangt, daß das Rechteck $CM \cdot CN$ eine beständige Größe sey; eine Beschaffenheit, die dem Kreise allemal zukommt, der Punkt C mag angenommen werden, wo man will: so lassen sich unzählige Curven finden, wobei dergleichen statt haben. Denn es soll alsdann Q eine beständige Größe, und gleich dem Rechtecke CM . CN seyn, welches wir = aa setzen wollen; allein diese Forderung enthält, da $Q = \frac{Nzz}{L}$, und folglich eine rationale Funktion von x und y ist, nichts widersprechendes.

§. 408.

Es sey also $\frac{Nzz}{L} = aa$, oder $L = \frac{Nzz}{aa} = \frac{N(xx + yy)}{aa}$; so sind alle Curven, die dieser Aufgabe ein Genüge thun, in der Gleichung:

$$\frac{N(xx + yy)}{aa} - M + N = 0$$

oder

$$Maa = N(xx + yy + aa)$$

enthalten, wo M eine homogene Funktion von n + 1 Dimensionen, N aber eine homogene Funktion von n Dimensionen von x und y bedeutet, so daß $\frac{M}{N} = \frac{xx + yy + aa}{aa}$ eine Funktion von einer Dimension von x und y ist. Diese Gleichung begreift demnach alle Curven in sich, welche von den durch C gezogenen geraden Linien bloß in zwei Punkten M und N so geschnitten werden, daß das Rechteck CM . CN allenthalben eine beständige Größe und = aa ist.

§. 409.

Da also $\frac{M}{N}$ eine homogene Funktion von einer Dimension von x und y ist, so findet man den einfachsten Fall, wenn man

$$\frac{M}{N} = \frac{\alpha x + \beta y}{a}$$

setzt. Dadurch bekommt man die Gleichung:

$$xx + yy - a(\alpha x + \beta y) + aa = 0$$

die allemal dem Kreise zugehört; und da sie eine allgemeine Gleichung zwischen rechtwinkligen Coordinaten ist, so fällt in die Augen, daß der Kreis der Aufgabe ein Genüge thut, wo man auch den Punkt C annehmen mag. Von den Kegelschnitten außer dem Kreise kann keiner hieher gerechnet werden. Aus den übrigen Ordnungen der Linien aber läßt sich eine unzählige Menge von Curven finden, so daß man zugleich alle erhält, die aus jeglicher Ordnung hieher gehören. So sind z. B. die Linien der dritten Ordnung, welche dieser Aufgabe ein Genüge thun, in der Gleichung enthalten:

$$\frac{\alpha xx + \beta xy + \gamma yy}{a(\delta x + \varepsilon y)} = \frac{xx + yy + aa}{aa}$$

oder

$$(\delta x + \varepsilon y)(xx + yy) - a(\alpha xx + \beta xy + \gamma yy) + aa(\delta x + \varepsilon y) = 0.$$

Auf eine ähnliche Art lassen sich die Gleichungen der Linien der übrigen Ordnungen, die hieher gehören, finden.

§. 410.

Nun werde verlangt, von allen Curven, die von den durch C gezogenen geraden Linien in zwei Punkten geschnitten werden, diejenigen zu bestimmen, wo die Summe der Quadrate $CM^2 + CN^2$ eine beständige Größe $= aa$ ist. Da

$$CM + CN = P; \text{ und } CM . CN = Q$$

ist, so wird

$$CM^2 + CN^2 = PP - 2Q$$

und es muß folglich

$$PP - 2Q = 2aa; \text{ oder } Q = \frac{PP - 2aa}{2}$$

seyn. Nun ist

$$P = \frac{Mz}{L}; \text{ und } Q = \frac{Nzz}{L}$$

und es wird demnach

$$\frac{2Nzz}{L} = \frac{MMzz}{LL} - 2aa$$

und folglich

$$N = \frac{MM}{2L} - \frac{aaL}{zz}.$$

Da L eine Funktion von $n + 2$, M eine Funktion von $n + 1$, und N eine Funktion von n Dimensionen von x und y ist, so findet hierbei keine Schwierigkeit statt. Setzt man also für L und M dergleichen Funktionen, so wird $N = \frac{MM}{2L} - \frac{aaL}{zz}$, und es ist daher die allgemeine Gleichung für die Curven, die der Aufgabe ein Genüge thun:

$$L - M + \frac{MM}{2L} - \frac{aaL}{zz} = 0$$

oder

$$2LL(xx + yy) - 2LM(xx + yy) + MM(xx + yy) - 2aaLL = o.$$

Wenn $M = o$ ist, so giebt diese Gleichung den Kreis, und da der Mittelpunkt desselben in C fällt, so ist von selbst klar, daß er die Aufgabe auflöst.

§. 411.

Es sey $n + 1 = o$, so daß M eine beständige Größe $= 2b$, und $L = \alpha x + \beta y$ werde. Alsdann entsteht eine Linie der vierten Ordnnng, und ihre Gleichung ist:

$$(\alpha x + \beta y)^2 (xx + yy - aa) - 2b(\alpha x + \beta y)(xx + yy) + 2bb(xx + yy) = o.$$

Eine andere Linie der vierten Ordnung erhält man, wenn man

$$L = xx + yy; \text{ und } M = 2(\alpha x + \beta y)a$$

setzt; denn alsdann giebt die Gleichung, durch $2xx + 2yy$ dividirt,

$$(xx + yy)^2 - 2a(\alpha x + \beta y)(xx + yy) 2aa(\alpha x + \beta y)^2 - aa(xx + yy) = o.$$

Wofern aber die Division durch $xx + yy$ sich nicht vornehmen läßt, so gehört die gefundene Gleichung (wenn man 2M für M setzt) nemlich

$$LL(xx + yy) - 2LM(xx + yy) + 2MM(xx + yy) - aaLL = o$$

allemal zur Ordnung $2n + 6$; und man kann daher aus jeder geraden Ordnung Gleichungen für Curven finden, welche der Aufgabe ein Genüge thun. Ist aber L durch $xx + yy$ theilbar, d. h. ist $L = (xx + yy)N$, wenn N eine homogene Funktion von n Dimensionen von x und y bedeutet: so ergiebt sich noch eine andere allgemeine Gleichung, nemlich

$$NN(xx + yy)^2 - 2MN(xx + yy) + 2MM - aaNN \times (xx + yy) = o:$$

und da diese zu der Ordnung $2n + 4$ gehört, so hat man für jede gerade Ordnung zwei Gleichungen für Curven, welche die angeführte Eigenschaft haben. Aus der sechsten Ordnung gehören z. B. die Curven hieher, die in folgenden zwei allgemeinen Gleichungen enthalten sind:

$$(\alpha xx + \beta xy + \gamma yy)^2 (xx + yy - aa) - 2a(\delta x + \epsilon y)(xx + yy)(\alpha xx + \beta xy + \gamma yy - a(\delta x + \epsilon y)) = o$$

und

$$(\delta x + \epsilon y)^2 (xx + yy)(xx + yy - aa) = 2a(\alpha xx + \beta xy + \gamma yy)((\delta x + \epsilon y)(xx + yy) - a(\alpha xx + \beta yy + \gamma yy)).$$

In den ungeraden Ordnungen der Linien giebt es also keine Curven, die dieser Aufgabe ein Genüge thäten.

§. 412.

Wenn nunmehr Curven gesucht werden sollen, worin

nicht bloß die Summe der Quadrate, $CM^2 + CN^2$, sondern $CM^2 + CM \, . \, CN + CN^2$, oder überhaupt

$$CM^2 + n \, . \, CM \, . \, CN + CN^2$$

eine beständige Größe ist: so läßt sich diese Aufgabe auf eine ähnliche Art auflösen. Denn da

$$CM^2 + n \, . \, CM \, . \, CN + CN^2 = P^2 + (n - 2) Q$$

ist, so wird, wenn man $P^2 + (n - 2) Q = aa$ setzt,

$$Q = \frac{aa - PP}{n - 2}$$

und diese Gleichung ist von allen Unbequemlichkeiten frei. Da also

$$P = \frac{Mz}{L}; \text{ und } Q = \frac{Nzz}{L}$$

ist, so wird

$$\frac{M^2 z^2}{L^2} + \frac{(n - 2) Nzz}{L} = aa$$

und folglich

$$N = \frac{aaL}{(n - 2)zz} - \frac{M^2}{(n - 2) L}.$$

Nun ist [§. 408.] die Gleichung für die Curve

$$L - M + N = o$$

und es ergiebt sich also für die Bedingung, daß $CM^2 + n \, . \, CM \, . \, CN + CN^2$ eine beständige Größe $= aa$ seyn soll, die Gleichung:

$$(n - 2) LLzz - (n - 2) LMzz + aaLL - M^2 zz = o$$

oder, da $zz = xx + yy$ ist,

$$aaLL + (xx + yy) ((n - 2)L^2 - (n - 2)LM - M^2) = o.$$

wo L eine Funktion von $m + 2$, und M eine Funktion von $n + 1$ Dimensionen von x und y ist. Läßt man N irgend eine homogene Funktion von m Dimensionen bedeuten, und setzt man dabei

$$L = (xx + yy)N$$

so findet man eine andere allgemeine Gleichung, nemlich:

$$aa(xx + yy)N^2 + (n - 2) (xx + yy)^2 N^2$$
$$- (n - 2) (xx + yy)MN - M^2 = o.$$

§. 413.

Wenn $n = 2$ gesetzt wird, und also $(CM + CN)^2 = aa$ seyn soll, so wird entweder

$$aaLL = (xx + yy)MM; \text{ oder } MM = aa(xx + yy)N^2.$$

Da beide Gleichungen homogen sind, so enthält jede von ihnen zwei oder mehr Gleichungen von dieser Form: $\alpha y = \beta x$; und es kann daher das Verlangte nicht anders als von zwei oder mehr durch den Punkt C gezogenen geraden Linien erfüllt werden. Da nun dieses dem Sinne der Aufgabe nicht, gemäß ist; so erhellet, daß der gedachte Fall gar nicht statt finden kann; auch ist diese Unmöglichkeit schon vorher [§. 405.] berührt worden, weil CM + CN der beständigen Größe a gleich seyn müßte. Wird hingegen n = — 2 gesetzt, so daß die Differenz MN selbst eine beständige Größe seyn würde, so ergeben sich diese zwei Gleichungen:

$$aaLL = (xx + yy)(2L - M)^2$$

und

$$aa(xx + yy)NN = (2(xx + yy)N - M)^2$$

Der einfachste Fall ist demnach der, wenn N = 1, und M = 2bx gesetzt wird. Es wird nemlich alsdann

$$aa(xx + yy) = 4(xx + yy - bx)^2$$

oder, wenn man aa = 8cc nimmt,

$$(xx + yy)^2 = 2(cc + bx)(xx + yy) - bbxx;$$

folglich

$$xx + yy = cc + bx \pm c\sqrt{(cc + 2bx)}$$

und

$$y = \sqrt{(cc + bx - xx \pm c\sqrt{(cc + 2bx)})}.$$

§. 414.

Es giebt also unzählige Curven, die von den durch C gezogenen geraden Linien so in zwei Punkten M und N geschnitten werden, daß die Größe MN allenthalben dieselbe bleibt. Zuvörderst fällt in die Augen, daß dahin der Kreis gehört, dessen Mittelpunkt in C liegt, indem dabei MN allenthalben dem Durchmesser gleich ist. Man findet aber diesen Kreis aus den allgemeinen Gleichungen, wenn man M = o setzt. Nach dem Kreise sind hieher zu rechnen die Linien der vierten Ordnung, die durch die Gleichungen:

$$aa(xx + yy) = 4(xx + yy - bx)^2$$

und

$$aaxx = (xx + yy)(2x - 2b)^2$$

ausgedrückt werden. Will man indeß diese Linien genauer kennen lernen, so muß man die angeführten Gleichungen auf andere zwischen z und dem Winkel φ zurückführen. Da also $xx + yy = zz$; $x = z. \cos. \varphi$, und $y = z. \sin. \varphi$ ist: so wird wenn man a = 2c setzt, einmal

$$cczz = (zz - bz. \cos. \varphi)^2$$

oder

$$b. \cos. \varphi \pm c = z;$$

und zweitens

$$cc(\cos. \varphi)^2 = (z. \cos. \varphi - b)^2$$

oder

$$z = \frac{b}{\cos. \varphi} \pm c.$$

Hiernach lassen sich diese Curven sehr leicht construiren.

§. 415.

Soll nemlich die Curve, welche durch die Gleichung

$$z = b. \cos. \varphi \pm c$$

ausgedrückt wird, construirt werden: so ziehe man durch C, Fig. 83., die gerade Linie ACB, und nehme darauf CD = b und von D aus auf beiden Seiten DA = DB = c; wo denn zuvörderst die Punkte A und B in der gesuchten Curve liegen. Darauf fälle man auf eine durch C nach Belieben gezogene gerade Linie NCM aus D die Linie DL senkrecht, und schneide zu beiden Seiten LM = LN = c ab: so sind auch die Punkte M und N in der gesuchten Curve, und folglich allemal, wie in der Aufgabe verlangt wird, MN = 2c.

Hier muß bemerkt werden, daß die Curve, wenn CD = b kleiner als c ist, in C einen zugehörigen Punkt hat, Fig. 83.

Wenn aber b = c ist, so hat die Curve in C eine Spitze, und AC verschwindet, Fig. 84.

Und ist endlich b kleiner als c, so fällt der Punkt A zwischen C und B, und die Curve hat in C einen Knoten oder einen doppelten Punkt, Fig. 85. Uebrigens ist der Durchmesser dieser Curven die gerade Linie ACB, und die auf ihr senkrecht stehende gerade Linie ECF = 2c.

§. 416.

Außer diesen wieder in sich zurückkehrenden Curven der vierten Ordnung, thun auch die Linien mit unendlichen Schenkeln von eben dieser Ordnung der Aufgabe ein Genüge, welche in der Gleichung

$$z = \frac{b}{\cos. \varphi} \pm c.$$

enthalten sind. Ihre Construction erhält man auf folgende Art. Man ziehe durch C, Fig. 86., eine gerade Linie CAB, mache CD = b, und DA = DB = c, wo denn die Punkte A und B in der Curve liegen. Darauf lege man durch D die gerade Linie EDF senkrecht auf CAB, und ziehe CL nach Belieben. Setzt man nun den Winkel DCL = φ, so wird

$$CL = \frac{b}{\cos. \varphi}$$

und macht man fortgesetzt LM = LN = c, so bestimmen die Punkte M und N die gesuchte Curve.

Aus dieser Construction erhellet, daß die auf die gedachte Art beschriebene Curve die Conchoide der Alten ist, in C den Pol, und die gerade Linie EF zur Asymptote hat, der sich vier ohne Ende fortlaufende Schenkel nähern. Es wird aber der Theil hBh die äußere, und gAg die innere Conchoide genannt, und überdem ist in C ein zugehöriger Punkt.

§. 417.

Dies sind die Curven der vierten Ordnung, welche der Aufgabe ein Genüge thun; es ist aber leicht, auch die Curven der höhern Ordnungen, die hieher gehören, darzustellen. Denn ist P eine ungerade Funktion des Sinus oder des Cosinus des Winkels φ, so giebt die Gleichung

$$z = bP \pm c$$

eine continuirliche Curve, die von allen durch C gezogenen geraden Linien in zwei Punkten M und N so geschnitten wird, daß allemal $MN = 2c$ ist. Es können aber diese Curven insgesammt zu dem Geschlechte der Conchoiden gerechnet werden, wenn man anstatt der Directrix EF die Curve setzt, welche durch die Gleichung $z = bP$ ausgedrückt wird. Nun haben wir oben [§. 394.] gesehen, daß diese Gleichung die Curven in sich schließt, die von den durch C gezogenen geraden Linien in nicht mehr als in einem Punkte geschnitten werden. Da also die Größe c willkührlich ist, so lassen sich aus jeder Curve $z = bP$ unzählige Curven, die zu der gegenwärtigen Absicht sich schicken, darstellen.

§. 418.

Man nehme nemlich nach Gefallen eine curve CEDLF, Fig. 87., welche von allen durch den Punkt C gezogenen geraden Linien allemal nur in einem Punkte, z. B. D oder L, geschnitten werde. Dann schneide man auf diesen geraden verlängerten Linien CL, von L aus gleiche Stücke $LM = LN = c$ ab, wo denn die Punkte M und N in der gesuchten Curve liegen werden. Auf diese Art kann man durch eine stetige Bewegung die Curve AMPCQBNRC beschreiben, die von den durch C gezogenen geraden Linien so geschnitten wird, daß allenthalben MN eine beständige Größe, und $= 2c$ wird. Hierbei ist anzumerken, daß die beschriebene Curve, wenn die Curve CEDF eine aus C gezogene Kreislinie ist, eben dieselbe Linie der vierten Ordnung seyn wird, die wir zuerst, §. 414., gefunden haben.

§. 419.

So haben wir also die Aufgabe aufgelöset, welche Curven AMN, Fig. 81., zu suchen befahl, die von den durch C gezogenen geraden Linien in den beiden Punkten M und N so geschnitten würden, daß allenthalben $CM - CN$ oder $CM^2 - 2CM \cdot CN + CN^2$ eine beständige Größe wäre. Jetzt wollen wir noch kürzlich den Fall erwägen, wenn

$$CM^2 + CM \cdot CN + CN^2$$

eine beständige Größe seyn soll. Man muß dann in dem 412ten §. $n = 1$ setzen, und dadurch erhält man entweder

$$aaLL = (xx + yy)(L^2 - LM + M^2)$$

wo L eine Funktion von $m+1$, und m eine Funktion von m Dimensionen von x und y bedeutet; oder

$$aa(xx+yy)NN = (xx+yy)^2 NN - (xx+yy)MN + MM,$$

wo M eine Funktion von einer um 1 höhern Dimension als N ist.

§. 420.

Zuvörderst fällt in die Augen, daß sich hier, wenn $M = o$ gesetzt wird, ein Kreis ergiebt, dessen Mittelpunkt in dem Punkte C liegt; und da darin alle aus C nach der Curve gezogene gerade Linien gleich sind, so thut derselbe auch allen Aufgaben dieser Art ein Genüge. Für den gegenwärtigen Fall aber sind die einfachsten Curven nach dem Kreise die, die in der Gleichung enthalten sind, welche man aus der ersten durch die Setzung $M = b$, und $L = x$ enthält, nemlich

$$aaxx = (xx + yy)(xx - bx + bb)$$

oder

$$yy = \frac{xx(aa - bb + bx - xx)}{bb - bx + xx}.$$

Setzt man in der andern Gleichung $N = 1$ und $M = bx$, so bekommt man ebenfalls eine Linie der vierten Ordnung

$$aa(xx + yy) = (xx + yy)^2 - bx(xx + yy) + bbxx$$

oder

$$xx + yy = \tfrac{1}{2}bx + \tfrac{1}{2}aa \pm \sqrt{(\tfrac{1}{4}a^4 + \tfrac{1}{2}aabx - \tfrac{3}{4}bbxx)}$$

die eben sowohl als die vorige der Aufgabe ein Genüge thut.

§. 421.

Nach diesen Aufgaben wollen wir die höhern Potestäten der beiden Werthe von z aus der Gleichung $zz - Pz + Q = o$ betrachten, wenn $P = \frac{Mz}{L}$, und $Q = \frac{Nzz}{L}$ ist, L eine homogene Funktion von $n + 2$, M eine homogene Funktion von $n + 1$, und N eine homogene Funktion von n Dimensionen von x und y bedeutet, und x = der Abscisse CP, und y = der Applicate PM ist. Es sey also die Aufgabe: Zwei Durchschnittspunkte M und N von der Art zu finden, daß $CM^3 + CN^3 = a^3$ sey. Da also wegen der Natur der Gleichung $zz - Pz + Q = o$

$$CM^3 + CN^3 = P^3 - 3PQ$$

ist: so müßte

$$P^3 - 3PQ = a^3$$

seyn, allein diese Gleichung kann nicht statt finden, da P^3 und PQ irrationale Größen sind. Es läßt also diese Aufgabe, wenn man sie im strengsten Verstande nimmt, keine

Auflösung zu. Bleibt indeß die Anzahl der Durchschnittspunkte unbestimmt, so daß auch mehr als zwei da seyn können: so lassen sich unzählige unter diese Aufgabe gehörige Curven finden, wenn man $Q = \frac{P^3 - a^3}{3P}$ setzt, und für P irgend eine Funktion des Sinus oder Cosinus des Winkels $ACM = \varphi$ annimmt.

§. 422.

Wenn dagegen Curven gesucht werden, worin

$$CM^4 + CN^4 = a^4$$

ist, so muß man

$$P^4 - 4P^2Q + 2QQ = a^4$$

setzen, und diese Gleichung enthält, da darin keine Irrationalität ist, nichts widersprechendes. Es muß demnach

$$Q = PP + \sqrt{(\tfrac{1}{2} P^4 + \tfrac{1}{2} a^4)}$$

seyn, und diese Funktion kann man, des Wurzelzeichens ungeachtet, als eine einförmige Funktion betrachten, indem $\sqrt{(\tfrac{1}{2}P^4 + \tfrac{1}{2}a^4)}$ nicht negativ genommen werden darf, weil sonst die Werthe von z imaginär werden würden. Es ist daher

$$\frac{Nzz}{L} = \frac{MMzz}{LL} + \sqrt{(\frac{M^4z^4}{2L^4} + \tfrac{1}{2}a^4)}$$

und da die Gleichung für die Curve $L - M + N = o$, oder $zz - \frac{Mzz}{L} + \frac{Nzz}{L} = o$ ist, so wird

$$zz - \frac{Mzz}{L} + \frac{MMzz}{LL} + \sqrt{(\frac{M^4z^4}{2L^4} + \tfrac{1}{2} a^4)} = o$$

Bringt man folglich die Irrationalität weg, so wird

$$\frac{z^4}{L^4}(LL - LM + MM)^2 = \frac{M^4z^4}{2L^4} + \tfrac{1}{2} a^4$$

oder

$$(xx + yy)^2 (2(LL - LM + MM)^2 - M^4) = a^4L^4.$$

Diese Gleichung schließt alle hieher gehörige Curven in sich.

§. 423.

Sowohl diese Aufgabe als die ihr ähnlichen lassen sich auf eine andere leichtere Art auflösen, als oben §. 372. Denn da $CM . CN = Q$ ist, so muß, wenn man die eine von diesen Linien $= z$ setzt, die andere $= \frac{Q}{z} = \frac{Nz}{L}$ werden, weil $Q = \frac{Nzz}{L}$ ist. Wenn daher

$$CM^n + CN^n = a^n$$

seyn soll, so wird

$$z^n + \frac{N^n z^n}{L^n} = a^n$$

und folglich

$$z^n = \frac{a^n L^n}{L^n + N^n}$$

und diese Gleichung ist rational und thut dem Verlangten ein Genüge, wenn n eine gerade Zahl ist. Ist aber n eine ungerade Zahl, so muß man, um die Irrationalität wegzuschaffen, die Quadrate nehmen; wodurch aber die Anzahl der Durchschnittspunkte verdoppelt wird, und eine Curve entsteht, welche die Aufgabe nicht in dem Sinne auflöset, als gefordert wird. Soll z. B.

$$CM^2 + CN^2 = a^2$$

seyn, so wird

$$zz = xx + yy = \frac{aaLL}{LL + NN}$$

und diese Gleichung stimmt mit der oben §. 410. gefundenen

$$xx + yy = \frac{aaLL}{(L - M)^2 + LL}$$

überein, weil $L - M + N = o$ ist. Ueberhaupt also erhält man, wenn

$$CM^n + CN^n = a^n$$

seyn soll, und n eine gerade Zahl ist, die Gleichung:

$$z^n = (xx + yy)^{\frac{n}{2}} = \frac{a^n L^n}{L^n + N^n} = \frac{a^n L^n}{L^n + (L - M)^n}$$

wo L eine Funktion von $m + 2$, M eine Funktion von $m + 1$, und N eine Funktion von m Dimensionen von x und y bedeutet.

§. 424.

Eben diese Auflösung läßt sich auch aus der Betrachtung der Summe $CM + CN = P$ herleiten. Denn wenn man von den beiden Größen CM und CN die eine $= z$ setzt, so wird die andere $= P - z$. Soll nun $CM^n + CN^n$ eine beständige Größe seyn, so wird

$$z^n + (P - z)^n = a^n.$$

Wir haben aber gesehen, daß $P = \frac{Mz}{L}$, und $Q = \frac{Nzz}{L}$ ist, so daß $L - M + N = o$ wird; und daraus fließt

$$z^n + \frac{z^n (M - L)^n}{L^n} = a^n$$

oder

$$z^n = \frac{a^n L^n}{L^n + (M - L)^n}$$

oder

$$z^n = \frac{a^n L^n}{L^n + N^n}$$

oder, wenn man L wegschafft,

$$z^n = \frac{a^n (M - N)^n}{(M - N)^n + N^n}.$$

Diese Gleichungen erfüllen die festgesetzte Bedingung, wenn n eine gerade Zahl ist, genau. Wenn aber n eine ungerade Zahl bedeutet, so giebt es zwar zwei Durchschnittspunkte M und N von der Art, daß $CM^n + CN^n = a^n$ ist; allein es sind dann auch noch zwei andere Durchschnittspunkte da, welchen eben diese Eigenschaft zukommt, so daß jede durch C gezogene gerade Linie das Verlangte zweimal thut.

§. 425.

Nach diesen Auseinandersetzungen ist es leicht, andere sehr schwere Aufgaben aufzulösen. Soll z. B. eine Curve gefunden werden, welche alle durch C gezogene gerade Linien so in zwei Punkten M und N schneiden, daß

$$CM^n + CN^n + \alpha . CM . CN (CM^{n-2} + CN^{n-2}) + \beta . CM^2 . CN^2 \times (CM^{n-4} + CN^{n-4}) \text{ ꝛc.}$$

eine beständige Größe $= a^n$ wird: so setze man den einen Werth $CM = z$, wodurch denn der andere $CN = \frac{Q}{z} = \frac{Nz}{L}$ wird. Gebraucht man nun diese Werthe, so ist die Gleichung, welche die Natur der gesuchten Curve ausdrückt, folgende:

$$z^n (L^n + N^n) + \alpha LN (L^{n-2} + N^{n-2}) + \beta . L^2 N^2 \times (L^{n-4} + N^{n-4}) + \text{ꝛc.} = a^n L^n$$

Es ist aber $L - M + N = o$, und L, M und N sind homogene Funktionen von x und y von $m + 2$, $m + 1$ und von m Dimensionen, so wie wir sie oben [§. 400.] beschrieben haben. Hiernach ist entweder $L = M - N$, oder $N = M - L$, und so lassen sich unzählige Auflösungen hieraus ableiten.

§. 426.

Wir gehen zur Untersuchung solcher Curven fort, die von den durch den angenommenen Punkt C gezogenen geraden Linien in drei Punkten geschnitten werden. Die allgemeine Gleichung für diese Curven ist:

$$z^3 - Pz^2 + Qz - R = 0$$

wo z die Entfernung eines jeden Punkts der Curve von dem Punkte C, und P, Q und R Funktionen des Sinus oder Cosinus des Winkels ACM = φ bedeuten. Es erhellet aber aus eben den Gründen, die wir oben [§. 394.] gebraucht haben, daß, wenn nicht mehr als drei Durchschnittspunkte entstehen sollen, P und R ungerade, Q aber eine gerade Funktion von sin. φ und cos. φ seyn müssen. Setzt man daher die rechtwinkligen Coordinaten CP = x, und PM = y, so daß $xx + yy = zz$ wird, und läßt man K, L, M und N homogene Funktionen von x und y von $n+3$, $n+2$, $n+1$ und von n Dimensionen bedeuten: so wird

$$P = \frac{Lz}{K};\ Q = \frac{Mzz}{K};\ \text{und}\ R = \frac{Nz^3}{K};$$

und dann hat man für die gesuchten Curven die allgemeine Gleichung:

$$K - L + M - N = 0$$

woraus erhellet, daß C ein so vielfacher Punkt der Curve seyn wird, als n Einheiten enthält.

§. 427.

Zuvörderst gehören also hieher alle Linien der dritten Ordnung, man mag den Punkt C außer der Curve annehmen, wo man will. Ferner begreift diese Gleichung auch alle Linien der vierten Ordnung unter sich, wenn der Punkt C in der Curve selbst angenommen wird. Drittens müssen dazu alle Linien der fünften Ordnung gerechnet werden, die einen doppelten Punkt haben, sobald der Punkt C in diesem doppelten Punkte angenommen wird. Und überhaupt thun alle Linien der folgenden höhern Ordnungen, die, wenn $n + 3$ die Ordnung der Gleichung anzeigt, einen so vielfachen Punkt haben, als n Einheiten enthält, dieser Bedingung ein Genüge.

§. 428.

Es seyen p, q und r die drei Werthe, welche z aus der Gleichung

$$z^3 - Pz^2 + Qz - R = 0$$

für einen jeden Werth des Winkels CAM = φ erhält: so ist wegen der Natur der Gleichungen

$$P = p + q + r;\ Q = pq + pr + qr;\ \text{und}\ R = pqr.$$

Da also schon P und R durch x und y nicht rational ausgedrückt werden können, so ist offenbar, daß keine solche Curven möglich sind, worin entweder $p + q + r$, oder pqr eine beständige Größe wäre; und überhaupt kann keine ungerade Funktion von p, q und r einer beständigen Größe gleich gesetzt werden. Die geraden Funktionen hingegen können ohne alle Schwierigkeit einen beständigen Werth bekommen. Soll z. B.

$$pq + pr + qr = aa$$

seyn, so wird $Q = \frac{Mzz}{K} = aa$, und folglich

$$M(xx + yy) = aaK.$$

Bringt man diesen Werth in die Gleichung

$$K - L + M - N = o$$

so findet man die Gleichung, welche alle mit der gedachten Eigenschaft begabte Curven in sich begreift, nemlich:

$$M(xx + yy) - aaL + aaM - aaN = o$$

oder, wenn man M wegschafft,

$$(xx + yy)K - (xx + yy)L + aaK - (xx + yy)N = o.$$

§. 429.

Auf gleiche Art lassen sich auch andere ähnliche Aufgaben sehr leicht auflösen; z. B. wenn eine Curve gefunden werden soll, welche von den durch C gezogenen geraden Linien so in drei Punkten geschnitten wird, daß

$$p^2 + q^2 + r^2 = a^2$$

ist. Denn da

$$p^2 + q^2 + r^2 = P^2 - 2Q$$

und

$$P = \frac{Lz}{K}, \text{ und } Q = \frac{Mzz}{K}$$

ist, so wird

$$\frac{L^2z^2}{K^2} - \frac{2Mz^2}{K} = a^2$$

oder

$$(xx + yy)L^2 - 2(xx + yy)KM = aaKK.$$

Nun haben wir aber für die Curven, die eine dreifache Durchschneidung zulassen, die allgemeine Gleichung

$$K - L + M - N =$$

die von der Art ist, daß die höchste Zahl der Dimensionen von x und y die niedrigste um 3 übertrifft. Um also eine solche Gleichung zu bekommen, und zugleich

$$(xx + yy)L^2 - 2(xx + yy)KN = aaKK$$

zu erhalten, multiplicire man jene Gleichung durch $2(xx + yy)K$, um M wegbringen zu können. Dadurch erhält man folgende allgemeine dem gegenwärtigen Falle entsprechende Gleichung:

$$2(xx + yy)KK - 2(xx + yy)KL + (xx + yy) \times L^2 - aaKK - 2(xx + yy)KN = o.$$

Es ist nemlich $2(xx + yy)KK$ das Glied, welches die meisten Dimensionen enthält, und zwar ist die Anzahl der

Dimensionen von x und y, die darin vorkommen, $= 2n + 8$: und dagegen hat das Glied mit dem wenigsten Dimensionen, oder $2(xx + yy)KN$ deren $2n + 5$, so wie es die Natur der Sache erfordert.

§. 430.

Da nun weder das höchste noch das niedrigste Glied verschwinden kann, so wollen wir, um die einfachste Curve zu finden, $n = o$ setzen, und dabei sey

$$N = b^3;\ K = x(xx + yy);\ \text{und}\ L = o.$$

Auf diese Art bekommt man die Gleichung:

$$2(xx + yy)^3x^2 - aaxx(xx + yy)^2 - 2b^3x(xx + yy)^2 = o$$

die, durch $2x(xx + yy)^2$ dividirt,

$$x(xx + yy) - \tfrac{1}{2}aax - b^3 = o$$

und also eine Gleichung vom dritten Grade giebt. Nimmt man hingegen

$$L \text{ nicht} = o, \text{ sondern } L = 2c(xx + yy)$$

so erhält man folgende Gleichung des vierten Grades:

$$xx(xx + yy) - 2cx(xx + yy) + 2cc(xx + yy)$$
$$- \tfrac{1}{2}aaxx - b^3x = o$$

oder

$$xx(xx + yy) + (2c - x)^2(xx + yy) = aaxx + 2b^3x.$$

Auf ähnliche Art lassen sich aus den höhern Ordnungen eine Menge anderer Curven finden, die der Aufgabe ein Genüge thun.

§. 431.

Auf ähnliche Art kann man auch die Curven kennen lernen, worin

$$p^4 + q^4 + r^4$$

eine beständige Größe ist. Da nemlich

$$p^4 + q^4 + r^4 = P^4 - 4P^2Q + 2QQ + 4PR$$

ist, so muß man

$$P^4 - 4F^2Q + 2QQ + 4PR = c^4$$

setzen. Es wird also

$$z^4(L^4 - 4KL^2M + 2K^2M^2 + 4K^2LN) = c^4K^4,$$

und folglich

$$4K^2LNz^4 = c^4K^4 - z^4(L^4 - 4KL^2M + 2K^2M^2).$$

Setzt man nun den hieraus für N entstehenden Werth in die Gleichung

$$K - L + M - N = o$$

so bekommt man eine allgemeine Gleichung für die Curven, welche der angeführten Bedingung ein Genüge thun.

§. 432.

Es kann aber außer der Bedingung, daß

$$p^4 + q^4 + r^4 = c^4$$

seyn soll, auch zugleich die erfullt werden, daß

$$p^2 + q^2 + r^2 = a^2$$

sey. Wegen dieser muß nemlich

$$zzL^2 - 2zzKM = aaKK$$

und folglich

$$2zzKM = zzL^2 - aaKK$$

seyn. Da nun ferner

$$4K^2LNz^4 = c^4K^4 - L^4z^4 + 4KL^2Mz^4 - 2K^2M^2z^4$$

ist, so wird

$$4K^2LNz^4 = c^4K^4 + L^4z^4 - 2aaK^2L^2z^2 - 2K^2M^2z^4$$

und

$$4K^2LMz^4 = 2KL^3z^4 - 2aaK^3Lzz.$$

Bringt man diese Werthe statt M und N in die Gleichung

$$K - L + M - N = o$$

oder

$$4K^3Lz^4 - 4K^2L^2z^4 + 4K^2LMz^4 - 4K^2LNz^4 = o$$

so erhält man folgende Gleichung für die Curven:

$$4K^3Lz^4 - 4K^2L^2z^4 + 2KL^3z^4 - 2a^2K^3Lzz - c^4K^4$$
$$- L^4z^4 + 2a^2K^2L^2zz + 2K^2M^2z^4 = o.$$

Allein wegen

$$KMzz = \tfrac{1}{2}L^2zz - \tfrac{1}{2}aaKK$$

ist

$$2K^2M^2z^4 = \tfrac{1}{2}L^4z^4 - aaK^2L^2zz + \tfrac{1}{2}a^4K^4$$

und so ergiebt sich für die gesuchten Curven diese allgemeine Gleichung:

$$8K^3Lz^4 - 8K^2L^2z^4 + 4KL^3z^4 - 4a^2K^3Lzz - 2c^4K^4$$
$$- L^4z^4 + 2a^2K^2L^2zz + a^4K^4 = o.$$

§. 433.

Da K eine homogene Funktion von x und y seyn muß, worin die Zahl der Dimensionen um 1 größer ist als in L; so findet man die einfachste Curve mit drei Durchschnittspunkten, wobei

$$p^2 + q^2 + r^2 = a^2$$

und

$$p^4 + q^4 + r^4 = c^4$$

ist, wenn man K = zz, und L = bx setzt. Es ist demnach

$$8bxz^6 - 8bbxxz^4 + 4b^3x^3z^2 - 4a^2bxz^4 - 2c^4z^4$$
$$- b^4x^4 + 2a^2b^2x^2z^2 + a^4z^4 = o.$$

Da zz = xx + yy ist, so ist diese Gleichung rational, und giebt eine Linie der siebenten Ordnung, worin der Punkt C ein vierfacher Punkt ist. Man findet aber noch eine andere Linie der siebenten Ordnung, wenn man K = x, und L = b setzt. Es wird nemlich dadurch

$$8bx^4z^4 - 8bbxxz^4 + 4b^3xz^4 - 4aabx^3zz - 2c^4x^4$$
$$- b^4z^4 + 2aabbxxzz + a^4x^4 = o$$

oder

$$z^4 = \frac{4aabx^3zz - 2aabbxxzz + 2c^4x^4 - a^4x^4}{8bx^3 - 8bbxx + 4b^3x - b^4}$$

und hieraus wird

$$zz = \frac{2aabx^3 - aabbxx}{b(2x - b)(4xx - 2bx + bb)} \pm$$

$$\frac{xx\sqrt{(2bx - bb)(2c^4(bb - 2bx + 4xx) - 2a^4(bb - 2bx + 2xx))}}{b(2x - b)(4xx - 2bx + bb)}.$$

§. 434.

Nun könnten wir fortgehen zu Curven, die von den durch den Punkt C gezogenen geraden Linien in vier Punkten geschnitten würden, und darunter diejenigen bestimmen, welche gewisse gegebene Eigenschaften hätten. Allein, sobald der Weg, den wir bisher gegangen sind, deutlich vor Augen gestellt wird: so kann sich dabei nicht die geringste Schwierigkeit finden: und man wird die hier denkbaren Aufgaben entweder mit leichter Mühe auflösen, oder sogleich entdecken, daß sie keine Auflösung zulassen. Ich verweile daher hierbei nicht länger sondern gehe zu einer andern Untersuchung über die krummen Linien fort.

Achtzehntes Capitel.

Von der Aehnlichkeit und Verwandschaft der Curven.

§. 435.

Eine jede Gleichung, durch welche eine Curve ausgedrückt werden soll, muß außer den rechtwinkligen Coordinaten x und y eine oder mehre beständige Größen, z. B. a, b, c, rc. enthalten, die beständige Linien bezeichnen, und mit den veränderlichen Größen x und y zusammen genommen allenthalben eine und dieselbe Anzahl von Dimensionen ausmachen. Denn wenn irgend ein Glied ein Produkt aus n Linien enthält, so müssen auch in jedem andern Gliede eben so viel Linien in einander multiplicirt worden seyn, weil, wenn dies nicht wäre, heterogene Größen mit einander verglichen werden müßten, welches nicht möglich ist. Es müssen also in jeder Gleichung, wodurch eine Curve ausgedrückt werden soll, die beständigen Linien mit den veränderlichen allenthalben eine und dieselbe Anzahl von Dimensionen hervorbringen; es wäre denn, daß eine oder die andere von den beständigen durch die Einheit oder eine andere absolute Zahl ausgedrückt worden wäre. Dies vorausgesetzt, so würden, wenn in seiner Gleichung keine beständige Linien vorkämen, x und y allein allenthalben dieselbe Anzahl von Dimensionen geben, und folglich eine homogene Funktion ausmachen. Wir haben aber schon oben gesehen, daß solche Gleichungen keine Curven ausdrücken, sondern Gleichungen für mehrere gerade Linien sind, die sich einander in einem und demselben Punkte schneiden.

§. 436.

Wir wollen also eine Gleichung betrachten, worin außer den beiden veränderlichen Größen x und y nicht mehr als die einzige beständige Linie a vorkommt, so daß darin die drei Linien a, x und y allenthalben dieselbe Anzahl von Dimensionen haben. Eine solche Gleichung giebt, je nachdem der beständigen Linie a dieser oder jener Werth beigelegt wird, unzählige Curven, die sich von einander bloß durch die Größe unterscheiden, und übrigens durchaus einander ähnlich sind. Alle Curven, die auf diese Art in einer und derselben Gleichung enthalten sind, müssen nothwendig zu einem Geschlecht gerechnet, und als ähnliche Curven betrachtet werden; und es findet sich bei ihnen kein anderer Unterschied, als der, den man bei Kreisen von verschiedenen Halbmessern wahrnimmt.

§. 437.

Um diesen Begriff von der Aehnlichkeit der Curven an einem Beispiele zu erläutern, wollen wir eine einzelne Gleichung betrachten, welche außer den veränderlichen Größen x und y nur eine beständige Linie a enthält, die Parameter heißen mag; folgende nemlich:

$$y^3 - 2x^3 + ayy - aax + 2aay = 0.$$

Es sey AC, Fig. 88., der Werth des Parameters a, und bei AC = a die Linie AMB die Curve, welche in der Gleichung enthalten ist, wenn man die gerade Linie AB zur Axe nimmt, und die Coordinaten AP = x, und PM = y setzt. Nun gebe man dem Parameter a irgend einen andern Werth ac = a, Fig. 89., und dabei sey amb die Curve, welche nunmehr durch die angeführte Gleichung ausgedrückt wird. Unter diesen Voraussetzungen sind die beiden Curven AMB und amb einander ähnlich. Denn bleibt

$$AC = a;\ AP = x;\ \text{und}\ PM = y;$$

und setzt man

$$ac = \frac{1}{n}\ AC = \frac{a}{n}$$

so wird, wenn man $ap = \frac{1}{n}\ AP = \frac{x}{n}$ nimmt,

$$pm = \frac{1}{n} PM = \frac{y}{n}.$$

Setzt man nemlich in der gegebenen Gleichung $\frac{a}{n}$, $\frac{x}{n}$, und $\frac{y}{n}$ für a, x und y, und multiplicirt darauf alle Glieder durch n^3: so bringt man eben dieselbe Gleichung wieder hervor.

§. 438.

Es haben also die ähnlichen Curven diese Eigenschaft, daß dabei, wenn man die Abscissen AP, ap in dem Verhältnisse der Parameter AC und ac nimmt, die Applicaten PM und pm in eben demselben Verhältnisse stehen; und dies dient zugleich, um die Natur der Aehnlichkeit deutlicher vor Augen zu legen. Nimmt man nemlich

$$AP : ap = AC : ac$$

so wird auch

$$PM : pm = AC : ac.$$

Da nun hieraus $AP : PM = ap : pm$ ist; so sind diese Curven in eben dem Sinne einander ähnlich, in welchem man überhaupt geometrischen Figuren Aehnlichkeit beilegt, und haben, die Größe ausgenommen, alle übrige Eigenschaften mit einander gemein. Denn macht man AP und ap homolog, oder den Parametern AC und ac proportional: so stehen nicht nur auch PM und pm in dem Verhältnisse der Parameter, sondern auch alle andere auf ähnliche Art gezogene Linien: ja es ist selbst der Bogen $AM : am = AC : ac$. Ferner ist das Verhältniß der Räume APM und apm zweifach so hoch als das Verhältniß der Parameter, oder

$$APM : apm = AC^2 : ac^2$$

und wenn man zwei homologe Punkte O und o nimmt, so daß

$$AO : ao = AC : ac$$

ist; und aus denselben unter gleichen Winkeln AOM, aom nach den Curven die geraden Linien OM und om zieht: so ist auch

$$OM : om = AC : ac.$$

Endlich sind auch wegen der Aehnlichkeit die Tangenten für die homologen Punkte M und m gegen die Axe unter einerlei Winkel geneigt, und selbst die Krümmungshalbmesser haben zu einander das Verhältniß der Parameter AC und ac.

§. 439.

Hieraus erhellet, daß alle Kreise ähnliche Figuren sind, da sie insgesammt durch die Gleichung $yy = 2ax - xx$ ausgedrückt werden; und auf gleiche Art sind auch alle in der Gleichung $yy = ac$ enthaltene Curven, oder alle Parabeln ähnliche Figuren. Bestimmt man nun aus solchen Gleichungen, als wir jetzt für ähnliche Curven gehabt haben, und worin die Coordinaten x und y mit dem Parameter a allenthalben einerlei Anzahl von Dimensionen hervorbringen, den Werth von y: so findet man dafür eine homogene Funktion von a und x von einer Dimension. Umgekehrt muß also auch die Gleichung:

$$y = P$$

wenn P eine homogene Funktion von a und x von einer Dimension bedeutet, unzählige einander ähnliche Curven enthalten, welche man findet, wenn man dem Parameter a nach und nach verschiedene Werthe beilegt. Auf ähnliche Art wird auch die Abscisse x aus solchen Gleichungen eine homogene Funktion von a und y von einer Dimension, und der Parameter eine Funktion von einer Dimension von x und y.

§. 440.

Ist aber irgend eine Curve AMB gegeben, so lassen sich auf sehr leichte Art unzählige andere ihr ähnliche beschreiben. Man nehme irgend ein Verhältniß, welches die homologen Seiten der gegebenen und der zu beschreibenden Curve haben sollen, und setze dasselbe $= 1 : n$. Wird nun die Curve AMB durch die Coordinaten x und y auf die Axe AB bezogen, so schneide man auf der ähnlichen Axe ab die Abscisse ap so ab, daß

$$AP : ap = 1 : n$$

werde, und errichte dann aus p die senkrechte Applicate pm, so, daß auch

$$PM : pm = 1 : n$$

sey. Ist dies geschehen, so liegt der Punkt m in der ähnlichen Curve amb, so, daß M und m homolog sind. Oder man kann auch von irgend einem festen Punkte O ausgehen. Denn nimmt man in der Curve, die man beschreiben will, einen ähnlichen festen Punkt o an, und macht dabei beständig den Winkel $aom = AOM$, und om so groß, daß $OM : om = 1 : n$ ist: so liegt der Punkt m ebenfalls in der ähnlichen Curve amb. Auf diese Art lassen sich also, nachdem man das Verhältniß $1 : n$ nach Belieben angenommen hat, ähnliche Curven beschreiben; man hat aber zu diesem Zwecke mechanische Instrumente erfunden, wodurch man, wenn Figuren gegeben sind, andere diesen ähnliche von jeder Größe auf eine bequemere Weise darstellen kann.

§. 441.

Wenn also die Natur einer Curve AM durch eine Gleichung zwischen den Coordinaten $AP = x$, und $PM = y$ ausgedrückt wird, so läßt sich daraus sehr leicht die Gleichung für die ähnliche Curve am finden. Denn setzt man die homologe Absciſſe ap = X, und die Applicate pm = Y, ſo iſt aus der Conſtruction

$$x : X = 1 : n; \text{ und } y : Y = 1 : n$$

und folglich

$$x = \frac{X}{n}; \text{ und } y = \frac{Y}{n}.$$

Bringt man nun dieſe Werthe in die Gleichung zwiſchen x und y, ſo erhält man dadurch die zwiſchen X und Y, wodurch die ähnliche Curve ausgedrückt wird. Wenn alſo in dieſer neuen Gleichung bloß die Coordinaten X und Y nebſt dem Buchſtaben n betrachtet werden, um die Dimenſionen zu zählen, ſo iſt die Anzahl der Dimenſionen allenthalben = 0; oder multiplicirt man die Gleichung, um die Brüche wegzuſchaffen, durch irgend eine Poteſtät von n, ſo entſteht eine andere, worin die drei Buchſtaben, X, Y und n allenthalben dieſelbe Anzahl von Dimenſionen haben. Wir haben aber oben [im Anfange dieſes Capitels] geſehen, daß in einer jeden Gleichung für ähnliche Curven die beiden Coordinaten mit der beſtändigen Größe, durch deren Veränderung ähnliche Curven entſtehen, allenthalben dieſelbe Anzahl von Dimenſionen ausmachen; und es iſt dies alſo ein Kennzeichen der Gleichungen, welche ähnliche Curven ausdrücken.

§. 442.

Da die homologen Abſciſſen und Applicaten bei ähnlichen Curven in gleichem Verhältniſſe wachſen und abnehmen, ſo können die krummen Linien, bei welchen ſich die Abſciſſen und Applicaten nach verſchiedenen Verhältniſſen richten, nicht einander ähnlich genannt werden. Da indeſſen zwiſchen dieſen Curven doch noch immer eine gewiſſe Verbindung ſtatt findet, ſo wollen wir ſie verwandte Curven nennen; und es begreift daher die Verwandtſchaft der krummen Linien die Aehnlichkeit derſelben als eine Art unter ſich. Es werden nemlich verwandte Curven einander ähnlich, wenn die beiden Verhältniſſe, davon das eine bei den Abſciſſen, das andere bei den Applicaten ſtatt fand, gleich werden. Es laſſen ſich daher aus jeder gegebenen Curve AMB, Fig. 88., unzählige verwandte Curven amb, Fig. 89., auf folgende Art finden. Man nehme die Abſciſſe ap, ſo, daß

$$AP : ap = 1 : m$$

ſey. Dann errichte man die Applicate pm, ſo daß

$$PM : pm = 1 : n$$

werde. Verändert man nun das eine oder das andere von dieſen Verhältniſſen, oder beide, ſo findet man dadurch un zählige Curven, die insgesammt der Curve AMB verwandt sind.

§. 443.

Es werde die Natur der gegebenen Curve AMB durch irgend eine Gleichung zwischen den rechtwinkligen Coordinaten $AP = x$, und $PM = y$ ausgedrückt, und in der auf die gedachte Art beschriebenen verwandten Curve amb die Abscisse $AP = X$, und die Applicate $pm = Y$ gesetzt: so wird, weil

$$x : X = 1 : m; \text{ und } y : Y = 1 : n$$

ist

$$x = \frac{X}{m}; \text{ und } y = \frac{Y}{n}.$$

Bringt man daher diese Werthe in die zwischen x und y gegebene Gleichung, so erhält man eine andere zwischen X und Y für die verwandten Curven. Um die Natur dieser Gleichung genauer kennen zu lernen, wollen wir annehmen, die für die Curve AMB gegebene Gleichung sey so beschaffen, daß die Applicate y irgend einer Funktion von x, die wir $= P$ setzen wollen, gleich, und also $y = P$. Wenn man also in P anstatt x den Bruch $\frac{X}{m}$ setzt, so wird P eine Funktion von X und m von keiner Dimension; und es muß daher die allgemeine Gleichung für die verwandten Curven so beschaffen seyn, daß $\frac{Y}{n}$ eine Funktion von keiner Dimension von X und m, oder welches einerlei ist, daß eine Funktion von keiner Dimension von Y und n einer Funktion von keiner Dimension von X und m gleich ist.

§. 444.

Dieser Unterschied zwischen ähnlichen und verwandten Curven ist vorzüglich deswegen zu merken, weil die Curven, die in Rücksicht auf eine Axe oder einen festen Punkt einander ähnlich sind, auch in Ansehung aller übrigen Axen oder homologen Punkte ähnlich bleiben; dahingegen die Curven, welche bloß zu den einander verwandten gehören, solches nur in Ansehung derer Axen sind, worauf sie bezogen werden, und daß man dabei nicht nach Willkühr andere Axen oder homologe Punkte annehmen darf, um darauf die Verwandschaft zu beziehen. Uebrigens ist zu bemerken, daß, so wie alle ähnliche Curven zu einerlei Ordnung, ja selbst zu einem Geschlechte gehören, so auch die verwandten Curven stets unter einem und demselben Geschlechte begriffen sind. Um dies deutlicher zu machen, wollen wir die beschriebene Aehnlichkeit und Verwandschaft an einigen von den bekanntesten Curven erläutern.

§. 445.

Es sey also die gegebene Curve ein Kreis, der auf den Durchmesser bezogen, und durch die Gleichung

$$yy = 2cx - xx$$

ausgedrückt werde. Man setze

$$x = \frac{X}{n}; \text{ und } y = \frac{Y}{n}$$

so enthält die dadurch entstehende Gleichung zwischen X und Y alle ähnliche Curven. Man findet aber durch die angeführten Substitutionen

$$\frac{Y^2}{n^2} = \frac{2cX}{n} - \frac{XX}{nn}$$

oder

$$Y^2 = 2ncX - XX$$

woraus erhellet, daß alle ähnliche Figuren ebenfalls Kreise sind, deren Durchmesser durch 2nc ausgedrückt wird. Um aber die dem Kreise verwandten Curven zu finden, setze man

$$x = \frac{X}{m}; \text{ und } y = \frac{Y}{n}.$$

Hiedurch erhält man die Gleichung

$$\frac{Y^2}{n^2} = \frac{2cX}{m} - \frac{XX}{mm}$$

oder

$$m^2Y^2 = 2mn^2cX - nnXX.$$

Da dieses eine allgemeine Gleichung für die Ellipsen ist, die auf die eine von den Hauptaxen bezogen werden, so erhellet, daß alle Ellipsen dem Kreise verwandte Curven sind; auch werden daher alle Ellipsen unter einander verwandt. Auf eine ähnliche Art findet man, daß auch die Hyperbeln als einander verwandte Curven angesehen werden müssen. Wenn hingegen bei den Ellipsen und Hyperbeln beide Hauptaxen einerlei Verhältniß zu einander haben, so sind sie ähnliche Curven.

§. 446.

Was die durch die Gleichung $yy = cx$ ausgedrückte Parabel betrifft, so ist klar, daß alle ihr ähnliche Curven ebenfalls Parabeln seyn werden, so wie auch, daß alle Parabeln einander ähnliche Curven sind. Betrachtet man aber die verwandten Parabeln, indem man

$$y = \frac{Y}{n}; \text{ und } x = \frac{X}{m}$$

setzt: so erhält man dadurch die Gleichung:

$$Y^2 = \frac{n^2 c}{m} X;$$

und da dies ebenfalls eine Gleichung für eine Parabel ist, so erhellet, daß alle verwandte Parabeln auch einander ähnlich sind, so daß in diesem Falle die Aehnlichkeit eben so weit sich erstreckt als die Verwandschaft. Eben dieses findet bei allen Curven statt, deren Natur durch eine Gleichung ausgedrückt wird, welche nur aus zwei Gliedern besteht; dergleichen sind:

$$y^3 = ccx;\ y^3 = cxx;\ y^2x = c^3;\ \text{etc.}$$

Bei dergleichen Curven, sie mögen parabolisch oder hyperbolisch seyn, findet kein Unterschied zwischen Aehnlichkeit und Verwandschaft statt; allein diese Beschaffenheit findet sich auch nur bei diesen Curpen und bei keinen andern, wie wir solches bereits beim Kreise und der Ellipse bemerkt haben.

§. 447.

Legt man, wenn in einer gegebenen Gleichung zwischen x und y mehrere beständige Größen a, b, c etc. befindlich sind, allen diesen beständigen Größen bestimmte Werthe bei: so erhält man daraus nicht mehr als eine einzige Curve; nimmt man aber eine der gedachten beständigen Größen, z. B. a, veränderlich an, und legt derselben nach und nach verschiedene bestimmte Werthe bei, so findet man, da jeder Werth eine besondere Curve giebt, daraus unzählige krumme Linien, die, wenn außer a keine andere beständige Linien in der Gleichung sind, zugleich einander ähnlich, im entgegenstehenden Falle aber einander unähnlich seyn werden. Wenn hingegen außer a auch noch eine andere beständige Größe b veränderlich genommen wird, so entspringen wegen der Veränderlichkeit von b aus jedem Werthe von a unzählige Curven; und man bekommt demnach, wenn zwei beständige Größen a und b veränderlich genommen werden, unendlich mal unendlich viel von einander verschiedene Curven. Wenn außerdem noch eine dritte beständige Größe veränderlich gemacht wird, so wird die Anzahl der dann möglichen Curven noch unendlichmal größer, und überhaupt also die Anzahl dieser Curven durch eine desto höhere Potestät des Unendlichen ausgedrückt, je größer die Menge der beständigen Größen ist, die man zu veränderlichen macht.

§. 448.

Diese unendlich vielen Curven, die sich aus einer Gleichung ergeben, wenn man darin nur eine beständige Linie veränderlich annimmt, wollen wir jetzt etwas genauer betrachten. Man findet aber aus einer solchen Gleichung, wenn man dieselbe Axe und so auch den Anfangspunkt der Abscissen beibehält, nicht nur die gedachten unzähligen Curven, sondern man lernt daraus auch die Lage derselben kennen, so, daß durch sie ein gewisser Raum ausgefüllet wird, in welchem kein Punkt angegeben werden kann, durch welchen nicht eine von jenen unzähligen Curven geht. Je nachdem aber jene Gleichung beschaffen ist, je nachdem werden die erwähnten unzähligen Curven auch einander entweder ähnlich oder unähnlich seyn, wie aus dem Vorhergehenden bekannt ist; ja es kann sich ereignen, daß alle diese Curven nicht bloß einander ähnlich, sondern selbst gleich, und bloß in Ansehung ihrer Lage von einander verschieden sind. So giebt die Gleichung:

$$y = a + \sqrt{(2cx - xx)}$$

wenn man a veränderlich annimmt, unzählige gleiche Kreise, deren Halbmesser $= c$ ist, und deren Mittelpunkte in einer geraden auf der Axe senkrechten Linie liegen.

§. 449.

Umgekehrt kann man auch, wenn eine und dieselbe Curve in einer Ebene in unendlich vielen Lagen nach einem bestimmten Gesetze beschrieben wird, die Gleichung finden, wodurch, wenn man darin nur eine beständige Größe veränderlich annimmt, alle diese unzählige einander gleiche Curven ausgedrückt werden. Es sey diese in unendlich vielen Bogen dargestellte Curve ein Kreis mit dem Halbmesser $= c$, und mit unendlich vielen Lagen von der Beschaffenheit, daß die Scheitelpunkte A, a, in einer gegebenen Curve AaL, Fig. 90., welche man die Directrix nennt, liegen, die Durchmesser ab aber der Axe AB parallel bleiben. Um die Gleichung für diese unzähligen Kreise zu finden, nehme man in der Directrix irgend einen Punkt a an, und fälle aus demselben auf die Hauptaxe die senkrechte Linie aK. Man setze $AK = a$; und da die Directrix gegeben ist, so ist auch Ka durch a gegeben. Es sey also $Ka = A$, wo denn A eine gegebene Funktion von a seyn wird. Dann ziehe man aus a, der Hauptaxe parallel, die Linie ab, welche der Durchmesser des Kreises seyn wird, der den Scheitelpunkt in dem Punkte der Directrix a hat; und ferner aus einem beliebigen Punkte m die Applicate $mP = y$ zu der Abscisse $AP = x$. Ist dieses geschehen, so hat man

$$ap = x - a; \text{ und } pm = y - A.$$

Setzt man nun $ap = t$; und $pm = u$; so ist wegen der Natur des Kreises

$$uu = 2ct - tt$$

und da $t = x - a$, und $u = y - A$ ist, so ergiebt sich daher

$$(y - A)^2 = 2c(x - a) - (x - a)^2$$

und dieses ist die allgemeine Gleichung, welche alle Kreise, die nach der Directrix AaL auf die beschriebene Art liegen, unter sich begreift. Man findet nemlich alle diese Kreise aus der erhaltenen Gleichung, wenn man die Linie a, wovon zugleich A abhängig ist, veränderlich nimmt.

§. 450.

Auf ähnliche Art kennt man, wenn anstatt des Kreises irgend eine andere Curve amb so nach der Directrix AaL bewegt wird, daß ihr Scheitel oder der Anfangspunkt der Abscissen a in der Directrix liegt, und die Axe ab sich stets parallel bleibt, diese in unendlich vielen Lagen beschriebene Curve, und kann auch die Gleichung finden, wodurch die Natur dieser Curven auf einmal ausgedrückt wird. Es sey die Natur dieser so fortbewegten Curve durch eine Gleichung zwischen den Coordinaten $ap = t$, und $pm = u$ gegeben, und die Hauptaxe, worauf alle Curven zusammengenommen bezogen werden, AB, sey der Axe ab parallel, und zugleich die Axe der Directrix AaL. Setzt man nun, wie vorhin $AK = a$, und $Ka = A$, so daß A eine Funktion von a ist, und macht man die Abscisse $AP = x$, und die Applicate $PM = y$: so wird $t = x - a$, und $u = y - A$. Bringt man ferner diese Werthe von t und u anstatt dieser Größen in die gegebene Gleichung, so bekommt man dadurch eine allgemeine Formel, welche alle Curven amb zusammen unter sich begreift. Denn was man auch dem Buchstaben a für einen Werth geben mag, so findet man allemal eine Curve amb aus der unzähligen Menge derer, die auf die im Anfange gedachte Art sich ergeben. Ist z. B. die Curve amb eine durch die Gleichung $uu = ct$ ausgedrückte Parabel, so sind alle der Menge nach unzählige, übrigens unter einander gleiche Parabeln, deren Scheitelpunkte in der Directrix AaL liegen, und deren Axen der geraden Linie AB parallel sind, in der Gleichung $(y-A)^2 = c(x-a)$ enthalten.

§. 451.

So wie wir hier angenommen haben, daß sich der Scheitel der Curve A in der gegebenen Directrix auf die Art fortbewege, daß die Axe derselben sich stets parallel bleibt: so kann auch bei dieser Bewegung des Scheitels durch eine gegebene Curve die Lage der Axe nach Gefallen verändert werden; und dann erhält man eine viel allgemeinere Gleichung für eben diese Curve, die in einer gegebenen Ebene nach einem bestimmten Gesetze unendlich oft dargestellt werden kann. Um dies deutlicher zu machen, wollen wir zuvörderst annehmen, daß sich der Scheitel der

Curve A durch den Bogen Aa, Fig. 91., auf die Art fortbewege, daß die Lage der Axe ab immer nach dem Mittelpunkte des Kreises O hingerichtet sey. Durch diese radförmige Bewegung der Curve AMB mit der Axe BAO um den Punkt O erhält man alle jene unzählige Lagen der Curve AMB, die insgesammt durch eine Gleichung, worin eine beständige Größe, die man veränderlich annimmt, vorkommt, ausgedrückt werden sollen.

§. 452.

Es der unveränderliche Halbmesser $AO = aO = c$, und der Winkel $AOa = \alpha$; welcher denn veränderlich angenommen wird. Aus irgend einem Punkte m, der in irgend einer Lage dargestellten Curve amb fälle man auf die gerade Linie OAB, welche zur Hauptaxe angenommen worden ist, die Applicate mP, und dabei sey $OP = x$, und $Pm = y$. Ferner ziehe man aus eben dem Punkte m auf die Axe ab, welche zu der Curve amb gehört, die senkrechte Linie mp, und setze $ap = t$, und $pm = u$. Ist dies geschehen, so hat man eine unveränderliche Gleichung für die Curve amb zwischen den Coordinaten t und u. Nun lege man durch P die Linie Ps der Ob parallel, und ihr begegne die verlängerte Applicate mp in s: so ist

$$ps = x.\sin.\alpha;\ Op - Ps = x.\cos.\alpha$$

desgleichen, weil $Pms = AOa = \alpha$ ist

$$Ps = y.\sin.\alpha;\ \text{und}\ ms = y.\cos.\alpha.$$

Hieraus fließt

$$Op = c + t = x.\cos.\alpha + x.\sin.\alpha;$$

und

$$mp = u = y.\cos.\alpha - x.\sin.\alpha.$$

Man setze also in der zwischen t und u gegebenen Gleichung

$$t = x.\cos.\alpha + y.\sin.\alpha - c$$

und

$$u = y.\cos.\alpha - x.\sin.\alpha$$

so erhält man die allgemeine Gleichung zwischen den Coordinaten x und y, die, wenn man den Winkel α veränderlich annimmt, alle Curven amb unter sich begreift.

§. 453.

Es bewege sich nunmehr der Scheitel der Curve AMB, Fig. 92., nach irgend einer Directrix AaL, und dabei verändere sich die Lage der Axe ab stets auf die Art, daß der Winkel AOa, wie solches übrigens auch seyn mag, von dem Punkte a abhänge. Es sey nemlich, wenn der Scheitel in a ist, $AK = a$, und $Ka = A$, und der Winkel $AOa = \alpha$; wo also, weil die Directrix gegeben ist, A eine bekannte Funktion von a, und der Sinus oder Cosinus des Winkel α ebenfalls eine Funktion von a ist. Dies vorausgesetzt, so ist

$$KO = \frac{A}{\text{tang.}\,\alpha};\ \text{und}\ Oa = \frac{A}{\text{sin.}\,\alpha}.$$

Nun fälle man aus einem beliebigen Punkte m der Curve amb auf die Hauptaxe AO die senkrechte Linie mP, und zugleich auf die eigentliche Axe derselben mp; auch sey AP = x, Pm = y; ap = t, und pm = u. Alsdann hat man eine unveränderliche Gleichung zwischen den Coordinaten t und u, und daraus ist nunmehr die veränderliche Gleichung zwischen x und y, die alle Curven amb unter sich begreift, zu bestimmen.

§. 454.

Um dieses zu leisten, ziehe man aus P auf die verlängerte mp die gerade Linie Ps senkrecht, welche folglich der Axe der Curve abO parallel seyn wird; und da Pms = AOa = α ist, so wird

$$Ps = y.\,\text{sin.}\,\alpha;\ \text{und}\ ms = y.\,\text{cos.}\,\alpha.$$

Da ferner $OP = a + \frac{A}{\text{tang.}\,\alpha} - x$ ist, so wird

$$ps = a.\,\text{sin.}\,\alpha + A.\,\text{cos.}\,\alpha - x.\,\text{sin.}\,\alpha$$

und

$$Op - Ps = a.\,\text{cos.}\,\alpha + \frac{A.\,\text{cos.}\,\alpha}{\text{tang.}\,\alpha} - x.\,\text{cos.}\,\alpha.$$

Hieraus fließt

$$Op = a.\,\text{cos.}\,\alpha + \frac{A.\,\text{cos.}\,\alpha}{\text{tang.}\,\alpha} - x.\,\text{cos.}\,\alpha + y.\,\text{sin.}\,\alpha$$

$$= \frac{A}{\text{sin.}\,\alpha} - t$$

und es ist also

$$t = A.\,\text{sin.}\,\alpha - a.\,\text{cos.}\,\alpha + x.\,\text{cos.}\,\alpha - y.\,\text{sin.}\,\alpha$$

und

$$u = -a.\,\text{sin.}\,\alpha - A.\,\text{cos.}\,\alpha + x.\,\text{sin.}\,\alpha + y.\,\text{cos.}\,\alpha.$$

Wenn man daher in der zwischen t und u gegebenen Gleichung

$$t = (x - a)\,\text{cos.}\,\alpha - (y - A)\,\text{sin.}\,\alpha$$

und

$$u = (x - a)\,\text{sin}\ \alpha + (y - A)\,\text{cos.}\,\alpha$$

setzt, so bekommt man die gesuchte Gleichung zwischen x und y. Nach was für einem Gesetze also auch eine und dieselbe Curve amb in einer Ebene unendlichmal beschrieben werden mag, so findet man gleichwohl auf diese Art eine allgemeine Gleichung, welche alle diese Curven ohne Ausnahme unter sich begreift.

§. 455.

Auf diese Weise werden unzählige durchaus einander

gleiche, und nur in der Lage von einander verschiedene Curven in eine Gleichung zusammen gefaßt, wenn die zwischen t und u gegebene Gleichung unveränderlich ist, und keine beständige, als eine veränderliche zu behandelnde, Größe in sich schließt. Wenn aber eine oder mehr beständige Größen von denen, die sich in der Gleichung zwischen t und u befinden, ebenfalls als von a abhängig angesehen werden, so bekommt man unzählige verschiedene, und einander entweder ähnliche oder unähnliche Curven, die ebenfalls in derselben Gleichung enthalten sind. Aehnlich werden nemlich alle Curven seyn, wenn die Gleichung zwischen t und u so beschaffen ist, daß sie irgend eine homogene Funktion von einer Dimension von t und f ausmacht, und f eine Größe bedeutet, die auf irgend eine Art von a abhängt. Wenn aber das Gegentheil statt findet, so sind die Curven unähnlich.

§. 456.

Um diese Behauptung von den unähnlichen Curven durch ein Beispiel zu erläutern, wollen wir annehmen, daß diese Curven unzählige Kreise AB, αB, amB, Fig. 93., seyn, die durch einen gegebenen Punkt B gehen, und ihre Mittelpunkte insgesammt in der geraden Linie AE haben. Dergleichen Kreise stellen auf den geographischen Charten die Meridiane vor. Man fälle aus B die Perpendiculärlinie BC auf AC herab, und dabei sey $BC = c$, welche Größe folglich unveränderlich seyn wird. Dann betrachte man einen von den gedachten unzähligen Kreisen amB, und setze, nachdem man eine Applicate mP gezogen hat, $CP = x$, und $Pm = y$, und den Halbmesser dieses Kreises, der in Ansehung seiner zwar beständig, in Ansehung aller aber veränderlich ist, $aE = BE = a$: so ist

$$CE = \sqrt{(aa - cc)} \text{ und } PE = x + \sqrt{(aa - cc)}.$$

Da nun $PE^2 + Pm^2 = aa$ ist, so wird

$$y^2 + x^2 + 2x\sqrt{(aa - cc)} + aa - cc = aa$$

oder

$$yy = cc - 2x\sqrt{(aa - cc)} - xx$$

Wenn aber der Raum CE anstatt der beständigen veränderlichen Größe in die Gleichung gebracht, und $CE = a$ gesetzt wird, so bekommt man folgende einfachere Gleichung

$$yy = cc - 2ax - xx$$

welche wegen der Veränderlichkeit von a alle durch B gezogene Kreise, die ihre Mittelpunkte in der geraden Linie AE haben, ohne Ausnahme unter sich begreift. Auf ähnliche Art wird aber jede unendliche Menge von Curven, die nach einem gewissen Gesetze gelegt sind, auf eine Gleichung zurückgebracht, wofern nur gehörig auf den Unterschied zwischen den beständigen veränderlichen und unveränderlichen Größen gesehen wird.

Neunzehntes Capitel.

Von den Durchschnittspunkten der Curven.

§. 457.

In den vorhergehenden Capiteln haben wir uns schon mehrmals mit der Betrachtung der Umstände beschäftiget, unter welchen Curven von geraden Linien geschnitten werden, da nemlich, wo wir zeigten, daß eine Linie der zweiten Ordnung von einer geraden Linie in nicht mehr als in zwei Punkten geschnitten werden könne, daß die Linien der dritten Ordnung nicht mehr als drei, die der vierten Ordnung nicht mehr als vier Durchschnittspunkte zulassen ꝛc. Da ich also in dem gegenwärtigen Capitel die Durchschnittspunkte zu bestimmen mir vorgenommen habe, welche bei zwei sich schneidenden Curven statt finden; so muß ich dabei von geraden Linien anfangen, und die Punkte anzugeben suchen, in welchen eine gegebene Curve von einer gegebenen geraden Linie geschnitten wird. Es wird nemlich auf diese Art der Weg zur Bestimmung der Durchschneidung der Curven von andern Curven gebahnt werden, welche bei der Construction der Gleichungen der höhern Grade von der größesten Wichtigkeit ist, wie solches in dem folgenden Capitel gezeigt werden soll.

§. 458.

Es sey also eine Curve AMm, Fig. 94, gegeben, deren Natur durch eine Gleichung zwischen den rechtwinkligen Coordinaten AP = x, und PM = y ausgedrückt wird. Nun werde irgend eine gerade Linie BMm gezogen, und gefragt, in wie viel und in was für Punkten dieselbe die Curve AMm schneiden werde? Zur Beantwortung dieser Frage suche man die Gleichung für diese gerade Linie, und zwar ebenfalls zwischen den rechtwinkligen Coordinaten x und y, so wie auch für eben dieselbe Axe AP und für eben den Anfangspunkt der Abscissen A. Diese Gleichung wird folgende Form

$$\alpha x + \beta y = \gamma$$

haben, woraus erhellet, daß, wenn x = o wird,

$$y = AD = \frac{\gamma}{\beta}$$

und wenn y = o wird

$$x = -AB = \frac{\gamma}{\alpha}$$

ist. Hiedurch lernt man nicht nur den Punkt B, wo die gerade Linie mit der Axe zusammenkommt, sondern auch den Winkel bei B, dessen Tangente $= \frac{AD}{AB} = \frac{-\alpha}{\beta}$ ist, kennen; und so ist sowohl die Curve als die gegebene gerade Linie durch Gleichungen zwischen gemeinschaftlichen Coordinaten x und y ausgedrückt.

§. 459.

Wenn die Abscissen x in beiden Gleichungen immer von gleicher Größe genommen werden, so zeigen die Applicaten y, wenn sie verschieden sind, an, wie weit die Punkte der Curve und der geraden Linie, die zu einerlei Abscisse gehören, von einander entfernt sind. Wenn sich also aus beiden Gleichungen nicht mehr als ein Werth für y ergiebt, so haben die Curven und die gerade Linie daselbst einen Punkt gemein, und es findet also an diesem Orte ein Durchschnittspunkt statt. Will man also die Durchschnittspunkte finden, so muß man in beiden Gleichungen außer den Abscissen x auch die Applicaten y gleich machen; und man hat auf diese Art zwei Gleichungen mit zwei unbekannten Größen x und y, durch deren Auflösung entweder die Abscissen x, wozu die Durchschnittspunkte gehören, oder die Applicaten y gefunden werden. Schafft man nemlich aus diesen beiden Gleichungen y weg, so bekommt man eine Gleichung, welche bloß die unbekannte Größe x in sich enthält, und die Werthe dieser Gleichung geben die Abscissen AP, Ap, deren Applicaten PM, pm durch die Durchschnittspunkte M und m gehen.

§. 460.

Da die Gleichung für die gerade Linie $\alpha x + \beta y = \gamma$ ist, so wird daraus

$$y = \frac{\gamma - \alpha x}{\beta}$$

und bringt man diesen Werth für y in die Gleichung für die Curve, so bekommt man eine Gleichung, worin bloß x enthalten ist, und deren Wurzeln alle reelle Abscissen geben, wozu Durchschnittspunkte gehören, so daß man aus der Anzahl dieser reellen Wurzeln von x, welche sich aus dieser Gleichung ergeben, auf die Menge der statt findenden Durchschnittspunkte schließen kann. Da aber in dem Werthe von $y = \frac{\gamma - \alpha x}{\beta}$ die unbekannte Größe nicht mehr als eine Dimension hat, so bekommt man durch die Substitution dieses Werthes eine Gleichung, in welcher x nicht mehr Dimensionen erhält, als vorher in der für die Curve gegebenen Gleichung x und y zusammen hatten. Es hat also x entweder eben so viel Dimensionen, oder weniger, wenn durch die Substitution die höchsten Potestäten von x wegfallen.

§. 461.

Nachdem man auf diese Art die Abscissen AP, Ap gefunden hat, welche zu den Durchschnittspunkten gehören, so lassen sich daraus die Durchschnittspunkte M und m selbst leicht bestimmen. Denn da die Applicaten in den Punkten P und p durch die Durchschnittspunkte gehen, so dürfen nur die Punkte bemerkt werden, wo diese Applicaten die gerade Linie BMm schneiden. Es könnten auch die Punkte bemerkt werden, wo diese Applicaten der Curve AMm begegnen; aber da eine Applicate der Curve öfters in mehrern Punkten begegnet, so würde es ungewiß seyn, welcher von den Punkten der Curve zugleich ein Durchschnittspunkt wäre. Diese Unbequemlichkeit vermeidet man, wenn man die Durchschnittspunkte nach der geraden Linie BMm beurtheilt, indem von derselben keine Applicate in mehr als in einem Punkte geschnitten werden kann. Ereignet es sich aber, daß zwei Werthe von x einander gleich werden, so fallen die beiden Durchschnittspunkte M und m in einen zusammen, und in diesem Falle berührt entweder die gerade Linie BM die Curve, oder schneidet sie in einem doppelten Punkte.

§. 462.

Wenn nach der Wegschaffung von y die dadurch entstehende Gleichung, wodurch x bestimmt wird, keine reelle Wurzel hat, so ist dieses ein Kennzeichen, daß die Curve von der geraden Linie BMm nirgends berührt oder geschnitten wird. Dagegen geben die reellen Wurzeln dieser Gleichung, (so viel ihrer seyn mögen) eben so viel Durchschnittspunkte an, weil zu jeder reellen Abscisse eine reelle Applicate der geraden Linie BMm gehört, und, da diese Applicate der Applicate der Curve gleich ist, daselbst nothwendig ein Durchschnittspunkt seyn muß. Dieses muß deswegen sorgfältig gemerkt werden, weil, wenn zwei Curven sich schneiden, die einzelnen reellen Wurzeln nicht eben so viel Durchschnittspunkte anzeigen. Der Grund hiervon wird bald klar werden, wenn wir zwei Curven betrachten, und die Durchschnittspunkte, die bei ihnen statt finden, aufsuchen werden.

§. 463.

Es seyen also, Fig. 95., zwei sich schneidende Curven von irgend einer Art, MEm und MFm beschrieben, und um die Durchschnittspunkte derselben zu bestimmen, sey die Natur einer jeden Curve durch eine Gleichung zwischen den rechtwinkligen Coordinaten x und y, die auf einerlei Axe AB und auf denselben Anfangspunkt der Absciſſe bezogen werden, ausgedrückt. Nimmt man also die Absciſſen x für beide Curven gleich, so werden da, wo es Durchschnittspunkte giebt, auch die Applicaten y gleich werden. Wenn man daher aus den beiden gegebenen Gleichungen der Curven y wegschafft, und so eine neue Gleichung macht, die bloß x als eine unbekannte Größe enthält: so werden alle Durchschnittspunkte M, m, m, so viel ihrer seyn mögen, durch die reellen Wurzeln dieser Gleichung angezeigt werden. Es werden nemlich die Absciſſen AP, Ap, Ap, ꝛc., welche zu den Durchschnittspunkten M, m, m, ꝛc. gehören, die Werthe von x seyn, die es aus der gedachten Gleichung bekommt.

§. 464.

Hat man aber die Absciſſen AP, Ap, ꝛc. gefunden, welche zu den Durchschnittspunkten gehören, so ist es hier so leicht nicht als vorhin, die Durchschnittspunkte selbst zu bestimmen. Denn wenn in jeder Curve eine und dieselbe Absciſſe mehrere Applicaten hat; und dies findet statt, wenn in beiden Curven y eine vielförmige Funktion von x ist: so muß man aus dieser doppelten Menge der Applicaten diejenigen aussuchen, welche einander gleich sind; und dieses Aufsuchen ist ein desto beschwerlicheres Geschäfte, je mehrere Werthe der Applicate y in jeder Curve hat. Indeß kann man diese Schwierigkeit dadurch heben, daß man bei der Wegschaffung die Applicate y aus den beiden gegebenen Gleichungen diejenige zu Hülfe nimmt, worin y durch x bestimmt wird. Man lernt nemlich aus dieser Gleichung, wie groß die Applicate aus dem Punkte P bis nach dem Durchschnittspunkte für einen jeden gefundenen Werth von x sey, und man hat dabei nicht nöthig, die Natur der einen oder auch beider Curven weiter zu erwägen.

§. 465.

Es sey die eine Curve eine Parabel, welche durch die Gleichung

$$yy - 2xy + xx - 2ax = 0;$$

und die andere ein Kreis, welcher durch die Gleichung:

$$yy + xx - cc = 0$$

ausgedrückt werde. Um y wegzubringen, subtrahire man zuvörderst die erste Gleichung von der zweiten, wo denn der Rest seyn wird

$$2xy + 2ax - cc = o; \text{ und folglich } y = \frac{cc - 2ax}{2x}.$$

Hieraus sieht man schon, daß zu jedem Werthe von x, den man bekommen kann, reelle Werthe von y gehören werden. Man setze also den gefundenen Werth von y in die eine Gleichung, so findet man

$$c^4 - 4accx + 4(aa - cc)\,xx + 4x^4 = o$$

und die reellen Wurzeln dieser Gleichung geben die wahren Durchschnittspunkte an. Gesetzt c sey $= 2a$, und folglich

$$4a^4 - 4a^3x - 3aaxx + x^4 = o$$

so ist die eine Wurzel dieser Gleichung $x = 2a$, und nachdem man sie ausgezogen hat, so bleibt die Gleichung

$$x^3 + 2axx + aax - 2a^3 = o$$

übrig, die noch eine reelle Wurzel giebt. Die Applicate aber, die zu beiden Wurzeln gehört, findet man aus der Gleichung

$$y = \frac{2aa - ax}{x};$$

zu der ersten nemlich $x = 2a$ gehört $y = o$, so daß der Durchschnittspunkt in der Axe selbst liegt.

§. 466.

Wenn also zwei Gleichungen zwischen x und y so beschaffen sind, daß man durch die Wegschaffung von y eine rationale y gleiche Funktion von x findet, so erhellet hieraus, daß alsdann eine jede reelle Wurzel von x aus der letzten Gleichung (nachdem y ganz weggebracht worden ist) einen wahren Durchschnittspunkt geben werde. Aber wenn man beim Eliminiren keine rationale Funktion von x, die y gleich ist, findet, so kann es sich ereignen, daß dann nicht alle reelle Wurzeln aus der letzten Gleichung wahre Durchschnittspunkte geben. Denn der Werth von x kann bisweilen so groß werden, daß dazu in keiner Curve eine reelle Applicate möglich ist; und doch darf man in diesem Falle den Calcul keines Fehlers beschuldigen. Denn da zu dergleichen Abscissen in beiden Curven imaginäre Applicaten gehören, und die imaginären Größen eben sowohl als die reellen einander gleich oder ungleich seyn können: so ist kein Grund da, warum nicht diese imaginären Applicaten einander gleich seyn, und so auf einen imaginären Durchschnittspunkt führen sollten.

§. 467.

Um dies deutlicher zu machen, sey Fig. 96. über derselben Axe ABE die Parabel EM für den Parameter $= 2a$, und außer ihr der Kreis AmB mit dem Halbmesser $= c$ beschrieben, so daß AE $= b$, und also die Unmöglichkeit der

Durchschnittspunkte zum voraus offenbar sey. Man lasse A den Anfangspunkt der Abscissen, und die Abscissen nach E zu positiv, nach B aber hin negativ seyn, und dabei habe man folgende Gleichungen; für die Parabel

$$yy = 2ax - 2ab$$

und für den Kreis

$$yy = -2cx - xx.$$

Schafft man nun, um die Durchschnittspunkte zu finden, y weg, so erhält man sogleich

$$xx - 2(a + c)x - 2ab = o$$

und daraus ergeben sich zwei reelle Werthe von x

$$x = -a - c \pm \sqrt{((a + c)^2 + 2ab)}$$

wovon der eine negativ, der andere positiv ist, und doch findet kein Durchschnittspunkt statt. Es giebt nemlich sowohl die Parabel als der Kreis für diese beiden Abscissen imaginäre Applicaten, die aber, in was für einem Grade sie auch imaginär seyn mögen, doch einander gleich sind. Es wird aber, wenn man diesen Werth von x gebraucht

$$y = \sqrt{(-2aa - 2ac - 2ab \pm 2a\sqrt{(aa + 2ac + cc + 2ab)})}$$

welches allerdings ein imaginärer Ausdruck ist.

§. 468.

Es erhellet aus diesem Beispiele, daß es auch imaginäre Durchschnittspunkte der Curven gebe, die, ob sie gleich keine Durchschnittspunkte sind, doch eben sowohl durch den Calcul herausgebracht werden, als die reellen. Und daher schließt man aus der Zahl der reellen Wurzeln von x aus der letzten Gleichung nicht sogleich mit Recht auf die Anzahl der wirklichen Durchschnittspunkte; denn es kann die Anzahl jener reellen Wurzeln größer seyn, als die Anzahl dieser Durchschnittspunkte, ja es kann von diesen letztern gar keinen geben, wenn man auch zwei oder mehr reelle Werthe von x findet. Indeß macht jeder Durchschnittspunkt eine reelle Wurzel von x in der letzten Gleichung nothwendig; und daher wird es zum wenigsten immer so viel reelle Wurzeln von x in dieser Gleichung geben, als Durchschnittspunkte statt finden, wenn gleich die Menge jener reellen Wurzeln auch größer seyn kann. Ob aber einem jeden reellen Werthe von x ein reeller Durchschnittspunkt zugehöre oder nicht, erkennt man bald, wenn man den zugehörigen Werth von y sucht. Denn ist dieser Werth reell, so giebt es auch einen reellen Durchschnittspunkt, und ist er imaginär, so ist solches auch dieser.

§. 469.

Diese Ausnahme oder dieser Unterschied zwischen der Anzahl der rellen Wurzeln von x und der Menge der reellen Durchschnittspunkte findet also bloß statt, wenn entweder in beiden Gleichungen die Applicate y allenthalben nur gerade Dimensionen hat, und also die Hauptaxe zugleich der Durchmesser beider Curven ist; oder wenn beide Gleichungen so beschaffen sind, daß bei der Wegbringung von yy auch zugleich y aus der Rechnung wegfällt, und folglich y durch keine rationale Funktion von x ausgedrückt werden kann. Ist z. B. die eine Gleichung

$$yy - xy = aa$$

und die andere

$$y^4 - 2xy^3 + x^3y = bbxx$$

so bringe man, da aus der ersten $(yy - xy)^2 = a^4$, oder $y^4 - 2xy^3 = a^4 - xxyy$ wird, diesen Werth in die andere Gleichung. Dadurch wird

$$a^4 - xxyy + x^3y = bbxx$$

oder

$$yy - xy = \frac{a^4 - bbxx}{xx} = aa$$

und folglich

$$xx = \frac{a^4}{aa + bb}$$

und

$$x = \frac{\pm aa}{\sqrt{(aa + bb)}}.$$

Es scheint also ein doppelter Durchschnittspunkt da zu seyn; allein ob beide reell sind oder nicht, muß man aus dem Werthe von y schließen, welchen man aus der Gleichung

$$yy - xy = aa$$

findet. Es wird aber daraus

$$yy = \frac{\pm aay}{\sqrt{(aa + bb)}} + aa$$

und da die Wurzeln dieser Gleichung insgesammt reell sind, so ist klar, daß es hier vier Durchschnittspunkte giebt, so daß zu jeder Abscisse

$$x = \frac{\pm aa}{\sqrt{(aa + bb)}}$$

zwei reelle Durchschnittspunkte gehören.

§. 470.

Wenn aber weder die Axe der Durchmesser beider Curven ist, noch der Fall statt findet, daß bei der Wegbringung der höhern Potestäten von y auch y gänzlich wegfällt: so zeigen, weil man dann auf eine rationale Funktion von x, die y gleich ist, kommt, die einzelnen Wurzeln der letzten Gleichung eben so viel wahre Durchschnittspunkte an, so daß in diesen Fällen weiter keine Vorsicht nöthig ist. Es geschiehet dieses, wenn die eine Curve in eine gerade Linie übergeht, wie wir vorhin gesehen haben, oder wenn ihre Applicate durch eine einförmige Funktion von x ausgedrückt wird; denn alsdann hat keine Abscisse eine imaginäre Applicate, und es müssen folglich die einzelnen Wurzeln von x wahre Durchschnittspunkte anzeigen. Meistens aber pflegt man, wenn auch y in beiden Gleichungen mehrere Dimensionen hat, bei der Wegschaffung von y auf eine Gleichung zu kommen, worin der Werth von y durch eine rationale und folglich einförmige Funktion von x ausgedrückt wird.

§. 471.

So oft es sich aber ereignet, daß einige von den Durchschnittspunkten, welche man durch den Calcul findet, imaginär werden, so geschiehet solches nicht bloß in den Fällen, wenn keine Curve eine reelle Applicate hat, die zu der gefundenen Abscisse gehöre: wie dies der Fall bei dem vorhergehenden Exempel von einer Parabel und einem Kreise war: sondern es lassen sich selbst Beispiele geben, wo die eine Curve für alle Abscissen reelle Applicaten giebt, und doch zu den einzelnen Wurzeln von x keine Durchschnittspunkte gehören. Dergleichen ist die Linie der dritten Ordnung, die durch die Gleichung ausgedrückt wird:

$$y^3 - 3ayy + 2aay - 6axx = o$$

die für alle Abscissen reelle Applicaten giebt, und zwar dreifache, wenn x kleiner ist als $\frac{1}{3}a\sqrt[4]{\frac{x}{3}}$. Wenn mit dieser Curve eine Parabel verbunden wird, deren Gleichung

$$yy - 2ax = o$$

ist, so giebt es keine reelle Applicate, wenn x negativ ist, und es kann folglich auch zu den negativen Abscissen x kein Durchschnittspunkt gehören.

§. 472.

Man schaffe y weg, so verwandelt sich die erste Gleichung, da die zweite $yy = 2ax$ giebt, in folgende:

$$2axy - 6aax + 2aay - 6axx = o$$

und daher wird

$$y = \frac{6aax + 6axx}{2aa + 2ax} = 3x.$$

Da aber jene Gleichung durch $y - 3x$ theilbar ist, so erhält man, wenn man dividirt, folgende von y befreite Gleichung:

$$2aa + 2ax = o$$

und daraus fließt

$$x = -a.$$

Es sollte also der Durchschnittspunkt der Curven zu der Abscisse $x = -a$ gehören, die in der Parabel keine reelle Applicate hat; in der andern Linie der dritten Ordnung aber wird, wenn man $x = -a$ setzt

$$y^3 - 3ayy + 2aay - 6a^3 = o$$

und daraus erhält man eine reelle Applicate $y = 3a$, und zwei imaginäre Werthe von y, die in der Gleichung $yy + 2aa = o$ enthalten sind. An diesen Orten werden nemlich diese imaginäre Applicaten den imaginären Applicaten der Parabel an denselben Stellen gleich, und so ergeben sich zwei imaginäre Durchschnittspunkte. Man erhält aber auch zwei reelle Durchschnittspunkte aus dem Faktor der obigen Gleichung $y - 3x = o$, aus welcher $9xx - 2ax = o$ wird. Zuerst findet sich also in dem Anfangspunkte der Abscissen, wo für $x = o$ auch $y = o$ ist, ein Durchschnittspunkt, und der andere gehört zu der Abscisse $x = \frac{2a}{9}$, wo $y = 3x = \frac{2a}{3}$ ist.

§. 473.

Hier sind wir also auf imaginäre Durchschnittspunkte gestoßen, ob sich gleich bei der Wegschaffung von y die Gleichung $2axy - 6aax + 2aay - 6axx = o$ ergab, worin y nur eine Dimension hat, so daß daraus y durch eine rationale Funktion von x ausgedrückt zu werden scheint, welches wir vorhin als ein Kennzeichen der Abwesenheit der imaginären Durchschnittspunkte angegeben haben. Und in der That würden auch keine imaginäre Durchschnittspunkte da seyn können, wenn diese Gleichung keine Divisoren hätte. Allein da hier die Gleichung, worin die Applicate y nicht mehr vorkommt, durch die Division gefunden worden ist, so ist solches eben so viel, als ob y durch keine rationale Funktion von x ausgedrückt werden könnte. So oft nemlich eine solche Gleichung in Faktoren aufgelöset werden kann, so oft muß man bei der Beurtheilung auf jeden einzelnen Faktor besonders Rücksicht nehmen; und daher kommt es, daß der eine auf imaginäre Durchschnittspunkte führen kann, da bei dem andern dergleichen gar nicht vorkommen.

§. 474.

Nach diesen Betrachtungen wollen wir die Art und Weise bei jeden zwei gegebenen Curven die Durchschnittspunkte derselben zu bestimmen, genauer betrachten; und da diese Untersuchung von der Wegbringung der einen Coordinate y abhängt, so brauchen wir dabei bloß auf die Dimensionen, welche sie in beiden Gleichungen hat, Rücksicht zu nehmen. Diese Wegbringung von y wird nemlich auf einerlei Art unternommen, die andere Coordinate x mag sich, in welcher Beschaffenheit sie wolle, in beiden Gleichungen befinden. Es seyen also P, Q, R, S, T, ꝛc. so wie auch p, q, r, s, t, ꝛc.

rationale Funktionen von x, und die Gleichungen, wodurch beide Curven, deren Durchschnittspünkte gesucht werden, zuvörderst

I.

$$P + Qy = o$$

II.

$$p + qy = o.$$

Multiplicirt man die erste von diesen Gleichungen durch p, und die andere durch P, so erhält man in der Differenz der durch diese Multiplication entstehenden Gleichungen folgende, worin y nicht mehr vorkommt,

$$pQ - Pp = o.$$

Jede von den reellen Wurzeln dieser Gleichung, worin bloß die unbekannte Größe x, mit bekannten verbunden, vorkommt, giebt einen Punkt in der Axe an, worüber ein Durchschnittspunkt befindlich ist; und für einen jeden für x gefundenen Werth erhält man aus den gegebenen Gleichungen den reellen Werth

$$y = \frac{-P}{Q} = \frac{-p}{q}$$

welcher den Durchschnittspunkt anzeigt. Wenn daher die Applicate y in beiden Curven durch eine rationale oder einförmige Funktion von x ausgedrückt wird, so finden keine imaginären Durchschnittspunkte statt.

§. 475.

Nun werde die Applicate y der einen Curve durch eine einförmige Funktion von x ausgedrückt, wie vorhin, die Applicate der andern Curve aber durch eine zweiförmige; so daß sey

I.

$$P + Qy = o$$

II.

$$p + qy + ryy = o.$$

Multiplicirt man die erste Gleichung durch p, und die andere durch P, und zieht darauf die gefundenen Gleichungen von einander ab, so wird, nachdem man durch y dividirt hat,

III.

$$pQ - Pq - Pry = o$$

oder

$$(Pq - pQ) + Pry = o.$$

Nun multiplicire man die erste durch Pr, und die dritte durch Q, und subtrahire: so bekommt man folgende von y befreite Gleichung:

$$PPr - PQq + pQQ = o.$$

Die Wurzeln dieser Gleichung geben die Abscissen, die zu

den Durchschnittspunkten gehören, und da zu denselben reelle Applicaten, nemlich

$$y = \frac{-P}{Q} = \frac{pQ - Pq}{Pr}$$

gehören, so sind diese Durchschnittspunkte reell

§. 476.

Es sey wie vorhin die Applicate der einen Curve einer einförmigen Funktion x gleich, die Applicate der andern Curve aber werde durch eine cubische Gleichung ausgedrückt, oder sey eine dreiförmige Funktion von x; und also die beiden gegebenen Gleichungen folgende:

I.

$$P + Qy = o$$

II.

$$p + qy + ryy + sy^3 = o.$$

Multiplicirt man die erste von diesen Gleichungen durch p und die andere durch P, so erhält man, nachdem man subtrahirt, und durch y dividirt hat,

III.

$$(Pq - pQ) + Pry + Psyy = o$$

und wenn man hierin anstatt y den Werth desselben $y = \frac{-P}{Q}$ setzt, und die Brüche wegschafft,

$$PQQq - pQ^3 - P^2Qr + P^3s = o$$

oder

$$Q^3p - PQ^2q + P^2Qr - P^3s = o.$$

Eben diese Gleichung findet man sogleich, wenn man in der zweiten Gleichung statt y seinen Werth aus der ersten Gleichung $\frac{-P}{Q}$ setzt. Alle reelle Wurzeln von x aus dieser letzten Gleichung führen demnach, da zu jeder aus der ersten Gleichung reelle Applicaten $y = \frac{-P}{Q}$ gehören, auf eben so viel wahre Durchschnittspunkte.

§. 477.

Auf ähnliche Art schafft man y leicht weg, wenn die Applicate y der einen Curve durch eine Gleichung von vier oder mehr Dimensionen ausgedrückt wird, die Applicate der andern Curve aber eine einförmige oder rationale Funktion von x bleibt. Es seyen nemlich die beiden gegebenen Gleichungen

I.

$$P + Qy = o.$$

II.

$$p + qy + ry^2 + sy^3 + ty^4 = 0.$$

Da aus der ersten Gleichung $y = \frac{-P}{Q}$ ist, so erhält man, wenn man diesen Werth in die andere Gleichung bringt, folgende Gleichung zwischen x und bekannten Größen:

$$Q^4p - PQ^3q + P^2Q^2r - P^3Qs + P^4t = 0.$$

Die reellen Wurzen von x aber aus dieser Gleichung geben eben so viel wahre Durchschnittspunkte, weil man für jede Abscisse x aus der ersten Gleichung eine reelle Applicate y nemlich $y = \frac{-P}{Q}$ erhält.

§. 478.

Nun werde die Applicate y einer jeden Curve durch eine quadratische Gleichung, und zwar zuvörderst durch eine reine, ausgedrückt, und es sey also

I.

$$P + Ryy = 0$$

II.

$$p + ryy = 0$$

gegeben. Hieraus findet man durch die Wegbringung von yy sogleich

$$Pr - Rp = 0$$

aber die reellen Wurzeln dieser Gleichung zeigen nur dann wahre Durchschnittspunkte an, wenn die gefundenen Werthe von x so beschaffen sind, daß $\frac{-P}{R}$ oder $\frac{-p}{r}$ eine positive Größe wird. In diesem Falle bekommt nemlich die Applicate y, weil $yy = \frac{-P}{R} = \frac{-p}{r}$ ist, einen doppelten Werth, einen positiven und einen negativen; und es gehört daher zu jedem für die Abscisse x aus der Gleichung $Pr - Rp = 0$ gefundenen Werthe ein doppelter Durchschnittspunkt, der von der Axe auf beiden Seiten gleich weit entfernt ist. Dieses kann auch nicht anders seyn, weil die Axe zugleich der Durchmesser beider Curven ist. Wenn aber ein Werth von x aus der Gleichung $Pr - Rp = 0$ den Ausdrücken $\frac{-P}{R} = \frac{-p}{r}$ einen negativen Werth ertheilt, so wird y imaginär, und also die Durchschnittspunkte ebenfalls.

§. 479.

Ferner befinde sich in beiden gegebenen quadratischen Gleichungen auch das zweite Glied, welches y enthält, und die Gleichungen selbst seyen folgende:

I.

$$P + Qy + Ryy = 0$$

II.

$$p + qy + ryy = 0.$$

Um die unbekannte Größe y aus diesen Gleichungen wegzuschaffen, multiplicire man die erste durch p und die andere durch P, subtrahire darauf, und dividire durch y: so wird

III.

$$Pq - Qp) + (Pr - Rp)y = 0.$$

Dann multiplicire man die erste Gleichung durch r und die letzte durch R, und subtrahire, so wird

IV.

$$(Pr - Rp) + (Qr - Rq)y = 0.$$

Da nun aus diesen beiden Gleichungen

$$y = \frac{Qp - Pq}{Pr - Rp} = \frac{Rp - Pr}{Qr - Rq}$$

wird, so ist

$$(Qp - Pq)(Qr - Rq) + (Pr - Rp)^2 = 0$$

oder

$$P^2r^2 - 2PRpr + R^2p^2 + Q^2pr - PQqr - QRpq + PRq^2 = 0.$$

Die reellen Wurzeln dieser Gleichung geben eben so viel wahre Durchschnittspunkte, wenn zu einem jeden Werthe von x die Applicate aus der Gleichung III. und IV. einen reellen Werth bekommt. Indeß kann es sich auch ereignen, daß die Durchschnittspunkte imaginär werden, wenn nemlich die Gleichungen III. und IV. Faktoren haben, so daß aus ihnen durch die Division eine von y befreite Gleichung hergeleitet werden kann. Denn alsdann muß man diese Gleichung anstatt der letzten substituiren, und zu den für x daraus gefundenen Werthen aus den ersten Gleichungen die zugehörigen Werthe von y suchen. Sind nun diese imaginär, so ist solches ein Kennzeichen, daß die Durchschnittspunkte imaginär sind.

§. 480.

Es sey die Applicate y in der einen Curve eine zweiförmige, in der andern aber eine dreiförmige Funktion von x; oder die gegebenen Gleichungen beider Curven folgende:

I.

$$P + Qy + Ryy = 0$$

II.

$$p + qy + ryy + sy^3 = 0.$$

Man multiplicire die erste von diesen Gleichungen durch p und die andere durch P, und subtrahire; so wird

III.

$$(Pq - Qp) + (Pr - Rp)y + Psyy = 0$$

welche Gleichung mit der ersten verbunden den Fall wieder giebt, den wir in dem vorhergehenden §. untersucht haben, so daß, was da p, q, r war, hier $Pq - Qp$, $Pr - Rp$, und Ps ist. Man findet also hier

$$y = \frac{PQq - QQp - PPr + PRp}{PPs - PRq + QRp}$$

und

$$y = \frac{PRq - QRp - PPs}{PQs - PRr + RRp}.$$

Hieraus wird

$$0 = (PRq - QRp - PPs)^2 + (PQs - PRr + RRp)$$
$$(PQq - Q^2p - P^2r + PRp)$$

und diese Gleichung entwickelt, so findet man

$$\begin{array}{l} \qquad\qquad + 3P^2QRps \\ \quad - 2P^3Rqs + P^2R^2qq - PQR^2pq \\ P^4s^2 - P^3Qrs + P^2Q^2qs - PQ^3Rps + Q^2R^2p^2 \\ \quad + P^3Rrr - P^2QRqr + PQ^2Rpr - Q^2R^2p^2 \\ \qquad\qquad - 2P^2R^2pr + PR^3pp \end{array} = 0$$

und da das letzte Glied verschwindet, so ist die ganze Gleichung durch P theilbar, und so bekommt man

$$\begin{array}{lllll} + P^3s^2 & - 2P^2Rqs & - P^2Qrs & + 3PQRps & + PQ^2qs \\ & & & - Q^3ps & + R^3p^2 \\ + P^2Rr^2 & - PQRqr & - 2PR^2pr & + Q^2Rpr & + PR^2q^2 \\ & & & - QR^2pq. & \end{array} = 0$$

Aus den reellen Wurzeln dieser Gleichung lernt man die Durchschnittspunkte kennen, wenn zu ihnen reelle Werthe von y gefunden werden können.

§. 481.

Nun seyen die Gleichungen für beide Curven cubisch, und folgende:

I.

$$P + Qy + Ryy + Sy^3 = 0$$

II.

$$p + qy + ryy + sy^3 = 0.$$

Man multiplicire die erste durch p, und die andere durch P, und subtrahire, so erhält man

III.

$$(Pq - Qp) + (Pr - Rp)y + (Ps - Sp)yy = 0.$$

Ferner multiplicire man die erste durch s, und die andere durch S, und subtrahire, so wird

IV.

$$(Sp - Ps) + (Sq - Qs)y + (Sr - Rs)yy = 0.$$

Vergleicht man nun diese beiden Gleichungen mit den beiden im 479sten §. untersuchten, so wird

$$\begin{array}{l|l} P = Pq - Qp & p = Sp - Ps \\ Q = Pr - Rp & q = Sq - Qs \\ R = Ps - Sp & r = Sr - Rs \end{array}$$

und bringt man diese Werthe in die letzte Gleichung, so bekommt man

$$(Pq - Qp)^2(Sr - Rs)^2 - 2(Pq - Qp)(Ps - Sp)(Sp - Ps)(Sr - Rs) + (Ps - Sp)^2(Sp - Ps)^2 + (Pr - Rp)^2(Sp - Ps)(Sr - Rs) - (Pq - Qp)(Pr - Rp)(Sq - Qs)(Sr - Rs) - (Pr - Rp)(Ps - Sp)(Sp - Ps)(Sq - Qs) + (Pq - Qp)(Ps - Sp)(Sq - Qs)^2 = 0.$$

In dieser Gleichung sind sieben Glieder, die insgesammt durch $Sp - Ps$ theilbar sind, das erste nur und das fünfte nicht. Verbindet man aber diese Glieder, so haben sie zwei Faktoren, nemlich $(Pq - Qp)(Sr - Rs)$ und $(Pq - Qp)(Sr - Rs) - (Pr - Rp)(Sq - Qs)$, und wenn man diesen letzten auflöset, so wird er

$$= PQrs + RSpq - PRqs - QSpr$$

und folglich

$$= (Sp - Ps)(Rq - Qr).$$

Es lassen sich also das erste und fünfte Glied in folgenden Ausdruck

$$(Pq - Qp)(Sr - Rs)(Sp - Ps)(Rq - Qr)$$

zusammenziehen, der ebenfalls durch $Sp - Ps$ theilbar ist, und es entsteht daher die Gleichung:

$$0 = (Pq - Qp)(Sr - Rs)(Rq - Qr) + 2(Pq - Qp)(Sp - Ps)(Sr - Rs) + (Sp - Ps)^3 + (Pr - Rp)^2(Sr - Rs) + (Pr - Rp)(Sp - Ps)(Sq - Qs) - (Pq - Qp)(Sq - Qs)^2$$

die, entwickelt, giebt,

$$S^3p^3 - 3PS^2p^2s + P^2Sr^3 + 2PR^2prs - P^2Rr^2s + P^2Qrss + PRSqqr - P^3s^3 + 3P^2Sps^2 - R^3p^2s - 2PRSpr^2 + R^2Sp^2r - RS^2p^2q - Q^2Rprs - PR^2qqs - PQSqrr + PQRqrs + 3PS^2pqr - 3P^2Sqrs + PQSprs + Q^2Sprr + QR^2pqs - QRSpqr - 3PQRpss + 3QRSpps - PRSpqs + 2P^2Rqss + 2PQSqqs - PS^2q^3 - PQ^2qss - 2QS^2ppr - 2Q^2Spqs + Q^3pss + QS^2pqq = 0.$$

§. 482.

Damit dieser Weg, y aus zwei höhern Gleichungen wegzuschaffen, deutlicher werde, so wollen wir annehmen, daß beide Gleichungen zum vierten Grade gehören

I.

$$P + Qy + Ry^2 + Sy^3 + Ty^4 = 0$$

II.

$$p + qy + ry^2 + sy^3 + ty^4 = 0.$$

Multiplicirt man die erste Gleichung durch p, und die letzte durch P, so findet man, nachdem man subtrahirt hat,

III.

$$(Pq - Qp) + (Pr - Rp)y + (Ps - Sp)y^2 + (Pt - Tp)y^3 = 0.$$

Multiplicirt man ferner die erste Gleichung durch t, und die zweite durch T, so ergiebt sich durch eine ähnliche Subtraction

IV.

$$(Pt - Tp) + (Qt - Tq)y + (Rt - Tr)y^2 + (St - Ts)y^3 = 0.$$

Nun setze man der Kürze wegen

$Pq - Qp = A$	$Pt - Tp = a$	$Sq - Qs = \alpha$
$Pr - Rp = B$	$Qt - Tq = b$	$Rq - Qr = \beta$
$Ps - Sp = C$	$Rt - Tr = c$	
$Pt - Tp = D$	$St - Ts = d$	

wo man bemerken muß, daß nicht nur $a = D$, sondern auch

$$Ad - Cb = (Pt - Tp)(Sp - Qs) = D\alpha$$
$$Ac - Cb = (Pt - Tp)(Rq - Qr) = D\beta$$

ist. Gebraucht man nun diese Werthe in der dritten und vierten Gleichung, so wird

III.

$$A + By + Cyy + Dy^3 = 0$$

IV.

$$a + by + cyy + dy^3 = 0.$$

Nun multiplicire man wieder diese Gleichungen durch d und D, und subtrahire, so bekommt man

V.

$$(Ad - Da) + (Bd - Db)y + (Cd - Dc)y^2 = 0$$

Ferner multiplicire man eben diese Gleichungen durch a und A, und subtrahire darauf, so wird

VI.

$$(Ab - Ba) + (Ac - Ca)y + (Ad - Da)y^2 = 0.$$

Nun setze man der Kürze wegen

$Ab - Ba = E$	$Ad - Da = e$	
$Ac - Ca = F$	$Bd - Db = f$	$Cb - Bc = \zeta$
$Ad - Da = G$	$Cd - Dc = g$	

so ist $G = e$; und $Eg - Ff = G\zeta$, so daß $Eg - Ef$ durch G theilbar ist. Hierdurch erhält man diese Gleichungen

V.

$$E + Fy + Gyy = 0$$

VI.

$$e + fy + gyy = 0$$

und daraus leitet man durch eine ähnliche Operation ab

VII.

$$(Ef - Fe) + (Eg - Ge)y = o$$

VIII.

$$(Eg - Ge) + (Fg - Gf)y = o.$$

Endlich setze man nochmals der Kürze wegen

$Ef - Fe = H$	$Eg - Ge = h$
$Eg - Ge = I$	$Fg - Gf = i$

so daß $I = h$ ist. Dann hat man

VII.

$$H + Iy = o$$

VIII.

$$h + iy = o$$

und daraus findet man endlich folgende von y befreite Gleichung:

$$Hi - Ih = o.$$

Setzt man nun in diese Gleichung nach und nach die vorhergehenden Werthe wieder, so bekommt man dadurch eine Gleichung, worin bloß die Funktionen P, Q, R, ꝛc. p, q, r, ꝛc. aus den ersten Gleichungen befindlich sind. Es ist aber die Gleichung zwischen E, F, G, e, f, g, durch $G = e$, und die Gleichung zwischen A, B, C, D, a, b, c, d, wozu man nachher kommt, durch $D^2 = a^2$ theilbar, und es enthält daher in der am Ende gefundenen Gleichung jedes Glied nicht mehr als acht Buchstaben, vier große und vier kleine. Auf diese Art kann man nun aus jeden zwei Gleichungen die unbekannte Größe y, ihre Dimensionen mögen so hoch steigen als sie wollen, wegschaffen, und eine Gleichung finden, worin bloß x vorkommt.

§. 483.

Ob gleich diese Methode aus zwei Gleichungen eine unbekannte Größe wegzuschaffen allgemein gebraucht werden kann, so will ich doch noch einen andern Weg hinzufügen, wobei man nicht so viel Substitutionen nöthig hat. Es seyen also folgende zwei Gleichungen von unbestimmten Dimensionen gegeben

I.

$$Py^m + Qy^{m-1} + Ry^{m-2} + Sy^{m-3} + \text{ꝛc.} = o$$

II.

$$py^n + qy^{n-1} + ry^{n-2} + sy^{n-3} + \text{ꝛc.} = o$$

und es werde verlangt, daraus eine Gleichung zu finden, worin y nicht mehr enthalten sey. Zu dieser Absicht multiplicire man die letzte Gleichung durch

$$Py^{k-n} + Ay^{k-n-1} + By^{k-n-2} + Cy^{k-n-3} + \text{ꝛc.}$$

worin $k - n$ willkührliche Buchstaben A, B, C, ꝛc. vorkommen; und die erste durch

$py^{k-m} + ay^{k-m-1} + by^{k-m-2} + cy^{k-m-3} +$ ꝛc.
worin $k - m$ willkührliche Buchstaben a, b, c, ꝛc. enthalten sind. Dann setze man beide Produkte einander gleich, so daß sich alle Glieder, worin sich Potestäten von y finden, einander aufheben, und die letzten Glieder, die y nicht enthalten, die gesuchte Gleichung geben. Die höchsten Potestäten heben sich hierbei schon von selbst auf, indem dieselben in beiden Produkten Ppy^k sind, und es bleiben daher nur $k - 1$ Glieder übrig, zu deren Destruction eben so viel willkührliche Buchstaben zu bestimmen sind. Da nun die Anzahl aller eingeführten willkührlichen Größen $= 2k - m - n$ ist, und dieselbe $= k - 1$ seyn soll, so wird $k = m + n - 1$.

§. 484.

Man multiplicire demnach die erste Gleichung durch folgende unbestimmte Größe:

$$py^{n-1} + ay^{n-2} + by^{n-3} + cy^{n-4} + \text{ꝛc.}$$

die zweite aber durch folgende:

$$Py^{m-1} + Ay^{m-2} + By^{m-3} + Cy^{m-4} + \text{ꝛc.}$$

Macht man hierauf die einzelnen Glieder, welche ähnliche Potestäten von y enthalten, einander gleich, so entstehen folgende Gleichungen:

$$Pp = Pp$$
$$Pa + Qp = pA + qP$$
$$Pb + Qa + Rp = pB + qA + rP$$
$$Pc + Qb + Ra + Sp = pC + qB + rA + sP$$
$$\text{ꝛc.}$$

Solcher Gleichungen erhält man aber, wenn man die erste $Pp = Pp$ mitrechnet, an der Zahl $m + n$, und wenn man daraus die willkührlichen Buchstaben A, B, C, ꝛc. a, b, c, ꝛc. bestimmt, so bleiben in der letzten Gleichung bloß die Buchstaben P, Q, R, ꝛc. p, q, r, ꝛc. zurück, und es geschiehet daher auf diese Art dem Verlangten ein Genüge.

§. 485.

Es läßt sich aber diese Bestimmung der willkührlichen Buchstaben leichter bewerkstelligen, wenn man die Hälften einer jeden Gleichung neuen unbestimmten Größen α, β, γ, ꝛc. gleich setzt, wie solches durch das folgende Beispiel deutlich werden wird.

Es seyen diese beiden Gleichungen gegeben:

I.

$$Py^2 + Qy + R = 0$$

II.

$$py^3 + qy^2 + ry + s = 0.$$

Man multiplicire die erste durch $py^2 + ay + b$, und die andere durch $Py + A$, so bekommt man

$$\begin{aligned} Pp &= Pp \\ Pa + Qp &= pA + qP = \alpha \\ Pb + Qa + Rp &= qA + rP = \beta \\ Qb + Ra &= rA + sP \\ Rb &= sA. \end{aligned}$$

Uebergeht man nun die erste identische Gleichung, so erhält man aus der zweiten

$$a = \frac{\alpha - Qp}{P}$$

$$A = \frac{\alpha - qP}{p}$$

Aus der dritten hingegen findet man

$$b = \frac{\beta}{P} - \frac{Qa}{P} - \frac{Rp}{P} = \frac{\beta}{P} - \frac{\alpha Q}{P^2} + \frac{Q^2 p}{P^2} - \frac{Rp}{P}$$

und

$$\beta = \frac{\alpha q}{p} - \frac{qqP}{p} + rP$$

so daß, wenn man diesen Werth von β gebraucht,

$$b = \frac{\alpha q}{Pp} - \frac{qq}{p} + r - \frac{\alpha Q}{P^2} + \frac{Q^2 p}{P^2} - \frac{Rp}{P}$$

oder

$$b = \frac{\alpha(Pq - Qp)}{P^2 p} + \frac{(Q^2 p^2 - P^2 q^2)}{P^2 p} + \frac{(Pr - Rp)}{P}$$

wird. Durch die Substitution dieses Werthes aber findet man aus der vierten Gleichung

$$\frac{\alpha Q(Pq - Qp)}{P^2 p} - \frac{Q(Pq - Qp)(Qp + Pq)}{P^2 p} + \frac{Q(Pr - Rp)}{P} + \frac{\alpha R}{P} - \frac{RQp}{P} = \frac{\alpha r}{p} - \frac{Prq}{p} + Ps$$

oder, wenn man mit $P^2 p$ multiplicirt,

$$\alpha Q(Pq - Qp) + \alpha P(Rp - Pr) - Q(Pq - Qp)(Pq + Qp) + PQp(Pr - 2Rp) + (P^3 qr - P^3 ps) = 0.$$

Es wird also

$$\alpha = \frac{P^2 Qq^2 - Q^3 pp - P^2 Qpr + 2PQRp^2 - P^3 qr + P^3 ps}{PQq - Q^2 p + PRp - P^2 r}$$

Die letzte Gleichung aber giebt

$$\frac{\alpha R(Pq - Qp)}{P^2 p} - \frac{R(P^2 q^2 - Q^2 p^2)}{P^2 q} + \frac{R(Pr - Rp)}{P} = \frac{\alpha S}{p} - \frac{Pqs}{p}$$

und daraus findet man

$$\alpha = \frac{P^2Rq^2 - Q^2RP^1 - P^2Rpr + PR^2p^2 - P^3qs}{PRq - QRp - P^2s}$$

Dieser doppelte Werth von α giebt nun die gesuchte Gleichung, die am Ende eben die Form giebt, die wir oben §. 480. für eben diesen Fall gefunden haben.

Zwanzigstes Capitel.

Von der Construction der Gleichungen.

§. 486.

Die Untersuchungen des vorhergehenden Capitels über die Durchschnittspunkte der Curven gebraucht man vorzüglich bei der Construction der höhern Gleichungen. Denn so wie wir, wenn zwei Curven gegeben waren, eine Gleichung fanden, deren Wurzeln die Durchschnittspunkte zu erkennen gaben: so lassen sich auch umgekehrt die Durchschnittspunkte zweier Curven zur Beurtheilung der Wurzeln der Gleichungen benutzen; und diese Methode ist insbesondere dann sehr vortheilhaft, wenn die Wurzeln einer Gleichung durch Linien ausgedrückt werden sollen. Denn hat man die beiden Curven, die zu dieser Absicht nöthig sind, beschrieben, so lassen sich die Durchschnittspunkte sehr leicht bemerken; und fällt man aus ihnen auf die Axe Applicaten herab, so zeigen die Abscissen die wahren Wurzeln der Gleichung an. Wenn aber die oben erwähnte Unbequemlichkeit statt findet, so geben zwar alle auf diese Art gefundene Abscissen Wurzeln an, allein es kann auch seyn, daß die Gleichung noch mehr Wurzeln hat, als man durch eine solche Construction kennen lernt.

§. 487.

Wenn also eine algebraische Gleichung gegeben ist, welche die unbekannte Größe x enthält, und die Wurzeln derselben bestimmt werden sollen, so muß man zwei Gleichungen zwischen den beiden veränderlichen Größen x und y suchen, die so beschaffen sind, daß man daraus durch die Wegschaffung der Applicate y jene Gleichung bekomme. Ist dieses geschehen, so beschreibt man die in diesen beiden Gleichungen enthaltenen Curven über einer gemeinschaftlichen Axe und für denselben Anfangspunkt der Abscissen, und bemerkt die Punkte, in welchen sie sich schneiden. Fällt man nun aus diesen Durchschnittspunkten auf die Axe senkrechte Applicaten herab, so stellen die Abscissen in der Axe die Wurzeln der gegebenen Gleichungen vor. Auf diese Art findet man die wahren Werthe aller Wurzeln der gegebenen Gleichung, wofern nicht dieselbe etwa mehr Wurzeln hat, als Durchschnittspunkte da sind.

§. 488.

Ehe ich aber von der Art und Weise rede, die gedachten beiden Curven, welche zur Construction der Gleichung erfordert werden, zu finden, wollen wir die Gleichungen, deren Auflösung diese Curven nothwendig macht, a Posteriori untersuchen. Zuvörderst mögen die zur Auflösung erforderlichen Linien die sich in M schneidenden geraden Linien EM, FM, Fig. 97., seyn. Man nehme die gerade Linie EF zur Axe, und den Punkt A in ihr zum Anfangspunkte der Abscissen an, und die aus ihm senkrecht aufgerichtete gerade Linie ABC schneidet die EM in B und die FM in C. Nun sey

$$AE = a;\ AF = b;\ AB = c;\ AC = d$$

und dabei setze man die Abscisse $AP = x$, und die Applicate $PM = y$. Dann ist für die erste gerade Linie EM

$$a : c = a + x : y; \text{ oder } ay = c(a + x)$$

und für die andere FM

$$b : d = b - x : y; \text{ oder } by = d(b - x).$$

Schafft man nun aus diesen beiden Gleichungen y weg, so bekommt man

$$bc(a + x) = ad(b - x)$$

oder

$$x = \frac{abd - abc}{bc + ad} = \frac{ab(d - c)}{bc + ad}.$$

Es läßt sich also vermittelst des Durchschnittspunkts zweier geraden Linien die einfache Gleichung

$$x = \frac{ab(d - c)}{bc + ad}$$

construiren, auf deren Form man alle einfache Gleichungen ohne Ausnahme zurückbringen kann.

§. 489.

Nach den geraden Linien ist der Kreis am leichtesten zu beschreiben, und daher wollen wir sehen, was für Gleichungen vermittelst der Durchnittspunkte einer geraden Linie und eines Kreises construirt werden können. Es sey also, Fig. 98, nachdem man AP zur Axe und den Punkt A zum Anfangspunkte der Abscissen angenommen hat, die gerade Linie EM beschrieben worden: so ist, wenn man

$$AE = a;\ AB = b;\ AP = x;\ PM = y$$

setzt,

$$a : b = a + x : y; \text{ und folglich } ay = b(a + x)$$

die Gleichung für die gerade Linie. Ferner sey der Halbmesser des Kreises $CM = c$, und, nachdem man aus dem Mittelpunkte desselben C auf die Axe perpendiculäre Linie CD herabgefällt hat,

$$AD = f;\ CD = g;\ \text{und folglich}\ DP = x - f;\ \text{und}$$
$$PM - CD = y - g.$$

Da nun wegen der Natur des Kreises

$$CM^2 = DP^2 + (PM - CD)^2$$

ist, so ist die Gleichung für den Kreis folgende:

$$cc = xx - 2fx + ff + yy - 2gy + gg = (x-f)^2 + (y-g)^2.$$

Nun giebt aber die Gleichung für die gerade Linie

$$y = \frac{ab + bx}{a}$$

daher denn

$$y - g = \frac{a(b-g) + bx}{a} = b - g + \frac{bx}{a}$$

wird; und setzt man diesen Werth von $y-g$ in die andere Gleichung, so bekommt man

$$cc = xx - 2fx + ff + (b-g)^2 + \frac{2b(b-g)x}{a} + \frac{bbxx}{a}$$

oder

$$\left.\begin{matrix} +aa \\ +bb \end{matrix}\right\} xx \left.\begin{matrix} +2ab(b-g) \\ -2aaf \end{matrix}\right\} x \left.\begin{matrix} +aa(b-g)^2 \\ +aaff \\ -aacc \end{matrix}\right\} = 0.$$

Die Wurzeln dieser Gleichung findet man also durch die Durchschnittspunkte einer geraden Linie und eines Kreises, so daß, wenn man aus diesen Durchschnittspunkten M und m nach der Axe die Perpendikel MP, mp herabfällt, die Werthe von x durch AP und Ap ausgedrückt werden.

§. 490.

Da in dieser Gleichung alle quadratische Gleichungen enthalten sind, so läßt sich daher eine allgemeine Construction der quadratischen Gleichungen ableiten. Es sey nemlich folgende quadratische Gleichung

$$Axx + Bx + C = 0$$

gegeben, die man denn zuvörderst auf die obige Form auf die Art bringen muß, daß die ersten Glieder übereinstimmen, also durch die Multiplication mit $\frac{aa+bb}{A}$,

$$(aa+bb)\,xx + \frac{B(aa+bb)x}{A} + \frac{C(aa+bb)}{A} = 0.$$

Setzt man nun die übrigen Glieder gleich, so wird

$$2Aab(b-g) - 2Aaaf = B(aa+bb)$$

und also

$$af = b(b - g) - \frac{B(aa + bb)}{2Aa}.$$

Da nun

$$aa(b - g)^2 + aaff - aacc = \frac{C(aa + bb)}{A}$$

ist, so wird

$$(aa + bb)(b - g)^2 - \frac{Bb(b - g)(aa + bb)}{Aa} +$$

$$\frac{BB(aa + bb)^2}{4A^2a^2} - aacc = \frac{C(aa + bb)}{A}$$

und also

$$(b - g)^2 = \frac{Bb(b - g)}{Aa} - \frac{B(aa + bb)}{4A^2a^2} +$$

$$\frac{aacc}{aa + bb} + \frac{C}{A}$$

folglich

$$b - g = \frac{Bb}{2Aa} \pm \sqrt{\left(\frac{aacc}{aa + bb} + \frac{C}{A} - \frac{B^2}{4AA}\right)}.$$

Es bleiben also noch drei Größen a, b und c unbestimmt, doch muß man dieselben so annehmen, daß $\frac{aacc}{aa + bb} + \frac{C}{A} - \frac{B^2}{4AA}$ eine positive Größe wird, weil sonst $b - g = AB - CD$, und also CD imaginär seyn würde.

§. 491.

Es hindert uns also nichts, $b = o$ zu setzen, und dann ist

$$g = \sqrt{\left(cc - \frac{BB + 4AC}{4AA}\right)}, \text{ und } f = \frac{-B}{2A}.$$

Da ferner die gegebene Gleichung $Axx + Bx + C = o$ keine reelle Wurzeln hat, wofern nicht BB größer als 4AC ist: so ist in diesem Falle $\frac{BB - 4AC}{4AA}$ eine positive Größe; und setzt man derselben cc gleich, so daß $c = \frac{\sqrt{(BB - 4AC)}}{2A}$ ist, so wird auch $g = o$, und a fällt gänzlich aus der Rechnung weg. Es fällt also die gerade Linie EM in die Axe AP, und der Mittelpunkt des Kreises C muß in dem Punkte D angenommen werden, wenn $AD = \frac{-B}{2A}$ ist. Beschreibt man aus diesem Mittelpunkte mit dem Halbmesser

$c = \frac{\sqrt{(BB - 4AC)}}{2A}$ einen Kreis, so zeigen die Durchschnittspunkte desselben mit der Axe die Wurzeln der gegebenen Gleichung an. Damit aber hier keine Construction einer Irrational-Formel nöthig werde, so setze man

$$g = c - \frac{k}{2A}, \text{ daß } cc - \frac{2ck}{2A} + \frac{kk}{4AA} = cc - \frac{BB + 4AC}{4AA}$$

werde. Dann ist

$$c = \frac{kk + BB - 4AC}{4kA}; \text{ und } g = \frac{BB - 4AC - kk}{4kA}.$$

Es bleibt also die Bestimmung der Größe k unserer Willkühr überlassen, und hat man dieselbe auf irgend eine Art angenommen, so muß, da die gerade Linie CM in die Axe fällt, der Kreis auf folgende Art beschrieben werden. Man nehme $AD = \frac{-B}{2A}$, mache die senkrechte Linie $CD = \frac{BB - 4AC - kk}{2Ak}$, und beschreibe aus dem Mittelpunkte C einen Kreis, dessen Halbmesser $= \frac{BB - 4AC + kk}{4AC}$ ist. Die Durchschnittspunkte dieses Kreises mit der Axe zeigen die Wurzeln der gegebenen Gleichung an. Wenn man aber $k = -B$, und, nachdem man $AD = \frac{-B}{2A}$ genommen, $CD = \frac{C}{B}$ gemacht hat, und der Halbmesser des aus C zu beschreibenden Kreises $= \frac{-BB + 2AC}{2AB} = \frac{-B}{2A} + \frac{C}{B}$ ist: so ist daher auch der Halbmesser des Kreises $= AD + CD$; und diese Construction ist für die Praxis die bequemste.

§. 492.

Nun wollen wir zwei sich schneidende Kreise, Fig. 99., betrachten, und für den ersten $AD = a$, $CD = b$, und den Halbmesser $CM = c$ setzen, wo denn, wenn man $AP = x$, und $PM = y$ macht,

$$DP = a - x, \text{ und } CD - PM = b - y$$

und wegen der Natur des Kreises

$$xx - 2ax + aa + yy - 2by + bb = cc$$

wird. Auf ähnliche Art sey für den andern Kreis $Ad = f$; $dc = g$, und sein Halbmesser $cM = h$, so ist

$$xx - 2fx + ff + yy - 2gy + gg = hh.$$

Zieht man nun diese beiden Gleichungen von einander ab, so bleibt

$$2(f-a)x + aa - ff - 2(b+g)y + bb - gg = cc - hh$$

übrig; und es ist demnach

$$y = \frac{aa + bb - ff - gg - cc + hh - 2(a-f)x}{2(b+g)}$$

und daher

$$b - y = \frac{bb + 2bg - aa + ff + gg + cc - hh + 2(a-f)x}{2(b+g)}$$

und

$$a - x = \frac{2a(b+g) - 2(b+g)x}{2(b+g)}.$$

Da nun $(a-x)^2 + (b-y)^2 = cc$ ist, so wird nach vorgenommener Substitution

$$\left.\begin{array}{ll} +4(a-f)^2 & -4(a+f)(b+g)^2 + (b+g)^4 \\ \quad xx & \\ +4(b+g)^2 & -4(a-f)(aa-ff)x + 2(aa-cc)(b+g)^2 \\ & +4(a-f)(cc-bb) + 2(ff-hh)(b+g)^2 \\ & \qquad +(aa-cc-ff-hh)^2 \end{array}\right\} = 0.$$

Vermittelst dieser Gleichung läßt sich die vorhin §. 490. angeführte Gleichung, nemlich

$$Axx + Bx + C = 0$$

auf unzählige Arten construiren; und zugleich erhellet daraus, daß keine Gleichung, die zu einem höhern Grade als dem zweiten gehört, durch zwei sich schneidende Kreise construirt werden kann, weil sich zwei Kreise in nicht mehr als in zwei Punkten schneiden können. Da aber eben diese quadratische Gleichung, vermittelst einer geraden Linie und eines Kreises, welche sich schneiden, construirt werden kann, so verdient diese Construction vor derjenigen, wozu zwei Kreise erfordert werden, mit Recht den Vorzug; es müßte sich denn in einigen einzelnen Fällen von selbst eine leichte Bestimmung der Linien a, b, f, g, c, und h darbieten.

§. 493.

Jetzt werde ein Kreis von einer Parabel geschnitten. Es sey nemlich, nachdem man, Fig. 100., aus dem Mittelpunkte des Kreises C auf die Axe AP die senkrechte Linie CD herabgefällt hat, AD = a, CD = b, und der Halbmesser CM = c; so ist die Gleichung zwischen den rechtwinkligen Coordinaten AP = x, PM = y für den Kreis

$$(x-a)^2 + (y-b)^2 = cc.$$

Die Axe der Parabel FB aber nehme man auf der angenommenen Axe AP senkrecht, und dabei sey AE = f, EF = g, und der Parameter der Parabel = 2h: so ist, wegen der Natur der Parabel,

$$EP^2 = 2h(EF + PM)$$

oder, algebraisch ausgedrückt,

$$(x - f)^2 = 2h(g + y)$$

und also

$$y = \frac{(x-f)^2}{2h} - g$$

und

$$y - b = \frac{(x-f)^2}{2h} - (b + g).$$

Setzt man diesen Werth in die erste Gleichung, und schafft daraus y weg, so wird

$$\frac{(x-f)^4}{4hh} - \frac{(b+g)(x-f)^2}{h} + (b+g)^2 + (x-a)^2 = cc$$

oder

$$\begin{array}{llll} & & & +f^4 \\ & +6ff & -4f^3 & -4ffh(b+g) \\ x^4 - 4fx^3 & -4h(b+g)x^2 & +4fh(b+g)x & +4hh(b+g)^2 = o \\ & +4hh & -8ahh & +4aahh \\ & & & -4cchh \end{array}$$

und die Wurzeln dieser Gleichung sind die Abscissen AP, Ap, Ap, Ap, daher denn die Applicaten durch die Durchschnittspunkte M, m, m, m gehen.

§. 494.

In dieser Gleichung befinden sich sechs beständige Größen, a, b, c, f, g und h, davon aber zwei b + g für eine zu rechnen sind, so daß man nur fünfe behält, wenn man b + g = k setzt. Macht man nemlich

$$CD + EF = b + g = k$$

so bekommt man folgende Gleichung:

$$\begin{array}{llll} & & & +f^4 \\ & +6ff & -4f^3 & -4ffhk \\ x^4 - 4fx^3 & -4hkxx & +4fhkx & +4hhkk = o \\ & +4hh & -8ahh & +4aahh \\ & & & -4cchh \end{array}$$

Auf diese Form läßt sich aber jede biquadratische Gleichung zurückführen. Denn es sey die Gleichung

$$x^4 - Ax^3 + Bxx - Cx + D = o$$

gegeben, so ist, wenn man vergleicht,

$$4f = A; \text{ oder } f = \tfrac{1}{4}A$$

$$6ff - 4hk + 4hh = B, \text{ oder } \tfrac{3}{8}AA - 4hk + 4hh = B$$

und daher wird

$$k = \frac{3AA}{32h} + h - \frac{B}{4h}$$

$$4f^3 - 4fhk + 8ahh = C$$

oder

$$\tfrac{1}{16}A^3 - \tfrac{3}{32}A^3 - Ahh + \tfrac{1}{4}AB + 8ahh = C$$

also

$$a = \frac{A^3}{256hh} + \frac{A}{8} - \frac{AB}{32hh} + \frac{C}{8hh}.$$

Endlich ist

$$(ff - 2hk)^2 + 4aahh - 4cchh = D$$

und

$$ff - 2hk = \frac{B}{2} - 2hh - \frac{AA}{16}$$

und

$$2ah = \frac{A^3}{128h} + \frac{Ah}{4} - \frac{AB}{16h} + \frac{C}{4h}.$$

Substituirt man nun diese Werthe, so bekommt man eine Gleichung, die c und h enthält, die man deswegen aus ihr auf die bequemste Art bestimmen muß, so nemlich, daß jede dieser Größen einen reellen Werth bekommt.

§. 495.

Da aber aus jeder biquadratischen Gleichung das zweite Glied leicht weggebracht werden kann, so wollen wir annehmen, daß solches bereits geschehen sey, und daß also folgende Gleichung

$$x^4 * + Bxx - Cx + D = 0$$

construirt werden solle. Hier ist nun

$$f = 0;\ k = h - \frac{B}{4h};\ a = \frac{C}{8hh}$$

und weil

$$2hk - ff = 2hh - \frac{B}{2};\ \text{und}\ 2ah = \frac{C}{4h}$$

ist, ferner,

$$4h^4 - 2Bhh + \tfrac{1}{4}BB + \frac{CC}{16hh} - 4cchh = D.$$

Hieraus wird

$$64cch^4 = CC + 4BBhh - 32Bh^4 + 64h^6 - 16Dhh$$

und also

$$8chh = \sqrt{(4hh(B - 4hh)^2 + CC - 16Dhh)}.$$

Da aber insbesondere darauf zu sehen ist, daß sowohl c als h reell sey, so setze man

$$c = h - \frac{B + q}{4h}$$

so wird

$$CC - 16Dhh + 8Bhhq - 32h^4q - 4hhqq = o.$$

Damit also dem Verlangten ein Genüge geschehe, müssen zwei Fälle unterschieden werden, der eine, wenn D eine negative, und der andere, wenn D eine positive Größe ist. Es sey also

I.

D eine positive Größe $= + EE$, so daß folgende Gleichung zu construiren ist:

$$x^4 * + Bx^2 - Cx + EE = o.$$

Man setze zu dieser Absicht $q = o$, daß $c = \frac{4hh - B}{4h}$ sey, so wird

$$hh = \frac{CC}{16EE}, \text{ und } h = \frac{C}{4E};$$

folglich

$$c = \frac{CC - 4BE}{4CE}$$

und

$$k = c = \frac{CC - 4BE}{4CE}; \; a = \frac{2EE}{C}; \text{ und } f = o.$$

II.

Wenn aber D negativ, und $= - EE$ ist, so daß folgende Gleichung construirt werden muß

$$x^4 * + Bx^2 - Cx - EE = o$$

so wird

$$64cch^4 = CC + 4hh(4hh - B)^2 + 16EEhh.$$

Diese Gleichung giebt einen reellen Werth für c, man mag h annehmen, wie man will; denn es wird

$$c = \frac{\sqrt{(CC + 4hh(4hh - B)^2 + 16EEhh)}}{8hh}$$

und h kann nach Gefallen angenommen werden. Man nehme es also allemal so, daß man c leicht construiren kann; und ist dies geschehen, so wird, wie vorhin

$$AE = f = o; \; CD + EF = k = \frac{4hh - B}{4h}; \text{ und}$$

$$AD = a = \frac{C}{8hh}.$$

Setzt man $E = o$, so ergiebt sich die Construction der cubischen Gleichung

$$x^3 * + Bx - C = o$$

und auf dieser Construction beruht Backers bekannte Regel.

§. 496.

Nun wollen wir überhaupt zwei Linien der zweiten Ordnung oder zwei Kegelschnitte nehmen, deren Gleichungen sich auf eine gemeinschaftliche Axe und auf einerlei Anfangspunkt der Abscissen beziehen, und folgende seyn mögen:

$$ayy + byx + cxx + dy + ex + f = 0$$

$$\alpha yy + \beta yx + \gamma xx + \delta y + \varepsilon x + \zeta = 0.$$

Schafft man hieraus nach der oben erklärten Methode y weg, welches geschiehet, wenn man diese Gleichungen mit den im 479sten §. betrachteten, nemlich

$$P + Qy + Ryy = 0$$

und

$$p + qy + ryy = 0$$

vergleicht, so werden P und p Funktionen der zweiten Ordnung von x; Q und q Funktionen der ersten Ordnung, und R und r beständige Größen; und daher erkennt man, daß die durch die Elimination hervorgebrachte Gleichung eine biquadratische seyn wird. Es können demnach durch zwei sich schneidende Linien der zweiten Ordnung keine Gleichungen construirt werden, die zu einem höhern, als dem vierten Grade gehören; aber von diesen Gleichungen wissen wir, daß ihre Construction vermittelst des Kreises und der Parabel zu Stande gebracht werden kann. Eben dieses läßt sich auch aus der Natur der Linien der zweiten Ordnung schließen, weswegen dieselben von einer geraden Linie in zwei Punkten geschnitten werden können. Hiernach können zwei gerade Linien die Linien der zweiten Ordnung in vier Punkten schneiden; und da zwei gerade Linien, wenn man sie in Verbindung mit einander betrachtet, eine Art der Linien der zweiten Ordnung ausmachen: so erhellet, daß sich zwei Linien der zweiten Ordnung in vier Punkten schneiden können.

§. 497.

Sollen, um Durchschnittspunkte zu erhalten, zwei Linien, die eine von der zweiten und die andere von der dritten Ordnung genommen werden, und ihre Gleichungen folgende seyn:

$$P + Qy + Ryy = 0$$

$$p + qy + ryy + sy^3 = 0$$

so ist P eine Funktion von zwei Dimensionen von x, Q eine Funktion von einer Dimension, und R eine beständige Größe; dagegen ist p eine Funktion von drei Dimensionen, q eine Funktion von zwei Dimensionen, r eine Funktion von einer Dimension, und s eine beständige Größe. Sieht man hierauf bei der durch die Elimination nach §. 480. gefundenen Gleichung zurück, so erhellet, daß diese Gleichung zum sechsten Grade gehören muß; und es können daher durch eine Linie der dritten Ordnung, welche von einer Linie der zweiten Ordnung geschnitten wird, keine Gleichungen construirt werden, die zu einem höhern Grade als dem sechsten gehören. Eben dieses erkennt man aus der Natur einer jeden Linie der gedachten Ordnungen. Denn da die Linien der dritten Ordnung von einer geraden Linie in drei Punkten geschnitten werden, so werden sie von zwei geraden Linien, die zusammengenommen eine Linie der zweiten Ordnung ausmachen, in sechs Punkten geschnitten.

§. 498.

Wenn man die oben erklärten Eliminationen, und die vorhin gebrauchten Schlüsse von den Durchschnittspunkten, welche von geraden Linien gemacht werden, auf die höhern Ordnungen anwendet, so ist klar, daß durch zwei sich schneidende Curven, wenn sie zu der dritten Ordnung gehören, nur Gleichungen, die den neunten, und wenn sie zu der vierten Ordnung gehören, nur Gleichungen, die den sechszehnten Grad nicht übersteigen, construirt werden können. Ueberhaupt können durch zwei sich schneidende Linien, davon die eine zur Ordnung m, und die andere zur Ordnung n gehört, alle Gleichungen construirt werden, welche nicht über die Ordnung mn hinausgehen. So braucht man, um eine Gleichung vom hundertsten Grade zu construiren, entweder zwei Linien der zehnten Ordnung, oder eine Linie der fünften und eine Linie der zwanzigsten Ordnung rc., wenn man die Zahl 100 in zwei Faktoren auflöset. Wenn aber die höchste Potestät der zu construirenden Gleichung eine Primzahl, oder eine solche Zahl ist, die keine bequeme Faktoren zuläßt: so muß man dafür eine andere größere Zahl setzen, die in bequeme Faktoren zerfällt werden kann; denn die beiden Curven, wodurch sich Gleichungen von höhern Graden construiren lassen, können auch zur Construction der Gleichungen der niedrigern Grade gebraucht werden. So kann man zur Construction einer Gleichung vom 39sten Grade zwei Curven nehmen, davon die eine zur sechsten und die andere zur siebenten Ordnung gehört, weil man dadurch eine Gleichung vom zwei und vierzigsten Grade construiren kann; und diese Construction ist allerdings einfacher, als wenn man eine Curve von der dritten und eine von der dreizehnten Ordnung brauchen wollte.

§. 499.

Hieraus erhellet, daß sich eine jede Gleichung auf viele, ja auf unzählige Arten durch zwei einander schneidende Curven so construiren läßt, daß man ihre reellen Wurzeln daraus erkennen kann. Aus diesen unzähligen Arten muß man aber jedesmal diejenige wählen, die sowohl durch die einfachsten als auch zum Entwerfen leichtesten Curven zu Stande gebracht werden; und insbesondere hat man darauf zu sehen, daß man vermittelst der Durchschnittspunkte alle reelle Wurzeln erhalte, welches statt finden wird, wenn man solche Curven wählt, die keine imaginäre Durchschnittspunkte haben. Nun haben wir oben gesehen, daß dergleichen nicht statt finden können, wenn die Applicate y in der einen Gleichung für die Curven einer einförmigen Funktion von x gleich ist; denn alsdann ist es, weil diese Curve keine imaginären Applicaten hat, unmöglich, daß imaginäre Durchschnittspunkte entstehen, wenn auch die Anzahl der imaginären Applicaten der andern Curve noch so groß ist. Man muß daher bei dieser Construction die eine Curve allemal so annehmen, daß ihre Gleichung in der Form

$$P + Qy = o$$

enthalten ist, wo P und Q Funktionen von x bedeuten.

§. 500.

Ist also eine Gleichung gegeben, so suche man eine Curve, welche durch die Gleichung

$$P + Qy = o$$

ausgedrückt wird. Und da die Gleichung für die andere Curve so beschaffen seyn muß, daß sich daraus, wenn man in ihr $\frac{-P}{Q}$ für y setzt, die gegebene Gleichung ergebe: so kann man aus der gegebenen Gleichung auch die Gleichung für die andere Curve finden, wenn man darin y für $\frac{-P}{Q}$ setzt. Ist z. B. folgende Gleichung gegeben:

$$x^4 + Ax^3 + Bx^2 + Cx + D = o$$

so nehme man für die eine Curve die durch die Gleichung

$$ay = xx + bx$$

ausgedrückte Parabel; und da daraus

$$xx = ay - bx$$

wird, so setze man diesen Werth, so oft es beliebt, in die gegebene Gleichung. Alsdann wird

$$x^4 = aayy - 2abxy + bbxx$$

$$Ax^2 = \quad + Aaxy - Abxx$$

und man bekommt demnach folgende Gleichung der zweiten Ordnung:

$$aayy + a(A - 2b)xy + (B - Ab + bb)xx + Cx + D = o$$

deren Durchschnittspunkte mit der Curve $ay = xx + bx$ die Wurzeln der gegebenen Gleichung anzeigen werden.

§. 501.

Da diese beiden Curven durch willkührliche Bestimmung der beständigen Größen a und b auf unzählige Arten verändert werden können, so läßt sich dadurch eine noch weit größere Verschiedenheit erhalten. Denn da aus der ersten quadratischen Gleichung

$$xx - ay + bx = o$$

ist, so hat man auch

$$acxx - aacy + abcx = o$$

und addirt man dieses zu der letzten Gleichung, so entsteht eine noch viel weiter sich erstreckende Gleichung für eine Linie der zweiten Ordnung, deren Durchschnittspunkte mit der ersten eben so gut die Wurzeln der gegebenen Gleichung anzeigen. Die beiden Curven, wodurch man die Construction zu Stande bringen kann, sind nemlich

I.

$$ay = xx + bx$$

II.

$$aayy + a(A - 2b)xy + (B - Ab + bb + ac)xx + aacy + (C + abc)x + D = o$$

und diese letzte Gleichung kann so eingerichtet werden, daß sie jeden Kegelschnitt unter sich begreift. Man darf nur auf die Größe

$$AA - 4B - 4ac$$

sehen. Denn ist diese positiv, so ist die Curve eine Hyperbel; ist sie $= o$, so ist die Curve eine Parabel; und ist sie negativ, so ist die Curve eine Ellipse. Ein Kreis aber wird diese andere Curve seyn, wenn

$$b = \tfrac{1}{2}A; \text{ und } aa = B - \tfrac{1}{4}AA + ac,$$

oder

$$c = a + \frac{AA}{4a} - \frac{B}{a}$$

ist; denn alsdann ist die Gleichung für denselben

$$aayy + aaxx - (a^3 + \frac{Aaa}{4} - Ba)y + (C + \frac{Aaa}{2} + \frac{A^3}{8} - \frac{AB}{2})x + D = o$$

oder

$$(y - \frac{a}{2} - \frac{AA}{8a} + \frac{B}{2a})^2 + (x + \frac{C}{2aa} + \frac{A}{4} + \frac{A^3}{16aa} - \frac{AB}{4aa})^2$$

$$=$$

$$(\frac{a}{2} + \frac{AA}{8a} + \frac{B}{2a})^2 + (\frac{C}{2aa} + \frac{A}{4} + \frac{A^3}{16aa} - \frac{AB}{4aa})^2 - \frac{D}{aa}$$

und dieses Glied das Quadrat des Halbmesser des Kreises.

§. 502.

Auf diese Art hat man also aus den Kegelschnitten allein eine unzählige Menge Curven, die, von der Parabel $ay = xx + bx$ geschnitten, durch ihre Durchschnittspunkte zu den Wurzeln einer gegebenen Gleichung führen. Was man von diesen Curven auch für eine nehmen mag, so wird doch die Parabel in denselben Punkten geschnitten, ja es schneiden sich alle jene Linien einander in denselben Punkten. Man kann daher auch aus diesen unzähligen Curven, wenn man die vorhin gedachte Parabel übergeht, irgend zwei nach Belieben annehmen, dieselben über einer gemeinschaftlichen Axe beschreiben, und so durch ihre Durchschnittspunkte die Wurzeln der gegebenen Gleichung kennen lernen. Es kann demnach jene Gleichung construirt werden, entweder durch den Kreis und die Parabel, wie wir schon oben gesehen haben, oder durch zwei Parabeln, oder durch eine Parabel und Ellipse oder Hyperbel, oder durch zwei Ellipsen, oder zwei Hyperbeln, oder durch eine Ellipse und eine Hyperbel. Noch größer aber wird die Mannigfaltigkeit dieser Constructionen, wenn man dazu auch die Curven der höhern Ordnungen anwendet.

§. 503.

Auf ähnliche Art lassen sich die Gleichungen der höhern Grade construiren, wenn man für die eine Curve eine parabolische Linie nimmt, die in der Gleichung $y = P$ enthalten ist. Soll z. B. folgende Gleichung construirt werden,

$$x^{12} - f^{10}x^2 + f^9gx - g^{12} = 0$$

so nehme man diese parabolische Gleichung der vierten Ordnung

$$x^4 = a^3y$$

und da daraus $x^{12} = a^9y^3$ wird, so bekommt man durch die Substitution dieses Werthes folgende Gleichung für eine Linie dritten Ordnung:

$$a^9y^3 - f^{10}x^2 + f^9gx - g^{12} = 0.$$

Addirt man hierzu irgend ein Vielfaches der ersten Gleichung $x^4 - a^3y = 0$, so findet man eine unzählige Menge Linien der vierten Ordnung, davon je zwei mit einander verbunden zur Construction der gegebenen Gleichung gebraucht werden können.

§. 504.

Ereignet es sich, daß man auf die beschriebene Art aus der gegebenen Gleichung keine bequeme Construction finden kann, so multiplicirt man dieselbe mit x, oder x^2, oder x^3, oder irgend einer andern höhern Potestät von x, so daß zu ihren Wurzeln noch einige verschwindende Wurzeln kommen, welche durch die Durchschnittspunkte im Anfangspunkte der Abscissen angezeigt, und so leicht von den übrigen wahren Wurzeln unterschieden werden. Auf diese Art bekommt man zwar eine Gleichung von einem höhern Grade, allein demungeachtet findet man öfters bequemere Constructionen. Wäre z. B. die cubische Gleichung gegeben:

$$x^3 + Axx + Bx + C = 0$$

so würde, wenn man $xx = ay$ setzte, so daß die eine construirende Curve eine Parabel würde, die andere Curve allezeit eine Hyperbel seyn. Denn setzt man ay für xx, so bekommt man die Gleichung:

$$axy + Aay + Bx + C = 0$$

oder, wenn man die erste Gleichung $cxx - acy = 0$ hinzu addirt, folgende von weiterm Umfange

$$axy + cxx + a(A - c)y + Bx + C = 0$$

die aber auch stets eine Gleichung fur eine Hyperbel ist. Scheint es daher bequemer, den Kreis, oder die Ellipse, oder die Parabel zu gebrauchen, so multiplicire man die gegebene Gleichung mit x, um

$$x^4 + Ax^3 + Bxx + Cx = 0$$

zu bekommen. Denn vergleicht man diese Gleichung mit der oben construirten biquadratischen Gleichung, so wird $D = 0$, und diese Gleichung läßt sich allemal durch den Kreis und die Parabel construiren.

§. 505.

Da also jede Gleichung, sie mag zu einem Grade gehören, zu was für einem sie will, durch zwei sich schneidende algebraische Curven construirt werden kann, und zwar auf unzählige Arten: so kann man zu der einen Curve was für eine man will annehmen, und daher ist die Frage entstanden: Wie eine gegebene Gleichung vermittelst einer gegebenen Curve construirt werden könne? Hierbei ist zuvörderst zu bemerken, daß die gegebene Curve von der Art seyn muß, daß ihre Applicate durch eine einförmige Funktion von x ausgedrückt wird, damit nicht imaginäre Durchschnittspunkte die Construction verwirren. Denn es ist nicht hinreichend, daß die gegebene Curve oder auch nur ein gegebener Theil von ihr Abscissen habe, welche einer Wurzel der Gleichung gleich sind, eine Bedingung, die man ausdrücklich beizufügen pflegt, wenn man nur eine Wurzel der gegebenen Gleichung zu wissen verlangt: weil es sich ereignen kann, daß jener Bogen der Curve gar keinen Durchschnittspunkt zuläßt, obgleich die Abscisse für einen gewissen Punkt in ihr eine wahre Wurzel ist. Es kann nemlich diese Wurzel entweder durch einen imaginären Durchschnittspunkt ge hen, oder sie könnte auch durch den Durchschnittspunkt eines andern Schenkels, der zu eben der Abscisse gehörte, angezeigt werden. Aus diesem Grunde halte ich mich daher bei dieser mehr neugierigen als nützlichen Frage nicht auf, da ich die wahren Gründe aller dieser Constructionen ausführlich genug gezeigt habe.

Ein und zwanzigstes Capitel.

Von den transcendenten Curven.

§. 506.

Bisher haben wir uns mit den algebraischen Curven beschäftiget, und diese waren so beschaffen, daß, wenn die Abscissen auf irgend einer Axe angenommen wurden, die zu diesen Abscissen gehörige Applicaten durch algebraische Funktionen der Abscissen ausgedrückt werden konnten, oder so, denn dies sagt eben dasselbe, daß sich das Verhältniß zwischen den Abscissen und Applicaten durch eine algebraische Gleichung darstellen ließ. Hieraus fließt nun sogleich, daß eine Curve nicht zu den algebraischen gerechnet werden darf, wenn man nicht im Stande ist, den Werth der Applicate durch eine algebraische Funktion auszudrücken. Man nennt aber dergleichen Curven, die keine algebraische sind, transcendente; und es ist folglich eine transcendente Curve eine solche, bei welcher das Verhältniß zwischen den Applicaten und Abscissen durch keine algebraische Gleichung ausgedrückt werden kann. So oft daher die Applicate y einer transcendenten Funktion der Abscisse x gleich ist, so oft muß auch die Curve zu den transcendenten Curven gerechnet werden.

§. 507.

Im ersten Buche haben wir vorzüglich zwei Arten der transcendenten Größen betrachtet, die Logarithmen, und die Kreisbogen. Wenn also die Applicate y gleich ist entweder einem Logarithmen der Abscisse x, oder einem Kreisbogen, dessen Sinus, oder Cosinus, oder Tangente durch die Abscisse x ausgedrückt wird, so daß

$$y = lx; \text{ oder } y = A.\sin.x, \text{ oder } y = A.\cos.x;$$
$$\text{oder } y = A.\mathrm{tang}.x.$$

ist; oder wenn überhaupt dergleichen Ausdrücke in der Gleichung zwischen x und y enthalten sind, so ist die Curve eine transcendente Curve. Doch machen diese Curven nur einige Arten der transcendenten Linien aus, und es giebt außer ihnen noch eine unzählige Menge anderer, deren Quelle in der Analysis des Unendlichen ausführlich beschrieben werden wird, daß es also eine weit größere Anzahl von transcendenten als von algebraischen Curven giebt.

§. 508.

Wenn eine Funktion keine algebraische Funktion ist, so ist sie transcendent, und macht daher auch die Curve, in deren Gleichung sie sich befindet, zu einer transcendenten. Es sind aber die algebraischen Gleichungen entweder rationale, und enthalten keine andere als ganze Exponenten, oder irrationale, in welchen gebrochene Exponenten vorkommen; allein in diesem letzten Falle kann man sie gleichwohl in rationale Gleichungen verwandeln. Wenn also eine Gleichung für eine Curve so beschaffen ist, daß sie weder rational ist noch rational gemacht werden kann, so gehört sie zu den transcendenten. Wenn nun in einer Gleichung solche Potestäten vorkommen, deren Exponenten weder ganze Zahlen noch Brüche sind, so läßt sich dieselbe nicht rational machen, und es gehören demnach die Curven, die durch solche Gleichungen ausgedrückt werden, zu den transcendenten. Hieraus ergiebt sich die erste und gleichsam einfachste Art der transcendenten Curven, diejenigen nemlich, in deren Gleichungen irrationale Exponenten vorkommen; und da diese Gleichungen weder Logarithmen noch Kreisbogen enthalten, sondern allein durch irrationale Größen hervorgebracht werden: so scheinen auch die dadurch ausgedrückten Curven mit mehrerm Rechte zu der gemeinen Geometrie gerechnet zu werden, und sind daher auch vom Hrn. von Leibnitz interscendente Curven genannt worden, weil sie gleichsam das Mittel zwischen den algebraischen und den transcendenten halten.

§. 509.

Eine solche interscendente Curve ist die in folgender Gleichung

$$y = x^{\sqrt{2}}$$

enthaltene; denn man mag diese Gleichung durch die Erhebung zu Dignitäten verwandeln wie man will, so erhält man doch nie dafür eine rationale Gleichung. Es kann daher eine solche Gleichung auch auf keine Weise geometrisch construirt werden, weil sich keine andere Potestäten geometrisch darstellen lassen als solche, deren Exponenten rationale Zahlen sind, und es unterscheiden sich daher dergleichen Curven auch durchaus von den geometrischen. Denn wollte man den Exponenten $\sqrt{2}$ nur näherungsweise ausdrücken, und dafür einen von folgenden Brüchen setzen,

$$\frac{3}{2};\ \frac{7}{5};\ \frac{17}{12};\ \frac{41}{29};\ \frac{99}{70};\ \text{rc.}$$

so wurde man zwar algebraische Curven bekommen, welche sich der gesuchten Curve näherten, aber zu der dritten, oder siebenten, oder siebenzehnten, oder ein und vierzigsten Ordnung, rc. gehören würden. Da also $\sqrt{2}$ nicht anders rational ausgedrückt werden kann, als durch einen Bruch, dessen Zähler und Nenner unendlich große Zahlen sind, so gehört die durch die Gleichung $y = x^{\sqrt{2}}$ ausgedrückte Curve zu einer Ordnung, deren Höhe durch ∞ ausgedrückt werden muß, und kann folglich nicht zu den algebraischen Curven gerechnet werden. Dazu kommt, daß $\sqrt{2}$ einen doppelten Werth hat, einen positiven und einen negativen; woher denn y allemal einen doppelten Werth erhält, und also die gedachte Curve eine zwiefache Curve wird.

§. 510.

Hiernächst ist man ohne Beihülfe der Logarithmen gar nicht im Stande, die durch $y = x^{\sqrt{2}}$ ausgedrückte Curve genau zu construiren. Denn da $y = x^{\sqrt{2}}$ ist, so wird, wenn man die Logarithmen nimmt, $ly = \sqrt{2} \,.\, lx$, und es giebt folglich der Logarithme einer jeden Abscisse, mit $\sqrt{2}$ multiplicirt, den Logarithmen der Applicate, so daß man die zu jeder Abscisse x gehörige Applicate aus den Logarithmischen Tafeln bestimmen muß. Ist z. B. $x = 0$, so wird auch $y = 0$; ist $x = 1$, so wird auch $y = 1$; dies erkennet man aus der gegebenen Gleichung selbst sehr bald. Ist hingegen $x = 2$, so wird, $ly = \sqrt{2} \,.\, l2 = \sqrt{2} \,.\, 0{,}3010300$; und da $\sqrt{2} = 1{,}41421356$ ist, so hat man $ly = 0{,}4257274$, und also näherungsweise $y = 2{,}665186$. Auf diese Art kann man zu jeder Abscisse die Applicate durch Rechnung finden, und die Curve construiren, wenn für x positive Größen gesetzt werden. Läßt man aber x negativ werden, so ist es schwer zu bestimmen, ob die Werthe von y reell oder imaginär seyn werden. Denn es sey $x = -1$, so bleibt unausgemacht, ob $(-1)^{\sqrt{2}}$ eine reelle oder eine imaginaire Größe sey, indem die näherungsweise für $\sqrt{2}$ gefundenen Zahlen uns nicht in den Stand setzen, darüber etwas zu entscheiden.

§. 511.

Noch offenbarer ist es, daß die Gleichungen, in welchen imaginäre Exponenten vorkommen, zu den transcendenten gerechnet werden müssen. Es kann sich indeß allerdings ereignen, daß Ausdrücke mit imaginären Exponenten gleichwohl einen reellen und bestimmten Werth haben. Beispiele hievon sind bereits oben [im ersten Buch im achten Capitel] da gewesen, und es mag daher hier nur folgendes zur Erläuterung stehen:

$$2y = x^{+\sqrt{-1}} + x^{-\sqrt{-1}}.$$

Ob nemlich gleich sowohl $x^{+\sqrt{-1}}$ als $x^{-\sqrt{-1}}$ imaginär ist, so ist doch die Summe von beiden reell. Denn man setze $lx = v$, und lasse e die Zahl bedeuten, deren hyperbolische Logarithme $= 1$ ist, so wird $x = e^v$; und braucht man diesen Werth, so bekommt man

$$2y = e^{+v\sqrt{-1}} + e^{-v\sqrt{-1}}$$

Nun haben wir im ersten Buche §. 138. gesehen, daß

$$\frac{e^{+v\sqrt{-1}} + e^{-v\sqrt{-1}}}{2} = \cos.\,A.\,v$$

ist, und es wird folglich

$$y = \cos.\,A.\,v = \cos.\,A.\,lx.$$

Ist nemlich irgend ein Werth von x in Zahlen gegeben, so suche man den hyperbolischen Logarithmen davon, und schneide in einem Kreise, dessen Halbmesser $= 1$ ist, einen diesem Logarithmen gleichen Bogen ab; wo denn der Cosinus dieses Bogens den Werth der Applicate y geben wird. Ist z. B. $x = 2$, so daß

$$2y = 2^{+\sqrt{-1}} + 2^{-\sqrt{-1}}$$

wird, so hat man

$$y = \cos.\,A.\,l2 = \cos.\,A.\,0{,}6931471805599.$$

Den Bogen aber, der $l2$ gleich ist, findet man, da der Bogen, der durch 3,1415926535 ꝛc. ausgedrückt wird, 180° enthält, nach der Regel de Tri $= 39°, 42', 51'', 52''', 9''''$, und sein Cosinus ist $= 0{,}76923890135408$, welche Zahl folglich den Werth der zu der Abscisse $x = 2$ gehörigen Applicate y ausdrückt. Da also dergleichen Ausdrücke Logarithmen und Kreisbogen in sich enthalten, so werden sie auch mit Recht zu den transcendenten gerechnet.

§. 512.

Die erste Stelle unter den transcendenten Curven nehmen demnach diejenigen Curven ein, deren Gleichungen, außer algebraischen Größen, Logarithmen enthalten, und die einfachste darunter ist diejenige, welche durch die Gleichung

$$l\frac{y}{a} = \frac{x}{b};\ \text{oder}\ x = bl\frac{y}{a}$$

ausgedrückt wird, wo es gleich ist, was man für ein Logarithmisches System zum Grunde legen will, weil alle Logarithmische Systeme durch die Multiplication mit der beständigen Größe b auf eins zurückgeführt werden. Es bezeichne also l die hyperbolischen Logarithmen, und die durch $x = bl\frac{y}{a}$ ausgedrückte Curve heiße, so wie sie unter diesem Namen bereits allgemein bekannt ist, die Logarithmische Linie. Es bedeute e die Zahl, deren Logarithme $= 1$ ist, und es sey folglich

$$e = 2{,}718281828459045235360 28$$

so wird

$$e^{x:b} = \frac{y}{a}; \text{ oder } y = ae^{x:b}$$

und aus dieser Gleichung läßt sich die Natur der Logarithmischen Linie sehr leicht erkennen. Denn setzt man für x nach und nach Werthe, die in einer arithmetischen Progression fortgehen, so erhält die Applicate y Werthe, die in einer geometrischen Progression auf einander folgen. Um aber die Gleichung leichter construiren zu können, setze man $e = m^n$ und $b = nc$, so wird $y = am^{x:c}$, wo m eine jede positive Zahl bedeuten kann, die größer als 1 ist. Wenn also

$$x = o, \quad c, \quad 2c, \quad 3c, \quad 4c, \quad 5c, \quad 6c, \text{ etc.}$$

ist, so wird

$$y = a, \ am, \ am^2, \ am^3, \ am^4, \ am^5, \ am^6 \text{ etc.}$$

und legt man der Abscisse x negative Werthe bei, so wird, wenn man

$$x = -c, \ -2c, \ -3c, \ -4c, \ -5c, \text{ etc.}$$

setzt,

$$y = \frac{a}{m}, \ \frac{a}{m^2}, \ \frac{a}{m^3}, \ \frac{a}{m^4}, \ \frac{a}{m^5}, \text{ etc.}$$

§. 513.

Hieraus erhellet, daß die Applicate y allenthalben positive Werthe bekommt, die ohne Ende wachsen, wenn man die positiven Abscissen ohne Ende zunehmen läßt, und auf der andern Seite der Axe ohne Ende abnehmen, so daß daher die Axe Ap, Fig. 101., die Asymptote der Curve wird. Nimmt man nemlich A zum Anfangspunkte der Abscissen an, so ist daselbst die Applicate AB = a, und macht man AP = x, so ist die Applicate

$$PM = y = am^{x:c} = ae^{x:b}$$

und folglich

$$l\frac{y}{a} = \frac{x}{b}.$$

Wenn man also die Abscisse AP durch die beständige Größe b dividirt, so drückt der Quotient den Logarithmen des Verhältnisses $\frac{PM}{AB}$ aus. Wenn der Anfangspunkt der Abscissen anderswo in der Axe z. B. in a angenommen wird, so bleibt die Gleichung sich ähnlich. Denn es sey Aa = f, so wird, wenn man aP = t setzt, da dann x = t — f ist,

$$y = ae^{(t-f):b} = ae^{t:b} : e^{f:b}$$

Man setze die beständige Größe $a : e^{f:b} = g$, so wird

$$y = ge^{t:b}.$$

Hieraus erhellet, da ab = g ist, daß

$$\frac{aP}{b} = l\frac{PM}{ab}$$

seyn wird; und zieht man daher irgend zwei Applicaten PM und pm, die um Pp von einander entfernt sind, so wird

$$\frac{Pp}{b} = l\frac{PM}{pm}$$

und die beständige Größe b, wovon jenes Verhältniß abhängt, kann als der Parameter der Logarithmischen Linie betrachtet werden.

§. 514.

Die Tangente der Logarithmischen Linie für jeden Punkt M läßt sich ebenfalls leicht bestimmen. Denn da

$$PM = ae^{x:b}$$

wird, wenn man AP = x nimmt: so ziehe man irgend eine andere Applicate QN, die von der vorigen um PQ = u entfernt liegt. Alsdann ist

$$QN = ae^{(x+u):b} = ae^{x:b} . e^{u:b}$$

und, wenn man die ML der Axe parallel zieht,

$$LN = (QN - PM) = ae^{x:b}(e^{u:b} - 1).$$

Nun ziehe man durch die Punkte M und N die gerade Linie NMT, welche der Axe in dem Punkte T begegne, so ist

$$LN : ML = PM : PT$$

und folglich

$$PT = u : (e^{u:b} - 1).$$

Aber im ersten Buche haben wir gezeigt, daß, durch eine unendliche Reihe ausgedrückt,

$$e^{u:b} = 1 + \frac{u}{b} + \frac{u^2}{2b^2} + \frac{u^3}{6b^3} + \text{etc.}$$

ist, und daher wird also

$$PT = \frac{1}{\frac{1}{b} + \frac{u}{2b^2} + \frac{u^2}{6b^3} + \text{etc.}}$$

Nun verschwinde $PQ = u$, so wird, weil dann die Punkte M und N zusammenfallen, die gerade Linie NMT die Tangente der Curve, und die Subtangente PT ist dabei $= b$, und folglich eine beständige Größe, welches eine Haupteigenschaft der Logarithmischen Linie ist. Der Parameter der Logarithmischen Linie b ist daher auch zugleich die Subtangente derselben, und allenthalben von gleicher Größe.

§. 515.

Hier entsteht aber die Frage: Ob auf diese Art die ganze Logarithmische Linie beschrieben sey, und ob dieselbe außer dem Schenkel MBm, der auf beiden Seiten ohne Ende fortläuft, keine Theile weiter habe? Denn wir haben oben gesehen, daß es keine Asymptote giebt, der sich nicht zwei Schenkel näherten, und es haben daher einige behauptet, daß die Logarithmische Linie aus zwei ähnlichen Theilen bestehe, die zu beiden Seiten der Axe sich fort erstreckten, so daß die Asymptote zugleich ein Durchmesser sey. Allein die $y = ae^{x:b}$ zeigt diese Eigenschaft auf keine Weise an; denn wenn $\frac{x}{b}$ eine ganze Zahl oder ein Bruch mit einem ungeraden Nenner ist, so hat y nie mehr als einen reellen und dabei positiven Werth. Wenn aber der Bruch $\frac{x}{b}$ einen geraden Nenner hat, so bekommt die Applicate y einen doppelten Werth, einen positiven und einen negativen, und dieser letztere giebt einen Punkt der Curve, der auf der andern Seite der Asymptote liegt, so daß daher die Logarithmische Linie jenseits der Asymptote unzählige von einander abgesonderte Punkte hat, die aber keine continuirliche Linie geben, ob solches gleich, weil man ihre Entfernung von einander so klein machen kann, als man will, statt zu finden scheint. Dies ist eine sehr auffallende Beschaffenheit, dergleichen bei den algebraischen Curven gar nicht statt findet. Aber noch auffallender ist folgende damit in Verbindung stehende. Da die Logarithmen der negativen Zahlen imaginär sind, (welches theils von selbst klar ist, theils auch daraus eingesehen werden kann, weil der Logarithme von -1

zu $\sqrt{-1}$ ein endliches Verhältniß hat) so ist $l-n$ eine imaginäre Größe, die wir $=i$ setzen wollen. Ferner ist der Logarithme eines Quadrats das Zweifache des Logarithmen der Wurzel, also

$$l.(-n)^2 = l.n^2 = 2i$$

und dabei $l.n$ gleich einer reellen Größe $= 2l.n$. Hieraus müßte nun folgen, daß sowohl die reelle Größe $l.n$ als die imaginäre i Hälften der reellen Größe $l.n^2$ wären; und wäre dies, so müßte ferner jede Zahl eine doppelte Hälfte, eine reelle und eine imaginäre, desgleichen ein dreifaches Drittel, ein vierfaches Viertel rc. haben, und von diesen Theilen dürfte einer nie mehr als einer reell seyn. Wie dies mit den gewöhnlichen Begriffen von den Größen zu vereinigen sey, ist nicht wohl einzusehen *).

*) Es sind diese Paradoxa so paradox nicht, als sie beim ersten Anblick scheinen. Solche Widersprüche, als hier entstehen, pflegt man sonst als ein Kennzeichen zu betrachten, daß irgendwo ein Fehler versteckt liege; warum soll man dies nicht auch bei der gegenwärtigen Materie thun? Was indeß über diesen Punkt weiter zu sagen ist, verspare ich in die Vorrede.

§. 516.

Zugegeben also, was wir hier angenommen haben, so würde folgen, daß die Hälfte von a nicht nur $\frac{a}{2}$, sondern auch $\frac{a}{2} + l.-1$ sey; denn das Doppelte von diesem ist $a + 2l.-1 = a + l.(-1)^2 = a + l.1 = a$; wo bemerkt werden muß, daß $+l.-1 = -l.-1$ ist, obgleich nicht $l.-1 = 0$ gesetzt werden darf. Denn da $-1 = \frac{+1}{-1}$, so ist $l.-1 = l.+1 - l.-1 = -l.-1$. Auf ähnliche Art ist das Drittel von a, da $\sqrt[3]{1}$ nicht bloß 1, sondern auch $\frac{-1 \pm \sqrt{-3}}{2}$, und folglich $3l\frac{-1 \pm \sqrt{-3}}{2}$ $= l.1 = 0$ ist, nicht bloß $\frac{a}{3}$, sondern auch $\frac{a}{3} + l\frac{-1+\sqrt{-3}}{2}$, und $\frac{a}{3} + l\frac{-1-\sqrt{-3}}{2}$, indem das Dreifache eines eben dieser Ausdrücke dieselbe Größe a giebt. Um diese Widersprüche, die man schlechterdings nicht gelten lassen arf, aus dem Wege zu räumen, muß man zu einem anern paradoxen Satze seine Zuflucht nehmen, zu dem nemich, daß zu jeder Zahl unendlich viel Logarithmen gehören, oorunter sich aber nicht mehr als ein reeller finde. So giebt es z. B. obgleich der Logarithme von $1 = o$ ist, ausserdem noch eine unzählige Menge imaginärer Logarithmen eben dieser Einheit, nemlich

$$2\,l. -1;\ 3\,l. \frac{-1 \pm \sqrt{-3}}{2};\ 4\,l. -1;\ 4\,l. \pm \sqrt{-1}$$

und unendlich viel andere, welche man auf dem Wege der Ausziehung der Wurzel findet. Es hat aber diese Behauptung einen weit höhern Grad von Wahrscheinlichkeit, als die vorhergehende: denn setzt man $x = l.a$, so wird $a = e^x$, und folglich

$$a = 1 + x + \frac{x^2}{2} + \frac{x^3}{6} + \frac{x^4}{24} + \text{ꝛc.}$$

und da dieses eine Gleichung von unendlich vielen Dimensionen ist, so ist es gar nichts besonders, daß x unzählige Wurzeln hat. Ob aber gleich auf diese Art das letzte Paradoxon aufgelöset wird, so bleibt doch das erste in seiner ganzen Stärke, nach welchem zu der logarithmischen Linie unzählige von einander abgesonderte Punkte jenseits der Axe gehören.

§. 517.

Noch deutlicher überzeugt man sich von der Wirklichkeit dieser unzähligen Menge von Punkten durch die Gleichung $y = (-1)^x$. Denn so oft x eine ganze gerade Zahl oder ein Bruch mit einem geraden Zähler ist, so oft ist $y = 1$; wenn aber x eine ungerade Zahl oder ein Bruch ist, dessen Zähler und Nenner ungerade Zahlen sind, so wird $y = -1$; in allen übrigen Fällen, wenn x entweder ein Bruch mit einem geraden Nenner oder gar eine Irrationalzahl ist, ist der Werth von y imaginär. Es giebt daher die Gleichung $y = (-1)^x$ eine unzählige Menge von Punkten, die abgesondert von einander auf beiden Seiten der Axe, und zwar um den Raum $= 1$ von ihr entfernt, liegen. Unter diesen Punkten giebt es kein Paar auf eben der Seite der Axe, die nicht von einander abgesondert wären, und demungeachtet sind sie sich so nahe, daß die Entfernung zwischen ihnen kleiner als jede gegebene Größe ist. Denn zwischen jeden zwei noch so nahen Werthen der Abscisse lassen sich nicht einer, sondern unzählige Brüche setzen, deren Nenner ungerade Zahlen sind, und aus jedem dieser Werthe findet man einen zu der gegebenen Gleichung gehörigen Punkt. Es scheint also nur, als ob man durch diese Punkte auf zwei gerade Linien geführt werde, die der Axe parallel laufen, und von ihr zu beiden Seiten um 1 entfernt sind, indem es in diesen Linien keinen Theil giebt, worin man nicht einen, sondern unzählige Punkte, die in der Gleichung $y = (-1)^x$ enthalten sind, angeben könnte. Eben diese Anomalie findet auch bei der Gleichung $y = (-a)^x$ und andern ihr ähnlichen statt, in welchen eine negative Größe zu einer unbestimmten Potestät erhoben ist, und es war daher nöthig, diese bei den transcendenten Curven möglichen auffallenden Beschaffenheiten hier zu berühren.

§. 518.

Zu diesem Geschlechte der Curven, welche von Logarithmen abhängen, gehören nicht nur alle Gleichungen, worin Logarithmen vorkommen, sondern auch diejenigen, die Exponential-Größen enthalten, indem dergleichen Größen sich ergeben, wenn man von den Logarithmen zu den Zahlen fortgeht; daher denn auch diese Curven Exponential-Curven genannt werden. Eine solche Curve ist die in der Gleichung $y = x^x$, oder $ly = xlx$ enthaltene. Denn setzt man $x = 0$, so wird $y = 1$; setzt man $x = 1$, so wird auch $y = 1$; setzt man $x = 2$, so wird $y = 4$; setzt man $x = 3$, so wird $y = 27$, rc. Es stellt daher BDM, Fig. 102., die Gestalt dieser Curve für die Axe AP vor, so daß, wenn man $AC = 1$ seyn läßt, $AB = CD = 1$ ist. Zwischen A und C aber sind die Applicaten kleiner als 1; denn macht man $x = \frac{1}{2}$, so wird $y = \frac{1}{\sqrt{2}} = 0{,}7071068$: und die kleinste Applicate findet man, wenn man die Abscisse $x = \frac{1}{e} = 0{,}36787944$ setzt, wo die Applicate $y = 0{,}6922005$ wird, wie in dem Folgenden gelehrt werden soll. Um aber zu sehen, wie die Curve jenseits B beschaffen sey, muß man x negativ machen, wodurch also $y = \frac{1}{(-x)^x}$, werden, und die Curve aus lauter von einander abgesonderten Punkten bestehen wird, die sich der Axe als einer Asymptote nähern. Es fallen aber diese Punkte bald auf die eine, bald auf die andere Seite der Axe, je nachdem x entweder eine gerade oder eine ungerade Zahl bedeutet. Ja auch unter der Axe AP kommen unzählige solcher Punkte zu liegen, wenn man für x einen Bruch mit einem geraden Nenner setzt; denn macht man $x = \frac{1}{2}$, so wird $y = +\frac{1}{\sqrt{2}}$, und $y = \frac{-1}{\sqrt{2}}$. Es endigt sich daher die continuirliche Curve MDB wider die Art der algebraischen

Linien plötzlich in B, und anstatt der Fortsetzung hat sie die von einander abgesonderten Punkte, woher denn die Realität dieser gleichsam zugehörigen Punkte aufs deutlichste in die Augen fällt. Denn wenn dergleichen nicht zugegeben werden sollten, so müßte man annehmen, daß die Curve in dem Punkte B plötzlich aufhöre, und dies wäre dem Gesetze der Continuität zuwider, und folglich falsch.

§. 519.

Unter den unzähligen Curven von dieser Gattung, deren Construction durch die Logarithmen erhalten werden kann, giebt es auch einige, wobei man nicht sogleich wahrnimmt, wie sie construirt werden können, wo man sich aber dennoch durch eine geschickte Substitution leicht hilft. Es gehöret hieher die durch die Gleichung $x^y = y^x$ ausgedrückte Curve. Denn ob man hier gleich beim ersten Anblick einsieht, daß die Applicate y beständig der Abscisse x gleich ist; so daß eine gerade Linie, die mit der Axe einen halben rechten Winkel macht, der angeführten Gleichung ein Genüge thut: so ist doch auch offenbar, daß eben diese Gleichung einen weitern Umfang hat, als die Gleichung für die gerade Linie $y = x$; und daß sie also dadurch nicht erschöpft wird, indem ihr ebenfalls ein Genüge geschehen kann, ohne daß $x = y$ ist: denn setzt man $x = 2$, so kann y auch $= 4$ seyn. Es drückt demnach die gegebene Gleichung außer der geraden Linie EAF, Fig. 103, noch andere Linien aus, die man mit jener als Theile der darin enthaltenen ganzen Curve ansehen kann; und um auch diese Theile oder die ganze Curve zu finden, setze man

$$y = tx$$

so daß

$$x^{tx} = t^x x^x$$

werde. Zieht man hieraus die xte Wurzel, so wird

$$x^t = tx, \text{ und } x^{t-1} = t$$

und man hat daher

$$x = t^{1:(t-1)}; \text{ und } y = t^{t:(t-1)}$$

oder, wenn man $t - 1 = \frac{1}{u}$ setzt

$$x = (1 + \frac{1}{u})^u; \text{ und } y = (1 + \frac{1}{u})^{u+1}.$$

Es hat folglich die Curve, welche durch die Gleichung $x^y = y^x$ ausgedrückt wird, außer der geraden Linie EAF noch den Schenkel RS, welcher sich den geraden Linien AG und AH als Asymptoten nähert, und wovon die gerade

Linie AF der Durchmesser ist. Es schneibet aber die Curve die gerade Linie AF in dem Punkte C, so daß AB = BC = e ist, wenn e die Zahl bedeutet, deren Logarithme = 1 ist. Außerdem aber giebt diese Gleichung eine unzählige Menge von einander abgesonderter Punkte, welche nebst der geraden Linie EF und der Curve RCS die Gleichung erschöpfen. Es lassen sich also unzählige Paare von Zahlen x und y angeben, die so beschaffen sind, daß

$$x^y = y^x$$

ist. Von den Rational-Zahlen z. B. sind dergleichen

$$x = 2 \qquad y = 4$$

$$x = \frac{3^2}{2^2} = \frac{9}{4} \qquad y = \frac{3^3}{2^3} = \frac{27}{8}$$

$$x = \frac{4^3}{3^3} = \frac{64}{27} \qquad y = \frac{4^4}{3^4} = \frac{256}{81}$$

$$x = \frac{5^4}{4^4} = \frac{625}{256} \qquad y = \frac{5^5}{4^5} = \frac{3125}{1024}$$

rc. rc.

Wenn man nemlich von jedem Paare dieser Zahlen die eine zu der Potestät erhebt, die zum Exponenten die andere Zahl hat, so bekommt man allemal gleiche Größen. So ist

$$2^4 = 4^2 = 16$$

$$\left(\frac{9}{4}\right)^{\frac{27}{8}} = \left(\frac{27}{8}\right)^{\frac{9}{4}} = \left(\frac{3}{2}\right)^{\frac{27}{4}}$$

$$\left(\frac{64}{27}\right)^{\frac{256}{81}} = \left(\frac{256}{81}\right)^{\frac{64}{27}} = \left(\frac{4}{3}\right)^{\frac{256}{27}}$$

rc.

§. 520.

Obgleich bei diesen und den ihnen ähnlichen Curven unzählige Punkte algebraisch gesucht werden können, so darf man doch deswegen diese Curven nicht zu den algebraischen zählen, weil es außer jenen Punkten auch eine unzählige Menge solcher Punkte giebt, die sich nicht algebraisch bestimmen lassen. Wir wollen uns also zu einer andern Gattung der transcendenten Curven wenden, zu solchen nemlich, bei welchen Kreisbogen gebraucht werden; und um dabei die Rechnung nicht durch den Gebrauch zu vieler Zeichen ohne Noth schwer zu machen, den Halbmesser des Kreises, von welchem Bogen bei der Construction vorkommen, allenthalben der Einheit gleich setzen. Daß aber diese Curven nicht zu den algebraischen gehören, ist leicht zu zeigen, obgleich die Unmöglichkeit der Quadratur des Kreises noch nicht außer allem Zweifel ist. Wir dürfen zu diesem Endzwecke nur die einfachste Curve von dieser Art nehmen, diejenige nemlich, welche durch die Gleichung

$$\frac{y}{a} = A.\ \sin.\ \frac{x}{c}$$

ausgedrückt wird, so daß die Applicate y dem Bogen eines Kreises proportional ist, dessen Sinus durch $\frac{x}{c}$ ausgedrückt werden kann. Denn da zu einem und demselben Sinus $\frac{x}{c}$ unzählige Bogen gehören, so ist die Applicate y eine infinitinomische Funktion, und es schneidet daher sowohl sie selbst als jede andere gerade Linie die Curve in unzähligen Punkten; ein Umstand, der diese Curve von den algebraischen aufs schärfste absondert. Es sey s der kleinste von den Bogen, die zu dem Sinus $\frac{x}{c}$ gehören, und π bedeute den halben Umkreis: so sind die Werthe von $\frac{y}{a}$ folgende:

$s;\quad \pi - s;\quad 2\pi + s;\quad 3\pi - s;\quad 4\pi + s;\quad 5\pi - s;$ rc.
$-\pi - s;\ -2\pi + s;\ -3\pi - s;\ -4\pi + s;\ -5\pi - s;$ rc.

Nimmt man also, Fig. 104., die gerade Linie CAB zur Axe, und A zum Anfangspunkte der Abscissen an, so ist zuvörderst, wenn man die Abscisse $x = o$ setzt, die Applicate $AA^1 = \pi a$; $AA^2 = 2\pi a$; $AA^3 = 3\pi a$, rc. und auf der andern Seite $AA^{-1} = \pi a$; $AA^{-2} = 2\pi a$; $AA^{-3} = 3\pi a$, rc. Nimmt man aber die Abscisse $AP = x$, so schneidet die Applicate die Curve in unzähligen Punkten M, und es ist $PM^1 = as$; $PM^2 = a(\pi - s)$; $PM^3 = a(2\pi + s)$ rc. Es besteht demnach die ganze Curve aus unzähligen Theilen AE^1A^1; $A^1F^1A^2$; $A^2E^2A^3$; $A^3F^4A^4$, rc., die einander ähnlich sind, so daß die geraden Linien, welche der Axe BC parallel sind, und durch die Punkte E und F gehen, Durchmesser der Curve werden. Es ist aber $AC = AB = c$, und die Intervalle E^1E^2; E^2E^3; E^1E^{-1}; $E^{-1}E^{-2}$; F^1F^2; F^2F^{-1}; $F^{-1}F^{-2}$ sind, jeder allein genommen, $= 2a\pi$. Diese Curve wird vom Herrn von Leibnitz die Linie der Sinus genannt, weil man durch sie den Sinus eines jeden Bogens auf eine leichte Art finden kann. Denn da $\frac{y}{a} = A.\ \sin.\ \frac{x}{c}$ ist, so ist auch $\frac{x}{c} = \sin.\ A.\ \frac{y}{a}$. Wenn man $\frac{y}{a} = \frac{1}{2}\pi - \frac{z}{a}$ setzt, so wird $\frac{x}{c} = \cos. A. \frac{z}{a}$, und so hat man zugleich die Linie des Cosinus.

§. 521.

Auf ähnliche Art findet man die Linie der Tangenten, deren Gleichung $y = A. \text{tang.} x$ ist, wenn man der Kürze wegen $a = 1$, und $c = 1$ setzt. Hieraus wird nemlich durch die Umkehrung $x = \text{tang.} A. y = \frac{\sin. y}{\cos. y}$, und die Gestalt dieser Curve läßt sich leicht aus der Natur der Tangenten erkennen. Es hat aber dieselbe unzählige einander parallele Asymptoten. Auf gleiche Art kann man die Linie der Secanten aus der Gleichung $y = A. \sec. x$, oder $x = \sec. A. y = \frac{1}{\cos. y}$ beschreiben, die ebenfalls unzählige ohne Ende fortlaufende Schenkel hat. Am bekanntesten aber ist aus diesem Geschlechte der Curven die Cycloide oder Trochoide geworden, welche von einem Punkte in der Peripherie eines Kreises beschrieben wird, wenn sich dieselbe auf einer geraden Linie fortwälzt, und deren Gleichung für rechtwinklige Coordinaten $y = \sqrt{(1 - xx)} + A. \cos. x$ ist. Diese Curve ist sowohl wegen der leichten Art sie zu beschreiben, als auch wegen der vielen besondern Eigenschaften, die sich bei ihr finden, sehr merkwürdig. Da aber die meisten von diesen Eigenschaften ohne die Analysis des Unendlichen nicht erklärt werden können, so wollen wir hier nur die vornehmsten von denen, die aus der Beschreibung der Linie selbst fließen, kürzlich betrachten.

§. 522.

Es wälze sich also der Kreis ACB, Fig. 105., über der geraden Linie EA fort, und damit die Untersuchung desto weiter sich erstrecke, so beschreibe, nicht ein Punkt der Peripherie B, sondern irgend ein Punkt des verlängerten Durchmessers D die Curve Dd. Es sey der Halbmesser dieses Kreises $AC = CB = a$, und die Entfernung $CD = b$, und darin D der äußerste Punkt. Nun sey der Kreis bei seiner Umwälzung in die Lage aQbR gekommen, so ist, wenn man den Raum $AQ = z$ setzt, der Bogen $aQ = z$, der durch den Halbmesser a dividirt, den Winkel $acQ = \frac{z}{a}$ giebt; ferner befindet sich der beschreibende Punkt in d, so daß $cd = b$, der Winkel $dcQ = \pi - \frac{z}{a}$, und d ein Punkt in der gesuchten Curve ist. Man ziehe also aus d zuvörderst die gerade Linie dp auf die AQ senkrecht, und eben so die dn auf QR; so ist dn $= b. \sin. \frac{z}{a}$; und cn $= - b. \cos. \frac{z}{a}$; folglich $Qn = dp = a + b. \cos. \frac{z}{a}$. Man verlängere die dn, bis sie der geraden Linie AD in P begegne, und setze die Coordinaten DP $= x$, und Pd $= y$; so ist $x = b + cn$; oder $x = b - b. \cos. \frac{z}{a}$, und $y = AQ + dn = z + b. \sin. \frac{z}{a}$. Da also $b. \cos. \frac{z}{a} = b - x$ ist, so wird $b. \sin. \frac{z}{a} = \sqrt{(2bx - xx)}$ und $z = aA. \cos. (1 - \frac{x}{b}) = aA. \sin. \frac{\sqrt{(2bx - xx)}}{b}$; und gebraucht man diese Werthe, so wird $y = \sqrt{(2bx - xx)} + aA. \sin. \frac{\sqrt{(2bx - xx)}}{b}$. Oder nimmt man die Abscissen in der Axe AD vom Mittelpunkte an, und setzt dabei $b - x = t$, so wird

$$\sqrt{(2bx - xx)} = \sqrt{(bb - tt)}$$

und dann hat man zwischen t und y folgende Gleichung:

$$y \sqrt{(bb - tt)} + aA. \cos. \frac{t}{b}$$

welche die gemeine Cycloide giebt, wenn $b = a$ ist; ist aber b entweder größer oder kleiner als a, so bekommt die Curve den Namen der abgekürzten oder der verlängerten Cycloide. Es ist aber y allemal eine unendlich vielfache Funktion von x oder von t; oder es schneidet jede der Grundlinie AQ parallel gezogene gerade Linie die Curve in unzähligen Punkten, wofern nicht ihre Entfernung x oder t so groß ist, daß $\sqrt{(2bx - xx)}$ oder $\sqrt{(bb - tt)}$ eine imaginäre Größe wird.

§. 523.

Zu den bekanntesten Curven dieser Gattung gehören die Epicycloiden und die Hypocycloiden, welche entstehen, wenn sich ein Kreis ACB, Fig. 106., über der Peripherie eines andern Kreises OAQ umwälzt, und, indem solches geschiehet, irgend ein Punkt D, welchen man entweder innerhalb oder außerhalb des beweglichen Kreises angenommen hat, die Curve Dd beschreibt. Man setze den Halbmesser des unbeweglichen Kreises OA $= c$, den Halbmesser des beweglichen aber CA $=$ CB $= a$, die Entfernung des beschreibenden Punktes CD $= b$, und lasse die gerade Linie OD die Axe der gesuchten Curve seyn. Aus dieser anfänglichen

Lage, bei welcher die Punkte O, C, D in einer geraden Linie sind, komme der bewegliche Kreis in die Lage QcR, nachdem er den Bogen AQ = z beschrieben hat, daß also AOQ $= \frac{z}{c}$ sey. Alsdann ist der Bogen Qa = AQ = z, und daher der Winkel acQ $= \frac{z}{a} =$ Rcd, und wenn man cd = CD = b macht, der Punkt d in der Curve Dd. Man fälle aus ihm auf die Axe die senkrechte Linie dP herab, und eben so stelle man cm aus c auf die Axe senkrecht, und ziehe außerdem cn der Axe OD parallel. Da der Winkel Rcn = AOQ $= \frac{z}{c}$ ist, so wird der Winkel

$$dcn = \frac{z}{c} + \frac{z}{a} = \frac{(a+c)z}{ac}$$

und daher bekommt man

$$dn = b.\sin.\frac{(a+c)z}{ac}; \text{ und } cn = b.\cos.\frac{(a+c)z}{ac}.$$

Da ferner OC = Oc = a + c ist, so wird

$$cm = (a+c).\sin.\frac{z}{c}; \text{ und } Om = (a+c).\cos.\frac{z}{c}.$$

Nennt man also die rechtwinkligen Coordinaten OP = x und Pd = y, so wird

$$x = (a+c).\cos.\frac{z}{c} + b.\cos.\frac{(a+c)z}{ac}$$

und

$$y = (a+c).\sin.\frac{z}{c} + b.\sin.\frac{(a+c)z}{ac}.$$

Hieraus erhellet, daß die unbekannte Größe z, wenn $\frac{a+c}{a}$ eine rationale Zahl ist, wegen der alsdann statt findenden Commensurabilität der Winkel $\frac{z}{c}$ und $\frac{(a+c)z}{ac}$ weggeschafft, und also eine algebraische Gleichung zwischen den unbekannten Größen x und y gefunden werden kann. In den übrigen Fällen ist die auf diese Art beschriebene Curve eine transcendente.

Wenn man a negativ nimmt, so ist die sich ergebende Curve eine Hypocycloide, indem alsdann der bewegliche Kreis innerhalb des unbeweglichen fällt. Gemeiniglich setzt man b dem Halbmesser a gleich, und dann entstehen die eigentlich sogenannten Epicycloiden und Hypocycloiden. Die hier gefundenen Curven erstrecken sich also weiter, und weil ihre Gleichungen nicht schwerer sind, hat es mir nicht undienlich geschienen, diese Bedingung hinzuzufügen. Wenn man die Quadrate xx und yy addirt, so wird

$$xx + yy = (a + c)^2 + b^2 + 2b(a + c).\cos.\frac{z}{a}$$

und vermittelst dieser Gleichung wird die unbekannte Größe z noch leichter weggeschafft, wenn die Größen a und c commensurabel sind.

§. 524.

Außer den Fällen, in welchen die Halbmesser der Kreise a und c unter einander commensurabel sind, und die Curven algebraische werden, ist auch der zu bemerken, wenn $b = -a - c$ ist, oder wenn der Punkt D in den Mittelpunkt O des unbeweglichen Kreises fällt. Es sey also

$$b = -a - c$$

so ist

$$xx + yy = 2(a + c)^2\left(1 - \cos.\frac{z}{a}\right) = 4(a + c)^2\left(\cos.\frac{z}{2a}\right)^2$$

und daher wird

$$\cos.\frac{z}{2a} = \frac{\sqrt{(xx + yy)}}{2(a + c)}.$$

Da hiernächst

$$x = (a + c)\left(\cos.\frac{z}{c} - \cos.\frac{(a + c)z}{ac}\right)$$

und

$$y = (a + c)\left(\sin.\frac{z}{c} - \sin.\frac{(a + c)z}{ac}\right)$$

ist, so wird

$$\frac{x}{y} = -\operatorname{tang}.\frac{(2a + c)z}{2ac}$$

und

$$\sin.\frac{(2a + c)z}{2ac} = \frac{x}{\sqrt{(xx + yy)}}$$

und

$$\cos.\frac{(2a + c)z}{2ac} = \frac{-y}{\sqrt{(xx + yy)}}.$$

Da nun $\sqrt{(xx + yy)} = 2(a + c)\cos.\frac{z}{2a}$ ist, so wird

$$x = 2(a + c).\cos.\frac{z}{2a}.\sin.\frac{(2a + c)z}{2ac}$$

und

$$y = -2(a+c).\cos.\frac{z}{2a}.\cos.\frac{(2a+c)z}{2ac}.$$

Es sey z. B. $c = 2a$, so wird

$$x = 6a.\cos.\frac{z}{2a}.\sin.\frac{z}{a}$$

und

$$y = -6a.\cos.\frac{z}{2a}.\cos.\frac{z}{a}$$

und

$$\sqrt{(xx+yy)} = 6a.\cos.\frac{z}{2a}.$$

Man setze $\cos.\frac{z}{2a} = q$, so wird $\sin.\frac{z}{2a} = \sqrt{(1-qq)}$; $\sin.\frac{z}{a} = 2q\sqrt{(1-qq)}$, und $\cos.\frac{z}{a} = 2qq - 1$: folglich

$$q = \frac{\sqrt{(xx+yy)}}{6a}$$

und

$$y = -6aq(2qq-1) = (1-2qq)\sqrt{(xx+yy)}$$
$$= (1 - \frac{xx-yy}{18aa})\sqrt{(xx+yy)}$$

oder

$$18aay = (18aa - xx - yy)\sqrt{(xx+yy)}.$$

Setzt man $18aa = ff$, und nimmt dabei die Quadrate, so bekommt man folgende Gleichung der sechsten Ordnung:

$$(xx+yy)^3 = 2ff(xx+yy)^2 + f^4xx = o.$$

Da es jetzt nicht unsere Absicht ist, algebraische, sondern transcendente Curven zu betrachten, so wollen wir diese Curven fahren lassen, und zu solchen transcendenten Curven fortgehen, deren Construction sowohl Logarithmen als Kreisbogen erfordert.

§. 525.

Eine solche Curve haben wir schon oben §. 511. aus der Gleichung

$$2y = x^{+\sqrt{-1}} + x^{-\sqrt{-1}}$$

gefunden, welche wir in folgende

$$y = \cos.A.\,lx$$

verwandelten. Nun ergiebt sich aus dieser ferner

$$A.\cos.y = lx;\text{ und } x = c^{A.\cos.y}$$

und nimmt man daher, Fig. 107., die gerade Linie AB zur Axe, und in ihr A zum Anfangspunkte der Abscissen an, so ist zuvörderst klar, daß jenseits A, da, wo die Abscissen negativ sind, kein continuirlicher Theil der Curve ist, daß aber die Axe AB von der Curve in unzähligen Punkten D geschnitten wird, deren Entfernung von A in einer geometrischen Progression stehen. Es ist nemlich $AD = e^{\frac{\pi}{2}}$; $AD^{I} = e^{\frac{3\pi}{2}}$; $AD^{2} = e^{\frac{5\pi}{2}}$; $AD^{3} = e^{\frac{7\pi}{2}}$; ꝛc. Auch giebt es unzählige Durchschnittspunkte, die näher nach A liegen; $AD^{-1} = e^{\frac{-\pi}{2}}$; $AD^{-2} = e^{\frac{-3\pi}{2}}$; $AD^{-3} = e^{\frac{-5\pi}{2}}$; ꝛc. Ferner läuft diese Curve zu beiden Seiten der Axe bis zu den Entfernungen AB = AC = 1 fort, und berührt daselbst die mit der Axe parallel gezogenen geraden Linien in unzähligen Punkten E und F, deren Entfernungen von B und C ebenfalls eine geometrische Progression geben. Es nähert sich also die Curve der geraden Linie BC durch unzählige Bogen, und fällt endlich ganz mit ihr zusammen. Die dieser Curve eigenthümliche besondere Beschaffenheit besteht also darin, daß nicht eine unendliche, sondern eine endliche gerade Linie BC ihre Asymptote ist, und durch diese Eigenschaft ist sie von den algebraischen Curven hinlänglich abgesondert.

§. 526.

Zu den transcendenten Curven, zu deren Construction Winkel, entweder allein, oder mit Logarithmen verbunden, erforderlich sind, gehören auch die unzähligen Arten der Spiral-Linien. Es beziehen sich aber die Spiral-Linien auf einen gewissen festen Punkt C, Fig. 108., als auf einen Mittelpunkt, und erstrecken sich um denselben gemeiniglich in unzähligen Bogen. Die Natur dieser Curven läßt sich am bequemsten durch eine Gleichung zwischen der Entfernung CM irgend eines Punkts der Curve M vom Mittelpunkte C, und dem Winkel ACM, den diese gerade Linie CM mit der der Lage nach gegebenen geraden Linie CA macht, ausdrücken. Es sey also der Winkel ACM = s, oder s der Bogen eines mit dem Halbmesser = 1 beschriebenen Kreises, welcher das Maaß des Winkels ACM ausdrückt, und die gerade Linie CM = z. Wenn bei diesen Voraussetzungen eine Gleichung zwischen den veränderlichen Größen s und z gegeben ist, so ist solches eine Gleichung für eine Spiral-Linie. Da nemlich der Winkel ACM außer s auf unzählige Arten ausgedrückt werden kann, indem die Winkel

$2\pi + s$; $4\pi + s$; $6\pi + s$; rc., desgleichen $-2\pi + s$; $-4\pi + s$; rc. eben die Lage der geraden Linie CM geben: so erhält, wenn man diese Werthe anstatt s in die Gleichung bringt, die Entfernung CM unzählinge von einander verschiedene Werthe, und es schneidet demnach die gerade Linie CM, verlängert, die Curve in unzähligen Punkten, wofern nicht z aus diesen Werthen imaginär wird. Um von dem einfachsten Falle anzufangen, wo $y = as$ ist; so sind dabei die Werthe von y für einerlei Lage der geraden Linie CM folgende: $a(2\pi + s)$; $a(4\pi + s)$; $a(6\pi + s)$ rc. desgleichen $- a(2\pi - s)$; $- a(4\pi - s)$; $- a(6\pi - s)$ rc. Ja es bleibt die Lage der geraden Linie CM dieselbe, wenn man für s den Bogen $\pi + s$ setzt, nur daß man den Werth von z negativ nehmen muß; und man hat daher zu den angeführten Werthen von z noch folgende zu setzen: $- a(\pi + s)$; $- a(3\pi + s)$; $- a(5\pi + s)$; rc. und dann auch noch diese $a(\pi - s)$; $a(3\pi - s)$; $a(5\pi - s)$ rc. Die Gestalt dieser Curve ist demnach so, wie die 109te Figur dieselbe darstellt. Sie berührt nemlich die gerade Linie AC in C, und erstreckt sich von da in zwei Schenkeln, die sich in unzähligen Bogen um den Mittelpunkt C winden, und einander in der Linie BC, welche auf AC senkrecht ist, schneiden, ohne Ende fort, und hat die gerade Linie BCB zum Durchmesser. Mann nennt aber diese Curve nach ihrem Erfinder die Archimedeische Spiral-Linie; und hat man sie einmal beschrieben, so kann man sich ihrer, wie aus der Gleichung $z = as$ von selbst einleuchtet, bedienen, um jeden Winkel in jede beliebige Anzahl von Theilen zu theilen.

§. 527.

So wie die Gleichung $z = as$, die, wenn z und s rechtwinklige Coordinaten wären, eine Gleichung für eine gerade Linie seyn würde, die Archimedeische Spiral-Linie gegeben hat: so erhält man daraus, wenn man andere algebraische Gleichungen zwischen z und s annimmt, unendlich viel andere Spiral-Linien, wofern nemlich die Gleichung so beschaffen ist, daß zu jedem Werthe von s reelle Werthe von z gehören. So giebt die Gleichung

$$z = \frac{a}{s}$$

welche der Gleichung für die Hyperbel ähnlich ist, wenn dieselbe auf die Asymptoten bezogen wird, die Spiral-Linie, welche Johann Bernoulli die hyperbolische Spiral-Linie nennt, und welche sich, nachdem sie aus dem Mittelpunkte C in unzähligen Bogen ausgegangen, endlich in einer unendlichen Entfernung der geraden Linie AA als einer Asymptote nähert. Wenn man die Gleichung

$$z = a\sqrt{s}$$

seyn läßt, so gehört zu den Winkeln s, negativ genommen, keine reelle Entfernung z; dagegen entspricht jedem positiven Werthe von s ein doppelter Werth von z, ein positiver und ein negativer; die Spiral-Bogen um C sind indeß ohne Ende. Ist die Gleichung zwischen z und s von folgender Art:

$$z = a\sqrt{(nn - ss)}$$

so hat die veränderliche Größe z keinen reellen Werth, außer wenn s zwischen die Grenzen + n und — n fällt, und es ist daher die Curve in diesem Falle endlich. Legt man nemlich, Fig. 110., durch den Mittelpunkt C die geraden Linien EF, EF, so daß sie mit der Axe ACB den Winkel = n machen, so berühren diese Linien die Curve in C, und die Curve selbst bekommt die Gestalt einer Bandschleife ACBCA. Auf ähnliche Art kann man die Gestalt unzähliger anderer transcendenten Linien bestimmen; allein wir würden zu weitläufig werden, wenn wir uns länger dabei verweilen wollten.

§. 528.

Einen unendlichen Umfang bekommt vollends diese Untersuchung, wenn man nicht bloß algebraische, sondern auch transcendente Gleichungen zwischen z und s nimmt. Unter den Curven, welche man dann findet, verdient vorzüglich die gemerkt zu werden, die durch die Gleichung

$$s = n\,l.\frac{z}{a}$$

ausgedrückt wird. Hierbei sind nemlich die Winkel s den Logarithmen der Entfernungen proportional, weswegen auch diese Curve die Logarithmische Spiral-Linie genannt wird, so wie sie wegen ihrer vielen besondern Eigenschaften eine sehr bekannte Curve ist. Die Haupteigenschaft derselben ist, daß alle aus dem Mittelpunkte C, Fig. 111., gezogene gerade Linien die Curve unter gleichen Winkeln schneiden. Um eine Gleichung dafür zu erhalten, setze man den Winkel ACM = s, und die gerade Linie CM = z, so ist

$$s = n\,l.\frac{z}{a}; \text{ und } z = ae^{\frac{s}{n}}.$$

Dann nehme man einen größern Winkel ACN = s + v, so wird

$$CN = ae^{\frac{s}{n}}\,e^{\frac{v}{n}}$$

und folglich, nachdem man aus dem Mittelpunkte C den Bogen ML beschrieben hat, der = zv seyn wird

$$LN = ae^{\frac{s}{n}}(e^{\frac{v}{n}} - 1) = ae^{\frac{s}{n}}(\frac{v}{n} + \frac{v^2}{2n^2} + \frac{v^3}{6n^3} + \text{ꝛc.})$$

Hieraus fließt

$$\frac{ML}{LN} = \frac{v}{\frac{v}{n} + \frac{v^2}{2n^2} + \frac{v^3}{6n^3} + \text{ꝛc.}} = \frac{n}{1 + \frac{v}{2n} + \frac{v^2}{6nn} + \text{ꝛc.}}$$

Wenn aber die Differenz der Winkel MCN = v verschwindet, so wird $\frac{ML}{LN}$ die Tangente des Winkels, welchen der Halbmesser CM mit der Curve macht; und wenn also v = o genommen wird, so ist die Tangente dieses Winkels AMC = n und also eine beständige Größe. Wenn n = 1 ist, so ist dieser Winkel ein halber rechter Winkel, und in diesem Falle wird die logarithmische Spiral-Linie halbrechtwinklig genannt.

Zwei und zwanzigstes Capitel.

Auflösung einiger den Kreis betreffender Aufgaben.

§. 529.

Wir haben oben gesehen [im ersten Buche im achten Capitel], daß, wenn man den halben Umkreis durch π ausdrückt, der Bogen von 180°, oder

$$\pi = 3{,}1415926535897932384626 4338$$

ist. Der gemeine Logarithme dieser Zahl ist

$$= 0{,}4971498726941338543512 68288$$

und wenn man denselben durch 2,30258 ꝛc. multiplicirt, so findet man den hyperbolischen Logarithmen eben dieser Zahl

$$= 1{,}1447298858494001741434237.$$

Da auf diese Art die Länge eines Bogens von 180 bekannt ist, so kann man auch die Länge jedes in Graden gegebenen Bogens in Zahlen ausdrücken. Ist also ein Bogen von n Graden gegeben, und seine Länge = z, so ist

$$180 : n = \pi : z$$

folglich

$$z = \frac{\pi n}{180}$$

und den Logarithmen von z findet man, wenn man von dem Logarithmen von n die Zahl

1,7581226324091722154525264 13

abzieht. Wenn aber der gegebene Bogen in Minuten ausgedrückt, und also n′ gegeben ist, so muß man von dem Logarithmen von n diesen Logarithmen abziehen:

3,5362738827928158479612932 11.

Ist endlich der Bogen in Secunden gegeben, und also = n″; so findet man seinen Logarithmen, wenn man von dem Logarithmen der Zahl n den Logaeithmen

5,3144251331764594804700600 09

subtrahirt, oder zu dem Logarithmen der Zahl n

4,6855748668235405195299399 90

addirt, und von der Charakteristik der Summe 10 abzieht.

§. 530.

Umgekehrt lassen sich hiernach der Halbmesser und alle Theile von ihm, dergleichen die Sinus, die Tangenten und Secanten sind, in Bogen verwandeln, und diese Bogen dann auf die gewöhnliche Art in Graden, Minuten und Secunden ausdrücken. Es sey z eine solche durch den Halbmesser 1 und Decimaltheile von ihm ausgedrückte Linie. Man nehme ihren Logarithmen, und setze zu der Charakteristik desselben 10 hinzu, um diesen Logarithmen so zu erhalten, wie er in den Tafeln der Sinus, der Tangenten und Secanten ausgedrückt zu seyn pflegt. Alsdann subtrahire man davon

4,6855748668235405195299399 90

oder addire dazu

5,3144251331764594804700600 09

wo denn in beiden Fällen der Logarithme sich ergiebt, dessen zugehörige Zahl den Bogen, in Secunden ausgedrückt, giebt. Im letzten Falle muß man die Charakteristik um 10 verkleinern. Wird aber ein Bogen gesucht, welcher dem Halbmesser gleich sey, so findet man denselben leichter ohne Logarithmen vermittelst der Regel de Tri, da π zu 180° sich verhält, wie 1 zu dem Bogen, der dem Halbmesser gleich ist. Auf diese Art findet man diesen Bogen in Graden ausgedrückt =

57°,2957795130823208767 98

und eben dieser Bogen ist in Minuten =

3437′,7467707849392526078 8

und in Secunden =

206264″,8062470963551564728.

Nach der gewöhnlichen Bestimmung aber hat derselbe

57°, 17′, 44″, 48‴, 22⁗, 29′′′′′, 21′′′′′′

und nach den Reihen, die im ersten Buche gefunden worden sind, wird sein

Sinus = 0,84147098480514, und sein

Cosinus = 0,54030230584341.

Dividirt man jene Zahl durch diese, so findet man die Tangente des Bogens oder Winkels von 57°, 17′, 44″, 48‴, 22⁗, 29′′′′′, 21′′′′′′ rc.

§. 531.

Dies vorausgesetzt, sind wir im Stande, sehr viele Aufgaben, welche den Kreis betreffen, aufzulösen. Zuvörderst ist bekannt, daß jeder Bogen größer ist als sein Sinus, wofern er nicht etwa selbst = o ist. Bei den Cosinus hingegen verhält sich anders, indem der Cosinus eines verschwindenden Winkels = 1, also größer als der Bogen, und der Cosinus des rechten Winkels = o, folglich kleiner als der Bogen ist. Hieraus erhellet, daß zwischen den Grenzen 0° und 90° ein Bogen sich finden müsse, der seinem Cosinus gleich ist, und diesen wollen wir durch die folgende Aufgabe zu finden suchen.

Erste Aufgabe.

Den Kreisbogen zu finden, der seinem Cosinus gleich ist.

Auflösung.

Es sey s dieser Bogen, so ist $s = \cos. s$; allein aus dieser Gleichung läßt sich der Werth von s schwerlich auf eine bequemere Art, als durch die sogenannte Regel Falsi finden. Dazu muß man den Werth von s schon beinahe kennen, wozu eine leichte Muthmassung führen kann. Ist solches aber nicht bekannt, so muß man drei oder mehr Werthe für s setzen, und den Cosinus nach eben der Einheit ausdrücken. Es sey $s = 30°$. Um diesen Bogen nach der gegebenen Regel auf Theile des Halbmessers zu bringen, ziehe man

$$\begin{array}{rr} \text{vom } l.\ 30 = & 1,4771213 \\ \text{ab} & \underline{1,7581226} \\ \text{so bleibt } l.\ 30° = & 9,7189987. \end{array}$$

Es ist aber

$$l.\ \cos.\ 30 = 9,9375306$$

und folglich der Cosinus von 30° viel größer als der Bogen, und also der gesuchte Bogen größer als 30°. Wir wollen annehmen, daß

$$s = 40°$$

sey, so ist

$$\begin{array}{rr} l.\ 40 = & 1,6020600 \\ \text{zieht man ab} & \underline{1,7581226} \text{ so bleibt} \\ l.\ A.\ 40° = & 9,8439374. \end{array}$$

Es ist aber

$l.\ \cos.\ 40 = 9{,}8842540$

und also der gesuchte Bogen etwas größer als 40°. Wir wollen also annehmen, daß $s = 45°$ sey. Alsdann ist

$l.\ 45 = 1{,}6532125$

abgezogen $\underline{1{,}7581226}$ so bleibt

$l.\ A.\ 45° = 9{,}8950899.$

Es ist aber

$l.\ \cos.\ 45° = 9{,}8494850$

und es fällt also der gesuchte Winkel zwischen 40° und 45°, und läßt sich näherungsweise bestimmen. Denn setzt man $s = 40°$, so ist

der Fehler $= +\ 403166$

setzt man aber $s = 45°$, so ist

der Fehler $= -\ 456049$, und folglich

die Differenz $=$ 859215.

Man setze also: wie sich 859215 zu 403166 verhält, so verhält sich die Differenz der angenommenen Winkel 5° zu dem Ueberschusse des Bogens über 40°. Hierdurch findet man den gesuchten Bogen größer als 42°, denn jene Grenzen sind zu weit von einander entfernt, als daß wir hier genauer sollten bestimmen können. Wir wollen also nähere Grenzen nehmen

	$s = 42°$	$s = 43°$
$l.\ s =$	1,6232493	1,6334685
abgezogen	1,7581226	1,7581226
$l.\ s =$	9,8651267	9,8753459
	und es ist	und es ist
$l.\ \cos.\ s =$	9,8710735	9,8641275
$+$	59468	$-$ 112184
	112184	

171652 : 59468 = 1° : 20′, 47″.

Die nächsten Grenzen, zwischen welchen der wahre Werth von s enthalten ist, sind daher 42°, 20′ und 42°, 21′. Diese Winkel wollen wir auf Minuten bringen

	$s = 2540'$	$s = 2541'$
$l\ s =$	3,4048337	3,4050047
abgezogen	3,5362739	3,5362739
$l\ s =$	9,8685598	9,8687308
$l.\ \cos.\ s =$	9,8687851	9,8686700
$+$	2253	$-$ 608
	608	

2861 : 2253 = 1′ : 47″ : 14‴.

Hieraus folgern wir, daß der gesuchte Bogen, der seinem Cosinus gleich ist = 42°, 20′, 47″, 14‴ sey, und sein Cosinus oder die Länge des Bogens ist = 0,7390847.

§. 532.

Ein Kreisausschnitt ACB, Fig. 112., wird von der Sehne AB in die beiden Theile, den Abschnitt AEB, und das Dreieck ACB getheilt, wovon jener kleiner ist als dieses, wenn der Winkel ACB klein, größer aber, wenn der Winkel ACB sehr stumpf ist. Es giebt also einen Fall, wo der Ausschnitt ACB durch die Sehne AB in zwei gleiche Theile getheilt wird, und daher entsteht die

Zweite Aufgabe.

Den Kreisausschnitt ACB zu finden, welcher von der Sehne AB in zwei gleiche Theile getheilt wird, so daß das Dreieck ACB dem Abschnitte AEB gleich ist.

Auflösung.

Nachdem man den Halbmesser AC = 1, gesetzt, so sey der gesuchte Bogen AEB = 2s, und folglich seine Hälfte AE = BE = s. Zieht man daher den Halbmesser CE, so wird

$$AF = \sin. s, \text{ und } CF = \cos. s.$$

Hieraus fließt

$$\triangle ACB = \sin. s. \cos. s = \tfrac{1}{2} \sin. 2s;$$

und der Ausschnitt

$$ACB = s.$$

Da also dieser Ausschnitt dem doppelt genommenen Dreiecke gleich seyn soll, so ist s = sin. 2s, und es muß daher ein Bogen gesucht werden, welcher dem Sinus des doppelten Bogens gleich ist. Zuvörderst ist nun klar, daß der Winkel ACB größer als ein rechter Winkel, und folglich s auch größer als 45° ist, und wir wollen daher folgendes annehmen.

	s = 50°	s = 55°	s = 54°
l s =	1,6989700	1,7403627	1,7323938
abgezogen	1,7581226	1,7581226	1,7581226
	9,9408474	9,9822401	9,9742712
l. sin. 2s =	9,9933515	9,9729858	9,9782063
	+ 525041	− 92543	+ 39351
	92543		

617584 : 525041 = 5° : 4°, 15′.

Es ist also beinahe s = 54°, 15′, und wir wollen daher zu den vorhergehenden Annahmen s = 54° setzen, wo denn aus den Fehlern s = 54°, 17′ 54″ geschlossen werden kann. Dieser Werth weicht um keine Minute ab, und wir wollen daher folgende Annahmen versuchen, die bloß um eine Minute von einander abweichen.

	$s = 54°, 17'$	$s = 54°, 18'$	$s = 54°, 19'$
	oder	oder	oder
	$s = 3257'$	$s = 3258'$	$s = 3259'$
	und	und	und
	$2s = 108°, 34'$	$2s = 108°, 36'$	$2s = 108°, 38'$
das Compl.	$= 71°, 26'$	$= 71°, 24'$	$71°, 22'$
$l\,s$	$= 3{,}5128178$	3,5129511	3,5130844
abgezogen	3,5362739	3,5362739	3,5362739
$l\,s$	$= 9{,}9765439$	9,9766772	9,9768105
$l.\ \sin.\ 2s$	$= 9{,}9767872$	9,9767022	9,9766171
	+ 2433	+ 250	− 1934
		1934	
		2184	

Man schließe also

$$2184 : 250 = 1' : 6'', 52'''.$$

Hieraus wird $s = 54°, 18', 6'', 52'''$. Wenn man diesen Winkel genauer bestimmen will, so muß man dazu größere Tafeln brauchen, und daraus wollen wir folgende um $10''$ von einander abweichende Annahmen entlehnen:

	$s = 54°, 18', 0''$	$s = 54°, 18', 10''$
	oder	oder
	$s = 195480''$	$s = 195490''$
	$2s = 108°, 36', 0''$	$2s = 108°, 36', 20''$
das Compl.	$= 71°, 24', 0''$	$= 71, 23', 40''$
$l\,s$	$= 5{,}2911023304$	5,2911245466
abgezogen	$= 5{,}3144251332$	5,3144251332
	9,9766771972	9,9766994134
$l.\ \sin.\ 2s$	$= 9{,}9767022291$	9,9766880552
	+ 250319	− 113582
	113582	

$$363901 : 250319 = 10'' : 6'' 52''', 43'''', 33'''''$$

Es ist folglich

$s = 54°, 18', 6'', 52''', 43'''', 33'''''$, und also der Winkel $ACB = 108°, 36', 13'', 45''', 27'''', 6'''''$, und sein Complement $= 71°, 23', 46'', 14''', 32'''', 54'''''$

so wie der Logarithme des Sinus davon, oder

$$l.\ \sin.\ 2s = 9{,}976692471$$

und

der Sinus selbst $= 0{,}9477470$.

Ferner ist

$$\sin.\ s = AF = BF = 0{,}8121029$$

und also sein Doppeltes oder
die Sehne AB = 1,6242058.
Endlich ist
der Cosinus CF = 0,5335143
und hiernach kann man den gesuchten Ausschnitt näherungsweise verzeichnen.

§. 533.

Auf ähnliche Art läßt sich der Sinus bestimmen, wodurch der vierte Theil eines Kreises in zwei gleiche Theile getheilt wird.

Dritte Aufgabe.

In dem Kreis-Quadranten ACB, Fig. 113., den Sinus DE zu verzeichnen, welcher die Ebene des Quadranten in zwei gleiche Theile theile.

Auflösung.

Es sey der Bogen BE = s, so ist BE = $\frac{\pi}{2}$ — s, weil AEB = $\frac{\pi}{2}$ ist, und der Inhalt des Quadranten = $\frac{1}{4}\pi$. Nun ist der Inhalt des Ausschnitts ACE = $\frac{1}{2}$s, und davon das Dreieck CDE = $\frac{1}{2}$ sin. s. cos. s abgezogen, so bleibt der Raum ADE = $\frac{1}{2}$s — $\frac{1}{2}$sin. s. cos. s übrig, dessen Zweifaches dem Quadranten gleich seyn soll. Hieraus fließt

$$\tfrac{1}{4}\pi = s - \tfrac{1}{2}\,\text{sin.}\,2s$$

und daher

$$s - \tfrac{1}{4}\pi = \tfrac{1}{2}\,\text{sin.}\,2s$$

Man setze den Bogen s — $\frac{1}{4}\pi$ = s — 45° = u, so wird

$$2s = 90 + 2u$$

und es muß folglich

$$u = \tfrac{1}{2}\,\text{cos.}\,2u;\ \text{und}\ 2u = \text{cos.}\,2u$$

seyn. Da also ein Bogen verlangt wird, der seinem Cosinus gleich sey, und wir denselben in der ersten Aufgabe gefunden haben, so wird

$$2u = 42^\circ,\ 20',\ 47'',\ 14'''$$

und

$$u = 21',\ 10',\ 23'',\ 37'''.$$

Hieraus ergiebt sich der Bogen

$$AE = s = 66^\circ,\ 10',\ 23'',\ 37'''$$

und der Bogen

$$BE = 23^\circ,\ 49',\ 36'',\ 23'''$$

und daher ist ferner

CD = 0,4039718, und AD = 0,5960281

und der Sinus

DE = 0,9147711.

So wie auf diese Art der Quadrant eines Kreises in

zwei gleiche Theile getheilt wird, so läßt sich auch die Theilung des ganzen Kreises in acht gleiche Theile bewerkstelligen.

§. 534.

So wie jede durch den Mittelpunkt eines Kreises gezogene gerade Linie den Kreis in zwei gleiche Theile theilt, so lassen sich auch aus jedem Punkte der Peripherie gerade Linien ziehen, welche den Kreis in drei oder mehr gleiche Theile theilen. Wir wollen jetzt die Theilung in vier gleiche Theile untersuchen, und auflösen die

Vierte Aufgabe.

Aus einem Punkte A eines gegebenen Halbkreises AEDB, Fig. 114., die Sehne AD zu ziehen, welche die Ebene des Halbkreises in zwei gleiche Theile theile.

Auflösung.

Es sey der gesuchte Bogen AD = s, so ist, wenn man den Halbmesser CD zieht, der Inhalt des Ausschnitts ACD = $\frac{1}{2}$s; und zieht man davon das Dreieck ACD = $\frac{1}{2}$ AC. DE = $\frac{1}{2}$ sin. s ab, so bleibt der Abschnitt AD = $\frac{1}{2}$ s — $\frac{1}{2}$ sin. s übrig, welcher der Hälfte des Halbkreises gleich seyn soll. Es ist aber der Inhalt des Halbkreises = $\frac{1}{2}\pi$, und daher

$$s - \sin. s = \tfrac{1}{2}\pi = 90^\circ$$

folglich

$$s - 90^\circ = \sin. s.$$

Man setze s — 90° = u, so wird sin. s = cos. u, und deswegen

$$u = \cos. u.$$

Nun ist nach der ersten Aufgabe

$$u = 42^\circ,\ 20',\ 47'',\ 14'''$$

also

$$s = ACD = 132^\circ,\ 20',\ 47'',\ 14'''$$

und

$$BCD = 47^\circ,\ 39',\ 12'',\ 46'''$$

Die Sehne AD selbst aber ist = 1,8293422.

§. 535.

Auf diese Art schneidet man also von einem Kreise einen Abschnitt ab, dessen Inhalt dem vierten Theile des ganzen Kreises gleich ist, der Abschnitt aber, der dem halben Kreise gleich ist, ist der Halbkreis selbst, und seine Sehne also ein Durchmesser. Auf ähnliche Art kann man den Abschnitt finden, welcher den dritten Theil vom ganzen Kreise ausmacht, und damit wollen wir uns in der folgenden Aufgabe beschäftigen.

Fünfte Aufgabe.

Aus dem Punkte des Umkreises A, Fig. 115., zwei Sehnen AB, AC zu ziehen, wodurch der ganze Kreis in drei gleiche Theile getheilt werde.

Auflösung.

Setzt man den Halbmesser = 1 und den halben Umkreis = π, desgleichen den Bogen AB oder AC = s; so ist der Inhalt des Abschnitts AEB oder AFC = $\frac{1}{2}$ s — $\frac{1}{2}$ sin. s. Der Inhalt des Kreises aber ist π, und da also der Inhalt des Abschnitts AEB der dritte Theil des Kreises seyn soll, so wird

$$\tfrac{1}{2} s - \tfrac{1}{2} \sin. s = \frac{\pi}{3} = 60^\circ$$

oder

$$s - \sin. s = 120^\circ$$

und also

$$s - 120^\circ = \sin. s.$$

Es sey $s - 120^\circ = u$, so wird

$$u = \sin. (u + 120) = \sin. (60 - u).$$

Es muß demnach ein Bogen u gesucht werden, der dem Sinus des Winkels 60° — u gleich ist, und es wird daher u kleiner als 60° seyn. Um diesen Bogen zu finden, nehmen wir also folgendes an

	u = 20°	u = 30°	u = 40°
	60 — u = 40°	60 — u = 30°	60 — u = 20°
l u =	1,3010300	1,4771213	1,6020600
abgezogen	1,7581226	1,7581226	1,7581226
l u =	9,5429074	9,7189987	9,8439374
l sin. (60 — u) =	9,8080675	9,6989700	9,5340517
	+ 2651601	— 200287	— 3098857

Es fällt also in die Augen, daß u etwas kleiner sey, als 30°, und rechnet man, so findet sich, daß es größer seyn muß, also 29°. Es sey also

u =	29°
60 — u =	31°
l u =	1,4623980
abgezogen	1,7581226
l u =	9,7042754
l. sin. (60 — u) =	9,7118393
	+ 75639
	— 200287

275926 : 75639 = 1° : 16′, 26″

Es würde also der Winkel u = 29°, 16′, 26″ seyn. Um ihn indeß noch genauer zu finden, brauche man folgende Annahmen, wobei der Unterschied nur eine Minute beträgt.

u	$= 29°, 16'$	$u = 29°\ 17'$
	oder	oder
u	$= 1756'$	$u = 1757'$
$60 - u$	$= 30°\ 44'$	$60 - u = 30°\ 43'$
$l\,u$	$= 3,2445245$	$3,2447718$
abgezogen	$= 3,5362739$	$3,5362739$
$l\,u$	$= 9,7082506$	$9,7084979$
$l.\ \sin.(60 - u)$	$= 9,7084557$	$9,7082450$
	$+ 2069$	$- 2529$
	2529	
	4598	

$$4598 : 2069 = 1' : 27'', 0'''.$$

Es ist also genau

$$u = 29°, 16', 27'', 0'''$$

daher der Bogen

$$s = AEB = 149°, 16', 27'', 0''' = AFC$$

woher denn

der Bogen $BC = 61°, 27', 6'', 0'''$

und die Sehne

$$AB = AC = 1,9285340$$

wird.

§. 536.

Mit diesen Aufgaben, welche Bogen finden lehren, die einem gegebenen Sinus oder Cosinus gleich sind, wollen wir folgende verbinden, die zwar eben dieses Geschäfte zum Gegenstande hat, aber mit mehr Schwierigkeit verknüpft ist.

Sechste Aufgabe.

Von einem Halbkreise AEB, Fig. 116., den Bogen AE also abzuschneiden, daß nach der Herabfällung des Sinus ED aus dem Punkte E, der Bogen AE der Summe der beiden geraden Linien AD + DE gleich sey.

Auflösung.

Da hier sogleich in die Augen fällt, daß der gesuchte Bogen größer ist, als ein Quadrant, so wollen wir das Complement desselben BE suchen, und den Bogen BE = s setzen, wodurch AE = 180° − s wird; und da auf diese Art

$$AC = 1;\ CD = \cos. s;\ DE = \sin. s$$

so hat man

$$180° - s = 1 + \cos. s + \sin s.$$

Nun ist aber

$$\sin. s = 2 \sin. \tfrac{1}{2} s. \cos. \tfrac{1}{2} s;\ \text{und}\ 1 + \cos. s = 2 \cos. \tfrac{1}{2} s. \cos. \tfrac{1}{2} s$$

folglich

$$180° - s = 2 \cos. \tfrac{1}{2} s\, (\sin. \tfrac{1}{2} s + \cos. \tfrac{1}{2} s)$$

Nun ist ferner

$$\cos.(45^\circ - \tfrac{1}{2}s) = \frac{1}{\sqrt{2}}\cos.\tfrac{1}{2}s + \frac{1}{\sqrt{2}}\sin.\tfrac{1}{2}s$$

also

$$\sin.\tfrac{1}{2}s + \cos.\tfrac{1}{2}s = \sqrt{2}.\cos.(45^\circ - \tfrac{1}{2}s)$$

und daher

$$180^\circ - s = 2\sqrt{2}\cos.\tfrac{1}{2}s.\cos.(45^\circ - \tfrac{1}{2}s)$$

Nach dieser Reduction wollen wir folgende Voraussetzungen brauchen.

$\frac{1}{2}s$	$= 20^\circ$	$\frac{1}{2}s$	$= 21^\circ$
$45^\circ - \frac{1}{2}s$	$= 25^\circ$	$45^\circ - \frac{1}{2}s$	$= 24^\circ$
$180^\circ - s$	$= 140^\circ$	$180^\circ - s$	$= 138^\circ$
$l.(180 - s)$	$= 2,1461280$		2,1398791
abgezogen	$= 1,7581226$		1,7581226
$l.(180 - s)$	$= 0,3880054$		0,3817565
$l.\cos.\frac{1}{2}s$	$= 9,9729858$		9,9701517
$l.\cos.(45^\circ - \frac{1}{2}s)$	$= 9,9572757$		9,9607302
$l2\sqrt{2}$	$= 0,4515450$		0,4515450
	0,3818065		0,3824269
Abweichung	+ 61989		− 6704
	6704		
	68693		

68693 : 61989 = 1° : 54′.

Es fällt demnach $\frac{1}{2}s$ zwischen die Grenzen 20°, 54′ und 20°, 55′, und wir wollen daher folgende Hypothesen versuchen.

$\frac{1}{2}s$	$= 20^\circ, 54'$	$\frac{1}{2}s$	$= 20^\circ, 55'$
$45^\circ - \frac{1}{2}s$	$= 24^\circ, 6'$	$45^\circ - \frac{1}{2}s$	$= 24^\circ, 5'$
s	$= 41^\circ, 48'$	s	$= 41^\circ, 50'$
$180^\circ - s$	$= 138^\circ, 12'$	$180^\circ - s$	$= 138^\circ, 10'$
oder		oder	
$180^\circ - s$	$= 8292'$	$180^\circ - s$	$= 8290'$
$l.(180^\circ - s)$	$= 3,9186593$		3,9185545
abgezogen	$= 3,5362739$		3,5362739
	0,3823854		0,3822806
$l.\cos.\frac{1}{2}s$	$= 9,9704419$		9,9703937
$l.\cos.(45 - \frac{1}{2}s)$	$= 9,9603919$		9,9604483
$l.2\sqrt{2}$	$= 0,4515450$		0,4515450
	0,3823788		0,3823871
Abweichung	+ 66		− 1065
	1065		

1131 : 66 = 1′ : 3″, 30‴.

Es ist also $\frac{1}{2}s = 20^\circ, 54'\ 3'', 30'''$; folglich

$s = 41°, 48', 7'', 0''' = BE$
und der gesuchte Bogen
$AE = 138°, 11', 53'', 0'''$
die Linien DE und AD aber
$DE = 0,6665578$, und $AD = 1,745435$.

§. 537.

Nun wollen wir die Bogen mit ihren Tangenten vergleichen, und da in dem ersten Quadranten die Tangenten größer sind, als ihre Bogen, so wollen wir einen Bogen suchen, der der Hälfte seiner Tangente gleich sey. Dies giebt die

Siebente Aufgabe.

Einen Ausschnitt ACD, Fig. 117., zu finden, welcher die Hälfte des Dreiecks ACE sey, welches zwischen dem Halbmesser AC, der Tangente AE, und der Secante CE enthalten ist.

Auflösung.

Setzt man den Bogen $AD = s$, so wird der Ausschnitt $ACD = \frac{1}{2}s$, das Dreieck ACE aber $= \frac{1}{2}$ tang. s, und es muß folglich

$$\tfrac{1}{2} \text{ tang. } s = s; \text{ oder } 2s = \text{tang. } s$$

seyn. Wir nehmen also folgende Hypothesen zu Hülfe.

	s = 60°	s = 70°	s = 66°	s = 67°
l. 2s =	2,0791812	2,1461280	2,1205739	2,1271048
	1,7581226	1,7581226	1,7581226	1,7581226
l. 2s =	0,3210586	0,3880054	0,3624513	0,3689822
l. tang. s =	0,2385606	0,4389341	0,3514169	0,3721481
	+ 824980	− 509287	+ 110344	− 31659

Hierdurch finden wir folgende genauere Grenzen für s; 66°, 46' und 66°, 47'. Also sey

	s = 66°, 46'	s = 66°, 47'
	oder	oder
	s = 4006'	s = 4007'
	2s = 8012'	2s = 8014'
l. 2s =	3,9037409	3,9038493
	3,5362739	3,5362739
l. 2s =	0,3674670	0,3675754
l. tang. s =	0,3672499	0,3675985
Abweichung =	+ 2171	− 231
	231	
	2402 :	2171 = 1' : 54'', 14'''.

Es ist demnach
der Bogen $s = AD = 66^\circ, 46', 54'', 14'''$
und daher
$\text{tang. } AE = 2,3311220.$

§. 538.

Nun sey folgende Aufgabe aufzulösen:

Die achte Aufgabe.

Den Bogen AE, Fig. 118., eines gegebenen Kreisquadranten zu finden, der seiner Sehne AE gleich sey, wenn dieselbe bis zu ihrer Zusammenkunft mit BC verlängert wird.

Auflösung.

Es sey der Bogen $AE = s$, so ist seine Sehne $AE = 2 \sin. \frac{1}{2} s$, und sein Quersinus $AD = 1 - \cos. s = 2 \sin. \frac{1}{2} s. \sin. \frac{1}{2} s$; und die ähnlichen Dreiecke ADE und ACF geben

$$2 \sin. \tfrac{1}{2} s. \sin. \tfrac{1}{2} s : 2 \sin. \tfrac{1}{2} s = 1 : s.$$

Es sey demnach

	$s = 70^\circ$	$s = 80^\circ$	$s = 84^\circ$	$s = 85^\circ$
$l. s =$	1,8450980	1,9030900	1,9242793	1,9294189
abgezogen	1,7581226	1,7581226	1,7581226	1,7581226
	0,0869754	0,1449674	0,1661567	0,1712963
$l. \sin. \frac{1}{2} s =$	9,7585913	0,8080675	9,8255109	9,8296833
	9,8455667	9,9530349	9,9916676	0,0009796
Abweichung	+ 0,1544331	0,0469650	+ 83223	— 9796

Es ist folglich s zwischen den Grenzen 84°, 53′ und 84°, 54′ enthalten. Es sey daher ferner

	$s = 84^\circ, 53'$	$s = 84^\circ, 54'$
	oder	oder
	$s = 5093'$	$s = 5094'$
	$\frac{1}{2} s = 42^\circ, 26\frac{1}{2}'$	$\frac{1}{2} s = 42^\circ, 27'$
$l s =$	3,7069737	3,7070589
abgezogen	3,5362739	3,5362739
	0,1706998	0,1707850
$l. \sin. \frac{1}{2} s =$	9,8292003	9,8292694
	0,9999001	0,0000544
Abweichung	+ 998	— 544

Hieraus ergiebt sich
der Bogen $s = AE = 84^\circ, 53' 38'', 51'''$

und
der Bogen BE = 50°, 6′ 21″, 9‴.

§. 539.

Obgleich in dem ersten Quadranten alle Bogen kleiner sind, als ihre Tangenten, so giebt es doch in den übrigen Quadranten Bogen, welche ihren Tangenten gleich sind, und diese wollen wir in der folgenden Aufgabe durch eine von den Reihen entlehnte Methode zu finden suchen.

Neunte Aufgabe.

Alle Bogen zu finden, die ihren Tangenten gleich sind.

Auflösung.

Der erste Bogen, der diese Eigenschaft hat, ist der unendlich kleine. In dem zweiten Quadranten giebt es keinen von dieser Beschaffenheit, weil darin die Tangenten negativ sind. Im dritten Quadranten ist solches ein Bogen von etwas weniger als 270°, und dann giebt es dergleichen in dem fünften, im siebenten Quadranten, ꝛc. Es sey der vierte Theil des Umkreises $= q$, und die gesuchten Bogen seyen in der Formel $(2n+1)q - s$ enthalten, so daß $(2n+1)q - s = \cot. s - \frac{1}{\text{tang.}\, s}$ werde. Es sey $\text{tang.}\, s = x$, so ist

$$s = x - \tfrac{1}{3}x^3 + \tfrac{1}{5}x^5 - \tfrac{1}{7}x^7 + \text{ꝛc.}$$

und folglich

$$(2n+1)\,q = \frac{1}{x} + x - \tfrac{1}{3}x^3 + \tfrac{1}{5}x^5 - \tfrac{1}{7}x^7 + \text{ꝛc.}$$

Es fällt aber in die Augen, da s ein desto kleinerer Bogen ist, je größer die Zahl n wird, daß x eine sehr kleine Größe, und beinahe $x = \frac{1}{(2n+1)q}$, oder $\frac{1}{x} = (2n+1)q$ seyn wird; genauer findet man

$$\frac{1}{x} = (2n+1)\,q - s = (2n+1)q = \frac{1}{(2n+1)q}$$

$$- \frac{2}{3(2n+1)^3q^3} - \frac{13}{15(2n+1)^5q^5} - \frac{146}{105(2n+1)^7q^7}$$

$$- \frac{2343}{945\,(2n+1)^9q^9} - \text{ꝛc.}$$

Da also $q = \frac{\pi}{2} = 1,5707963267948$ ist, so ist der gesuchte Bogen =

$$(2n+1)\,1,57079632679 - \frac{1}{2n+1}\,0,63661977 - \frac{0,17200817}{(2n+1)^3} - \frac{0,09062596}{(2n+1)^5} - \frac{0,05892834}{(2n+1)^7} - \frac{0,04258543}{(2n+1)^9} - \text{rc.}$$

Oder, wenn man die Glieder, die in Theilen des Halbmessers ausgedrückt sind, nach Art der Bogen bestimmt, =

$$(2n+1)\,90^\circ - \frac{131313''}{2n+1} - \frac{35479''}{(2n+1)^3} - \frac{18692''}{(2n+1)^5} - \frac{12155''}{(2n+1)^7} - \frac{8784''}{(2n+1)^9}.$$

Es sind demnach die Bogen, welche der Aufgabe ein Genüge thun, in der Ordnung folgende:

I.	1 . 90°	—	90°		
II.	3 . 90°	—	12°,	32′,	48″
III.	5 . 90°	—	7,	22,	32
IV.	7 . 90°	—	5,	14,	22
V.	9 . 90°	—	4,	3,	59
VI.	11 . 90°	—	3,	19,	24
VII.	13 . 90°	—	2,	48,	37
VIII.	15 . 90°	—	2,	26,	5
IX.	17 . 90°	—	2,	8,	51
X.	19 . 90°	—	1,	55,	16

§. 540.

Mehr Aufgaben setze ich nicht her, da die Art, sie aufzulösen, aus diesen Beispielen deutlich erhellet. Uebrigens sind diese Aufgaben vorzüglich deswegen erfunden worden, damit die Natur des Kreises, dessen Quadratur bisher auf keinem Wege hat gelingen wollen, bekannter werden möchte. Denn hätte es sich ereignet, daß bei der Auflösung irgend einer Aufgabe, entweder ein gegen den ganzen Umkreis commensurabler Bogen, oder sein Sinus oder Tangente durch den Halbmesser hätte construirt werden können, so hätte man allerdings eine Art der Quadratur des Kreises gehabt. Hätte man z. B. bei der Auflösung der sechsten Aufgabe den Sinus DE, der = 0,665578 war, = 0,666666 = $\frac{2}{3}$ gefunden: so würde man dann eine sehr schöne Eigenschaft des Kreises gehabt haben; es könnte nemlich alsdann ein Bogen AE construirt werden, der der geraden Linie $AD + DE = 1 + \frac{2}{3} + \sqrt{\frac{5}{9}}$ gleich wäre. Es ist aber auch noch kein Grund da, welcher die Unmöglichkeit dieser Quadratur des Kreises beweisen könnte; und wenn dieselbe möglich ist, so scheint kein Weg geschickter zu seyn, sie zu entdecken, als der, welchen wir in diesem Capitel kennen gelernt haben.

Anhang

von

den Flächen.

Erstes Capitel.

Von den Oberflächen der Körper überhaupt.

§. 1.

Die Untersuchungen, welche wir in dem Vorhergehenden über die Curven angestellt haben, und die Art und Weise, diese Curven durch Gleichungen auszudrücken, haben allerdings einen sehr weiten Umfang, und erstrecken sich auf alle krumme Linien, deren Punkte insgesammt in einer und derselben Ebene liegen; wenn aber die Curve nicht ganz in eine und dieselbe Ebene fällt, so reichen die ertheilten Vorschriften nicht hin, ihre Eigenschaften zu entdecken. Diese Art der Curven hat eine doppelte Krümmung, und in dieser Rücksicht haben wir darüber vom Herrn Clairaut eine vortreffliche und scharfsinnige Abhandlung. Da indeß dieser Gegenstand mit der Lehre von den Flächen zusammenhängt, welche ich mir in dem gegenwärtigen Abschnitte vorzutragen vorgenommen habe, so werde ich davon nicht besonders handeln, sondern die Betrachtung desselben mit der folgenden Untersuchung über die Flächen verbinden.

§. 2.

So wie die Linien entweder gerade oder krumme Linien sind, so sind die Flächen entweder eben oder nicht eben; unebene Flächen aber nenne ich sowohl die convexen als die concaven, und auch diejenigen, die theils convex, theils concav sind. So ist die äußere Fläche einer Kugel, eines Cylinders und eines Kegels, wenn man von der Grundfläche abstrahirt, convex, die Fläche einer Schüssel hingegen concav. So wie man ferner unter einer geraden Linie diejenige versteht, in welcher jede drei Punkte nach einerlei Richtung liegen, so ist eine Ebene diejenige, in welcher jede vier Punkte in eine und dieselbe Ebene fallen; woher denn die nicht ebene Fläche, sie mag convex oder concav seyn, als eine solche gedacht werden kann, worin man nicht durch jede vier Punkte Eine Ebene zu legen im Stande ist.

§. 3.

Wie eine unebene Fläche beschaffen sey, läßt sich leicht erkennen, wenn man weiß, wie weit sie in jedem Punkte von einer Ebene abstehe. So wie wir nemlich die Beschaffenheit der Curven aus den Entfernungen ihrer Punkte von einer zur Axe angenommenen geraden Linie zu beurtheilen im Stande sind: so kann man auch die Beschaffenheit einer unebenen Fläche aus der Entfernung ihrer Punkte von einer nach Belieben angenommenen Ebene abnehmen. Soll also die Beschaffenheit einer Fläche angegeben werden, so darf man nur nach Belieben eine Ebene annehmen, und sich aus jedem Punkte jener Fläche auf dieselbe senkrechte Linie gezogen denken; und kann man die Länge dieser senkrechten Linie durch eine Gleichung bestimmen, so wird diese Gleichung auch die Natur der gedachten Fläche ausdrücken. Aus einer solchen Gleichung lassen sich aber auch umgekehrt alle Punkte dieser Fläche angeben, und es wird daher durch dieselbe auch die Fläche selbst bestimmt.

§. 4.

Es stelle die Ebene der Kupfertafel die Ebene vor, auf welche alle Punkte einer gegebenen Fläche bezogen werden sollen. Ferner sey M, Fig. 119., irgend ein Punkt in der gegebenen Fläche außer der Ebene der Tafel, und aus demselben MQ auf diese Ebene senkrecht herabgefällt worden. Um nun die Lage dieses Punktes algebraisch auszudrücken, nehme man in der Ebene irgend eine gerade Linie AB zur Axe an, und ziehe auf dieselbe aus Q die gerade Linie QP senkrecht. Endlich nehme man in der Axe AB irgend einen Punkt A zum Anfangspunkte der Abscissen an. Ist dieses geschehen, so kennt man die Lage des Punktes M, wenn man die Länge der drei Linien AP, PQ und QM weiß; und es wird demnach die Lage jedes Punktes M einer Fläche durch drei senkrechte Coordinaten auf eine ähnliche Art bestimmt, als solches bei den Punkten der Curven, die in einer Ebene lagen, durch zwei rechtwinklige Coordinaten geschehen ist.

§. 5.

Da wir also drei Coordinaten AP, PQ und QM haben, so wollen wir $AP = x$, $PQ = y$, und $QM = z$ setzen. Diese drei Coordinaten werden uns die Natur der gegebenen Fläche zu erkennen geben, wenn wir, nachdem wir x und y willkührlich angenommen haben, zu bestimmen im Stande sind, wie groß z ist; denn können wir dieses, so lassen sich alle Punkte M in der gedachten Fläche angeben. Es wird daher die Natur einer jeden Fläche durch eine Gleichung ausgedrückt, in welcher die Coordinate z durch die beiden übrigen Coordinaten x und y und durch beständige Größen bestimmt wird; und es ist daher für jede gegebene Fläche die veränderliche Größe z gleich einer Funktion zweier veränderlichen Größen x und y. Umgekehrt drückt, wenn z irgend einer Funktion von x und y gleich ist, diese Gleichung eine Fläche aus, deren Natur sich aus ihr erkennen läßt. Setzt man demnach für x und y alle, sowohl positive als negative Werthe, die sie bekommen können, so erhält man alle Punkte Q der angenommenen Ebene; und dann ergiebt sich aus der Gleichung zwischen z, x und y die Länge der senkrechten Linie QM = z, von dieser Ebene bis zu der durch die Gleichung ausgedrückten Fläche. Ist z positiv, so liegt der Punkt M über der Ebene APQ, ist aber z negativ, so liegt M unter ihr; wird z = o, so fällt M in die Ebene, und wird es imaginär, so gehört dem Punkte Q in der Fläche gar kein Punkt M. Hat endlich z mehr reelle Werthe, so schneidet die auf der Ebene durch Q senkrecht aufgerichtete Linie die gegebene Fläche in mehr als in einem Punkte.

§. 6.

Will man also die verschiedenen Arten der Flächen bestimmen, so bietet sich sogleich die Abtheilung derselben in continuirliche oder reguläre, und in discontinuirliche oder irreguläre dar. Eine Fläche ist nemlich continuirlich, deren Punkte sich insgesammt durch eine und dieselbe Gleichung zwischen z, x und y ausdrücken lassen, oder wo z für alle Punkte dieselbe Funktion bleibt. Irregulär wird hingegen eine Fläche genannt, wenn die Theile derselben durch verschiedene Funktionen ausgedrückt werden, z. B. wenn dieselbe an einem Orte sphärisch, an einem andern conisch, an einem dritten cylindrisch oder eben ist. Diese irregulären Flächen setzen wir indeß hier ganz bei Seite, und betrachten blos die regulären, deren Natur durch eine und dieselbe Gleichung ausgedrückt wird. Denn kennt man diese, so lassen sich darnach auch die irregulären, da sie aus regulären Theilen zusammengesetzt sind, leicht beurtheilen.

§. 7.

Die regulären Flächen werden zuvörderst in algebraische und in transcendente eingetheilt. Eine Fläche ist eine algebraische, wenn ihre Natur durch eine algebraische Gleichung zwischen den Coordinaten x, y und z ausgedrückt wird, oder wenn z einer algebraischen Funktion von x und y gleich ist. Ist hingegen z keine algebraische Funktion von x und y, oder kommen in der Gleichung zwischen x, y und z transcendente Größen vor; z. B. solche, die von Logarithmen oder Kreisgrößen abhängen, so ist die Fläche, die durch eine solche Gleichung ausgedrückt wird, eine transcendente. Dergleichen ist z. B. da, wenn $z = x . l. y$; oder $z = y^x$; oder $z = y . \sin. x$ ist. Es fällt aber in die Augen, daß man die Untersuchung der algebraischen Flächen vor der Betrachtung der transcendenten vorhergehen lassen muß.

§. 8.

Ferner muß man, um die Natur einer Fläche kennen zu lernen, vor allen Dingen untersuchen, was z in Ansehung der Menge seiner Werthe für eine Funktion von x und y ist. Hier kommen zuerst diejenigen Flächen vor, wobei z eine einförmige Funktion von x und y ist. Es sey P eine solche einförmige oder rationale Funktion von x und y; so werden, wenn $z = P$ ist, den einzelnen Punkten der Ebene Q eben so viel Punkte der Fläche zugehören, oder es wird jede auf der Ebene APQ senkrecht aufgerichtete gerade Linie die Fläche in nicht mehr als in einem Punkte schneiden. In diesem Falle kann der Werth der geraden Linie QM nie imaginär werden, sondern es giebt diese gerade Linie allemal einen reellen Punkt in der Fläche. Es bringt indeß diese Verschiedenheit der Funktionen keine wesentliche Verschiedenheit unter den Flächen hervor; denn sie hängt von der Lage der Ebene APQ ab, welche eben so als die Lage der Axe willkührlich ist. Bezieht man daher dieselbe Fläche auf eine andere Ebene, so kann die Funktion z aus einer einförmigen in eine vielförmige übergehen.

§. 9.

Es seyen P und Q einförmige Funktionen von x und y; so werden, wenn

$$zz - Pz + Q = 0$$

ist, die geraden Linien, die aus den Punkten Q der angenommenen Ebene auf dieselbe senkrecht gestellt werden, die Fläche entweder in zweien Punkten oder gar nicht schneiden; denn es hat dann z allemal zwei Werthe, die entweder beide reell oder beide imaginär sind. Auf ähnliche Art ist z, wenn P, Q und R einförmige Funktionen von x und y bedeuten, und

$$z^3 - Pz^2 + Qz - R = 0$$

ist, eine dreiförmige Funktion, und jede gerade Linie QM schneidet die Fläche entweder in dreien Punkten, wenn alle Wurzeln dieser Gleichung reell sind, oder nur in einem, wenn zwei von diesen Wurzeln imaginär sind. Auf ähnliche Art hat man zu urtheilen, wenn z durch eine Gleichung von mehrern Dimensionen bestimmt wird. Wie vielförmig also die Funktion z sey, erkennt man leicht, sobald man die Gleichung zwischen x, y und z rational gemacht hat.

§. 10.

So wie wir bei den Gleichungen der Curven gesehen haben, daß die beiden Coordinaten derselben verwechselt werden können, so lassen sich auch in jeder Gleichung für eine Fläche die drei Coordinaten x, y und z mit einander verwechseln. Denn nimmt man zuvörderst in der Ebene APQ eine gerade auf AP senkrechte Linie Ap zur Axe an, so wird nun $Ap = y$ und $pQ = x$, und dadurch sind die beiden Coordinaten x und y mit einander vertauscht. Die übrigen Verwechselungen lernt man kennen, wenn man das rechtwinklige Parallelepipedum ApQMΣπqPA ergänzt; bei welchem zuvörderst die drei beständigen und auf einander senkrechten Ebenen in Betrachtung kommen, APQp, APqπ, und ApΣπ; denn die Art, wie die Fläche, worin der Punkt M liegt, auf diese Ebenen bezogen werden kann, wird durch eben dieselbe Gleichung zwischen x, y und z angezeigt. In jeder Ebene aber giebt es eine doppelte Axe, die beide in dem Punkte A anfangen, und daher entspringen also sechs verschiedene Beziehungen zwischen den drei Coordinaten.

Die Coordinaten sind

für die Ebene APQp entweder $\begin{cases} AP = x \\ PQ = y \\ QM = z \end{cases}$ oder $\begin{cases} Ap = y \\ pQ = x \\ QM = z \end{cases}$

für die Ebene APqπ entweder $\begin{cases} AP = x \\ Pq = z \\ qM = y \end{cases}$ oder $\begin{cases} A\pi = z \\ \pi q = x \\ qM = y \end{cases}$

für die Ebene ApΣπ entweder $\begin{cases} Ap = y \\ p\Sigma = z \\ \Sigma M = x \end{cases}$ oder $\begin{cases} A\pi = z \\ \pi\Sigma = y \\ \Sigma M = x \end{cases}$

Wenn aber von dem beständigen Punkte A nach dem Punkte M der Fläche die gerade Linie AM gezogen wird, so ist

$$AM = \sqrt{(xx + yy + zz)}.$$

§. 11.

Eine und dieselbe Gleichung zwischen den Coordinaten x, y und z giebt uns also die Lage aller Punkte einer Fläche, in Beziehung auf drei Ebenen zu erkennen, die auf einander senkrecht sind, und sich in dem Punkte A schneiden. So wie nemlich die veränderliche Größe z die Entfernung eines jeden Punktes der Fläche M von der Ebene APQ giebt, so giebt die veränderliche Größe y die Entfernung eben dieses Punktes M von der Ebene APq, und die veränderliche Größe x von der Ebene ApΞ. Wissen wir aber, wie weit der Punkt M von jeder dieser drei Ebenen entfernt ist, so kennen wir auch seine wahre Lage. Es sind daher diese drei Ebenen, auf welche jede Fläche vermittelst einer Gleichung zwischen drei veränderlichen Größen x, y und z bezogen werden kann, vorzüglich zu merken, und ist eine davon horizontal, so sind die beiden übrigen vertical, und zwar die eine nach der Richtung AP, und die andere nach der Richtung Ap.

§. 12.

Hat man nun diese drei auf einander senkrechte Ebenen festgesetzt, um darauf die gegebene Fläche zu beziehen; so fälle man aus jedem Punkte dieser Fläche M auf jene Ebenen APQ, APq und A$\pi\Xi$ die senkrechten Linien MQ, Mq und MΞ, und mache $MQ = z$, $Mq = y$ und $M\Xi = x$. Dann ergänze man das Parallelepipedum, wodurch man drei gerade Linien bekömmt, welche jenen gleich sind, und aus dem Punkte A ausgehen, nemlich $AP = x$, $Ap = y$ und $A\pi = z$, und sobald man diese kennt, so ist auch die Lage des Punktes M bekannt. Läßt man aber die veränderlichen Größen x, y und z, wenn sie nach den Ebenen, welche die Figur anzeigt, gerichtet sind, positiv seyn, so muß man sie, wenn sie nach den entgegenstehenden Gegenden laufen, als negativ ansehen.

§. 13.

Hat in der Gleichung zwischen den drei veränderlichen Größen x, y und z diejenige, welche auf der Ebene APQ senkrecht ist, oder z, allenthalben gerade Dimensionen, so kommt ihr ein doppelter Werth zu, ein positiver und ein negativer, und beide sind einander gleich. Alsdann ist also die Fläche von der Art, daß sie sich auf beiden Seiten der Ebene ähnlich und gleich bleibt, und daß der Körper, der durch dieselbe begrenzt ist, durch sie in zwei gleiche Theile getheilt wird. So wie nun bei den ebenen Figuren diejenige gerade Linie, welche die Figur in zwei gleiche und ähnliche Theile theilte, Durchmesser genannt wurde, so wollen wir bei den Körpern diejenige Ebene, welche den Körper in zwei gleiche und ähnliche Theile theilt, die Diametral-Ebene nennen. Wenn daher die veränderliche Größe z in der Gleichung allenthalben gerade Dimensionen hat, so ist die Ebene APQ eine Diametral-Ebene.

§. 14.

Auf ähnliche Art erhellet, daß die Ebene APq, worauf y senkrecht ist, eine Diametral-Ebene seyn werde, wenn y in der Gleichung für die Fläche allenthalben gerade Dimensionen hat; und eben so ist die Ebene Apξ eine Diametral-Ebene, wenn x allenthalben gleiche Dimensionen hat. Sobald daher eine Gleichung für eine Fläche zwischen den veränderlichen Größen x, y und z gegeben ist, so läßt sich sogleich beurtheilen, ob unter den drei Ebenen Diametral-Ebenen seyn werden, oder nicht. Es können aber auch zwei, ja alle drei Ebenen Diametral-Ebenen seyn. Bei der Kugel z. B., deren Mittelpunkt in A liegt, ist, weil der Halbmesser $AM = \sqrt{(xx + yy + zz)}a$ ist, $xx + yy\ zz = aa$, und es wird folglich die Kugel von jeder der gedachten Ebenen in zwei ähnliche und gleiche Theile getheilt.

§. 15.

Um die Gestalt der Oberfläche, die in der gegebenen Gleichung enthalten ist, zu erkennen, muß man sein Augenmerk auf die drei auf einander senkrechte Ebenen richten, welche in der 120sten Figur durch $QQ^1Q^2Q^3$, $TT^1T^2T^3$ und $VV^1V^2V^3$ bezeichnet sind, und sich in dem Punkte A schneiden. Wenn man sich diese drei Ebenen nach allen Seiten ohne Ende erweitert denkt, so theilen sie den Raum in acht Gegenden ein, welche in der Figur durch AX, AX^1, AX^2, AX^3, AX^4, AX^5, AX^6 und AX^7 angezeigt werden. Sind in der ersten AX die veränderlichen Größen x, y und z positiv, so sind in den übrigen ein oder zwei von ihnen oder auch alle drei negative. Die genauere Beschaffenheit dieser Werthe aber läßt sich am besten aus folgendem Schema erkennen.

Die Gegend AX	Die Gegend AX^4
$AP = +x$	$AP = +x$
$AR = +y$	$AR' = -y$
$AS = +z$	$AS = +z$
Die Gegend AX^1	**Die Gegend AX^5**
$AP' = -x$	$AP' = -x$
$AR = +y$	$AR' = -y$
$AS = +z$	$AS = +z$
Die Gegend AX^2	**Die Gegend AX^6**
$AP = +x$	$AP = +x$
$AR = +y$	$AR' = -y$
$AS' = -z$	$AS' = -z$
Die Gegend AX^3	**Die Gegend AX^7**
$AP' = -x$	$AP' = -x$
$AR = +y$	$AR' = -y$
$AS' = -z$	$AS' = -z$

§. 16.

Bequemer ist es indeß, diese acht Gegenden durch Zahlen zu bezeichnen, um jedesmal auf die leichteste Art anzeigen zu können, von welcher die Rede sey. Da nun alle acht Gegenden in dem Punkte A zusammenkommen, und durch drei senkrecht sich schneidende Ebenen von einander abgesondert, diese drei Ebenen aber durch die geraden Linien Pp, Qq, Rr, die sich in dem Punkte A senkrecht schneiden, bestimmt werden: so läßt sich jede Gegend durch drei von den Buchstaben P, Q und R, und p, q und r angeben. Die Hauptgegend oder die erste PQR ist nemlich der Raum, welcher das Parallelepipedum zwischen den ohne Ende verlängerten geraden Linien AP, AQ, AR, und die Gegend Pqr, der Raum, welcher das Parallelepipedum zwischen den drei ohne Ende verlängerten geraden Linien AP, Aq und Ar enthält. Setzt man daher $AP = x$, $AQ = y$, $AR = z$, so ist $Ap = -x$, $Aq = -y$, und $Ar = -z$. Wir wollen also die gedachten acht Gegenden auf die Art durch Zahlen von einander unterscheiden, daß sey:

	die 1ste	die 2te
zwischen den Coordinaten	$AP = +x$ $AQ = +y$ $AR = +z$	$AP = +x$ $AQ = +y$ $Ar = -z$
	die 3te	die 4te
zwischen den Coordinaten	$AP = +x$ $Aq = -y$ $AR = +z$	$Ap = -x$ $AQ = +y$ $AR = +z$
	die 5te	die 6te
zwischen den Coordinaten	$AP = +x$ $Aq = -y$ $Ar = -z$	$Ap = -x$ $AQ = +y$ $Ar = -z$
	die 7te	die 8te
zwischen den Coordinaten	$Ap = -x$ $Aq = -y$ $AR = +z$	$Ap = -x$ $Aq = -y$ $Ar = -z$

§. 17.

Diese Gegenden unterscheiden sich bald mehr, bald weniger von einander. Zuvörderst giebt es zwei Gegenden, die zwei Coordinaten gemein und eine verschieden haben; diese berühren sich in einer Ebene, und wir wollen sie daher *verbundene* nennen. Dann sind zwei Coordinaten verschieden, und eine gemein; diese Gegenden berühren sich bloß in einer geraden Linie, und wir wollen sie deswegen *getrennte* nennen. Endlich sind alle Coordinaten von einander verschieden, und die Gegenden haben bloß den Punkt A mit einander gemein; diesen wollen wir den Namen der **entgegengesetzten** Gegenden geben. Was für Gegenden mit einer jeden verbunden, oder von ihr getrennt, oder ihr entgegengesetzt seyn, zeigt folgende Tabelle.

	Verbunden				Getrennt		Entgegengesetzt
PQR I	PQr II	PqR III	pQR IV	Pqr V	pQr VI	pqR VII	pqr VIII
PQr II	PQR I	Pqr V	pQr VI	PqR III	pQR IV	pqr VIII	pqR VII
PqR III	Pqr V	PQR I	pqR VII	PQr II	pqr VIII	pQR IV	pQr VI
pQR IV	pQr VI	pqR VII	PQR I	pqr VIII	PQr II	PqR III	Pqr V
Pqr V	PqR III	PQr II	pqr VIII	PQR I	pqR VII	pQr VI	pQR IV
pQr VI	pQR IV	pqr VIII	PQr II	pqR VII	PQR I	Pqr V	PqR III
pqR VII	pqr VIII	pQR IV	PqR III	pQr VI	Pqr V	PQR I	PQr II
pqr VIII	pqR VII	pQr VI	Pqr V	pQR IV	PqR III	PQr II	PQR I

§. 18.

Es hat also jede Gegend drei mit ihr verbundene, zwei getrennte und eine entgegengesetzte, und es erhellet aus der vorstehenden Tabelle sogleich, wie eine jede gegen jede andere beschaffen ist. Die Ordnung, welche die Zahlen in dieser Tabelle beobachten, ist bemerkenswerth, und um sie dem Ueberblicke auf eine leichtere Art darzustellen, wollen wir eben dieselben Zahlen in eben der Ordnung in folgendes Quadrat einschließen.

1	2	3	4	5	6	7	8
2	1	5	6	3	4	8	7
3	5	1	7	2	8	4	6
4	6	7	1	8	2	3	5
5	3	2	8	1	7	6	4
6	4	8	2	7	1	5	3
7	8	4	3	6	5	1	2
8	7	6	5	4	3	2	1

Die Art, wie hier die Zahlen auf einander folgen, fällt bei einiger Aufmerksamkeit von selbst in die Augen, der Gebrauch dieser Tabelle aber wird in der Folge ausführlich gezeigt werden.

§. 19.

Wir haben schon vorhin bemerkt, daß einer Fläche, in deren Gleichung die veränderliche Größe z allenthalben gerade Dimensionen hat, zwei einander gleiche und ähnliche Theile zukommen; es ist nemlich alsdann der Theil in der ersten Gegend gleich und ähnlich dem in der zweiten, und auf ähnliche Art sind auch die Theile in der dritten und fünften, desgleichen die in der vierten und sechsten, und endlich in der siebenten und achten mit einander übereinstimmend. Wenn hingegen die veränderliche Größe y allenthalben gerade Dimensionen hat, so stimmen die erste und dritte, die zweite und fünfte, die vierte und siebente, nnd die sechste und achte mit einander überein. Hat x in der Gleichung allenthalben gerade Dimensionen, so findet diese Uebereinstimmung in der ersten und vierten, in der zweiten und sechsten, in der dritten und siebenten, und in der fünften und achten Gegend statt. Wenn nemlich

in der Gleichung allenthalben gerade Dimensionen hat

die veränderliche Größe

z	y	x
so stimmen überein		
die Gegenden	die Gegenden	die Gegenden
1, 2, 3, 4, 5, 6, 7, 8	1, 2, 3, 4, 5, 6, 7, 8	1, 2, 3, 4, 5, 6, 7, 8
2, 1, 5, 6, 3, 4, 8, 7	3, 5, 1, 7, 2, 8, 4, 6	4, 6, 7, 1, 8, 2, 3, 5

§. 20.

Wenn die Theile der Fläche in den getrennten Gegenden, der ersten und fünften, einander gleich seyn sollen, so muß die Gleichung so beschaffen seyn, daß sie unverändert bleibt, wenn man die beiden veränderlichen Größen y und z negativ nimmt. Es wird dies also statt finden, wenn die beiden Größen y und z zusammengenommen in allen Gliedern der Gleichung allenthalben entweder gerade oder ungerade Dimensionen haben. Wenn aber die erste und fünfte Gegend mit einander übereinstimmen, so thun solches auch die zweite und dritte, die vierte und achte, und die sechste und siebente. Auf ähnliche Art stimmen, wenn in der Gleichung für die Fläche die beiden veränderlichen Größen x und z allenthalben entweder eine gerade oder eine ungerade Anzahl von Dimensionen ausmachen, die erste Gegend mit der sechsten, die zweite mit der vierten, die dritte mit der achten und die fünfte mit der siebenten überein.

Wenn nemlich in der Gleichung für die Fläche allenthalben entweder eine gerade oder eine ungerade Anzahl von Dimensionen haben

die veränderlichen Größen

y und z	x und z	x und y
	so stimmen überein	
die Gegenden	die Gegenden	die Gegenden
1, 2, 3, 4, 5, 6, 7, 8	1, 2, 3, 4, 5, 6, 7, 8	1, 2, 3, 4, 5, 6, 7, 8
5, 3, 2, 8, 1, 7, 6, 4	6, 4, 8, 2, 7, 1, 5, 3	7, 8, 4, 3, 6, 5, 1, 2

Wenn aber alle drei veränderliche Größen x, y und z zusammengenommen, entweder allenthalben eine gerade oder allenthalben eine ungerade Anzahl von Dimensionen haben, so stimmen die entgegengesetzten Gegenden mit einander überein.

1,	2,	3,	4,	5,	6,	7,	8
8,	7,	6,	5,	4,	3,	2,	1

§. 21.

Wenn sich von diesen Bedingungen zwei oder alle drei zugleich bei der Gleichung finden, so stimmen entweder je vier oder alle acht Gegenden mit einander überein.

Wenn sowohl x als y, jede für sich betrachtet, allenthalben eine gerade Anzahl von Dimensionen haben, so stimmen folgende Gegenden zu je vieren mit einander überein.

1,	2,	3,	4,	5,	6,	7,	8
3,	5,	1,	7,	2,	8,	4,	6
4,	6,	7,	1,	8,	2,	3,	5
7,	8,	4,	3,	6,	5,	1,	2

Wenn sowohl x als z, jede für sich, eine gerade Anzahl von Dimensionen haben, so stimmen folgende Gegenden zu je vieren mit einander überein.

1,	2,	3,	4,	5,	6,	7,	8
2,	1,	5,	6,	3,	4,	8,	7
4,	6,	7,	1,	8,	2,	3,	5
6,	4,	8,	2,	7,	1,	5,	3

Wenn die veränderlichen Größen y und z, jede für sich betrachtet, allenthalben eine gerade Anzahl von Dimensionen haben, so stimmen folgende Gegenden zu je vieren mit einander überein.

1,	2,	3,	4,	5,	6,	7	8
2,	1,	5,	6,	3,	4,	8,	7
3,	5,	1,	7,	2,	8,	4,	6
5,	3,	2,	8,	1,	7,	6,	4

§. 22.

Wenn eine von den veränderlichen Größen allenthalben gerade Dimensionen hat, die beiden übrigen aber zusammengenommen allenthalben entweder eine gerade oder eine ungerade Anzahl von Dimensionen geben, so stimmen auch je vier und vier Gegenden mit einander überein, und zwar auf folgende Art.

Wenn z allenthalben gerade Dimensionen hat, x und y aber allenthalben entweder eine gerade oder eine ungerade Anzahl von Dimensionen ausmachen, so stimmen folgende Gegenden mit einander überein.

1,	2,	3,	4,	5,	6,	7,	8
2,	1,	5,	6,	3,	4,	8,	7
7,	8,	4,	3,	6,	5,	1,	2
8,	7,	6,	5,	4,	3,	2,	1

Wenn y allenthalben gerade Dimensionen hat, und x und z zusammengenommen allenthalben entweder eine gerade oder eine ungerade Anzahl von Dimensionen geben, so stimmen folgende Gegenden zu vier und vieren mit einander überein.

1,	2,	3,	4,	5,	6,	7,	8
3,	5,	1,	7,	2,	8,	4,	6
6,	4,	8,	2,	7,	1,	5,	3
8,	7,	6,	5,	4,	3,	2,	1

Wenn x allenthalben gerade Dimensionen hat, und y und z zusammengenommen allenthalben entweder eine gerade oder eine ungerade Anzahl von Dimensionen geben, so stimmen folgende Gegenden zu vier und vieren mit einander überein.

1,	2,	3,	4,	5,	6,	7,	8
4,	6,	7,	1,	8,	2,	3,	5
5,	3,	2,	8,	1,	7,	6,	4
8,	7,	6,	5,	4,	3,	2,	1

In diesen drei Fällen haben also alle drei veränderliche Größen x, y und z zusammengenommen allenthalben entweder eine gerade oder eine ungerade Anzahl von Dimensionen.

§. 23.

Es sind noch folgende Fälle von vier gleichen Gegenden übrig. Wenn

und x und y	allenthalben entweder eine gerade oder eine ungerade Anzahl von Dimensionen haben, so stimmen folgende Gegenden zu vieren mit einander überein.
y und z	

1,	2,	3,	4,	5,	6,	7,	8
5,	3,	2,	8,	1,	7,	6,	4
7,	8,	4,	3,	6,	5,	1,	2
6,	4,	8,	2,	7,	1,	5,	3

Eben diese Aehnlichkeiten müssen sich ergeben, wenn außerdem die beiden übrigen veränderlichen Größen x und z allenthalben entweder eine gerade oder eine ungerade Anzahl von Dimensionen ausmachen, so daß diese Bedingung bereits in der angeführten enthalten ist. Es werden daher die Theile einer Oberfläche in je vier getrennten Gegenden unter einander gleich seyn, wenn in der Gleichung je zwei veränderliche Größen zusammengenommen, allenthalben entweder eine gerade oder eine ungerade Anzahl von Dimensionen haben. Da es aber drei Combinationen giebt, so ist zu bemerken, daß wenn zwei die erklärte Eigenschaft haben, dieselbe der dritten ebenfalls zukomme.

§. 24.

Wenn zu den Bedingungen, wobei je vier Gegenden gleich und ähnlich werden, noch eine neue in ihnen nicht enthaltene hinzukommt, die je zwei Gegenden einander gleich und ähnlich macht, so werden alle Gegenden einander gleich, und die Fläche besteht aus acht einander gleichen und ähnlichen Theilen. Die Gleichung für diese Art der Flächen faßt alle bisher betrachteten Eigenschaften zusammen in sich; es haben nemlich die veränderlichen Größen x, y und z jede für sich betrachtet, allenthalben gerade Dimensionen, und es müssen daher auch je zwei oder alle drei zusammengenommen eine gerade Anzahl von Dimensionen geben.

§. 25.

Ob aber eine gegebene Gleichung zwischen dreien veränderlichen Größen zwei oder alle drei von den betrachteten Eigenschaften an sich habe oder nicht, erkennt man, in Ansehung der geraden Dimensionen jeder veränderlichen Größe, leicht. Auch macht es keine Schwierigkeit, zu bestimmen, ob alle veränderliche Größen allenthalben eine gerade oder eine ungerade Anzahl von Dimensionen geben. Nicht so leicht ist es, zu untersuchen, ob je zwei von dieser Art sind. Man setze in der Gleichung entweder $x = nz$, oder $y = nz$, oder x = ny, und sehe, ob in dem einen oder dem andern Falle eine Gleichung sich ergebe, in welcher für die beiden ersten Annahmen z, und für die letzte y allenthalben gerade Dimensionen bekomme. Ist dieses, so haben je zwei veränderliche Größen zusammengenommen allenthalben entweder gerade oder ungerade Dimensionen, und es muß daher die Fläche zum wenigsten zwei einander gleiche und ähnliche Theile haben.

Zweites Capitel.

Von den Schnitten der Flächen, wenn Ebenen, durch sie gelegt werden.

§. 26.

So wie sich Linien in Punkten schneiden, so thun die Flächen solches in Linien, geraden entweder oder krummen. Eine Ebene schneidet eine Ebene in einer geraden Linie, wie aus der Elementar-Geometrie bekannt ist; wenn aber eine Kugel von einer Ebene geschnitten wird, so ist der Schnitt ein Kreis. Kennt man die Linien, in welchen Flächen von gegebenen Ebenen geschnitten werden, so hat man daran ein Hülfsmittel zur Kenntniß der Flächen selbst; denn man lernt dadurch auf einmal unzählige Punkte der Fläche kennen, da hingegen nach der im vorhergehenden Capitel beschriebenen Methode die einzelnen Werthe der veränderlichen Größe z nur einzelne Punkte derselben zu erkennen geben.

§. 27.

Da wir die Flächen auf drei auf einander senkrechte Ebenen beziehen, so müssen wir vor allen Dingen die Durchschnittslinien der Flächen mit diesen Ebenen betrachten. Nimmt man also zuvörderst die Ebene APQ, Fig. 121., welche durch die veränderlichen Größen AP = x, und AQ = y bestimmt wird, (indem die dritte veränderliche Größe z die Entfernung der Fläche von dieser Ebene anzeigt) so fällt in die Augen, daß man, wenn man z = o setzt, die Punkte der Fläche finden werde, welche in der Ebene APQ selbst liegen; und es giebt daher die übrigbleibende Gleichung zwischen x und y die Linie, in welcher die Fläche von der Ebene APQ geschnitten wird. Auf ähnliche Art drückt, wenn man y = o setzt, die Gleichung zwischen x und z die Durchschnittslinie der Fläche und der Ebene

APR, und wenn man $x = o$ setzt, die zwischen y und z die Durchschnittslinie der Fläche und der Ebene AQR aus.

§. 28.

Ich habe schon vorhin berührt, daß die Oberfläche einer Kugel, die den Mittelpunkt in A hat, und deren Halbmesser $= a$ ist, durch die Gleichung $xx + yy + zz = aa$ ausgedrückt werde; und ich will daher dieses Beispiel zur Erläuterung gebrauchen. Es sey also $z = o$, so drückt die Gleichung $xx + yy = aa$ den Kugelschnitt, der von der Ebene APQ erzeugt wird, aus, und man sieht, daß derselbe ein Kreis ist, der den Mittelpunkt in A, und den Halbmesser $= a$ hat. Auf ähnliche Art ist, wenn man $y = o$ setzt, der Kugelschnitt, welchen die Ebene APR macht, ein Kreis, der durch die Gleichung $xx + zz = aa$ ausgedrückt wird; und wenn man $x = o$ setzt, so giebt die Gleichung $yy + zz = aa$ einen gleichen Kreis für den durch die Ebene AQR hervorgebrachten Kugelschnitt. Dies sind bekannte Dinge, da, wenn eine Kugel von einer Ebene geschnitten wird, welche durch den Mittelpunkt der Kugel geht, der Schnitt allemal ein größter Kreis ist, der mit der Kugel gleichen Halbmesser hat.

§. 29.

Nicht schwerer ist es, die Durchschnittslinien zu bestimmen, welche durch Ebenen gemacht werden, die einer von jenen Haupt-Ebenen parallel sind. Man denke sich eine Ebene, die der Ebene APQ parallel sey, und von ihr um die Weite $= h$ abstehe; so werden alle Punkte der Fläche, deren Entfernung von eben der Ebene APQ, welche Entfernung durch die veränderliche Größe z ausgedrückt wird, $= h$ ist, in dieser parallelen Ebene liegen, und also eine Durchschnittslinie bilden. Für diese Durchschnittslinie hat man daher eine Gleichung, wenn man in der Gleichung für die Fläche $z = h$ setzt; denn man bekommt dadurch eine Gleichung zwischen den Coordinaten x und y, welche die Natur der Durchschnittslinie ausdrückt. Auf ähnliche Art lassen sich die Schnitte bestimmen, welche durch Ebenen, welche der APR oder AQR parallel sind, erzeugt werden, und es würde überflüssig seyn, das Gesagte bei ihnen zu wiederholen.

§. 30.

Wenn also in der Gleichung für eine Fläche zwischen den drei Coordinaten x, y und z eine dieser Coordinaten z einer beständigen Größe h gleich gesetzt wird, so entsteht ein Durchschnitt der Fläche und einer Ebene, welche der Ebene APQ parallel ist, und von ihr um die Entfernung $= h$ absteht. Legt man demnach dem Buchstaben h nach und nach alle mögliche Werthe, die positiven nicht nur, sondern auch die negativen, bei, so erhält man alle Durchschnittslinien der Fläche und der Ebenen, welche der Ebene APQ parallel sind; und da die ganze Fläche durch dergleichen parallele Ebenen in unendliche viele Theile getheilt wird, und man auf die gedachte Art alle Durchschnittslinien kennen lernt: so wird man auch durch alle diese Durchschnittslinien mit der Fläche selbst bekannt. Alle diese Durchschnittslinien sind nemlich in einer einzigen Gleichung zwischen den Coordinaten x und y, die eine unbestimmte beständige Größe in sich faßt, enthalten, und es sind daher alle diese Durchschnittslinien entweder ähnliche oder verwandte in einer Gleichung enthaltene Linien.

§. 31.

Es werden also alle Schnitte der Fläche, die der Ebene APQ parallel sind, einander gleich seyn, und von den Ebenen APR und AQR auf gleiche Art geschnitten werden, wenn die Gleichung zwischen x und y so beschaffen ist, daß sie unverändert bleibt, h mag einen Werth bekommen, was für einen man will. Dies kann aber nicht geschehen, wofern nicht die veränderliche Größe z, statt welcher h gesetzt worden, in der Gleichung für die Fläche gänzlich fehlt. Wenn also die dritte veränderliche Größe z ganz aus der Gleichung für die Fläche wegfällt, so sind alle der Ebene APQ parallele Schritte einander gleich, und ihre Natur wird durch die Gleichung für die Fläche selbst ausgedrückt, indem dieselbe bloß die beiden veränderlichen Größen x und y enthält. Auf ähnliche Art stimmen, wenn in der Gleichung für die Fläche entweder x oder y fehlt, alle der Ebene AQR oder APR parallele Schnitte mit einander überein.

§. 32.

Eine solche Fläche läßt sich daher nicht nur sehr leicht denken, sondern selbst construiren und körperlich darstellen. Denn angenommen, daß in der Gleichung die veränderliche Größe z fehle, und man also bloß eine Gleichung zwischen den beiden Coordinaten AP = x, und AQ = PM = y habe, so beschreibe man darnach in der Ebene APQ eine Curve BMD, Fig. 122. Dann stelle man sich vor, daß eine unbegrenzte, auf dieser Ebene selbst senkrecht bleibende gerade Linie nach der Curve BMD sich bewege, so wird dieselbe bei ihrer Bewegung die Fläche beschreiben, welche durch die Gleichung ausgedrückt wird. Wenn also die Linie BMD ein Kreis ist, so wird die auf diese Art entstandene Fläche die Oberfläche eines geraden, wenn aber BMD eine Ellipse ist, die eines schiefen Cylinders. Wenn die Linie BMD keine continuirliche, sondern eine aus mehrern geraden und eine geradlinige Figur bildenden Linie zusammengesetzte Linie ist, so wird die gedachte Fläche eine prismatische.

§. 33.

Da diese Gattung der Flächen alle cylindrische und prismatische Flächen unter sich begreift, so pflegt man sie auch die cylindrische oder prismatische zu nennen; die Arten derselben aber werden durch die ebene Figur BMD bestimmt, aus welcher sie auf die beschriebene Art entstanden sind; so wie daher auch die Figur BMD die Basis heißt. So oft daher in der Gleichung für eine Fläche eine von den drei veränderlichen Größen x, y und z fehlt, so oft ist die Fläche, welche durch diese Gleichung ausgedrückt wird, entweder eine cylindrische, oder eine prismatische. Wenn aber zwei veränderliche Größen y und z zugleich fehlen, so wird x eine beständige Größe, und die Linie BMD verwandelt sich in eine gerade Linie, welche auf der Axe AD senkrecht ist; woher denn die Fläche eine Ebene wird, die auf der Ebene APQ senkrecht steht.

§. 34.

Nach dieser Gattung der Flächen verdient vorzüglich diejenige bemerkt zu werden, welche man aus den homogenen Gleichungen zwischen den drei veränderlichen Größen x, y und z, oder alsdann erhält, wenn diese drei veränderliche Größen allenthalben eine und dieselbe Anzahl von Dimensionen haben, wie z. B. wenn $zz = mxz + xx + yy$ ist. Aus diesen Gleichungen werden nemlich alle Schnitte, wenn die schneidende Ebene einer von den Hauptebenen parallel ist, einander ähnliche Figuren. Denn legt man der veränderlichen Größe x einen beständigen Werth h bei, so ist offenbar, daß die Gleichung

$$hh = mhx + xx + yy$$

wenn man für h nach und nach andere Werthe annimmt, unzählige einander ähnliche Figuren unter sich begreife, deren Parameter der h gleich oder proportional sind. Da also diese Schnitte nicht bloß einander ähnlich sind, sondern auch in dem Verhältnisse der Entfernungen von der Ebene APQ wachsen, so sind die Linien, welche aus dem Punkte A durch die homogenen Punkte der Schnitte gezogen werden, gerade Linien.

§. 35.

Ist also eine solche homogene Gleichung zwischen den drei veränderlichen Größen x, y und z gegeben, so ertheile man der z den Werth $AR = h$, und TSsMm; Fig. 123., sey in einer Ebene, welche der APQ durch den Punkt R parallel gelegt worden, so daß sie durch die Gleichung zwischen x und y ausgedrückt werde, und RV = x und VM = y sey. Ist nun dieser eine Schnitt TSsMm beschrieben, so stelle man sich vor, daß sich durch den Umfang desselben eine unbegrenzte gerade Linie bewege, die stets durch den Punkt A gehe, so wird diese gerade Linie die Fläche beschreiben, welche in der Gleichung enthalten ist. Dabei fällt in die Augen, daß, wenn TSsMm ein Kreis ist, welcher den Mittelpunkt in R hat, ein gerader, wenn aber R nicht der Mittelpunkt ist, ein schiefer Kegel entstehen werde; ist aber jene Figur geradlinig, so ergeben sich Pyramiden von allerlei Art. Aus diesem Grunde wollen wir die Flächen, welche in dieser Art der Gleichungen enthalten sind, conische oder pyramidalische nennen.

§. 36.

Wenn also die Gleichung zwischen den drei veränderlichen Größen x, y und z homogen, und also die dadurch ausgedrückte Fläche conisch oder pyramidalisch ist, so erhellet nicht nur hieraus, daß alle Schnitte, die einer Hauptebene APQ parallel gemacht worden, einander ähnlich sind, und daß ihre Parameter sich wie die Entfernungen der Schnitte von dem Scheitel A verhalten, sondern es werden auch aus gleichem Grunde alle Schnitte, welche entweder der Ebene APR, oder der Ebene AQR parallel sind, eben diese Eigenschaft haben, daß sie ähnliche Figuren sind, und daß sich ihre homologen Seiten wie ihre Entfernungen von A verhalten. Unten wird aber gezeigt werden, daß alle dergleichen Körperschnitte, die entweder einander, oder irgend einer Ebene durch den Scheitel A parallel liegen, auch einander ähnlich, und ihre Parameter den Entfernungen vom Scheitel A proportional sind.

§. 37.

Von einem weitern Umfange ist die Gattung der Flächen, welche wir jetzt betrachten wollen. Es sey Z irgend eine Funktion von z, und eine Gleichung zwischen den drei veränderlichen Größen x, y und Z gegeben. Es werde Z = H, wenn man z = h setzt. Da man in diesem Falle eine homogene Gleichung zwischen x, y und H erhält, so werden alle Schnitte, die der Ebene APQ parallel sind, einander ähnlich seyn, ihre Parameter aber werden sich nicht wie die Entfernungen h, sondern wie die Funktionen davon, H, verhalten. Es sind daher auch die Linien, welche durch die homologen Punkte dieser Schnitte gezogen werden, keine gerade Linien, sondern Curven, die von der Funktion Z abhängen. Auch folgt hier nicht, daß die Schnitte, die einer andern Ebene parallel sind, einander ähnlich seyen.

§. 38.

In dieser Gattung sind die beiden vorhergehenden Arten enthalten. Denn wird $Z = z$ oder $Z = \alpha z$, so entstehen, weil die Gleichung zwischen x, y und z homogen ist, conische Flächen. Eben dieses geschiehet, wenn $Z = \alpha + \beta z$ ist, nur mit dem Unterschiede, daß die Spitze des Kegels nicht in den Punkt A selbst fällt; ist nemlich $Z = \frac{b - z}{b}$, so steht die Spitze des Kegels von A um die Weite b ab. Setzt man $b = \infty$, so geht die conische Figur in eine cylindrische über, und es wird $Z = 1$. Es haben daher die Gleichungen für die cylindrischen Flächen die Beschaffenheit, daß die veränderlichen Größen x und y mit der beständigen 1 allenthalben dieselbe Anzahl von Dimensionen geben. Es mag aber die Gleichung zwischen x und y beschaffen seyn, wie sie will, so kann man allemal, wenn z nicht darin vorkommt, durch die Einheit die Homogeneität herstellen, und es drückt daher, wie wir bereits oben gezeigt haben, jede Gleichung, worin eine veränderliche Größe fehlt, eine cylindrische Fläche aus.

§. 39.

Unter den Körpern, bei welchen alle Schnitte, die einer von den Hauptebenen APQ parallel sind, einander ähnlich werden, sind vorzüglich diejenigen zu merken, bei welchen diese Schnitte Kreise sind, welche den Mittelpunkt in eben der geraden und auf APQ senkrechten Linie AR haben. Dergleichen Körper lassen sich drechseln, und man nennt sie daher gedrehte Körper. Die allgemeine Gleichung für dieselben ist $ZZ = xx + yy$; denn man mag der veränderlichen Größe z, um $Z = H$ zu erhalten, einen Werth beilegen, was für einen man will, so bekommt man allemal für den Schnitt, welcher der Ebene APQ parallel ist, die Gleichung $HH = xx + yy$, und dies ist eine Gleichung für einen Kreis, der den Halbmesser $= H$, und den Mittelpunkt in der geraden Linie AR hat. Wenn $ZZ = zz$ ist, so entsteht ein gerader Kegel; ist $ZZ = aa$, ein Cylinder; und ist $ZZ = aa - zz$, eine Kugel, und dies sind die vornehmsten Arten der Körper, die sich durchs Drehen erzeugen lassen.

§. 40.

Nun wollen wir die Körper betrachten, deren auf der Axe AP senkrechte Schnitte PTV, Fig. 124., insgesammt Dreiecke sind, deren Spitzen T in der der Axe AP parallelen geraden Linie DT liegen. Es sey AVB die Basis dieses Körpers, oder ein Schnitt von ihm, der in der Ebene

APQ gemacht worden, und irgend eine Curve. Läßt man die Entfernung der geraden Linie DT von der Axe AB, oder AD = C seyn, und setzt man, wie bisher, die drei veränderlichen Größen AP = x, PQ = y und QM = z; so wird PV eine Funktion von x: setzt man aber PV = P, so ist wegen der Aehnlichkeit der Dreiecke VQM und VPT

$$P : c = P - y : z$$

oder

$$z = c - \frac{cy}{P}.$$

Für diese Körper ist daher $\frac{c-z}{y}$ gleich einer Funktion von x; und es unterscheiden sich dieselben von den conischen, daß sie sich in eine geradlinige Spitze DT endigen, da solches die conischen in einen Punkt thun. Ist AVB ein Kreis, so entsteht der Körper, den Wallis ausführlich untersucht, und den kegelförmigen Keil genannt hat.

§. 41.

Es seyen, wie vorhin, alle auf der Axe AB senkrechte Schnitte PTV, Fig. 125., Dreiecke, welche bei P einen rechten Winkel haben, deren Scheitel T aber irgend eine Curve AT bilden, und die Basis sey die Figur AVB. Setzt man die drei veränderlichen Größen AP = x, PQ = y und QM = z, so ist in der Curve AVB die gerade Linie PV eine Funktion von x, die wir = P annehmen wollen; und PT ebenfalls eine Funktion von x, die = Q seyn mag. Dies vorausgesetzt, ist

$$P : Q = P - y : z$$

und also

$$z = Q - \frac{Qy}{P}, \text{ oder } Pz + Qy = PQ$$

oder

$$\frac{z}{Q} + \frac{y}{P} = 1, \text{ oder eine beständige Größe.}$$

Wenn also die beiden veränderlichen Größen y und z nirgends mehr als eine Dimension ausmachen, so gehört der Körper zu der Gattung, welche wir hier beschrieben haben.

§. 42.

Da wir also diejenigen Körper betrachtet haben, wobei die Schnitte, die der einen Hauptebene parallel gemacht werden, insgesammt einander ähnlich sind: so wollen wir uns nun zu solchen wenden, wobei diese Schnitte wenigstens mit einander verwandte Figuren, oder solche werden, deren Applicaten proportional sind, wenn man die Abscissen homolog nimmt. Es seyen die drei Hauptschnitte eines solchen Körpers ABC, ACD und ABD, Fig. 126., so daß alle der ACD parallele Schnitte verwandte Figuren werden. Man setze die Grundlinie AC = a und die Höhe AD = b, und dabei sey, nachdem man die Coordinaten Aq = p und qm = q gemacht hat, q irgend eine Funktion von p. Nun denke man sich einen parallelen Schnitt PTV, und setze die Entfernung AP = x, so ist die Basis PV eine Funktion x, die wir = P, und die Höhe PT eine Funktion von x, die wir = Q annehmen wollen. Setzt man daher PQ = y und QM = z, so ist wegen der Verwandschaft

$$a : p = P : y; \text{ und } b : q = Q : z$$

oder

$$y = \frac{Pp}{a}; \text{ und } z = \frac{Qq}{b}.$$

§. 43.

Wenn also alle drei Hauptschnitte eines Körpers ABC, ACD und ABD gegeben sind, so läßt sich daraus die Natur des Körpers bestimmen, wenn alle dem ACD parallele Schnitte auch demselben verwandt sind. Denn man hat dadurch zuvörderst P und Q, welches Funktionen von x sind; und dann ist q eine Funktion von p, so daß durch die beiden veränderlichen Größen x und p die veränderlichen Größen y und z bestimmt werden. Will man aber eine Gleichung zwischen den drei Coordinaten x, y und z haben, so setze man, da q eine Funktion von p, oder eine Gleichung zwischen p und q gegeben ist, in dieser Gleichung

$$p = \frac{ay}{P}, \text{ und } q = \frac{bz}{Q}$$

denn dadurch erhält man, da P und Q Funktionen von x sind, eine Gleichung zwischen den drei Coordinaten x, y und z, wodurch die Natur der zu dieser Classe gehörigen Körper bestimmt wird. Es fällt aber in die Augen, daß, wenn man x = o setzt, P = a und Q = b werden muß.

§. 44.

Wenn in der Gleichung für die Oberfläche die beiden veränderlichen Größen y und z allenthalben eben dieselbe Anzahl von Dimensionen haben, so sind alle auf der Axe AP senkrechte Schnitte geradlinige Figuren. Denn setzt man für x irgend eine beständige Größe, so erhält man eine homogene Gleichung zwischen y und z, welche eine oder mehrere gerade Linien anzeigt. Da nun die Anzahl der Dimensionen, welche die beiden veränderlichen Größen y und z haben, allenthalben dieselbe, und entweder eine gerade oder eine ungerade Zahl ist: so haben dieserwegen die gedachten

Körper nach §. 20. auch je zwei und zwei Theile einander gleich. Es sind nemlich die Theile in der ersten und fünften, ferner in der zweiten und dritten Gegend einander gleich, und in Ansehung der übrigen braucht man nur den angeführten §. zu Rathe zu ziehen.

§. 45.

Wir haben bereits mehrere Gattungen von Körpern betrachtet, wobei es unzählige geradlinige Schnitte giebt, denn es gehören dahin die so eben untersuchten, und dann auch die cylindrischen und conischen Körper. Bei diesen sind die Schnitte geradlinig, welche durch die Axe gehen, jene aber erstrecken sich weiter. Es sey nemlich AKMP, Fig. 127., ein Schnitt, der auf der Axe unter dem Winkel MPV $= \varphi$ stehe. Setzt man AP $= x$; PQ $= y$ und QM $= z$, so ist $\frac{z}{y} = \text{tang.}\, \varphi$, und PM $= \frac{z}{\sin.\, \varphi}$. Soll nun KM eine gerade Linie seyn, so muß

$$\frac{z}{\sin.\, \varphi} = \alpha x + \beta$$

werden, wo α und β beständige Größen, die von dem Winkel φ abhängen, und also Funktionen von keiner Dimension von y und z sind. Es seyen R und S dergleichen Funktionen, so wird

$$x = Rz + S, \text{ oder } x = Ry + S.$$

Oder wenn T eine Funktion von einer Dimension, und S eine Funktion von keiner Dimension von y und z bedeutet, so sind alle Körper von dieser Gattung in dieser allgemeinen Gleichung $x = T + S$ enthalten.

§. 46.

Es sey die Fläche, deren Natur durch eine Gleichung zwischen den drei veränderlichen Größen x, y und z bestimmt worden, beschaffen, wie sie wolle, so ist es allemal leicht, einen jeden nach der Axe AP gemachten Schnitt zu bestimmen. Es sey der Winkel VPM, welchen dieser Schnitt AKMP mit der Ebene ACVP macht $= \varphi$, und die gerade Linie PM $= v$, welches die Applicate des gesuchten Schnitts seyn wird; so ist

$$QM = z = v.\, \sin.\, \varphi; \text{ und } PQ = y = v.\, \cos.\, \varphi.$$

Braucht man daher in der Gleichung für die Fläche die Werthe v. sin. φ, und v. cos. φ für y und z, so erhält man eine Gleichung zwischen den beiden veränderlichen Größen x und v, wodurch die Natur des Schnitts AKMP bestimmt wird. Auf ähnliche Art findet man alle Schnitte, welche nach einer von den beiden übrigen Hauptaxen AQ und AR, Fig 121., gemacht werden. Denn es lassen sich diese drei

Axen AP, AQ und AR, von welchen die drei veränderlichen Größen x, y und z abhängen, so mit einander verwechseln, daß alles, was von der einen erwiesen worden, auch auf die übrigen angewandt werden kann.

§. 47.

Nimmt man also die Ebene APQ zur Hauptebene an, um darauf alle Schnitte der Fläche zu beziehen, so ist jeder durch eine Ebene gemachter Schnitt entweder dieser Ebene parallel oder gegen sie geneigt, und in diesem Falle wird die erweiterte Ebene des Schnittes die Ebene APQ irgendwo schneiden, und der Durchschnitt dieser Ebenen wird eine gerade Linie seyn. Im ersten Falle, wenn die Ebene des Schnittes der Ebene APQ parallel ist, lernt man die Natur dieses Schnittes kennen, wenn man der veränderlichen Größe z einen beständigen Werth ertheilt. Im letzten Falle, wenn die Ebene des Schnittes gegen die Ebene APQ geneigt ist, kann man die Natur des Schnittes bis jetzt nur dann bestimmen, wenn entweder die gerade Linie AP, oder die gerade Linie AQ die Durchschnittslinie der schneidenden Ebene und der Ebene APQ ist. Um also alle Schnitte zu finden, muß man auch jeden andern Schnitt jener zwei Ebenen betrachten.

§. 48.

Es sey die gerade Linie ES, Fig. 128., welche der Axe AP parallel ist, die Durchschnittslinie der schneidenden Ebene und der Ebene APQ, und der Neigungswinkel QSM, den die schneidende Ebene ESM mit der Ebene APQ macht, $= \varphi$, so wie die Entfernung AE = f. Da

$$AP = x;\ PQ = y;\ QM = z$$

ist, so wird

$$ES = x, \text{ und } QS = y + f.$$

Bezieht man demnach den Schnitt auf die gerade Linie ES als auf seine Axe, so wird die Absciſſe ES = x; und setzt man die Applicate SM = v, so wird, weil der Winkel QSM $= \varphi$ ist,

$$QM = z = v.\sin.\varphi;\ \text{und}\ SQ = y + f = v.\cos.\varphi$$

und folglich

$$y = v.\cos.\varphi - f.$$

Substituirt man daher in der Gleichung zwischen x, y und z, welche für die Fläche gegeben ist,

$$y = v.\cos.\varphi - f;\ \text{und}\ z = v.\sin.\varphi$$

so bekömmt man eine Gleichung zwischen den Coordinaten x und v für den gesuchten Schnitt ESM. Wäre ES senkrecht auf der Axe AP, so fände man, weil dann ES der andern Hauptaxe in der Ebene APQ parallel wäre, den

Schnitt durch Verwechselung der veränderlichen Größen x und y auf eben die Art.

§. 49.

Nun habe der Schnitt ES, Fig. 129., in der Ebene APQ jede willkührlich angenommene Lage, und es begegne ihr die gerade Linie AE, die auf der Axe AP senkrecht ist, in dem Punkte E. Man ziehe ETX der Axe AP parallel, und setze $AE = f$, und den Winkel $TES = \vartheta$; desgleichen, nachdem man die drei veränderlichen Größen $AP = x$; $PQ = y$ und $QM = z$ angenommen hat, aus Q auf ES die senkrechte Linie QS, und endlich MS: so ist der Winkel QSM die Neigung der schneidenden Ebene gegen die Ebene APQ. Es sey $QSM = \varphi$ und die Coordinaten des gesuchten Schnittes $ES = t$, und $SM = v$. Aus S ziehe man nach EX und QP die senkrechten Linien ST und SV; so ist

$$QM = z = v.\sin.\varphi;\ QS = v.\cos.\varphi$$

$$SV = v.\cos.\varphi.\sin.\vartheta;\ QV = v.\cos.\varphi.\cos.\vartheta$$

und dann auch

$$ST = VX = t.\sin.\vartheta;\ \text{und}\ ET = t.\cos.\vartheta.$$

Hieraus fließt

$$AP = x = t.\cos.\vartheta + v.\cos.\varphi.\sin.\vartheta$$

und

$$PQ = y = v.\cos.\varphi.\cos.\vartheta - t.\sin.\vartheta - f.$$

Substituirt man diese Werthe für x, y und z, so findet man die Gleichung für den gesuchten Schnitt.

§. 50.

Ist also eine Gleichung für einen Körper gegeben, so kann man daraus eine Gleichung für jeden ebenen Schnitt desselben erhalten. Es ist aber dabei klar, einmal, daß alle Schnitte eines Körpers algebraische Curven seyn werden, wenn die Gleichung für denselben zwischen den drei Coordinaten x, y und z eine algebraische Gleichung ist. Ferner können t und v in der Gleichung für den Schnitt, da diese Gleichung aus der für den Körper entsteht, wenn man darin

$$z = v.\sin.\varphi;\ x = t.\cos.\vartheta + v.\cos.\varphi.\sin.\vartheta,\ \text{und}$$

$$y = v.\cos.\varphi.\cos.\vartheta - t.\sin.\vartheta - f$$

setzt, nicht mehr Dimensionen bekommen, als die drei Coordinaten x, y und z in jener Gleichung haben. Aber zu einem niedrigern Grade kann die Gleichung für den Schnitt bisweilen gehören, wenn sich nemlich die höchsten Glieder nach der Substitution einander aufheben.

§. 51.

Haben also die drei veränderlichen Größen x, y und z in der Gleichung für die Fläche nicht mehr als eine Dimension, so daß die Gleichung folgende ist

$$\alpha x + \beta y + \gamma z = a$$

so sind alle Schnitte dieser Fläche gerade Linien. In diesem Falle ist aber die Fläche eine Ebene, welches bei einiger Aufmerksamkeit in die Augen fällt, und unten deutlicher gezeigt werden wird; aus den Elementen aber ist bekannt, daß jede zwei Ebenen sich in einer geraden Linie schneiden. Auf ähnliche Art sieht man ein, daß alle Schnitte der Körper deren Natur durch folgende allgemeine Gleichung ausgedrückt wird

$$\alpha x^2 + \beta y^2 + \gamma z^2 + \delta xy + \varepsilon xz + \zeta yz + ax + by + cz + ee = 0$$

wofern sie nicht gerade Linien sind, Linien der zweiten Ordnung seyn werden, und daß es dabei keinen Schnitt gebe, der nicht in der Gleichung vom zweiten Grade enthalten sey.

Drittes Capitel.

Von den Cylinder- Kegel- und Kugel-Schnitten.

§. 52.

Da diese Körper in den Elementen der Stereometrie betrachtet werden, so müssen wir auch ihre Schnitte vor der Erwägung der weniger bekannten Körper untersuchen. Was nun zuvörderst die Cylinder betrifft, so giebt es davon zwei Arten, gerade und schiefe. Ein Cylinder heißt ein gerader, wenn alle seine auf der Axe senkrechte Schnitte einander gleiche Kreise sind, welche ihre Mittelpunkte in eben der geraden Linie haben. Bei einem schiefen Cylinder hingegen sind nicht die Schnitte, welche auf der Axe senkrecht, sondern diejenigen, welche gegen dieselbe unter einem gegebenen Winkel geneigt sind, Kreise; man druckt aber diese Beschaffenheit bequemer auf diese Art aus: Ein schiefer Cylinder ist ein solcher, dessen auf der Axe senkrechte Schnitte einander gleiche Ellipsen sind, deren Mittelpunkte insgesammt in der geraden Linie liegen, welche man die Axe des Cylinders nennt.

§. 53.

Es sey also ein gerader oder schiefer Cylinder gegeben, dessen Axe CD, Fig., 130. auf der Ebene der Tafel senkrecht stehe; und seine Grundfläche AEBF, oder sein Schnitt, welcher von der Ebene der Tafel gemacht wird, sey ein Kreis oder eine Ellipse. Ich will annehmen, daß diese Grundfläche eine Ellipse sey, die den Mittelpunkt in C, und die zugehörigen Axen AB und EF habe, weil alles das, was von einem schiefen Cylinder behauptet wird, seh.

leicht auf den geraden Cylinder angewandt werden kann. Es sey also die eine Halbaxe AC = BC = a, und die andere CE = CF = c. Setzt man die drei Coordinaten CP = x; PQ = y; und QM = z, so ist wegen der Natur der Ellipse

$$aacc = aayy + ccxx$$

und diese Gleichung drückt zugleich die Natur des Cylinders aus, da die dritte veränderliche Größe z, weil alle der Ebene CPQ parallele Schnitte einander gleich sind, nicht mit in die Gleichung kommt.

§. 54.

Bei diesem Cylinder sind also alle der Grundfläche parallele Schnitte der Grundfläche gleich und ähnlich; und Kreise bei dem geraden, so wie Ellipsen bei dem schiefen Cylinder. Ferner sind die Schnitte, welche durch Ebenen, auf APQ senkrecht sind, gemacht werden, gerade Linien, und je zwei und zwei einander parallel; die aber da, wo die Ebene den Cylinder berührt, in eine zusammenfallen, und wenn die Ebene den Cylinder nicht trifft, imaginär werden. Dieses erhellet auch aus der Gleichung. Denn wenn man entweder x, oder y, oder $x \mp \alpha y$ beständig annimmt, um den Schnitt der schneidenden Ebene und der Grundfläche anzuzeigen, so hat die Grundfläche zwei einfache Wurzeln. Und auf diese Art haben wir schon alle Schnitte bestimmt, welche durch Ebenen, die einer von den drei Hauptebenen parallel sind, gemacht werden.

§. 55.

Um die Natur der übrigen Schnitte zu erforschen, wollen wir annehmen, daß die schneidende Ebene und die Ebene der Grundfläche die gerade Durchschnittslinie GT erzeugen, die zuvörderst der einen zugehörigen Axe EF parallel, oder auf der andern verlängerten Axe AB in G senkrecht seyn mag. Dies vorausgesetzt, so sey die Entfernung CS = f, und die Neigung der schneidenden Ebene GTM gegen die Grundfläche = φ. Es begegne die schneidende Ebene GTM der Axe des Cylinders in D, so wird, wenn man DG zieht, DGC = φ, und folglich

$$DG = \frac{f}{\cos.\varphi}; \text{ und } CD = \frac{f.\sin.\varphi}{\cos.\varphi}.$$

Zieht man aus einem Punkte des gesuchten Schnittes M die Linie MT der DG parallel, so wird, weil TQ = f — x, und QTM = φ ist

$$TM = \frac{f - x}{\cos.\varphi}; \; QM = \frac{(f - x)\sin.\varphi}{\cos.\varphi} = z$$

Man ziehe MS der TG parallel und also senkrecht auf DG, so wird

$$MS = TG = PQ = y; \text{ und } DS = \frac{x}{\cos.\varphi}.$$

§. 56.

Nun nehme man die geraden Linien DS und SM zu den Coordinaten des gesuchten Schnittes an, und setze DS = t, und SM = u; so wird

$$y = u;\ x = t.\cos.\varphi$$

und weil $z = \frac{(f - x).\sin\varphi}{\cos.\varphi}$ ist

$$z = f.\text{tang}.\varphi - t.\sin.\varphi.$$

Man bringe diese Werthe in die Gleichung für den Cylinder

$$aacc = ayy + ccxx$$

so erhält man für den gesuchten Schnitt folgende Gleichung

$$aacc = aauu + cctt(\cos.\varphi)^2$$

welche anzeigt, daß der Schnitt eine Ellipse seyn wird, welche den Mittelpunkt in D hat, und deren eine Hauptaxe in die gerade Linie DG fällt, die andere aber auf ihr senkrecht stehet. Es ist aber die Hauptaxe, welche in die gerade Linie DG fällt, (indem u = o gesetzt wird) $= \frac{a}{\cos.\varphi}$.

Oder man ziehe BH der GD parallel, so wird $BH = \frac{a}{\cos.\varphi}$, die eine Halbaxe des gesuchten Schnittes, und die andere = c = CE.

§. 57.

Es ist also der auf diese Art entstandene Cylinderschnitt eine Ellipse, deren zugehörige Halbaxen $\frac{a}{\cos.\varphi}$ und c sind. Wenn daher in der Grundfläche AEBF, AC = a, die größere Halbaxe ist, so sind, weil $\frac{a}{\cos.\varphi}$ größer als a ist, die Schnitte länglichere Ellipsen als die Grundfläche. Ist aber c kleiner als a, oder ist der Schnitt GT der größern Axe der Basis parallel, so können in dem Cylinderschnitte beide Axen einander gleich seyn, und also der Schnitt ein Kreis werden. Dieses ereignet sich, wenn $\frac{a}{\cos.\varphi} = c$, oder $\cos.\varphi = \frac{a}{c}$ ist. Da also in dem Dreiecke BCH, welches bei C rechtwinklig ist, CBH = φ ist, so ist $\cos.\varphi =$

$\frac{BC}{BH} = \frac{a}{BH}$. Wenn daher $BH = CE$ genommen wird, so sind die Schnitte Kreise; und da dieses auf eine zweifache Weise geschehen kann, indem $BH = CE$ theils oberhalb, theils unterhalb genommen werden kann, so entstehen zwei Reihen kreisförmiger Schnitte, welche auf der Axe CD schief stehen, und daher werden dergleichen Cylinder schiefe Cylinder genannt.

§. 58.

Nun sey die gerade Linie GT, Fig. 131., beliebig schief gelegt, der Schnitt der schneidenden Ebene und der Grundfläche, und auf sie aus dem Mittelpunkte der Grundfläche C die senkrechte Linie $GC = f$ herabgefällt. Man setze den Winkel $BCG = \vartheta$; und den Neigungswinkel $CGD = \varphi$, welchem der Winkel QTM gleich seyn wird, wenn man QT auf GT senkrecht zieht. Es ist daher

$$DG = \frac{f}{\cos.\varphi}; \text{ und } CD = \frac{f.\sin.\varphi}{\cos.\varphi}.$$

Es sey M ein Punkt in dem gesuchten Schnitte, und aus ihm senkrecht MQ auf die Grundfläche, und von hier QP auf die Axe gefällt, so daß, wenn man $CP = x$, $QP = y$ und $QM = z$ setzt,

$$aacc = aayy + ccxx$$

werde. Ferner ziehe man auf die Durchschnittslinie GT die geraden Linien PV und QT senkrecht, so ist

$$GV = x.\sin.\vartheta,\ PV = f - x.\cos.\vartheta$$

und da der Winkel $QPW = \vartheta$ ist, so wird

$$QW = y.\sin.\vartheta;\ PW = VT = y.\cos.\vartheta; \text{ und}$$
$$QT = f - x.\cos.\vartheta + y.\sin.\vartheta.$$

Zieht man endlich MT, so wird, weil $MTQ = \varphi$ ist,

$$TM = \frac{z}{\sin.\varphi}; \text{ und } QT = \frac{z.\cos.\varphi}{\sin.\varphi}.$$

§. 59.

Nun ergänze man das Rechteck GSMT, und setze $DS = t$, $SM = GT = u$: so wird

$$u = GV + VT = x.\sin.\vartheta + y.\cos.\vartheta.$$

und da $QT = f - x.\cos.\vartheta + y.\sin.\vartheta$ ist, so wird ferner

$$QT - CG = y.\sin.\vartheta - x.\cos.\vartheta,$$

und folglich

$$DS = TM - DG = \frac{y.\sin.\vartheta - x.\cos.\vartheta}{\cos.\varphi} = t.$$

Da also $x.\sin.\vartheta + y.\cos.\vartheta = u$; und $y.\sin.\vartheta - x.\cos.\vartheta = t\cos.\varphi$ ist, so hat man

$$y = u.\cos.\vartheta + t.\sin.\vartheta\cos.\varphi;\ \text{und}$$
$$x = u.\sin.\vartheta - t.\cos.\vartheta\cos.\varphi.$$

Bringt man diese Werthe in die Gleichung $aacc = aayy + ccyy$, so bekommt man

$$\begin{aligned} aacc = {} & aauu(\cos.\vartheta)^2 + 2aaut.\sin.\vartheta.\cos.\vartheta.\cos.\varphi + aatt(\sin.\vartheta)^2(\cos.\varphi)^2 \\ & ccuu(\sin.\vartheta)^2 - 2ccut.\sin.\vartheta.\cos.\vartheta.\cos.\varphi + cctt(\cos.\vartheta)^2(\cos.\varphi)^2 \end{aligned}$$

und diese Gleichung ist eine Gleichung für eine Ellipse, welche den Mittelpunkt in D hat, und deren Coordinaten DS und SM auf den Hauptaxen nicht senkrecht sind, wofern nicht $a = c$, oder der Cylinder ein gerader Cylinder ist.

§. 60.

Um diesen Schnitt genauer kennen zu lernen, lasse man aMebf, Fig. 132., die Curve bedeuten, deren Gleichung zwischen den Coordinaten $DS = t$ und $MS = u$ gefunden worden; der Kürze wegen wollen wir dafür $aacc = \alpha uu + 2\beta tu + \gamma tt$ annehmen, so daß für den gegenwärtigen Fall

$$\alpha = aa(\cos.\vartheta)^2 + cc(\sin.\vartheta)^2$$
$$\beta = (aa - cc)\sin.\vartheta.\cos.\vartheta.\cos.\varphi$$

und

$$\gamma = aa(\sin.\vartheta)^2(\cos.\varphi)^2 + cc(\cos.\vartheta)^2(\cos.\varphi)^2$$

ist. Die zugehörigen Hauptaxen dieses Schnittes seyen ab und ef, und nachdem man auf die eine davon die Applicate Mp gezogen, setze man $Dp = p$, und $Mp = q$, desgleichen den Winkel $aDH = \zeta$: so wird

$$u = p.\sin.\zeta + q.\cos.\zeta;\ \text{und}$$
$$t = p.\cos.\zeta - q.\sin.\zeta$$

und durch die Substitution dieser Werthe bekommt man

$$aacc =$$
$$\begin{array}{lll} +\alpha(\sin.\zeta)^2 & +2\alpha.\sin.\zeta.\cos.\zeta & +\alpha(\cos.\zeta)^2 \\ +2\beta\sin.\zeta.\cos.\zeta\,pp & \begin{array}{l}+2\beta(\cos.\zeta)^2\\ -2\beta(\cos.\zeta)^2\end{array} \; pq & -2\beta\sin.\zeta\cos.\zeta\,qq \\ +\gamma.(\cos.\zeta)^2 & -2\beta\sin.\zeta.\cos.\zeta. & +\gamma(\sin.\zeta)^2. \end{array}$$

§. 61.

Da diese Gleichung auf einen rechtwinkligen Durchmesser bezogen wird, so muß der Coefficient von $pq = o$ seyn; daher denn, weil $2.\sin.\zeta.\cos.\zeta = \sin.2\zeta$; und $(\cos.\zeta)^2 - (\sin.\zeta)^2 = \cos.2\zeta$ ist

$$(\alpha - \gamma)\sin.2\zeta + 2\beta.\cos.2\zeta = o$$

und folglich

$$\text{tang.}\,2\zeta = \frac{2\beta}{\gamma - \alpha}$$

wird. Hierdurch lernt man den Winkel aDH, und folglich

auch die Lage der Hauptdurchmesser kennen. Was die Halbaxen selbst betrifft, so kann man dieselben auf folgende Art bestimmen.

$$aD = \frac{ac}{\sqrt{(\alpha(\sin.\mathfrak{Z})^2 + 2\beta.\sin.\mathfrak{Z}.\cos.\mathfrak{Z} + \gamma(\cos.\mathfrak{Z})^2)}}$$

und

$$eD = \frac{ac}{\sqrt{(\alpha(\cos.\mathfrak{Z})^2 - 2\beta.\sin.\mathfrak{Z}.\text{sos}.\mathfrak{Z} + \gamma(\sin.\mathfrak{Z})^2)}}$$

§. 62.

Da $2\beta = \frac{2(\gamma - \alpha).\sin.\mathfrak{Z}.\cos.\mathfrak{Z}}{\cos.\mathfrak{Z}^2 - \sin.\mathfrak{Z}^2}$ ist, so wird, wenn man diesen Werth in die gefundenen Ausdrücke bringt,

$$aD = \frac{ac\sqrt{(\cos.\mathfrak{Z}^2 - \sin.\mathfrak{Z}^2)}}{\sqrt{(\gamma.\cos.\mathfrak{Z}^2 - \alpha.\sin.\mathfrak{Z}^2)}} = \frac{ac\sqrt{2\cos.2\mathfrak{Z}}}{\sqrt{((\alpha+\gamma).\cos.2\mathfrak{Z} - \alpha + \gamma)}}$$

und

$$eD = \frac{ac\sqrt{(\cos.\mathfrak{Z}^2 - \sin.\mathfrak{Z}^2)}}{\sqrt{(\alpha.\cos.\mathfrak{Z}^2 - \gamma.\sin.\mathfrak{Z}^2)}} = \frac{ac\sqrt{2.\cos.2\mathfrak{Z}}}{\sqrt{((\alpha+\gamma).\cos.2\mathfrak{Z} + \alpha - \gamma)}}$$

Das Produkt dieser beiden Halbaxen ist demnach

$$aD.eD = \frac{2aacc.\cos.2\mathfrak{Z}}{\sqrt{(2\alpha\gamma(1 + (\cos.2\mathfrak{Z})^2) - (\alpha\alpha + \gamma\gamma)(\sin.2\mathfrak{Z})^2)}}$$

Da nun

$$(\gamma - \alpha).\sin.2\mathfrak{Z} = 2\beta.\cos.2\mathfrak{Z}$$

ist, so wird

$$(\alpha\alpha + \gamma\gamma)(\sin.2\mathfrak{Z})^2 = 4\beta\beta(\cos.2\mathfrak{Z})^2 + 2\alpha\gamma(\sin.2\mathfrak{Z})^2$$

und folglich

$$aD.eD = \frac{2aacc.\cos.2\mathfrak{Z}}{\sqrt{(4\alpha\gamma(\cos.2\mathfrak{Z})^2 - 4\beta\beta(\cos.2\mathfrak{Z})^2)}} = \frac{aacc}{\sqrt{(\alpha\gamma - \beta\beta)}} = \frac{ac}{\cos.\varphi}.$$

§. 63.

Da

$$aD^2 = \frac{2aacc.\cos.2\mathfrak{Z}}{(\alpha+\gamma).\cos.2\mathfrak{Z} - \alpha + \gamma}$$

und

$$eD^2 = \frac{2aacc.\cos.2\mathfrak{Z}}{(\alpha+\gamma)\cos.2\mathfrak{Z} + \alpha - \gamma}$$

ist, so wird

$$aD^2 + eD^2 = \frac{4aacc.(\alpha+\gamma)(\cos.2\mathfrak{Z})^2}{4\alpha\gamma(\cos.2\mathfrak{Z})^2 - 4\beta\beta(\cos.2\mathfrak{Z})^2} = \frac{(\alpha+\gamma)aacc}{\alpha\gamma - \beta\beta}$$

und hieraus fließt

$$aD + eD = \frac{ac\sqrt{(\alpha + \gamma + 2\sqrt{(\alpha\gamma - \beta\beta)})}}{\sqrt{(\alpha\gamma - \beta\beta)}}$$

und

$$aD - eD = \frac{ac\sqrt{(\alpha + \gamma - 2\sqrt{(\alpha\gamma - \beta\beta)})}}{\sqrt{(\alpha\gamma - \beta\beta)}}$$

Es sind demnach die Halbaxen aD und eD die Wurzeln dieser Gleichung

$$(\alpha\gamma - \beta\beta)x^4 - (\alpha + \gamma)aaccxx + a^4c^4 = o$$

und

$$\sqrt{(\alpha\gamma - \beta\beta)} = ac. \cos. \varphi.$$

§. 64.

Da $aD. eD = \frac{ac}{\cos. \varphi}$, und φ der Winkel ist, welchen die schneidende Ebene mit der Grundfläche macht, so fließt hieraus folgender schöne Lehrsatz:

Lehrsatz.

Wenn ein Cylinder von einer Ebene geschnitten wird, so verhält sich allemal das Rechteck der Axen des Schnittes zu dem Rechtecke der Axen der Grundflächen des Cylinders, wie die Secante des Winkels, welchen die Ebene des Schnittes mit der Ebene der Grundfläche macht, zum Radius.

Da also alle Parallelogramme um den zugehörigen Durchmessern den aus den Axen erzeugten Rechtecken gleich sind, so stehen auch jene Parallelogramme um der Grundfläche und jedem Schnitte des Cylinders in eben demselben Verhältnisse.

§. 65.

Es kann aber die Natur dieser schiefen Cylinderschnitte bequemer auf folgende Art bestimmt werden. Wenn die Grundfläche des Cylinders die Ellipse AEBF, Fig. 133., die Halbaxen derselben AC = BC = a; EC = CF = c; und die gerade in C auf der Grundfläche senkrechte Linie CD die Axe des Cylinders ist: so schneide den Cylinder eine Ebene, deren Durchschnittslinie mit der Ebene der Grundfläche, TH, mit der verlängerten Axe AB irgend einen schiefen Winkel mache, und auf dieselbe sey CH aus C senkrecht herabgefällt, und der Winkel GCH = ϑ. Geht also die schneidende Ebene durch den Punkt der Axe des Cylinders D, so ist, wenn man DH zieht, der Winkel CHD der Neigungswinkel der schneidenden Ebene gegen die Ebene der Grundfläche, welchen wir = φ setzen wollen. Macht man daher CG = f, so ist

$$GH = f.\sin.\vartheta;\ CH = f.\cos.\vartheta;$$

$$DH = \frac{f.\cos.\vartheta}{\cos.\varphi};\ \text{und}\ CD = \frac{f.\cos.\vartheta.\sin.\varphi}{\cos.\varphi}.$$

Da also das Dreieck DCG bei C rechtwinklig ist, so wird

$$DG = \frac{f.\sqrt{(1+\sin.\vartheta^2.\sin.\varphi^2)}}{\cos.\varphi};\ \sin.DGH = \frac{\cos.\vartheta}{\sqrt{(1+\sin.\vartheta^2.\sin\varphi^2)}}$$

$$\cos.DGH = \frac{\sin.\vartheta.\cos.\varphi}{\sqrt{(1+\sin.\vartheta^2.\sin.\varphi^2)}}\ \text{u.}\ \text{tang}.DGH = \frac{\cos\vartheta}{\sin.\vartheta.\cos.\varphi}.$$

§. 66.

Nun fälle man aus einem Punkte des gesuchten Schnittes M auf die Grundfläche die senkrechte Linie MQ herab, ziehe die Applicate QP, und setze CP = x, und PQ = y; so ist

$$aacc = aayy + ccxx.$$

Ferner ziehe man QT der CG parallel, und auf ihr sey aus G die GR senkrecht, so ist

$$GR = y;\ \text{und}\ QRf = x.$$

Da also der Winkel TGR = GCH = ϑ ist, so wird

$$GT = \frac{y}{\cos.\vartheta};\ \text{und}\ TR = \frac{y.\sin.\vartheta}{\cos.\vartheta}$$

und folglich

$$QT = f - x + \frac{y.\sin.\vartheta}{\cos.\vartheta}.$$

Ferner sind die Dreiecke CDG und QMT einander ähnlich, und also

$$CG : DG = QT : TM$$

und

$$CG : CG - QT = DG : DS$$

wenn man MS der GT parallel zieht. Hieraus ergiebt sich

$$DS = \frac{(x.\cos.\vartheta - y.\sin.\vartheta)\sqrt{(1+\sin.\vartheta^2.\sin.\varphi^2)}}{\cos.\vartheta.\cos.\varphi}.$$

Setzt man daher DS = t und MS = u, so wird

$$x.\cos.\vartheta - y.\sin.\vartheta = \frac{t.\cos.\vartheta\ \cos\varphi}{\sqrt{(1+\sin.\vartheta^2.\sin.\varphi^2)}}$$

und y = u. cos. ϑ

woraus sich eine Gleichung zwischen t und u ergiebt, die aber noch sehr verwickelt ist.

§. 67.

Man ziehe aber anstatt der Hauptaxen der Basis den Durchmesser EF, der Durchschnittslinie TH parallel, und den zugehörigen Durchmesser AB, welcher verlängert der TH in G begegne. Setzt man, nachdem dieses geschehen, wie vorhin, CG = f; GCH = ϑ; CHD = φ; CA = CB = m; CE = CF = n; und ist QP dem Durchmesser

EF parallel gezogen, und CP = x, und PQ = y angenommen worden, so daß $m^2n^2 = m^2y + n^2x^2$ ist: so wird

$$GT = MS = y$$

und

$$DS = \frac{DG.x}{CG} = \frac{x\sqrt{(1 + \sin.\vartheta^2 \sin.\varphi^2)}}{\cos.\varphi}.$$

Setzt man also DS = t, und MS = u, so wird

$$x = \frac{t.\cos.\varphi}{\sqrt{(1 + \sin.\vartheta^2.\sin.\varphi^2}}$$

und

$$y = u.$$

Da aber $\frac{CG}{DG} = \cos. CGD$, und also, wenn man $CGD = \eta$ setzt, $x = t.\cos.\eta$ ist, so erhält man für den gesuchten Schnitt, nach den zugehörigen Durchmessern bestimmt,

$$mmnn = mmuu + nntt.\cos.\eta^2$$

wobei der Mittelpunkt in D fällt, und der eine Halbmesser in der Richtung $DS = \frac{m}{\cos.\eta}$, und der andere $= n$ ist. Was den Winkel GSM betrifft, unter welchem diese Durchmesser gegen einander geneigt sind, so ist

$$\text{tang. } GSM = \frac{\cos.\vartheta}{\sin.\vartheta.\cos.\varphi}; \text{ und}$$

$$\cos. GSM = \frac{\sin.\vartheta.\cos.\varphi}{\sqrt{(1 + \sin.\vartheta^2.\sin.\varphi^2)}} = \sin.\vartheta.\cos.\eta.$$

Auf diese Art läßt sich die Natur des gesuchten Schnittes sehr leicht erkennen.

§. 68.

Wir wenden uns nach dieser Betrachtung der Cylinderschnitte zu dem Kegel, der ein gerader oder ein schiefer seyn mag; es unterscheidet sich aber der schiefe Kegel vom geraden darin, daß die auf der Axe senkrechten Schnitte bei dem schiefen Kegel Ellipsen sind, welche ihre Mittelpunkte in der Axe des Kegels haben, dagegen eben diese Schnitte bei dem geraden Kegel Kreise sind. Es sey also OaebfO, Fig. 134., irgend ein Kegel, der seine Spitze in O, und zur Axe die gerade Linie Oc habe, die auf der Ebene der Tafel senkrecht seyn soll, so daß die Tafel eine durch die Spitze des Kegels O gelegte, und auf der Axe desselben Oc senkrechte Ebene vorstelle. Man ziehe durch O in der Ebene der Tafel die geraden Linien AB, EF, den Axen ab und ef eines jeden auf der Axe senkrechten Schnittes parallel; und fälle aus einem Punkte M des Schnittes aebf auf die Ebene der Tafel die senkrechte Linie MQ, und aus Q auf AB die senkrechte Linie PQ herab: so ist, wenn man OP = x PQ = y und QM = z setzt, auch die Abscisse des Abschnittes cp = x, und die Applicate pM = y; folglich, da die Axen ab, ef zu Oc = QM = z ein beständiges Verhältniß haben,

$$m^2n^2zz = mmyy + nxx$$

wenn man ac = bc = mz, und ec = fc = nz setzt. Und dieses ist die Gleichung, welche die Natur der conischen Oberfläche zwischen den drei veränderlichen Größen x, y und z ausdrückt.

§. 69.

Da also alle auf der Axe OC senkrechte Schnitte Ellipsen sind, wie aus der Gleichung $m^2n^2z^2 = m^2y^2 + n^2x^2$ (wenn man z einen beständigen Werth beilegt) erhellet: so lassen sich auf ähnliche Art leicht die Schnitte finden, welche entweder auf der geraden Linie AB, oder auf EF senkrecht stehen. Denn wird der Kegel von einer auf AB senkrechten und durch den Punkt P gelegten Ebene geschnitten, so hat man, wenn man OP = a setzt, für diesen Schnitt die Gleichung

$$m^2n^2z^2 = m^2y^2 + n^2a^2$$

zwischen den Coordinaten Pp = z und pM = y, und es ist folglich dieser Schnitt eine Hyperbel, welche den Mittelpunkt in C hat, und deren halbe Zwergaxe $= \frac{a}{m}$, so wie die zugehörige Halbaxe $= \frac{na}{m}$ ist. Auf eben die Art findet man, daß der Schnitt, welcher auf EF senkrecht ist, eine Hyperbel ist, welche den Mittelpunkt in der geraden Linie EF hat.

§. 70.

Wenn die Ebene, von welcher der Kegel geschnitten wird, zwar auf der Ebene AEBF, Fig. 135., aber auf keiner von den Linien AB, EF senkrecht ist, so fällt es auch hier nicht schwer, den Schnitt zu bestimmen. Es schneide nemlich diese Ebene die Grundfläche AEBF in der geraden Linie BE, und zugleich sey OB = a und OE = b Man fälle aus einem Punkte M des Schnittes die senkrechte Linie MQ, und aus Q die Applicate QP, so daß OP = x; PQ = y, und QM = z sey: so ist wegen der Natur des Kegels

$$m^2n^2z^2 = m^2y^2 + n^2x^2.$$

Es ist also

$$a : b = a - x : y; \text{ oder } y = b - \frac{bx}{a}.$$

Man setze die Coordinaten des Schnittes $BQ = t$, und $QM = z$ so ist,

$$b : \sqrt{(aa + bb)} = y : t$$

und folglich

$$y = \frac{bt}{\sqrt{(aa + bb)}} \text{ und } a - x = \frac{at}{\sqrt{(aa + bb)}}.$$

Es sey $\sqrt{(aa + bb)} = c$, so ist

$$y = \frac{bt}{c} \text{ und } x = a - \frac{at}{c}$$

und man erhält folgende Gleichung zwischen t und z

$$m^2n^2c^2z^2 = m^2b^2tt + n^2a^2cc - 2nnaact + nnaatt.$$

Man setze $t - \frac{nnaac}{m^2b^2 + n^2a^2} = GQ = u$, indem $BG = \frac{nnaac}{m^2b^2 + n^2a^2}$; so wird

$$m^2n^2c^2z^2 = (m^2b^2 + n^2a^2)uu + \frac{m^2n^2a^2b^2c^2}{m^2b^2 + n^2a^2}.$$

§. 71.

Es ist also dieser Kegelschnitt eine Hyperbel, welche den Mittelpunkt in G hat, und deren halbe Zwergaxe $Ga = \frac{ab}{\sqrt{(m^2b^2 + n^2a^2)}}$, so wie die halbe zugehörige Axe $= \frac{mnabc}{m^2b^2 + n^2a^2}$ ist. Die Asymptoten dieser Hyperbel aber, welche die Axe Ga in dem Punkte G schneiden werden, machen mit der Axe Ga einen Winkel, dessen Tangente $= \frac{mnc}{\sqrt{(n^2b^2 + n^2a^2)}}$ ist. Soll also die Hyperbel eine gleichseitige werden, so muß

$$m^2n^2a^2 + m^2n^2b^2 = m^2b^2 + n^2a^2$$

oder

$$\frac{b}{a} = \text{tang. } OBE = \frac{n\sqrt{(mm - 1)}}{m\sqrt{(1 - nn)}}$$

seyn. Wofern also nicht $\frac{mm - 1}{1 - nn}$ größer als o ist, so kann auf diese Art keine gleichseitige Hyperbel entstehen. Bei einem geraden Kegel, wo $m = n$ ist, ist die Tangente des Winkels, welchen die Asymptoten mit der Axe des Schnittes einschließen, $= m$, und der Winkel = dem Winkel aOc.

§. 72.

Nun sey der Schnitt schief, doch so, daß sein Schnitt BT, Fig. 136., mit der Ebene AEBF auf der geraden Linie

AB senkrecht stehe. Man setze OB = f, und den Neigungswinkel der Ebene gegen die Ebene der Grundfläche, oder den Winkel OBC = φ, daß also diese schneidende Ebene in dem Punkte C durch die Axe des Kegel OC gehe. Hiedurch erhält man

$$BC = \frac{f}{\cos.\varphi}; \text{ und } OC = \frac{f.\sin.\varphi}{\cos.\varphi}.$$

Ferner ziehe man aus einem Punkte M des gesuchten Schnittes die Linie MT auf BT, und auf die Grundfläche die Linie MQ, so wie aus Q die Linie QP auf OB senkrecht, und setze OP = x; PQ = y, und QM = z, um

$$m^2n^2z^2 = m^2y^2 + n^2z^2$$

zu bekommen. Endlich mache man die Coordinaten für den Schnitt BT = t, und TM = u, so ist, weil QTM = φ

$$QM = z = u.\sin.\varphi; \text{ und } TQ = u.\cos.\varphi = f = x$$

woher denn

$$y = t : z = u.\sin.\varphi; \text{ und } x = f - u.\cos.\varphi$$

und also

$$m^2n^2u^2.\sin.\varphi^2 = m^2t^2 + n^2(f - u.\cos.\varphi)^2$$

wird.

§. 73.

Setzt man $BC = \frac{f}{\cos.\varphi} = g$, so daß $f = g.\cos.\varphi$ wird, so ist $x = (g - u)\cos.\varphi$, und man erhält für den Kegelschnitt

$$m^2n^2u^2.\sin.\varphi^2 = m^2t^2 + n^2g^2.\cos.\varphi^2 - 2n^2gu.\cos.\varphi^2 + n^2u^2.\cos.\varphi^2.$$

Man setze

$$u - \frac{g.\cos.\varphi^2}{\cos.\varphi^2 - m^2.\sin.\varphi^2} = SG = s$$

ziehe MS der BT parallel, und nehme

$$BG = \frac{g.\cos.\varphi^2}{\cos.\varphi^2 - m^2\sin.\varphi^2} = \frac{f.\cos.\varphi}{\cos.\varphi^2 - m^2.\sin.\varphi^2} = \frac{f.\cos.\varphi}{1 - (1 + m^2).\sin.\varphi^2}$$

so daß die Coordinaten GS = s und SM = t werden. Alsdann bekommt man folgende Gleichung:

$$m^2tt + nn(\cos.\varphi^2 - m^2.\sin.\varphi^2)ss - \frac{mmnnff.\sin.\varphi^2}{(\cos.\varphi^2 - m^2.\sin.\varphi^2)} = 0$$

und es ist daher die Curve ein Kegelschnitt, welcher den Mittelpunkt in G hat, und zwar eine Parabel, wenn der Punkt G unendlich weit fortrückt, welches geschiehet, wenn

$\text{tang.}\,\phi = \frac{1}{m}$, oder die gerade Linie BC der Seite des Kegels Oa parallel wird. In diesem Falle wird

$$mmtt + nnff - 2nnfu.\ \cos.\phi = o$$

und der Scheitel der Parabel fällt in G, wenn man $BG = \frac{f}{2\cos.\phi}$ nimmt, und der Parameter ist $\frac{2nnff.\ \cos.\phi}{mm}$.

§. 74.

Da der Schnitt eine Parabel wird, wenn $\cos.\phi^2 - m^2.\sin.\phi^2 = o$ ist: so ist offenbar, daß derselbe eine Ellipse seyn wird, wenn $\cos.\phi^2$ größer als $m^2.\sin.\phi^2$, oder $\text{tang.}\,\phi$ größer als $\frac{1}{m}$ ist; nnd in diesem Falle kommt die gerade Linie BC oben mit der entgegengesetzten Seite des Kegels Oa zusammen. Da also $BG = \frac{g}{1 - m^2\ \text{tang.}\,\phi^2}$ ist, so ist BG größer als BC, indem G der Mittelpunkt des gesuchten Schnitts ist. Es ist also die Halbaxe dieses Schnitts in der Richtung $BC = \frac{mf.\sin.\phi}{\cos.\phi^2 - m^2.\sin.\phi^2}$, und die zugehörige Halbaxe $= \frac{nf.\ \sin.\phi}{\sqrt{(\cos.\phi^2 - m^2\sin.\phi^2)}}$ und der halbe Parameter $= \frac{nn}{m} f.\ \sin.\phi$. Es wird daher der Schnitt ein Kreis seyn, wenn $m = n\sqrt{(\cos.\phi^2 - m^2.\sin.\phi^2)}$ oder $mm = nn - nn\ (1 + mm)\ \sin.\phi$ ist; und daher wird

$$\sin.\phi = \frac{\sqrt{(nn - mm)}}{n\sqrt{(1 + mm)}} = \sin.\ OBC$$

und

$$\cos\phi = \frac{m\sqrt{(1 + nn)}}{n\sqrt{(1 + mm)}}.$$

Wofern also n nicht größer ist als m, so kann keiner von diesen Schnitten ein Kreis seyn.

§. 75.

Wenn $m^2\sin.\phi^2$ größer als $\cos.\phi^2$, oder $\text{tang.}\,\phi$ größer als $\frac{1}{m}$ ist, so daß die gerade Linie BC und die gegenüberstehende Seite des Kegels Oa oben aus einander fahrende Linien sind: so ist der Schnitt eine Hyperbel, deren halbe Zwergaxe $= \frac{mf.\ \sin.\phi}{-\cos.\phi^2 + m^2\sin.\phi^2}$ die halbe zugehörige

Axe $= \frac{nf. \sin. \phi}{\sqrt{(m^2 \sin. \phi^2 - \cos. \phi^2)}}$, der halbe Parameter $= \frac{nn}{m} f. \sin. \phi$, und die Tangente des Winkels, unter welchem die Asymptoten die Axe in dem Mittelpunkte G schneiden $= \frac{n}{m} \sqrt{(m^2 \sin. \phi^2 - \cos. \phi^2)}$ ist. Es wird folglich die Hyperbel gleichseitig seyn, wenn

$$m^2 n^2. \sin. \phi^2 - n^2 \cos. \phi^2 = m^2 = (mm + 1)$$
$$nn \sin. \phi^2 - nn = mm$$

oder

$$\sin. \phi = \frac{\sqrt{(mm + nn)}}{n\sqrt{(1 + mm)}} \text{ und } \cos. \phi = \frac{m\sqrt{(nn - 1)}}{n\sqrt{(1 + mm)}}$$

ist. Wofern also n nicht größer als 1 ist, so kann durch diesen Schnitt keine gleichseitige Hyperbel entstehen.

§. 76.

Wenn der Kegel ein gerader Kegel, oder $m = n$ ist, so lassen sich alle Schnitte auf die von uns untersuchten beziehen, weil die Lage der geraden Linie AB von unserer Willkühr abhängt. Was aber den schiefen Kegel betrifft, so müssen wir noch die Schnitte untersuchen, welche von einer Ebene, die gegen die gerade Linie AB irgend eine schiefe Neigung hat, gemacht worden. Es sey daher BR, Fig. 137., ein Durchschnitt der schneidenden Ebene mit der Ebene der Grundfläche. Man setze $OB = f$, den Winkel $OBR = \vartheta$, und den Neigungswinkel der schneidenden Ebene gegen die Grundfläche $= \phi$: so ist, wenn man aus O nach BR die OR senkrecht zieht,

$$OR = f. \sin. \vartheta; \text{ und } BR = f. \cos. \vartheta.$$

Zieht man ferner in der schneidenden Ebene die gerade Linie RC, so ist, da der Winkel $ORC = \phi$,

$$RC = \frac{f. \sin. \vartheta}{\cos. \phi}; \text{ und } OC = \frac{f. \sin. \vartheta. \sin. \phi}{\cos. \phi}.$$

Wird nun der auf der Axe des Kegels OC senkrechte Schnitt auf der Ebene der Grundfläche entworfen, so fallen seine beiden Hauptaxen nach AB und EF, und verhalten sich gegen einander wie m : n.

§. 77.

In dieser Projection des Schnittes ziehe man den Durchmesser ef der BR parallel, so ist der Winkel $BOe = \vartheta$, und dabei sey aOb die Lage des zugehörigen Durchmessers. Man setze den Halbmesser $Oa = \mu$, und $Oe = \nu$, so ist

$$\mu = \frac{\sqrt{(m^4 \sin. \vartheta^2 + n^4 . \cos. \vartheta^2)}}{\sqrt{(m^2 . \sin. \vartheta^2 + n^4 . \cos. \vartheta^2)}}$$

$$\nu = \frac{mn}{\sqrt{(m^4 . \sin. \vartheta^2 + n^2 . \cos. \vartheta^2)}}$$

und

$$\text{tang. BOb} = \frac{mn . \cos. \vartheta}{mm . \sin. \vartheta}.$$

Es ist folglich von diesem Winkel

$$\text{der Sinus} = \frac{nn . \cos. \vartheta}{\sqrt{(m^4 . \sin \vartheta^2 + n^4 . \cos. \vartheta^2)}}$$

und

$$\text{der Cosinus} = \frac{mm . \sin. \vartheta}{\sqrt{(m^4 . \sin. \vartheta^2 + n^4 . \cos. \vartheta^2)}}.$$

Da nun der Winkel ObR $= \vartheta +$ BOb ist, so wird

$$\sin. \text{ObR} = \frac{m^2 . \sin. \vartheta^2 + n^2 . \cos. \vartheta^2}{\sqrt{(m^4 . \sin. \vartheta^2 + n^4 . \cos. \vartheta^2)}}$$

und

$$\cos. \text{ObR} = \frac{(mm - nn) . \sin. \vartheta . \cos. \vartheta^2}{\sqrt{(m^4 . \sin. \vartheta^2 + n^4 . \cos. \vartheta^2)}}$$

und dabei ist

$$\mu\nu = \frac{mn\sqrt{(m^4 . \sin. \vartheta^2 + n^4 . \cos. \vartheta^2)}}{mm . \sin. \vartheta^2 + nn . \vartheta^2}$$

§. 78.

Da also OR $=$ f. sin. ϑ ist, so wird

$$\text{Ob} = \frac{\text{OR}}{\sin. \text{ObR}} = \frac{f . \sin. \vartheta \sqrt{(m^4 . \sin. \vartheta^2 + n^4 . \cos. \vartheta^2)}}{m^2 . \sin. \vartheta^2 + n^2 . \cos. \vartheta^2}$$

und

$$\text{Rb} = \frac{(mm - nn) f . \sin. \vartheta . \cos. \vartheta}{m^2 . \sin. \vartheta^2 + n^2 . \cos. \vartheta^2}$$

und da das Dreieck CbR bei R rechtwinklig ist, so ist

$$\text{tang. CbR} = \frac{m^2 . \sin. \vartheta^2 + n^2 . \cos. \vartheta^2}{(m^2 - n^2) \sin. \vartheta . \cos. \vartheta . \cos. \phi}$$

wodurch der Winkel CbR bekannt wird. Nun fälle man aus einem Punkte des Schnittes M auf die gerade Linie RT die MT der Cb parallel, und aus M nach Cb die MS der RT parallel, setze bT $=$ MS $= t$, und bS $=$ TM $= u$, und betrachte diese Linien als schiefwinklige Coordinaten des gesuchten Schnittes, indem tang. bSM $= \dfrac{m^2 . \sin. \vartheta^2 + n^2 . \cos. \vartheta^2}{(m^2 - n^2) \sin. \vartheta . \cos. \vartheta . \cos \phi}$ ist. Es erhellet also, daß diese Coordinaten bei einem geraden Kegel rechtwinklig werden, weil dabei $m = n$ ist.

§. 79.

Aus dem Punkte M des Schnittes fälle man auf die Ebene AEBF die senkrechte Linie MQ herab, so wird TQ dem Durchmesser ab parallel; auch ziehe man aus Q die Ordinate QP dem andern Durchmesser ef parallel. Setzt man nunmehr $OP = x$; $PQ = y$; und $QM = z$, so ist wegen der Natur des Kegels

$$m^2 \nu^2 z^2 = \mu^2 y^2 + \nu^2 x^2.$$

Denn wenn man sich durch M einen der Grundfläche parallelen Schnitt des Kegels gedenkt, so sind die Durchmesser desselben die den geraden Linien ab und ef parallel sind, μz und νz. Da man aber die Catheten des rechtwinkligen Dreiecks COb, oder OC und Ob kennt, so ist die Hypothenuse Cb =

$$\frac{f.\sin\vartheta \sqrt{(m^4.\sin\vartheta^2 + n^4.\cos\vartheta^2 - (m^2-n^2)^2 \sin\vartheta^2.\cos.\vartheta^2.\sin\varnothing^2)}}{(m^2.\sin.\vartheta^2 + n^2 \cos.\vartheta^2)\cos.\varnothing}$$

und wegen der Aehnlichkeit der Dreiecke TMQ und bCO ist

$$TM(u) : TQ(Ob - x) : QM(z) = bC : Ob : OC$$

folglich

$$x = Ob - \frac{Ob.u}{Cb};\ z = \frac{OC.u}{Cb};\ \text{und } y = t$$

also

$$\mu^2 \nu^2.OC^2.u^2 = \mu^2.Cb^2.t^2 + \nu^2.Ob^2(Cb - u)^2.$$

§. 80.

Entwickelt man diese Gleichung, so bekommt man

$$o = \mu^2.Cb^2.tt + \nu^2(Ob^2 - \mu^2.OC^2)uu - 2\nu^2.Ob^2.Cb.u + \nu^2.Ob^2.Cb^2$$

und wenn man darin $u - \frac{Ob^2.Cb'}{Ob^2 - \mu^2.OC^2} = s$ setzt, oder

$$bG = \frac{Ob^2.Cb}{Ob^2 - \mu^2.OC^2} = \frac{Cb}{1-(m^2.\sin.\vartheta^2 + n.\cos.\vartheta^2)\text{tang}.\varnothing^2}$$

und $GS = s$ annimmt: so ist G der Mittelpunkt des Kegelschnitts, der durch folgende Gleichung zwischen den Coordinaten t und s ausgedrückt wird,

$$\mu^2.Cb^2.tt + \nu^2(Ob^2 - \mu^2.OC^2)ss = \frac{\mu^2\nu^2.Ob^2.OC^2.Cb^2}{Ob^2 - \mu^2.OC^2}$$

und dessen halbe Axe $= \frac{\mu.Ob.OC.Cb}{Ob^2 - \mu^2 OC^2}$, die zugehörige halbe Axe $= \frac{\nu.Ob.OC}{\sqrt{(Ob^2 - \mu^2.OC^2)}}$, und der halbe Parameter $= \frac{\nu\nu . Ob . OC}{\mu . Cb}$ ist. Uebrigens erhellet, daß die Curve, wenn tang. $\emptyset$ kleiner als $\frac{1}{\sqrt{(m^2 . \sin. \vartheta^2 + n^2 . \cos. \vartheta^2)}}$, oder tang. $\emptyset$ kleiner als $\frac{\nu}{mn}$ ist, eine Ellipse, wenn tang. $\emptyset = \frac{\nu}{mn}$, eine Parabel, und wenn tang. $\emptyset$ größer als $\frac{\nu}{mn}$ ist, eine Hyperbel seyn wird.

§. 81.

Der dritte Körper, dessen von einer Ebene gemachte Schnitte wir hier untersuchen wollen, ist die Kugel, von welcher aus der Elementar-Geometrie bekannt ist, daß alle ebene Schnitte derselben Kreise sind. Damit indessen die Methode, aus jeder für einen Körper gegebenen Gleichung jeden Schnitt desselben zu finden, deutlicher werde, so will ich hier eben das analytisch vortragen, was man sonst synthetisch zu lehren pflegt. Es sey also, Fig. 138., C der Mittelpunkt der Kugel, und durch denselben gehe die Ebene der Tafel, so daß der durch diese Ebene gemachte Schnitt ein größter Kreis sey, der den Halbmesser CA = CB = a habe, welcher zugleich der Halbmesser der Kugel seyn wird. Ferner sey die gerade Linie DT der Durchschnitt der schneidenden Ebene mit jener Ebene der Tafel, und auf ihr aus dem Mittelpunkte C die gerade Linie CD = f senkrecht, der Neigungswinkel aber $= \varphi$.

§. 82.

Es sey M irgend ein Punkt in dem gesuchten Schnitte, und aus demselben auf die Ebene der Tafel MQ, so wie von hier auf die zur Axe angenommene CD die QP senkrecht. Setzt man nun die Coordinaten CP = x, PQ = y, und QM = z, so ist wegen der Natur der Kugel

$$xx + yy + zz = aa.$$

Man ziehe aus M auch auf DT eine senkrechte Linie MT, so wird der Winkel MTQ der Neigungswinkel der schneidenden Ebene und der Ebene der Grundfläche seyn, welchen wir $= \emptyset$ gesetzt haben. Betrachtet man daher DT und MT als die Coordinaten des gesuchten Schnittes, und setzt DT = t, und TM = u, so wird

$$MQ = u. \sin. \emptyset, \text{ und } TQ = u. \cos. \emptyset$$

und folglich

$$CP = x = f - u. \cos. \emptyset; \; PQ = y = t; \text{ und}$$

$$QM = z = u. \sin. \emptyset.$$

Substituirt man diese Werthe, so erhält man folgende Gleichung für den gesuchten Kugelschnitt:

$$ff - 2fu. \cos. \phi + uu + tt = aa.$$

§. 83.

Es erhellet, daß dies eine Gleichung für einen Kreis ist. Denn setzt man $u - f. \cos. \phi = s$, so wird

$$ff. \sin. \phi^2 + ss + tt = aa.$$

und es ist folglich der Halbmesser des Schnittes $= \sqrt{(aa - ff. \sin \phi^2)}$. Wenn also aus D, der Applicate TM parallel, die Linie Dc gezogen, und auf sie die senkrechte Linie Cc aus dem Mittelpunkte herabgefällt wird: so ist, wegen $CD = f$, und $CDc = \phi$

$$Dc = f. \cos. \phi; \text{ und } Cc = f. \sin. \phi.$$

Da daher die Coordinaten s und t auf den Mittelpunkt bezogen werden, so ist c der Mittelpunkt des Schnitts, und $\sqrt{(CB^2 - Cc^2)}$ der Radius desselben, wie aus den Elementen bekannt ist. Auf ähnliche Art aber lassen sich auch alle durch Ebenen gemachte Schnitte aller Körper, deren Natur durch eine Gleichung zwischen drei veränderlichen Größen ausgedrückt ist, erforschen.

§. 84.

Damit indeß diese Operation noch deutlicher werde, so sey ein Körper gegeben, dessen Natur durch eine Gleichung zwischen den drei Coordinaten $AP = x$; $PQ = y$ und $QM = z$, Fig. 139., ausgedrückt werde; wovon die beiden ersten in der Ebene der Tafel liegen, die dritte z aber darauf senkrecht stehen mag. Ferner werde dieser Körper durch eine Ebene geschnitten, die mit der Ebene der Tafel die Linie DT gemein habe, und deren Neigungswinkel $= \phi$ sey. Man setze $AD = f$, und den Winkel $ADE = \vartheta$: so ist, wenn man aus A nach DE die senkrechte Linie AE zieht,

$$AE = f. \sin. \vartheta; \text{ und } DE = f. \cos. \vartheta.$$

Hierauf ziehe man aus einem Punkte des gesuchten Schnittes M auf DT die MT senkrecht, und verbinde Q und T durch QT: so ist der Winkel $MTQ = \phi$. Nimmt man daher $DT = TM$ zu den Coordinaten des gesuchten Schnittes, und setzt man $DT = t$, und $TM = u$, so wird

$$QM = u. \sin. \phi; \text{ und } TQ = u. \cos. \phi.$$

§. 85.

Aus T fälle man auf die Axe AD die Linie TV senkrecht, so ist wegen $TDV = \vartheta$,

$$TV = t. \sin. \vartheta; \text{ und } DV = t. \cos. \vartheta.$$

Da ferner der Winkel $TQP = \vartheta$ ist, so wird

$$PV = u. \sin. \vartheta. \cos. \phi; \text{ und } PQ - TV = u. \cos. \vartheta. \cos. \phi.$$

Hieraus lassen sich die Coordinaten x, y und z durch t und u auf folgende Art bestimmen:

$$AP = x = f + t.\cos.\vartheta. - u.\sin.\vartheta.\cos.\phi$$
$$PQ = y = t.\sin.\vartheta. + u.\cos.\vartheta.\cos.\phi$$
und
$$QM = z = u.\sin.\phi.$$

Substituirt man diese Werthe in der Gleichung zwischen x, y und z, welche für den Körper gegeben ist, so bekommt man eine Gleichung zwischen t und u, oder den Coordinaten des gesuchten Schnittes, dessen Natur also dadurch bekannt wird. Es stimmt aber diese Methode mit der fast überein, welche wir oben §. 50. gebraucht haben.

Viertes Capitel.

Von der Verwechselung der Coordinaten.

§. 86.

So wie die Gleichungen für die krummen Linien, die in einer Ebene liegen, durch Veränderung entweder des Anfangspunkts der Abscissen, oder der Lage der Axen, oder beider Dinge, unzählige Formen bekommen können, so findet diese Verschiedenheit bei den gegenwärtigen Gleichungen in einem noch weit höhern Grade statt. Denn einmal können in der Ebene, in welcher zwei Coordinaten liegen, diese Coordinaten auf unzählige Arten verändert werden; und dann läßt sich auch die Ebene, welche zwei Coordinaten enthält, verändern, und auf diese Weise die vorhergehende Verschiedenheit unendlich vermehren. Ist nemlich eine Gleichung zwischen drei auf einander senkrechten Coordinaten gegeben, so läßt sich allemal eine andere Gleichung zwischen drei andern ebenfalls auf einander senkrechten Coordinaten finden, deren Lage in Ansehung der vorigen unendlich mehrmal verändert werden kann. als wenn nur zwei Coordinaten da wären, wie bei den Gleichungen für die krummen Linien.

§. 87.

Angenommen, daß zuvörderst bloß der Anfangspunkt der Abscissen x in der Axe verändert werde, und die beiden übrigen Coordinaten dieselben bleiben; so wird die neue Abscisse von der vorigen um eine beständige Größe unterschieden seyn. Es sey also die neue Abscisse $= t$, so ist $x = t \pm a$; und bringt man diesen Werth in die für die Fläche gegebene Gleichung, so bekommt man eine Gleichung zwischen den drei Coordinaten t, y und z, die zwar von der vorigen verschieden ist, aber gleichwohl eben der Fläche zugehört. Auf ähnliche Art können auch die übrigen Coordinaten y und z um beständige Größen vermehrt oder vermindert werden: und setzt man $x = t \pm a$; $y = u \pm b$; und $z = v \pm c$, so bekommt man eine Gleichung für eben die Fläche zwischen den Coordinaten t, u und v, welche selbst den vorigen parallel sind. Ob indeß diese Gleichung gleich allgemeiner ist, so ist sie doch von der gegebenen eben nicht sehr verschieden.

§. 88.

Da die drei rechtwinkligen Coordinaten, deren Gleichung die Natur der Fläche ausdrückt, auf drei auf einander senkrechte Ebenen bezogen werden, so wollen wir annehmen, daß die neue Ebene, in welcher die beiden Coordinaten x und y genommen werden, unverändert bleibe, daß aber darin eine andere gerade Linie CT, Fig. 140., zur Axe angenommen werde. Da nun die vorigen Coordinaten bei der Axe AP folgende waren, $AP = x$, $PM = y$, $QM = z$, so bleibt für die neue Axe CQ die Coordinate $QM = z$ dieselbe, die beiden übrigen aber werden $CT = t$, und $TQ = u$, wenn man QT auf die neue Axe CT senkrecht gezogen hat. Um daher die Gleichung zwischen diesen neuen Coordinaten t, u und z zu finden, ziehe man CR der vorigen Axe AP parallel, und aus C auf sie CB senkrecht, und setze $AB = a$, $BC = b$, und den Winkel $BCT = \zeta$. Endlich ziehe man TR auf CR, und aus T auf PQ die TS senkrecht.

§. 89.

Ist dieses geschehen, so ist in dem Dreieck TCR

$$TR = t.\ \sin.\ \zeta;\ \text{und}\ CR = t.\ \cos.\ \zeta$$

in dem Dreiecke QTS aber, dessen Winkel bei Q ebenfalls $= \zeta$ ist,

$$TS = u.\ \sin.\ \zeta;\ \text{und}\ QS = u.\ \cos.\ \zeta.$$

Hieraus findet man

$$AP = x = CR + TS - AB = t.\ \cos.\ \zeta + u.\ \sin.\ \zeta - a;$$

und

$$QP = y = QS - TR - BC = u.\ \cos.\ \zeta - t.\ \sin.\ \zeta - b.$$

Bringt man daher diese Werthe für x und y in die für die Fläche gegebene Gleichung, so bekommt man eine andere Gleichung zwischen den neuen Coordinaten t, u und z, welche ebenfalls die Natur der gegebenen Fläche ausdrückt. Diese neue Gleichung hat einen viel weitern Umfang, da in ihr drei neue willkührliche beständige Größen a, b, und der Winkel ζ befindlich sind, die in der vorigen Gleichung nicht anzutreffen waren. Auch ist sie die allgemeinste Gleichung, wenn die Ebene, worin x und y liegen, beibehalten wird.

§. 90.

Es ändere sich nunmehr auch die Ebene, in welcher x und y angenommen worden, und zwar zuvörderst so, daß die Durchschnittslinie der neuen Ebene mit der vorigen APQ, Fig. 141., in die gerade Linie AP falle, die zugleich als die Axe der neuen Coordinaten angesehen werden soll. Es sey also APT diese neue Ebene, deren Neigungswinkel gegen die vorige der Winkel QPT ist, den wir $= \eta$ setzen wollen, und aus M nach PT senkrecht MT gezogen, welche auch auf der neuen Ebene senkrecht seyn wird, und die Stelle der dritten Coordinate vertreten kann. Man setze also $AP = x$, $PT = u$; und $TM = v$, so ist, wenn man TR auf PQ und TS auf QM senkrecht gezogen hat,

$$TR = u.\sin.\eta;\ PR = u.\cos.\eta;\ Ts = v.\sin.\eta;$$
$$MS = v.\cos.\eta$$

und folglich

$$PQ = y = u.\cos.\eta - v.\sin.\eta;\ \text{und}$$
$$QM = z = v.\cos.\eta - u.\sin.\eta.$$

Bringt man diese Werthe für y und z in die gegebene Gleichung, so erhält man eine zwischen den drei neuen Coordinaten x, u und v, welche die Natur eben der Fläche ausdrückt.

§. 91.

Es falle nun der Schnitt der neuen schneidenden Ebene und der Ebene APQ in irgend eine Linie CT, und η sey der Neigungswinkel dieser Ebenen, und CT die Axe in dieser Ebene. Man suche zuvörderst eine Gleichung zwischen den Coordinaten in der Ebene APQ auf die Axe CT bezogen, welche man aus der vorhergehenden auf die Art finden wird, daß bei

$$AB = a;\ BC = b;\ TCR = \zeta;\ CT = p;\ TQ = q;$$
$$\text{und } QM = r$$
$$x = p.\cos.\zeta + q.\sin.\zeta - a;$$
$$y = q.\cos.\zeta - p.\sin.\zeta - b;\ \text{und } z = r$$

ist. Es wird aber aus dem vorhergehenden §., wenn man die neuen Coordinaten t, u und v nennt

$$p = t;\ q = u\cos.\eta - v.\sin.\eta;\ \text{und } r = v.\cos.\eta + u.\sin.\eta.$$

und folglich

$$x = t.\cos.\zeta + u.\sin.\zeta.\cos.\eta - y.\sin.\zeta.\sin.\eta - a$$
$$y = - t.\sin.\zeta + u.\cos.\zeta.\cos.\eta - v.\cos.\zeta.\sin.\eta - b$$

und

$$z = u.\sin.\eta + v.\cos.\eta.$$

§. 92.

Nun nehme man in der neuen Ebene, in welcher die Coordinaten t und u liegen, irgend eine andere Linie zur Axe an, um die allgemeinste Gleichung für die gegebene Fläche zu bekommen. Es seyen zu dem Ende AP, PQ, QM, Fig. 140., die Coordinaten t, u und v, welche wir so eben gefunden haben, so daß AP der Durchschnitt der erwähnten Ebene mit derjenigen sey, in welcher man sich die Hauptcoordinaten x und y denkt. Es sey CT die neue Axe, auf welche die neuen allgemeinsten Coordinaten, welche wir suchen, bezogen werden, und CT = p; TQ = q; und QM = r. Außerdem sind die Linien AB und BC beständige Linien, der Winkel CTR aber sey = ϑ. Dies vorausgesetzt, so ist nach §. 89.

$$t = p.\cos.\vartheta + q.\sin.\vartheta - AB$$

$$u = -p.\sin.\vartheta + q.\cos.\vartheta - BC$$

und

$$v = r.$$

Bringt man diese Werthe in die Ausdrücke des vorhergehenden §., so findet man

$$x = p(\cos.\zeta.\cos.\vartheta - \sin.\zeta.\cos.\eta.\sin.\vartheta) + q.(\cos.\zeta.\sin.\vartheta + \sin.\zeta.\cos.\eta.\cos.\vartheta) - r.\sin.\zeta.\sin.\eta + f$$

$$y = -p(\sin\zeta.\cos.\vartheta + \cos.\zeta.\cos.\eta.\sin\vartheta) - q(\sin.\zeta.\sin.\vartheta - \cos.\zeta.\cos.\eta.\cos.\vartheta) - r.\cos.\zeta.\sin.\eta + q$$

und

$$z = -p.\sin.\eta.\sin.\vartheta + q.\sin.\eta\cos.\vartheta + r.\cos.\eta + h$$

wo f, g und h beständige, und aus den in die Rechnung eingeführten entstandene Linien sind.

§. 93.

Es enthält also die allgemeinste Gleichung für jede Fläche sechs beständige willkührliche Größen, die man annehmen kann, wie man will, ohne daß deswegen durch die Gleichung eine andere Fläche ausgedrückt werde. So einfach aber eine Gleichung zwischen den Coordinaten x, y und z für eine Fläche seyn mag, so wird sie, wenn man daraus die allgemeinste Gleichung zwischen p, q und r macht, wegen der großen Menge der beständigen willkührlichen Größen nothwendig sehr verwickelt, insbesondere, wenn höhere Potestäten von x, y und z vorkommen. Es sind daher die Fälle selten, wo es rathsam wäre, zu der allgemeinsten Gleichung aufzusteigen. Denn wenn man gleich daraus den Vortheil ziehen könnte, daß man durch eine geschickte Bestimmung der beständigen Größe die Gleichung auf die einfachste Form zurückfuhrte, so wird doch diese Arbeit wegen der Weitläuftigkeit des Calculs meistens sehr beschwerlich. Zur Erforschung mehrerer merkwürdigen Eigenschaften aber leistet die Verwandlung der Gleichung in die allgemeinste allerdings Nutzen.

§. 94.

So verwickelt indeß die allgemeinste Gleichung meistens ist, so ist doch die Anzahl der Dimensionen der Coordinaten in derselben der Anzahl der Dimensionen der ersten Coordinaten y, y und z gleich. Die Gleichung für die Kugel z. B. $xx + yy + zz = aa$ ist eine Gleichung von zwei Dimensionen, und die allgemeinste Gleichung enthält ebenfalls nicht mehr Dimensionen der Coordinaten p, q und r. Aus diesem Grunde giebt die Anzahl der Dimensionen, welche die Coordinaten in einer Gleichung für eine Fläche haben, ein wesentliches Kennzeichen der Natur dieser Fläche, weil diese Anzahl immer dieselbe bleibt, man mag die Lage der Coordinaten verändern, wie man will. Es findet sich hier nemlich bei den Flächen eine ähnliche Beschaffenheit, wie bei den Curven, wornach wir dieselben in Ordnungen getheilt haben; und es lassen sich daher die Flächen ebenfalls nach den Dimensionen ihrer Coordinaten in Ordnungen theilen. Eine Fläche der ersten Ordnung ist demnach die, deren Gleichung nur eine, eine Fläche der zweiten Ordnung die, deren Gleichung zwei Dimensionen enthalten, u. s. f.

§. 95.

Wenn man dieses mit dem vergleicht, was von der Erfindung der ebenen Schnitte jeder Fläche gelehret worden ist, so nimmt man wahr, daß die Ordnung dieser Schnitte allemal mit der Ordnung der Fläche übereinstimmt. Es sey nemlich eine Gleichung für irgend eine Fläche zwischen den Coordinaten x, y und z gegeben, die zur $n$ten Ordnung gehöre, und die senkrechten Coordinaten eines jeden Schnittes seyen t und u. Nun haben wir oben, §. 85., gesehen, daß man die Gleichung zwischen t und u findet, wenn man in der gegebenen Gleichung für die Fläche

$$x = f + t.\cos.\vartheta - u.\sin.\vartheta.\cos.\phi$$
$$y = t.\sin.\vartheta + u.\cos.\vartheta.\cos.\phi$$

und

$$z = u.\sin.\phi$$

setzt, und es ist daher offenbar, daß die Gleichung für den Schnitt nicht mehr Dimensionen bekommen kann, als die Gleichung zwischen x, y und z hat, sondern daß allemal eben so viel Dimensionen wieder entstehen werden.

§. 96.

Es kann also die Fläche der ersten Ordnung von einer Ebene nicht anders als in einer Linie der ersten Ordnung, oder in einer geraden Linie geschnitten werden. Ferner giebt die Durchschneidung einer Fläche der zweiten Ordnung keine andere Linien als Linien der zweiten Ordnung oder Kegelschnitte, denn es gehören auch die conischen Flächen zu der zweiten Ordnung, indem ihre Gleichung

$$zz = \alpha xx + \beta yy$$

ist. Auf ähnliche Art entstehen aus der Durchschneidung einer Fläche der dritten Ordnung durch Ebenen Linien der dritten Ordnung, 2c. Es kann indeß geschehen, daß eine Gleichung für einen Schnitt Divisoren zuläßt, und in diesem Falle ist der Schnitt aus zwei oder mehrern Linien von den niedrigern Ordnungen zusammengesetzt. So besteht der durch den Scheitel gehende Schnitt des Kegels aus zwei geraden Linien, die aber zusammengenommen als zu der zweiten Ordnung gehörig sich darstellen.

§. 97.

Nach dieser Bestimmung der Ordnungen der Flächen wollen wir vor allen übrigen die Flächen betrachten, welche zu der ersten Ordnung gehören. Die Gleichung, welche die Natur derselben ausdrückt, ist

$$\alpha x + \beta y + \gamma z = a$$

und da alle ebene Schnitte derselben gerade Linien sind, so fällt in die Augen, daß diese Fläche keine andere als eine Ebene seyn kann; denn sollte sie erhaben oder hohl seyn, so müßte sie auch krummlinige Schnitte haben. Nun giebt es zwar unter den übrigen Ordnungen ebenfalls Flächen, bei welchen gewisse Schnitte gerade Linien sind, wie z. B. bei den Cylinder dem Kegel und andern dergleichen statt finden, aber es sind doch dabei die krummlinigen Schnitte nicht ganz ausgeschlossen. Es verhält sich nemlich hier auf eine ähnliche Art, wie bei den Linien. So wie eine Linie, die von einer geraden Linie nie in mehr als in einem Punkte geschnitten werden kann, nothwendig eine gerade Linie ist, so ist auch die Fläche, welche, von einer Ebene geschnitten, jedesmal eine gerade Linie giebt, nothwendiger Weise auch selbst eine Ebene.

§. 98.

Aus der allgemeinsten Gleichung läßt sich diese Beschaffenheit aufs klärste darthun. Man mache nemlich aus der Gleichung $\alpha x + \beta y + \gamma z = a$ die allgemeinste Gleichung zwischen den Coordinaten p, q und r nach dem 92sten §. Da darin sechs neue willkührliche beständige Größen vorkommen, so ist es allemal möglich und erlaubt, dieselben so zu bestimmen, daß die Coefficienten der beiden Coordinaten p und q verschwinden, und also eine Gleichung von der Form $r = f$ übrig bleibe, welche die Natur eben der Fläche ausdrückt. Es zeigt aber diese Gleichung an, daß die gegebene Fläche der Ebene, in welcher die beiden Coordinaten p und q sind, parallel, und also selbst eine Ebene ist. Man kann es auch so einrichten, daß $r = o$ wird, und auf diese Art fällt es in die Augen, daß die Ebene, wie p und q angenommen worden, selbst die gesuchte Ebene ist.

§. 99.

Da also ausgemacht ist, daß die durch die Gleichung $\alpha x + \beta y + \gamma z = a$ ausgedrückte Fläche eine Ebene ist, so müssen wir die Lage derselben gegen die Ebene, worin die Coordinaten x und y angenommen werden, untersuchen. Es sey also, Fig. 142., M irgend ein Punkt dieser Fläche, und die drei Coordinaten $AP = x$, $PQ = y$ und $QM = z$. Man setze zuvörderst $z = o$, so bekommt man die Gleichung $\alpha x + \beta y = a$, welche den Schnitt der gesuchten Fläche und der Ebene APQ ausdrückt, und es ist klar, daß derselbe eine gerade Linie BCR ist, deren Lage in Rücksicht auf die Axe so beschaffen seyn wird, daß die auf der Axe AP in der Ebene senkrechte Linie $AB = \frac{\alpha}{\beta}$, und $AC = \frac{a}{\alpha}$, und folglich

$$\text{tang.}\,ACB = \frac{\alpha}{\beta};\ \sin.ACB = \frac{\alpha}{\sqrt{(\alpha^2 + \beta^2)}} \text{ und } \cos.ACB = \frac{\beta}{\sqrt{(\alpha^2 + \beta^2)}} \text{ ist.}$$

Nun verlängere man die QP, bis sie der geraden Linie BC in R begegne, so ist wegen $CP = x - \frac{a}{\alpha}$

$$CR = \frac{x\sqrt{(\alpha^2 + \beta^2)}}{\beta} - \frac{a\sqrt{(\alpha^2 + \beta^2)}}{\alpha\beta}, \text{ und}$$

$$PQ = \frac{\alpha x}{\beta} - \frac{a}{\beta}.$$

§. 100.

Man fälle aus Q auf BC die senkrechte Linie QS herab, und ziehe MS, so mißt der Winkel MSQ die Neigung der gegebenen Fläche gegen die Ebene APQ. Da also $PR = \frac{\alpha x - a}{\beta}$ ist, so ist

$$QR = \frac{\alpha x + \beta y - a}{\beta} = \frac{-\gamma z}{\beta}$$

und da der Winkel RQS den Winkel ACB gleich ist, so wird

$$QS = \frac{-\gamma z}{\sqrt{(\alpha^2 + \beta^2)}}$$

und folglich

$$\text{tang.}\,QSM = \frac{-\sqrt{(\alpha^2 + \beta^2)}}{\gamma}, \text{ und } \cos.QSM = \frac{\gamma}{\sqrt{(\alpha^2 + \beta^2 + \gamma^2)}}.$$

Es neigt sich also die gesuchte Fläche gegen die Ebene, in welcher x und y sind, unter einen Winkel, dessen tang. $= \frac{-\sqrt{(\alpha^2 + \beta^2)}}{\gamma}$ ist, und auf ähnliche Art ist eben diese Fläche gegen die Ebene der Coordinaten x und z unter einen

Winkel, dessen Tangente $= \frac{-\sqrt{(\alpha^2 + \gamma^2)}}{\beta}$ und gegen die Ebene der Coordinaten y und z unter einen Winkel, dessen Tangente $= \frac{-\sqrt{(\beta^2 + \gamma^2)}}{\alpha}$ ist, geneigt.

Fünftes Capitel.

Von den Flächen der zweiten Ordnung.

§. 101.

Da wir also die Ordnungen der Flächen nach der Zahl der Dimensionen festgesetzt haben, welche den höchsten Potestäten der drei Coordinaten x, y und z in der Gleichung zukommen: so ist es, wenn eine algebraische Gleichung für eine Fläche gegeben wird, leicht, sogleich die Ordnung anzugeben, zu welcher diese Fläche gehört. Da nun alle Flächen der ersten Ordnung Ebenen sind, so wollen wir in dem gegenwärtigen Capitel die Flächen der zweiten Ordnung betrachten. Bei denselben findet eine weit größere Verschiedenheit statt, als bei den Linien des zweiten Grades, wovon sich jeder bei einiger Aufmerksamkeit von selbst überzeugen kann. Ich werde suchen, die verschiedenen Geschlechter dieser Ordnung deutlich vorzustellen; was aber die Flächen der höhern Ordnungen betrifft, so ist die Menge der Geschlechter und Arten bei denselben so groß, daß wir uns der Auseinandersetzung derselben gänzlich enthalten müssen.

§. 102.

Da die Natur der Flächen der zweiten Ordnung durch eine Gleichung ausgedrückt wird, in welcher die veränderlichen Größen x, y und z zu zwei Dimensionen aufsteigen, so gehören der Cylinder und Kegel, die geraden sowohl als die schiefen, deren Eigenschaften wir schon beschrieben haben, zu dieser Ordnung. Alle Flächen aber, welche dieselbe unter sich begreift, sind in folgender allgemeinen Gleichung enthalten:

$$\alpha zz + \beta yz + \gamma xz + \delta yy + \varepsilon xy + \zeta xx + \eta z + \vartheta y + \iota x + \varkappa = 0.$$

Denn man mag die drei Coordinaten annehmen, wie man will, so ist die Gleichung allemal in dieser enthalten. Die verschiedenen Arten der Flächen werden also von den verschiedenen Verhältnissen abhängen, welches die Coefficienten gegen einander haben, die, obgleich eben dieselbe Fläche durch unzählige Gleichungen ausgedrückt wird, dennoch eine unendliche Menge von verschiedenen Flächen erzeugen.

§. 103.

So wie wir bei den Curven die Haupteintheilung daher genommen haben, ob dieselben sich ohne Ende fort erstreckten, oder in einem endlichen Raume enthalten waren: so lassen sich auch alle Flächen, sie mögen zu einer Ordnung gehören, zu was für einer sie wollen, ebenfalls in zwei Classen eintheilen, davon die eine diejenigen Flächen enthält, welche sich ohne Ende fort erstrecken, die andere aber diejenigen, welche in einem endlichen Raume enthalten sind. So gehören der Cylinder und Kegel zu der ersten, und die Kugel zu der zweiten Classe. Von der zweiten Classe aber giebt es keine Art, die zu einer ungeraden Ordnung gehörte. Denn da jede Fläche einer ungeraden Ordnung ebene Schnitte von eben der Ordnung hat, und die Curven der ungeraden Ordnungen sich ohne Ende fort erstrecken, so müssen sich auch die Flächen dieser Ordnungen ohne Ende ausbreiten.

§. 104.

So oft sich aber eine Fläche ohne Ende fort erstrecken soll, so muß zum wenigsten eine von den drei veränderlichen Größen x, y und z unendlich groß werden. Da es nun gleich viel ist, welche dazu angenommen wird, so wollen wir setzen, daß z unendlich wird, wenn die Fläche ohne Ende fortläuft. Bei der Untersuchung dieses ohne Ende sich verbreitenden Theils nehmen wir also $z = \infty$ an, und nun kommt es vorzüglich auf die Betrachtung des ersten Gliedes αzz an, ob dasselbe in der Gleichung vorkommt oder nicht. Ist also dieses Glied da, so verschwinden dagegen die Glieder ηz und κ, und es entsteht für diesen ohne Ende fortlaufenden Theil die Gleichung:

$$\alpha zz + \beta yz + \gamma xz + \delta yy + \varepsilon xy + \zeta xx + \vartheta y + \iota x = 0$$

in welcher ferner alle Glieder, die nicht unendlich groß, oder solches doch von einer niedrigern Stufe als αzz sind, verschwinden.

§. 105.

Wir wollen annehmen, daß alle Glieder, in welchen die veränderlichen Größen zwei Dimensionen haben, da seyen; denn wie auch die Fläche beschaffen seyn mag, so enthält gleichwohl ihre allgemeinste Gleichung allemal alle Glieder von den höchsten Dimensionen, und es thut daher diese Annahme der Allgemeinheit unserer jetzigen Untersuchung keinen Eintrag. Wenn aber die Glieder yz und xz da sind, so verschwinden dagegen die Glieder ϑy und ιx, und es bleibt folgende Gleichung ubrig:

$$\alpha zz + \beta yz + \gamma xz + \delta yy + \varepsilon xy + \zeta xx = 0$$

aus welcher fließt:

$$z = \frac{-\beta y - \gamma x \pm \sqrt{((\beta\beta - 4\alpha\delta)yy + (2\beta y + 4\alpha\varepsilon)xy + (\gamma\gamma - 4\alpha\zeta)xx)}}{\alpha}$$

und diese Gleichung drückt die Natur des Theils der Fläche im Unendlichen aus.

§. 106.

Wenn also eine Fläche einen Theil im Unendlichen hat, so stimmt derselbe mit dem Theile der Fläche im Unendlichen überein, welcher durch folgende Gleichung ausgedrückt wird:

$$\alpha zz + \beta yz + \gamma xz + \delta yy + \varepsilon xy + \zeta xx = 0$$

so daß diese Fläche gleichsam die Asymptote jener durch die allgemeine Gleichung ausgedrückten Fläche ist. Da aber in dieser Gleichung die drei veränderlichen Größen allenthalben zwei Dimensionen haben, so ist diese Gleichung eine Gleichung für eine conische Fläche, welche den Scheitel im Anfangspunkte der Coordinaten hat, wo zugleich alle verschwinden; und es läßt sich daher, so oft sich eine Fläche ohne Ende fort erstreckt, allemal eine conische Fläche finden, welche als ihre Asymptote betrachtet werden kann. So wie wir daher die Schenkel der Curven, die sich ohne Ende fort erstreckten, nach geradlinigen Asymptoten eingetheilt haben, so kann man die Theile der Flächen, welche sich ohne Ende verbreiten, nach conischen Asymptoten-Flächen von einander unterscheiden.

§. 107.

So oft daher die conische Asymptoten-Fläche reell ist, so oft erstreckt sich die Fläche selbst ohne Ende fort, und zwar auf die Art, daß die Theile von beiden im Unendlichen zusammenfallen; und man kann daher aus der Natur der Asymptoten-Fläche die Natur der gegebenen Fläche erkennen. Wird aber die Asymptoten-Fläche imaginär, so hat die gegebene Fläche keinen Theil im Unendlichen, sondern ist ganz in einem endlichen Raume eingeschlossen. Um also die Flächen der zweiten Ordnung, die in einem endlichen Raume eingeschlossen sind, zu erforschen, darf man nur die Fälle aufsuchen, in welchen die Gleichung für die Asymptoten-Fläche imaginär wird, und dieses geschiehet, wenn die ganze Fläche in einen Punkt verschwindet. Denn wenn sie irgend eine Ausdehnung, oder irgend einen Punkt außer dem Scheitel hätte, so müßte sie sich auch ohne Ende fort erstrecken, weil wir oben gezeigt haben, daß die ganze gerade Linie, welche durch den Scheitel und einen Punkt der Fläche gezogen wird, in der Fläche selbst liege.

§. 108.

Wenn also die conische Asymptoten-Fläche, welche durch die Gleichung

$$\alpha zz + \beta yx + \gamma xz + \delta yy + \epsilon xy + \zeta xx = 0$$

ausgedrückt wird, in einen Punkt übergeht, so müssen alle durch den Scheitel gehende Schnitte derselben gleichfalls in diesen Punkt verschwinden. Es muß daher einmal, wenn man $z = 0$ setzt, die Gleichung $\delta yy + \epsilon xy + \zeta xx$ unmöglich seyn, wenn nicht $x = 0$, und $y = 0$ ist, und dieses geschiehet, wenn $4\delta\zeta$ größer als $\epsilon\epsilon$ ist. Eben dieses muß ferner geschehen, wenn man entweder $x = 0$ oder $y = 0$ setzt, und es wird also $4\alpha\delta$ größer als $\beta\beta$, und $4\alpha\zeta$ größer als $\gamma\gamma$. Wofern also in einer Gleichung für eine Fläche der zweiten Ordnung

$$\alpha zz + \beta yz + \gamma xz + \delta yy + \epsilon xy + \zeta xx + \eta z + \vartheta y + \iota x + \kappa = 0$$

nicht $4\delta\zeta$ größer als $\epsilon\epsilon$; $4\alpha\delta$ größer als $\beta\beta$; $4\alpha\zeta$ größer als $\gamma\gamma$ ist, so hat die Fläche allemal Theile, die sich ohne Ende fort verbreiten.

§. 109.

Es reichen aber diese drei Bedingungen noch nicht hin, um eine Fläche in einen endlichen Raum einzuschließen, sondern es wird noch außerdem erfordert, daß der aus der Gleichung für die Asymptote hergeleitete Werth von z imaginär werde. Dies geschieht, wenn der Ausdruck

$$(\beta\beta - 4\alpha\delta)\, yy + 2\,(\beta\gamma - 2\alpha\epsilon)\, xy + (\gamma\gamma - 4\alpha\zeta)\, xx$$

beständig einen negativen Werth bekommt, wenn für jede der veränderlichen Größen x und y irgend ein Werth außer 0 gesetzt wird. Da $\beta\beta - 4\alpha\delta$, und $\gamma\gamma - 4\alpha\zeta$ negative Größen sind, so findet dieses statt, wenn $(\beta\gamma + 2\alpha\epsilon)^2$ kleiner als $(\beta\beta - 4\alpha\delta)(\gamma\gamma - 4\alpha\zeta)$, oder wenn $\alpha\epsilon^2 + \delta\gamma^2 + \zeta\beta^2$ kleiner als $\beta\gamma\epsilon + 4\alpha\delta\zeta$ ist, vorausgesetzt, daß α einen positiven Werth habe, weil wir die Gleichung durch α dividirt haben. Hat aber α einen positiven Werth, so sind, weil $4\alpha\zeta$ größer als $\gamma\gamma$, und $4\alpha\delta$ größer als $\beta\beta$, und $4\delta\zeta$ größer als $\epsilon\epsilon$ ist, die Coefficienten δ und ζ positiv.

§. 110.

Es wird also eine Fläche der zweiten Ordnung in einem endlichen Raume eingeschlossen seyn, wenn bei ihrer Gleichung folgende vier Bedingungen statt finden, daß nemlich $4\alpha\zeta$ größer als $\gamma\gamma$; $4\alpha\delta$ größer als $\beta\beta$; $4\delta\zeta$ größer als $\epsilon\epsilon$ und

$$\alpha\epsilon^2 + \delta\gamma^2 + \zeta\beta^2 \text{ kleiner als } \beta\gamma\epsilon + 4\alpha\delta\zeta$$

ist. Hiernach bestimmen wir das erste Geschlecht der Flächen der zweiten Ordnung auf die Art, daß wir dazu alle Flächen rechnen, die sich nicht ohne Ende fort verbreiten, sondern in einem endlichen Raume enthalten sind. Zu diesem Geschlechte gehört daher die Kugel, deren Gleichung

$$zz + yy + xx = aa$$

ist. Denn da hier $\alpha = 1$; $\delta = 1$; $\zeta = 1$; $\beta = 0$; $\gamma = 0$; $\varepsilon = 0$ ist; so geschieht dadurch allen vier gefundenen Bedingungen ein Genüge. Allgemeiner aber kann man hieher die Gleichung

$$\alpha zz + \delta yy + \zeta xx = aa$$

rechnen, welche, wenn α, δ und ζ positive Größen sind, allemal einer begrenzten Fläche zugehört, wofern nicht ein oder zwei Coefficienten verschwinden.

§. 111.

Hat man sich von der Richtigkeit dieser vier Bedingungen, wodurch eine Fläche zu einer begrenzten wird, überzeugt, so ist es, wenn eine Gleichung für eine Fläche gegeben ist, leicht zu bestimmen, ob diese Fläche ohne Ende sich erstreckende Theile haben werde oder nicht. Fehlt nemlich eine von diesen Bedingungen, so hat sie gewiß dergleichen. In diesem Falle werden aber einige Unterabtheilungen nothwendig, um die ohne Ende sich erstreckenden Theile von einander zu unterscheiden. Die erste Unterabtheilung wird also seyn, wenn

$$\alpha\varepsilon^2 + \delta\gamma^2 + \zeta\beta^2 \text{ größer als } \beta\gamma\varepsilon + 4\alpha\delta\zeta$$

ist, in welchem Falle die Fläche sich ohne Ende fort verbreiten, und eine conische Fläche zur Asymptote haben wird, wie bereits gezeigt worden ist. Dieser Fall steht dem vorhergehenden gerade entgegen, in welchem die Fläche in einem endlichen Raume enthalten war.

§. 112.

Außerdem aber giebt es gewisse Zwischenfälle, wo die Fläche, ob sie sich gleich ohne Ende verbreitet, zwischen jenen auf ähnliche Art enthalten ist, wie die Parabel zwischen der Ellipse und Hyperbel. Dieser Fall entsteht, wenn

$$\alpha\varepsilon^2 + \delta\gamma^2 + \zeta\beta^2 = \beta\gamma\varepsilon + 4\alpha\delta\zeta$$

und also

$$\alpha z = -\beta y - \gamma x + y\sqrt{(\beta\beta - 4\alpha\delta)} + x\sqrt{(\gamma\gamma - 4\alpha\zeta)}$$

ist. Es hat also die Gleichung für die Asymptote

$$\alpha zz + \beta yz + \gamma xz + \delta yy + \varepsilon xy + \zeta xx = 0$$

zwei einfache Faktoren, die entweder reell, oder imaginär, oder einander gleich seyn werden. Diese dreifache Verschiedenheit giebt drei Geschlechter der Flächen, die sich ohne Ende verbreiten, und so haben wir überhaupt fünf Geschlechter der Flächen der zweiten Ordnung erhalten, welche wir nun genauer untersuchen wollen.

§. 113.

Da die allgemeine Gleichung durch die Veränderung der

drei Axen, welchen die Coordinaten parallel sind, auf eine einfachere Form gebracht wird, so wollen wir uns dieser Reduktion auf die Art bedienen, daß wir die Gleichung auf eine einfachere Form bringen, ohne ihren Umfang einzuschränken. Da also die allgemeine Gleichung für die Flächen der zweiten Ordnung folgende ist:

$$\alpha zz + \beta yz + \gamma xz + \delta yy + \varepsilon xy + \zeta xx + \eta z + \vartheta y + \iota x + \varkappa = o$$

so wollen wir eine Gleichung zwischen drei andern Coordinaten p, q und r suchen, welche sich in eben dem Punkte schneiden, in welchen die drei vorigen es thaten. Zu dieser Absicht setze man aus §. 92.

$$x = p.(\cos.k.\cos.m. - \sin.k.\sin.m.\cos.n) + q(\cos.k.\sin.m + \sin.k.\cos.m.\cos.n) - r.\sin.k.\sin.n$$

$$y = -p.(\cos.k.\cos.m. + \cos.k.\sin.m.\cos.n) - q(\sin.k.\sin.m - \cos.k.\cos.m.\cos.n) - r.\cos.k.\sin.n$$

und

$$y = -p.\sin.m.\sin.n + q.\cos.m.\sin.n + r.\cos.n$$

wodurch man die Gleichung erhält

$$App + Bqq + Crr + Dpq + Epr + Fqr + Gp + Hq + Ir + K = o.$$

§. 114.

Nun lassen sich die willkührlichen Größen k, m und n so bestimmen, daß die drei Coefficienten D, C und F verschwinden. Denn obgleich die Rechnung zu weitläufig ist, als daß diese Bestimmung jener Winkel hier wirklich gezeigt werden könnte, so muß doch der, der daran zweifeln wollte, daß die Elimination jener Coefficienten allemal zu reellen Werthen der Winkel führe, zugeben, daß wenigstens zwei Coefficienten D und C Null gleich gemacht werden können. Ist aber dieses geschehen, so kann die Lage der dritten Axe, welcher die Ordinaten r parallel sind, in der der Ordinate p parallelen Ebene leicht so verändert werden, daß auch der Coefficient F verschwindet. Denn man setze

$$q = t.\sin.i + u.\cos.i; \text{ und } r = t.\cos.i - u.\sin.i$$

so daß statt des Gliedes qr das neue Glied tu eingeführt werde: so kann dessen Coefficient vermöge des Winkels i gleich Null gemacht werden. Auf diese Art erhält die allgemeine Gleichung für die Flächen der zweiten Ordnung folgende Form:

$$App + Bqq + Crr + Gp + Hq + Ir + K = o.$$

§. 115.

Ferner lassen sich die Coordinaten durch beständige Größen so vermehren oder vermindern, daß die Coefficienten, G, H und I verschwinden, und zwar wird dazu bloß die Veränderung des Anfangspunktes aller Coordinaten erfordert.

Auf diese Art lassen sich alle Flächen der zweiten Ordnung in folgende Gleichung zusammenfassen:

$$App + Bqq + Crr + K = o$$

woraus erhellet, daß jede der drei durch den Anfangspunkt der Coordinaten gelegten Hauptebenen die Fläche in zwei gleiche und ähnliche Theile theilt. Es hat daher jede Fläche der zweiten Ordnung nicht nur eine, sondern selbst drei Diametral-Ebenen, welche sich in demselben Punkte durchkreutzen, so daß daher auch dieser Punkt ein Mittelpunkt der Fläche wird, ob er gleich in einigen Fällen unendlich weit entfernt ist. Man legt nemlich der Fläche auf ähnliche Art einen Mittelpunkt bei, als man solches bei den Kegelschnitten thut, ob derselbe gleich bei der Parabel unendlich weit entfernt ist.

§. 116.

Hat man also die allgemeine Gleichung für die Flächen der zweiten Ordnung auf die einfachste Form gebracht, so bietet die Gleichung

$$App + Bqq + Crr = aa$$

das erste Geschlecht dieser Flächen dar, wenn alle drei Coefficienten A, B und C positiv sind; und die Flächen, welche zu diesem Geschlechte gehören, sind daher nicht nur ganz in einem endlichen Raume enthalten, sondern sie haben auch insgesammt einen Mittelpunkt, in welchem sich die drei Diametral-Ebenen unter rechten Winkeln schneiden. Es sey, Fig. 143., C der Mittelpunkt dieser Figur, und CA, CB, CD die auf einander senkrechten Hauptaxen, welchen die Coordinaten p, q und r parallel sind: so sind die drei Diametral-Ebenen ABab, ADa und BDb, und durch dieselben wird dieser Körper in je zwei gleiche und ähnliche Theile getheilt.

§. 117.

Man setze $r = o$, so drückt die Gleichung $App + Bqq = aa$ die Natur des Hauptschnittes ABab aus, der also eine Ellipse seyn wird, welche den Mittelpunkt in C, und die Halbaxen $CA = Ca = \frac{a}{\sqrt{A}}$, und $CB = Cb = \frac{a}{\sqrt{B}}$ hat. Setzt man $q = o$, so gehört die Gleichung $App + Crr = aa$ dem Hauptschnitte ADa zu, der also ebenfalls eine Ellipse ist, welche den Mittelpunkt in C hat, und deren Halbaxen $CA = Ca = \frac{a}{\sqrt{A}}$, und $CD = \frac{a}{\sqrt{C}}$ sind. Setzt man endlich $p = o$, so bekommt man für den dritten Hauptschnitt BDb die Gleichung $Bqq + Crr = aa$, der daher auch eine Ellipse ist, deren Mittelpunkt in C liegt, und deren Halbaxen $CB = Cb = \frac{a}{\sqrt{B}}$ und $CD = \frac{a}{\sqrt{C}}$ sind. Kennt man aber diese drei Hauptschnitte, oder bloß ihre Hauptaxen $CA = \frac{a}{\sqrt{A}}$; $CB = \frac{a}{\sqrt{B}}$ und $CD = \frac{a}{\sqrt{C}}$: so ist dadurch auch die Natur dieses Körpers bekannt. Da die drei Hauptschnitte dieses ersten Geschlechts der Flächen der zweiten Ordnung Ellipsen sind, so kann man diese Flächen Elliptoiden nennen.

§. 118.

Zu diesem Geschlechte gehören drei Arten, die vor andern zu merken sind. Die erste ist, wenn alle drei Hauptaxen CA, CB und CD einander gleich sind. In diesem Falle gehen die gedachten Hauptschnitte in Kreise, und der Körper in eine Kugel über, deren Gleichung, wie wir oben gesehen haben, $pp + qq + rr = aa$ ist. Die zweite Art begreift die Fälle unter sich, wo zwei Hauptaxen einander gleich sind. Es sey nemlich $CD = CB$, oder $C = B$, so wird der Schnitt BDb ein Kreis, und aus der Gleichung $App + B(qq + rr) = aa$ erhellet, daß alle diesem parallele Schnitte ebenfalls Kreise seyn werden. Es wird daher dieser Körper ein längliches Sphäroid, wenn AC größer als BC, und ein zusammengedrücktes, wenn AC kleiner als BC. Die dritte Art begreift endlich die Körper unter sich, wo die drei Coefficienten A, B und C ungleich sind, und diese behalten den allgemeinen Namen der Elliptoiden.

§. 119.

Die folgenden Geschlechter der Flächen der zweiten Ordnung sind in dieser Gleichung enthalten:

$$App + Bqq + Crr = aa,$$

und zwar zuvörderst, wenn von den Coefficienten A, B und C gar keiner fehlt, und entweder einer oder zwei negativ sind. Es sey bloß der eine von ihnen negativ, wobei wir folgende Gleichung

$$App + Bqq - Crr = aa$$

betrachten wollen, bei welcher wir annehmen, daß A, B und C positive Größen bedeuten. Was den Mittelpunkt dieses Körpers, und seine Diametral-Ebenen betrifft, so verhält es sich damit eben so wie vorhin. Es erhellet also, daß der erste Hauptschnitt dieses Körpers ABab, Fig. 144., eine Ellipse ist, deren Halbaxen $AC = \frac{a}{\sqrt{A}}$, und $BC =$

$\frac{a}{\sqrt{B}}$ sind. Die beiden übrigen Hauptschnitte Aq und BS aber sind Hyperbeln, welche den Mittelpunkt in C, und die halbe zugehörige Axe $= \frac{a}{\sqrt{C}}$ haben.

§. 120.

Es stellt also diese Fläche einen Trichter vor, der oben und unten nach Hyperbeln abweicht, und es hat daher dieselbe einen Kegel zur Asymptote, welcher durch die Gleichung $App + Bqq - Crr = o$ ausgedrückt wird, den Scheitel in dem Mittelpunkt C hat, und dessen Seiten die Asymptoten der Hyperbeln sind. Es steht aber dieser Asymptoten-Kegel zwischen der Fläche, und ist ein gerader, wenn $A = B$, und ein schiefer, wenn A nicht $= B$ ist. Die Axe desselben ist die gerade auf der Ebene ABa senkrechte Linie CD. Uebrigens sind alle der Axe CD senkrechte Schnitte Ellipsen, welche der Ellipse ABab ähnlich sind, so wie hingegen die, welche auf der Ebene ABab senkrecht sind, Hyperbeln; daher man auch diese Flächen elliptisch-hyperbolische nennen kann, welche ihren Asymptoten-Kegel umgeben. Diese Flächen machen also unser zweites Geschlecht aus.

§. 121.

Bei diesem Geschlechte können wieder drei Arten von einander unterschieden werden. Die erste ist diejenige, welche entsteht, wenn $a = o$ ist, in welchem Falle die Ellipse ABab in einem Punkt verschwindet, die Hyperbeln in gerade Linien übergehen, und die Fläche selbst ganz mit ihrer Asymptote zusammenfällt. Es faßt daher diese erste Art alle gerade sowohl als schiefe Kegel unter sich, worauf man eine neue Abtheilung gründen könnte. Die zweite Art ergiebt sich, wenn $A = B$ wird, in welchem Falle die Ellipse ABab in einen Kreis übergeht, und die Fläche selbst eine runde oder gedrehete Fläche wird. Es entsteht nemlich diese Fläche, wenn sich eine Hyperbel um ihre zugehörige Axe dreht. Die dritte Art kommt mit dem Geschlechte selbst überein.

§. 122.

Das dritte Geschlecht wollen wir auf die Art bestimmen, daß dabei zwei Coefficienten der Glieder pp, qq und rr negativ werden, und es ist daher die Gleichung für dieses Geschlecht

$$App - Bqq - Crr = aa.$$

Setzt man also $r = o$, so ist der erste Hauptschnitt EAFeaf, Fig. 145., eine Hyperbel, welche den Mittelpunkt in C hat, und deren Halbaxen $\frac{a}{\sqrt{A}}$ und $\frac{a}{\sqrt{B}}$ sind. Der andere Hauptschnitt, welchen man erhält, wenn man q = o setzt, ist gleichfalls eine Hyperbel AQ, aq, welche eben dieselbe halbe Zwergaxe hat, deren zugehörige Halbaxe aber = $\frac{a}{\sqrt{C}}$ ist. Der dritte Hauptschnitt wird imaginär. Endlich liegt diese ganze Fläche zwischen der conischen Asymptoten-Fläche, und man kann sie daher die hyperbolisch-hyperbolische nennen, welche in einen Asymptoten-Kegel beschrieben ist. Wenn B = C wird, so ist die Fläche rund, denn sie entsteht alsdann durch Umdrehung einer Hyperbel um ihre Zwergaxe, woraus man eine besondere Art machen könnte. Wenn aber a = o gesetzt wird, so ergiebt sich eine conische Fläche, welche wir bereits als eine Art des vorhergehenden Geschlechtes betrachtet haben.

§. 123.

Um die folgenden Glieder kennen zu lernen, wollen wir annehmen, daß einer von den Coefficienten A, B und C verschwinde. Es sey also C = o, so ist die §. 114. gefundene allgemeine Gleichung

$$App + Bqq + Gp + Hq + Ir + K = o$$

aus welcher man durch Vergrößerung oder Verkleinerung der Ordinaten p und q zwar die Glieder Gp und Hq, aber nicht Ir wegschaffen kann. Es bleibt also das Glied Ir in der Gleichung zurück; allein man kann vermittelst desselben das letzte Glied K wegbringen, und wir haben daher die Gleichung

$$App + Bqq = rr$$

wobei zwei Fälle zu erwägen sind. Der erste findet statt, wenn beide Coefficienten A und B positiv sind; der andere, wenn der eine davon negativ ist. In beiden Fällen ist der Mittelpunkt der Fläche in der Axe CD befindlich, aber unendlich weit entfernt.

§. 124.

Es seyen zuvörderst beide Coefficienten A und B positiv, so bekommt man das vierte Geschlecht, welches durch diese Gleichung:

$$App + Bqq = ar$$

ausgedrückt wird. Der erste Hauptschnitt, welcher entsteht, wenn man r = o setzt, verschwindet demnach in einen Punkt, der andere und dritte, wovon jener entsteht, wenn man q = o, und dieser, wenn man p = o setzt, sind beide Parabeln, nemlich MAm und NAn, Fig. 146. Da also bei dieser Fläche alle auf der Axe AD senkrechte Schnitte Ellipsen, die Schnitte aber, welche durch die Axe gehen, Parabeln sind, so wollen wir die Körper dieses Geschlechtes elliptisch parabolische Körper nennen. Es giebt davon zwei Arten; die eine findet statt, wenn $A = B$ ist, in welchem Falle der Körper ein runder Körper wird, und kegelförmig parabolisch heißt; die andere entsteht, wenn $a = o$ ist, und $App + Bqq = bb$ wird. Diese Art giebt Cylinder, sowohl gerade, wenn $A = B$, als schiefe, wenn A nicht $= B$ ist.

§. 125.

Das fünfte Geschlecht ist in der Gleichung

$$App - Bqq = ar$$

enthalten, und sein erster Hauptschnitt, wenn $r = o$ wird, sind zwei gerade Linien Ee und Ff, welche sich in dem Punkte A schneiden. Alle Schnitte, welche diesem parallel sind, sind Hyperbeln, welche ihre Mittelpunkte in der Axe AD haben, und zwischen den Asymptoten Ee und Ff liegen. Die beiden Ebenen, welche auf der Ebene ABC in den Linien Ee und Ff senkrecht stehen, fallen im Unendlichen mit der gegebenen Fläche zusammen, und es hat daher diese Fläche zwei sich schneidende Ebenen zu Asymptoten. Die übrigen Hauptschnitte sind Parabeln, und man kann daher die zu diesem Geschlechte gehörigen Flächen parabolisch-hyperbolische nennen, die zwei Ebenen zu Asymptoten haben. Eine Art davon, (wenn $a = o$ wird, so daß $App - Bqq = bb$ ist), ist der hyperbolische Cylinder, dessen auf der Axe AD senkrechte Schnitte insgesammt unter einander gleiche Hyperbeln sind. Ist überdem $b = o$, so entstehen die beiden Asymptoten-Ebenen.

§. 126.

Das sechste Geschlecht der Flächen der zweiten Ordnung endlich ist in der Gleichung enthalten:

$$App = aq$$

und diese giebt einen parabolischen Cylinder, dessen auf der Axe AB senkrechte Schnitte insgesammt einander ähnliche und gleiche Parabeln sind, so daß die Scheitel derselben in die gerade Linie AD fallen, und die Axen einander parallel sind. Auf diese sechs Geschlechter lassen sich also alle Flächen der zweiten Ordnung zurückführen, so daß keine angegeben werden kann, die nicht darunter begriffen wäre. Wenn übrigens in dem letzten Geschlechte $a = o$, und also $App = bb$ ist, so giebt diese Gleichung zwei einander parallele Ebenen, die gleichsam eine Art dieses Geschlechts ausmachen. Es findet hier etwas ähnliches statt, wie bei den Linien der zweiten Ordnung, wo zwei sich schneidende gerade Linien als eine Art der Hyperbel, zwei parallele

Linien aber als eine Art von Parabel betrachtet werden können.

§. 127.

Ob wir gleich diese sechs Arten aus der einfachsten Gleichung abgeleitet haben, auf welche sich die Gleichung für die Flächen der zweiten Ordnung zurückführen läßt: so ist es nunmehr dennoch leicht, bei jeder gegebenen Gleichung des zweiten Grades das Geschlecht anzuzeigen, zu welchem die Fläche gehört. Ist nemlich die Gleichung

$$\alpha zz + \beta yz + \gamma xz + \delta yy + \varepsilon xy + \zeta zx + \eta z + \vartheta y + \iota x + k = o:$$

so muß man nach den höchsten Gliedern, worin zwei Dimensionen der veränderlichen Größen vorkommen, urtheilen, und also folgende Glieder betrachten

$$\alpha zz + \beta yz + \gamma xz + \delta yy + \varepsilon xy + \zeta xx.$$

Ist darin $4\alpha\zeta$ größer als $\gamma\gamma$; $4\alpha\delta$ größer als $\beta\beta$; $4\delta\zeta$ größer als $\varepsilon\varepsilon$, und

$$\alpha\varepsilon\varepsilon + \delta\gamma\gamma + \zeta\beta\beta \text{ kleiner als } \beta\gamma\varepsilon + 4\alpha\delta\zeta$$

so ist die Fläche in einem endlichen Raume enthalten, und gehört zu dem ersten Geschlechte der Elliptoiden.

§. 128.

Wenn eine oder mehrere von diesen Bedingungen fehlen, und gleichwohl nicht $\alpha\varepsilon\varepsilon + \delta\gamma\gamma + \zeta\beta\beta = \beta\gamma\varepsilon + 4\alpha\vartheta\zeta$ ist, so gehört die Fläche entweder zum zweiten oder zum dritten Geschlechte, und ist eine hyperbolische Oberfläche, die einen Kegel zur Asymptote hat, und entweder um denselben, wie beim zweiten, oder in demselben beschrieben ist, wie beim dritten Geschlechte. Wenn aber $\alpha\varepsilon\varepsilon + \delta\gamma\gamma + \zeta\beta\beta = \beta\gamma\varepsilon + 4\alpha\delta\zeta$ ist, so kann der Ausdruck

$$\alpha zz + \beta yz + \gamma xz + \delta yy + \varepsilon xy + \zeta xx$$

in zwei einfache, reelle oder imaginäre Faktoren aufgelöset werden. Im ersten Falle gehört die Fläche zu dem vierten, im andern zu dem fünften Geschlechte. Hat endlich der gedachte Ausdruck zwei gleiche Faktoren, oder ist derselbe ein Quadrat, so gehört die Fläche zu dem sechsten Geschlechte. Auf diese Art kann man sogleich beurtheilen, zu was für einem Geschlechte eine Fläche gehöre, und es findet sich bloß bei dem zweiten und dritten einige Schwierigkeit, daher man auch beide in eins zusammenfassen könnte.

§. 129.

Auf ähnliche Art lassen sich die Flächen der dritten und der folgenden Ordnungen behandeln und in Geschlechter eintheilen. Man braucht nemlich bloß die höchsten Glieder der Gleichungen in Erwägung zu ziehen, d. h. bei den Flächen der dritten Ordnung diejenigen, worin die Coordinaten drei Dimensionen haben, und welche also sind:

$$\alpha z^3 + \beta yz^2 + \gamma y^2 z + \delta x^2 z + \varepsilon xz^2 + \zeta xyz + \text{etc.}$$

Zuvörderst muß man also überlegen, ob diese Glieder zusammengenommen, oder das höchste Glied der Gleichung in einfache Faktoren aufgelöset werden kann oder nicht. Wenn diese Auflösung nicht statt findet, so hat die Fläche einen Kegel der dritten Ordnung zur Asymptote. Da aber die Natur dieses Kegels durch das höchste Glied ausgedrückt wird, wenn man dasselbe = o setzt, so giebt es mehrere dergleichen Kegel der dritten Ordnung, nach deren Verschiedenheit mehrere Geschlechter von Flächen entstehen. Denn obgleich alle Kegel der zweiten Ordnung zu einem Geschlechte gerechnet werden, indem sie entweder gerade oder schief sind, so findet doch bei der dritten Ordnung eine weit größere Mannigfaltigkeit statt.

§. 130.

Nachdem diese Geschlechter auseinandergesetzt sind, muß man die Fälle betrachten, wo das höchste Glied in einfache Faktoren, und zwar entweder in reelle oder in imaginäre aufgelöset werden kann. Es habe dasselbe zuvörderst einen und zwar reellen Faktor, so hat die Fläche eine ebene Asymptote. Der andere Faktor giebt, wenn man ihn = o setzt, entweder eine mögliche oder eine unmögliche Gleichung, und es giebt daher entweder eine einzige ebene Asymptote, oder die Fläche hat zwei Asymptoten, eine ebene, und einen Kegel der zweiten Ordnung. Sind drei Faktoren einfach, so sind, weil darunter allemal ein reeller ist, die beiden übrigen entweder ebenfalls reell oder imaginär, und daher entspringen wieder zwei neue Geschlechter. Endlich ergeben sich, wenn alle drei einfache Faktoren reell sind, noch daher zwei Geschlechter, ob davon zwei, oder ob alle drei einander gleich sind. Zu dieser Ordnung gehört übrigens keine Fläche, die sich nicht ohne Ende fort verbreitete.

Sechstes Capitel.

Von den Durchschnitten zweier Flächen.

§. 131.

In dem Vorhergehenden ist bereits die Methode beschrieben worden, die Natur des Durchschnitts zu erforschen, der aus der Durchschneidung einer Fläche von einer Ebene entsteht. Da nemlich die Curve, welche der Durchschnitt bildet, ganz in der schneidenden Ebene liegt, so haben wir in dieser Ebene zwei Coordinaten angenommen, dadurch die Natur des Durchschnitts bestimmt, und so die ganze Untersuchung aufs Bekannte zurückgeführt. Wenn aber die schneidende Fläche keine Ebene ist, so kann man auch, da alsdann der Durchschnitt nicht in eine Ebene fällt, die Natur desselben nicht durch zwei Coordinaten ausdrücken, sondern es ist eine andere Methode nöthig, um diese Durchschnitte auf die Art durch Gleichungen zu bestimmen, daß ein jeder Punkt derselben bekannt sey.

§. 132.

Es kann aber die Lage der Punkte, die nicht in einer Ebene liegen, bestimmt werden, wenn man drei auf einander senkrechte Ebenen zu Hülfe nimmt, und die Entfernungen eines jeden Punktes von diesen drei Ebenen angiebt. Es sind daher drei veränderliche Größen nöthig, um die Natur einer Curve, die nicht in einer Ebene liegt, auszudrücken, so daß bei willkührlicher Annahme der einen die beiden übrigen bestimmte Werthe bekommen. Hierzu reicht also eine Gleichung zwischen jenen drei Coordinaten nicht hin, indem diese die Natur der ganzen Fläche ausdrücken würde; sondern man hat zwei Gleichungen nöthig, durch welche, wenn die eine veränderliche Größe einen bestimmten Werth bekommt, zugleich die Werthe der beiden übrigen bestimmt werden.

§. 133.

Man drückt daher die Natur einer Curve, die nicht in einer Ebene liegt, am bequemsten durch zwei Gleichungen zwischen drei veränderlichen Größen x, y und z aus, welche drei auf einander senkrechte Coordinaten vorstellen. Vermittelst solcher zwei Gleichungen können zwei veränderliche Größen durch die dritte bestimmt werden, indem sowohl y als z einer Funktion von x gleich seyn wird. Auch kann man nach Gefallen eine von den veränderlichen Größen eliminiren, und also drei Gleichungen machen, deren jede nur zwei veränderliche Größen enthält, eine nemlich zwischen x und y, die andere zwischen x und z, und die dritte zwischen y und z. Von diesen drei Gleichungen ergiebt sich die dritte aus den beiden übrigen von selbst, so daß man, wenn man die Gleichungen zwischen x und y, und zwischen x und z hat, die dritte zwischen y und z durch die Elimination von x findet.

§. 134.

Es sey also eine krumme Linie, die nicht in eine Ebene falle, gegeben, und M, Fig. 148., sey ein Punkt in ihr. Man nehme nach Belieben die drei auf einander senkrechte Axen AB, AC und AD an, so daß dadurch die drei auf einander senkrechte Ebenen ABC, BAD und CAD bestimmt werden. Ferner fälle man aus dem Punkte der Curve M auf die Ebene BAC die senkrechte Linie MQ herab, und ziehe aus dem Punkte Q auf die Axe AD die gerade Linie QP senkrecht, so sind AP, QP und QM die drei Coordinaten, durch welche die Curve bestimmt ist, wenn man dazwischen zwei Gleichungen hat. Es sey also AP = x, PQ = y und QM = z, und aus den beiden zwischen x, y und z gegebenen Gleichungen mache man durch die Elimination eine Gleichung, welche bloß x und y enthalte: so wird diese Gleichung die Lage des Punktes Q in der Ebene BAC bestimmen, und alle auf die beschriebene Art aus dem Punkte M entstandenen Punkte Q werden die Curve EQF geben, deren Natur durch die Gleichung zwischen x und y ausgedrückt wird.

§. 135.

Auf diese Art läßt sich die Natur der Curve EQF aus zwei zwischen den drei Coordinaten gegebenen Gleichungen leicht erkennen; es entsteht aber diese Curve, wenn man aus den Punkten M der gesuchten Curve die senkrechten Linien MQ auf die Ebene BAC herabfällt, und man pflegt dieselbe die Projection der Curve GMH in der Ebene BAC zu nennen. So wie aber die in der Ebene BAC entworfene Projection gefunden wird, wenn man die veränderliche Größe z eliminirt: so kann man auch die Projection eben dieser Curve in der Ebene BAD oder CAD finden, wenn man entweder y oder x wegschafft. Eine Projection reicht indeß nicht hin, die Natur der Curve GMH zu erkennen; wenn man aber für jeden Punkt Q die senkrechten Linien QM = z kennt, so läßt sich die Curve GMH sehr leicht aus der Projection EQF construiren. Hierzu wird erfordert, daß man außer der Gleichung zwischen x und y, wodurch die Natur der Projection ausgedrückt wird, eine Gleichung zwischen z und x, oder zwischen z und y, oder auch zwischen x, y und z habe, um daraus die Länge des Perpendikels QM = z für einen jeden Punkt Q zu erkennen.

§. 136.

Da die Gleichung zwischen z und x die Projection der Curve GMH in der Ebene BAD, die Gleichung zwischen z und y aber die Projection in der Ebene CAD, und die Gleichung zwischen x, y und z die Fläche ausgedrückt, in welcher die Curve GMH liegt: so erhellet einmal, daß durch zwei Projectionen der Curve GMH in zweien Ebenen diese Curve selbst bekannt werde. Ferner ist klar, daß ein gleiches statt finde, wenn außer der Fläche, in welcher die Curve liegt, noch eine Projection derselben in einer Ebene gegeben ist. Denn errichtet man aus den Punkten der Projection die senkrechten Linien QM, so giebt ihr Durchschnitt mit der Fläche die gesuchte Curve GMH.

§. 137.

Nach diesen allgemeinen Bemerkungen über die Erforschung der Natur einer jeden Curve, die nicht in einer Ebene liegt, ist es nicht schwer, den Durchschnitt jeder zwei Flächen zu bestimmen. Denn so wie der Durchschnitt zweier Ebenen eine gerade Linie ist, so ist der Durchschnitt zweier Flächen überhaupt, entweder eine gerade oder eine krumme Linie, und diese liegt entweder in einer Ebene oder nicht. Er mag indeß beschaffen seyn, wie er wolle, so gehören alle seine Punkte zu beiden Flächen, und er muß daher in den Gleichungen für beide Flächen enthalten seyn. Wenn also beide Flächen durch Gleichungen zwischen drei Coordinaten ausgedrückt werden, die auf eben dieselben drei auf einander senkrechte Hauptebenen, oder auf eben dieselben drei auf einander senkrechte Axen AB, AC, AD bezogen werden: so drücken diese beiden Gleichungen zusammen die Natur des Schnittes aus.

§. 138.

Sind also zwei Flächen gegeben, welche sich schneiden, so muß man die Natur einer jeden durch eine Gleichung zwischen drei Coordinaten ausdrücken, welche auf einerlei Hauptaxen bezogen werden, wodurch man zwei Gleichungen zwischen x, y und z von der Art bekommt, daß die Gleichung, welche man daraus durch die Elimination der einen dieser veränderlichen Größe erhält, die Projection des Durchschnitts in der Ebene ausdrückt, welche die beiden übrigen veränderlichen Größen enthält. Auf diese Art läßt sich daher auch der Schnitt einer jeden Fläche von einer Ebene erforschen. Denn da die allgemeine Gleichung für die Ebenen $\alpha z + \beta y + \gamma x = f$ ist, so bekommt man, wenn man den Werth von z, der aus dieser Gleichung entspringt, oder $z = \frac{f - \beta y - \gamma x}{\alpha}$ in die Gleichung für die Fläche bringt, eine Gleichung für die Projection des Schnittes in der Ebene der Coordinaten x und y. Es giebt aber auch zugleich die Gleichung $z = \frac{f - \beta y - \gamma x}{\alpha}$ die Größe des Perpendikels QM für einen jeden Punkt Q.

§. 139.

Ereignet es sich, daß die Gleichung für die Projection unmöglich wird, wie z. B. wenn man $xx + yy + aa = 0$ fände: so ist dieses ein Kennzeichen, daß die beiden Flächen sich nirgends scheiden. Wenn aber die Gleichung auf f einen Punkt führt, oder die Projection in einen Punkt verschwindet: so ist auch der Durchschnitt ein Punkt, und es berühren sich daher beide Flächen in einem Punkte, welchen man also aus der Gleichung kennen lernen kann. Es giebt aber außerdem auch eine Berührung in einer Linie, wenn sich beide Flächen in unzähligen Punkten berühren und diese Berührungslinie ist entweder gerade oder krumm. Jenes findet statt, wenn eine Ebene einen Cylinder oder einen Keggel berührt, da hingegen der gerade Kegel von einer Kugel innerhalb in einem Kreise berührt wird. Diese Berührungslinie erkennt man aus der Gleichung, wenn man daraus für die Projection eine Gleichung erhält, welche zwei gleiche Wurzeln hat, weil die Berührung nichts anders ist, als das Zusammenfallen zweier Durchschnitte.

§. 140.

Um dieses deutlicher zu machen, wollen wir annehmen, daß eine Kugel von einer Ebene geschnitten werde. Ferner sey die Gleichung für die Kugel, nach dem Mittelpunkte eingerichtet,

$$zz + yy + xx = a$$

und die Gleichung für die Ebene in jeder Lage,

$$\alpha z + \beta y + \gamma x = f.$$

Da aus dieser letzten Gleichung $z = \frac{f - \beta y - \gamma x}{\alpha}$ wird, so erhält man folgende Gleichung zwischen x und y für die Projection:

$$o = ff - \alpha^2 a^2 - 2\beta f y - 2\gamma f x + (\alpha^2 + \beta^2)y^2 + 2\beta\gamma xy + (\alpha^2 + \gamma^2)xx$$

wovon erhellet, daß sie eine Gleichung für eine Ellippse ist, wenn sie reell ist. Wird sie imaginär, so wird die Kugel nirgends von der Ebene berührt; und verschwindet die Ellipse in einen Punkt, so berühren sich die Kugel und die Ebene. Um diesen Fall zu finden, suche man

$$y = \frac{bf - b\gamma x \pm \alpha\sqrt{(a^2(\alpha^2 + \beta)^2 - f^2 + 2\gamma f x - (\alpha^2 + \beta^2 + \gamma\gamma^2)xx)}}{\alpha^2 + \beta^2}$$

wo es weder einen Berührungspunkt noch einen Durchschnitt giebt, wenn f einen solchen Werth hat, daß die Wurzel-Größen nicht reell werden können.

§. 141.

Setzt man $f = a\sqrt{(\alpha^2 + \beta^2 + \gamma^2)}$, so wird

$$y = \frac{\beta f - \beta\gamma x \pm \alpha x\sqrt{-(\alpha^2 + \beta^2 + \gamma^2)} \mp \alpha\gamma a\sqrt{-1}}{\alpha^2 + \beta^2}$$

und diese Gleichung kann nicht reell seyn, wofern nicht

$$x = \frac{\gamma a}{\sqrt{(\alpha^2 + \beta^2 + \gamma^2)}} \text{ und } y = \frac{\beta a}{\sqrt{(\alpha^2 + \beta^2 + \gamma^2)}}$$

ist. Ist daher $f = a\sqrt{(\alpha^2 + \beta^2 + \gamma^2)}$, so berührt die Ebene, welche durch die Gleichung $\alpha z + \beta y + \gamma x = f$ ausgedrückt wird, die Kugel, und man findet den Berührungspunkt, wenn man

$$x = \frac{\gamma a}{\sqrt{(\alpha^2 + \beta^2 + \gamma^2)}};\ y = \frac{\beta a}{\sqrt{(\alpha^2 + \beta^2 + \gamma^2)}};\ \text{und}$$

$$z = \frac{\alpha a}{\sqrt{(\alpha^2 + \beta^2 + \gamma^2)}}$$

nimmt.

§. 142.

Hieraus läßt sich eine allgemeine Regel herleiten, durch welche man in den Stand gesetzt wird, zu beurtheilen, ob eine Fläche von einer Ebene, oder einer andern Fläche berührt werde oder nicht. Hat man nemlich aus beiden Gleichungen eine veränderliche Größe weggeschafft, so muß man untersuchen, ob die dadurch erhaltene Gleichung in einfache Faktoren aufgelöset werden kann oder nicht. Denn hat sie zwei einfache imaginäre Faktoren, so giebt es einen Berührungspunkt, welchen man kennen lernt, wenn man jeden Faktor = o setzt. Hat sie hingegen zwei reelle und einander gleiche Faktoren, so berühren sich die Flächen in einer geraden Linie. Hat sie endlich zwei nicht einfache gleiche Faktoren, oder ist sie durch ein Quadrat theilbar, so giebt ihre Wurzel, = o gesetzt, die Projection der Linie, welche durch die Berührung entsteht. Hieraus erhellet auch, daß sich die Flächen, wenn die gedachte Gleichung vier imaginäre Faktoren hat, in zwei Punkten berühren.

§. 143.

Um dieses deutlicher zu machen, wollen wir die Berührung eines Kegels und einer Kugel untersuchen, deren Mittelpunkt in der Axe des Kegels liegt. Es ist aber die Gleichung für die Kugel:

$$zz + yy + xx = aa$$

und die für den Kegel, wenn man den Scheitel des Kegels um f von dem Mittelpunkte der Kugel entfernt annimmt:

$$(f - z)^2 = mxx + nyy.$$

Schafft man y weg, so wird

$$(f - z)^2 = naa - nzz + (m - n)xx$$

die Gleichung für die Projection des Durchschnitts in der Ebene der Coordinaten x und z. Es sey zuvörderst der Kegel ein gerader, oder $m = n$, so wird

$$z = \frac{f \pm \sqrt{(n(1+n)aa - nff)}}{1+n}.$$

Wenn also $f = a\sqrt{(1+n)}$ ist, so ist zweifach $z = \frac{a}{\sqrt{(1+n)}}$ und es giebt eine Berührungslinie, nemlich den Kreis, dessen Projection in der Ebene, welche durch die Axe geht, eine gerade auf der Axe senkrechte Linie ist.

§. 144.

Für den schiefen Kegel, wo m und n ungleich sind, scheint die Gleichung allemal einen Durchschnitt zu geben, da doch öfters keiner statt findet. Denn wenn m größer ist als n, so erhält man zwar allezeit eine reelle Gleichung für die Projection, allein die Realität der Projection zieht nicht immer die Realität des Durchschnitts nach sich. Denn soll der Durchschnitt reell seyn, so ist dazu nicht genug, daß bloß die Projection, sondern es müssen auch die von der Projection nach dem Durchschnitte gezogenen Perpendikel reell seyn. Ob also gleich jede reelle Curve reelle Projectionen hat, so darf man doch nicht von der Realität der Projection auf die Realität der gesuchten Curve schließen. Diese Regel muß man stets vor Augen behalten, damit man von der Realität der Gleichungen für die Projectionen keinen falschen Gebrauch mache.

§. 145.

Man vermindert diese Unbequemlichkeit, wenn man die Projection in der Ebene der Ordinaten x und y sucht. Denn da in dieser Ebene kein Punkt ist, dem nicht ein Punkt in der conischen Fläche zugehöre: so wird, wenn die Projection reell ist, auch allemal der Durchschnitt reell. Da also

$$z = \sqrt{(aa - xx - yy)}$$

ist, so wird aus der andern Gleichung

$$f - \sqrt{(aa - xx - yy)} = \sqrt{(mxx + nyy)}$$

oder

$$aa + ff - (1+m)xx - (1+n)yy = 2f\sqrt{(aa - xx - yy)}$$

und ferner

$$\left.\begin{matrix} (aa-ff)^2 \begin{matrix} -2aa-ff \\ -2(aa-ff)m \end{matrix}\Big\} x^2 \begin{matrix} -2aa-ff \\ -2(aa-ff)n \end{matrix}\Big\} y^2 + \\ (1+m)^2x^4 + 2(1+m)(1+n)x^2y^2 + (1+n)^2y^4 \end{matrix}\right\} = 0$$

und daher wird

$$\left.\begin{matrix} \dfrac{aa - ff + n(aa+ff) - (1+m)(1+n)xx +}{(1+n)^2} \\ \dfrac{2f}{(1+n)^2}\sqrt{(n(1+n)aa - nff + (m-n)(1+n)xx} \end{matrix}\right\} = y^2

und

$$\left.\begin{array}{l}\dfrac{aa - ff + m(aa + ff) - (1+m)(1+n)yy \pm}{(1+m)^2} \\ \dfrac{2f}{(1+m)^2}\sqrt{(m(1+m)aa - mff + (n-m)(1+m)yy}\end{array}\right\} = x^2.$$

§. 146.

Soll also die gefundene Gleichung Faktoren haben, so muß

$$ff = (1+n)aa; \text{ oder } ff = (1+m)aa$$

seyn. Im ersten Falle wird

$$yy = \frac{naa - (1+m)xx}{1+n} \pm \frac{2fx\sqrt{(m-n)}}{(1+n)\sqrt{(1+n)}}$$

wo, wenn m kleiner als n ist, nothwendig

$$x = o; \ y = \pm a\sqrt{\frac{n}{1+n}}, \text{ und } z = \frac{a}{\sqrt{(1+n)}}$$

seyn muß. Es giebt also zwei Berührungspunkte, die von der Axe des Kegels auf beiden Seiten gleich weit entfernt sind. Wenn aber m größer als n ist, so muß man die andere Gleichung

$$xx = \frac{maa - (1+n)yy}{1+m} \pm \frac{2fy\sqrt{(n-m)}}{(1+m)\sqrt{(1+m)}}$$

nehmen, die nicht reell seyn kann, wenn nicht $y = o$ ist, in welchem Falle $x = \pm a\sqrt{\frac{m}{1+m}}$, und $z = \frac{a}{\sqrt{(1+m)}}$ wird. Alsdann giebt es zwei andere Berührungspunkte, indem die Berührung in dem Theile des Kegels geschieht, wo diese Punkte am nächsten zusammenfallen. Auf ähnliche Art läßt sich die Berührung in allen einzelnen Fällen beurtheilen.

§. 147.

Die leichteste Art aber, die berührenden Ebenen jeder Art der Flächen zu finden, läßt sich aus der oben erklärten Methode, die Tangenten der Curven zu finden, herleiten. Es sey die Natur der Fläche, deren Berührungsebenen gesucht werden, durch eine Gleichung zwischen den drei Coordinaten $AP = x$; $PQ = y$; und $QM = z$, Fig. 149., ausgedrückt, und daraus die Lage der Ebene, welche die Fläche in dem Punkte M berührt, zu bestimmen. Wird die Fläche von irgend einer durch M gehenden Ebene geschnitten, so muß die Tangente des dadurch entstandenen Schnittes für den Punkt M in der berührenden Ebene liegen. Wenn man also die Tangenten zweier solcher Schnitte für den Punkt M gefunden hat, so muß die Ebene, welche durch diese beiden Tangenten bestimmt wird, auch die Fläche in dem Punkte M bezeichnen.

§. 148.

Es werde also zuvörderst die Fläche von einer auf der Ebene APQ senkrechten Ebene geschnitten, und zwar nach der geraden der Axe AP parallelen Linie QS. Ferner sey auf ähnliche Art ein Schnitt durch M senkrecht auf die Ebene APQ aber nach der Linie QP, welche auf der Axe AP perpendiculär ist; oder es sey der erste Schnitt auf der Axe AB, und der andere auf der Axe AP senkrecht. Es sey EM der erste Schnitt, dessen Tangente MS, welche der QS in dem Punkte S begegnet, gesucht werde, so daß QS die Subtangente sey. Der andere Schnitt sey die Curve FM, seine Tangente MT, und die Subtangente QT. Hat man diese gefunden, so wird die Ebene SMT die Fläche in dem Punkte M berühren. Zieht man also die ST, so giebt dieselbe den Durchschnitt der berührenden Ebene mit der Ebene APQ; und wenn man aus Q auf ST die senkrechte Linie QR zieht, so verhält sich QR zu QS wie der Radius zur Tangente des Winkels MRQ, unter welchem die berührende Ebene gegen die Ebene APQ geneigt ist.

§. 149.

Angenommen, daß die Subtangenten QS = s, und QT = t nach der oben erklärten Methode gefunden seyen; so wird

$$PT = t - y;\ PX = s - \frac{sy}{t};\ \text{und also}$$

$$AX = x + \frac{sy}{t} - s.$$

Man lernt also hierdurch den Punkt X kennen, in welchem die gerade Linie ST die Axe AP schneidet, und da AXS = TSQ ist, so ist die Tangente dieses Winkels $= \frac{t}{s}$, und dadurch wird die Lage des Schnitts der berührenden Ebene mit der Ebene APQ bekannt. Da ferner $ST = \sqrt{(ss+tt)}$ ist, so wird $QR = \frac{st}{\sqrt{(ss+tt)}}$, und dividirt man damit die QM, so bekommt man die Tangente des Neigungswinkels $MRQ = \frac{z\sqrt{(ss+tt)}}{st}$. Zieht man außerdem MN senkrecht auf MR, so ist diese Linie sowohl auf der berührenden Ebene als auf der Fläche selbst in dem Punkte M senkrecht, und man erkennt ihre Lage aus $QN = \frac{zz\sqrt{(ss+tt)}}{st}$.

Man ziehe aus N auf die Axe AP die NV senkrecht, so wird, weil QNV = QST ist, PV = $\frac{zz}{t}$ = QW; und NW = $\frac{zz}{t}$. Wenn daher auf diese Art die Lage des Punktes N in der Ebene APQ bestimmt wird, so steht die gerade Linie NM auf der Fläche senkrecht.

§. 150.

Wie der Durchschnitt zweier Flächen durch Projectionen erforscht werden müsse, ist bereits oben gezeigt worden; jetzt wollen wir untersuchen, zu was für einer Ordnung die Projection gehöre, wenn solche nach der Ordnung der Fläche bestimmt werden soll. Zuvörderst also geben zwei Flächen der ersten Ordnung oder zwei Ebenen für den Durchschnitt und seine Projection eine Linie der ersten Ordnung. Dann haben wir auch gesehen, daß diese Projection nicht über die zweite Ordnung aufsteigen kann, wenn die eine Fläche zur zweiten, die andere zur ersten Ordnung gehört. Eben so ist offenbar, daß eine Projection nicht zu einer höhern, als der dritten Ordnung gehören werde, wenn die eine Fläche eine Fläche der dritten, und die andere eine Fläche der ersten Ordnung ist, u. s. w. Wenn aber beide Flächen zur zweiten Ordnung gehören, so wird die Projection des Durchschnitts entweder zur vierten oder zu einer niedrigern Ordnung gehören, und überhaupt ist die höchste Ordnungszahl der Projection mn, wenn die Ordnungszahl der einen Fläche m, und die der andern n ist.

§. 151.

Wenn keine von den sich schneidenden Flächen eine Ebene ist, so ist ihr Durchschnitt meistens eine Curve, die nicht in einer Ebene liegt; doch kann auch der ganze Schnitt in einer Ebene sich befinden, und dieses geschiehet, wenn die Gleichungen beider Flächen zusammengenommen eine Gleichung, wie $\alpha z + \beta y + \gamma z = f$ in sich enthalten. Um zu beurtheilen, ob dieses seyn werde, bestimme man aus beiden Gleichungen die beiden veränderlichen Größen z und y durch die dritte x, und dabei werde z = P, und y = Q, wo P und Q Funktionen von x sind. Dann überlege man, ob es eine Zahl n gebe, wobei sich in P + nQ alle Potestäten von x bis auf die erste x und die beständigen Glieder einander aufheben. Ist dieses, und ist P + nQ = mx + k, so liegt der Schnitt in einer Ebene, und diese Ebene wird durch die Gleichung z + ny = mx + k ausgedrückt.

§. 152.

Es seyen z. B. zwei Flächen der zweiten Ordnung, ein gerader Kegel, $zz = xx + yy$, und eine elliptisch hyperbolische Fläche des zweiten Geschlechts $zz = xx + 2yy - 2ax - aa$ gegeben. Da hieraus $xx + 2yy - 2ax - aa = xx + yy$ wird, so ist $y = \sqrt{(2ax + aa)}$ und $z = x + a$; und diese letzte Gleichung zeigt schon an, daß der ganze Schnitt in einer Ebene liegen werde, deren Lage durch die Gleichung $z = x + a$ bestimmt wird. Auf diese Art lassen sich eine Menge von Aufgaben, die Natur der Flächen betreffend, auflösen. Reicht indeß das Bisherige nicht hin, so ist dazu die Analysis des Unendlichen erforderlich, wozu die gegenwärtigen Bücher den Weg bahnen.

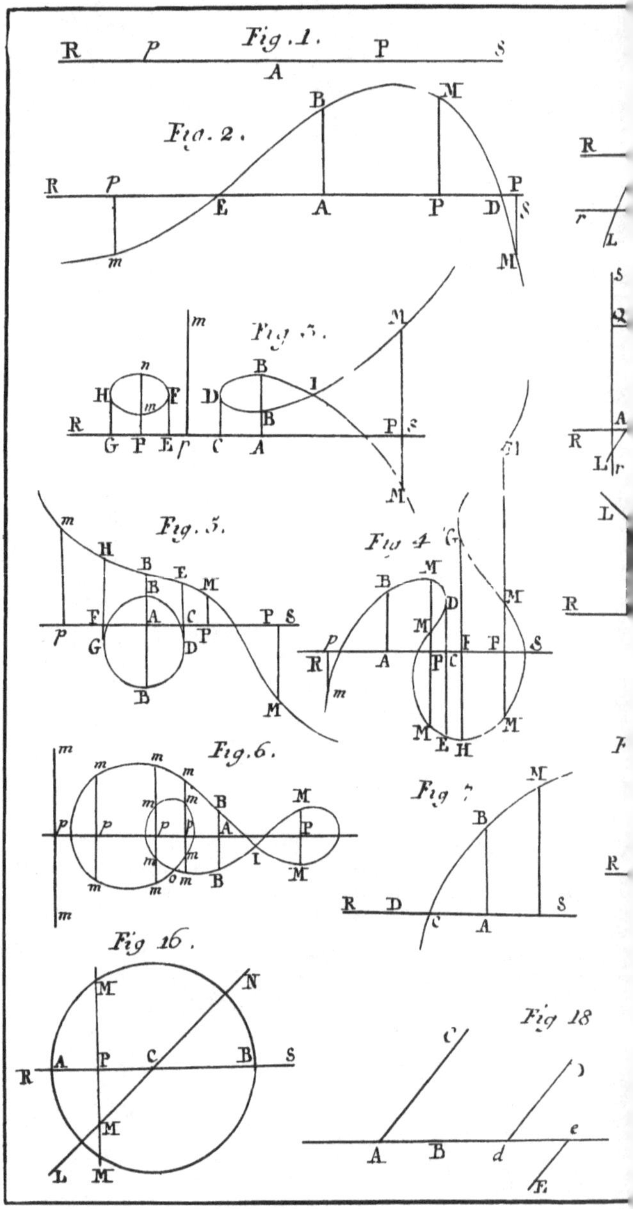
Fig. 1.
Fig. 2.
Fig. 3.
Fig. 5.
Fig. 4
Fig. 6.
Fig. 7
Fig. 16.
Fig. 18

Tab. I.

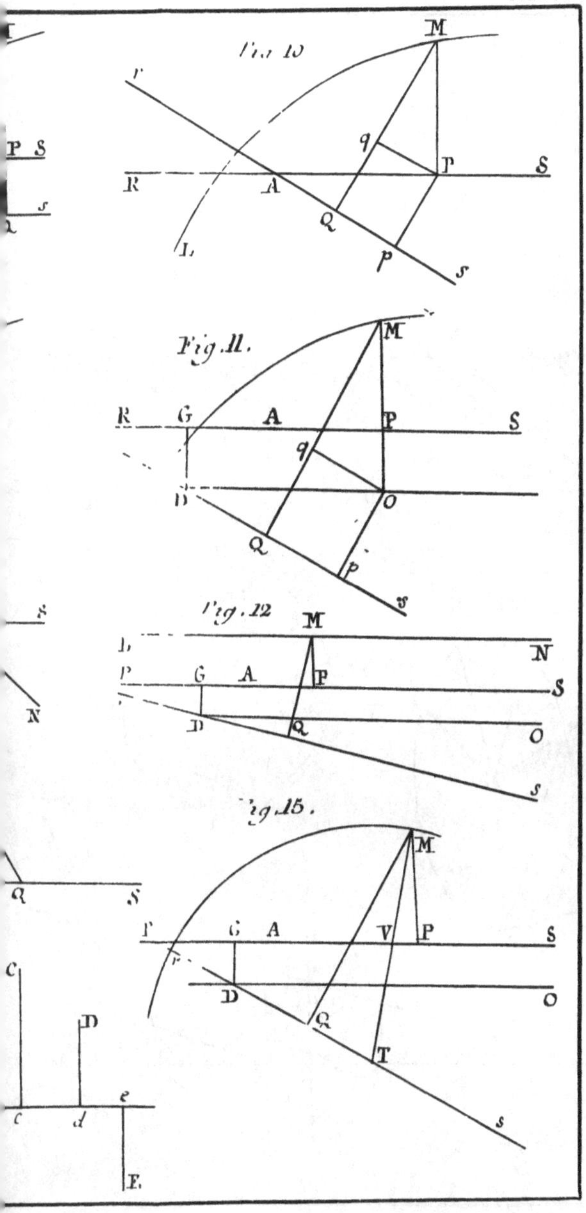

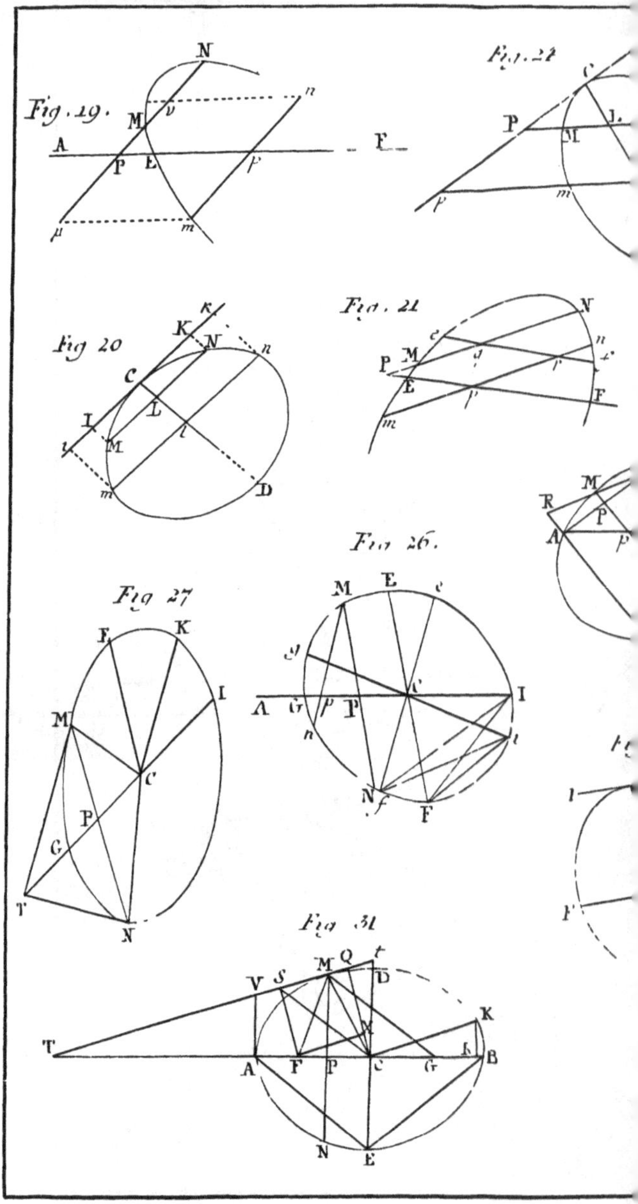
Fig. 19.
Fig 20
Fig. 21
Fig 26.
Fig 27
Fig 31

Fig. 25

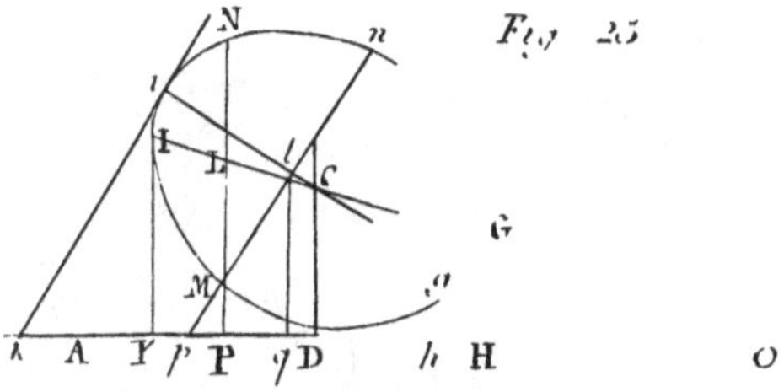

Fig. 23

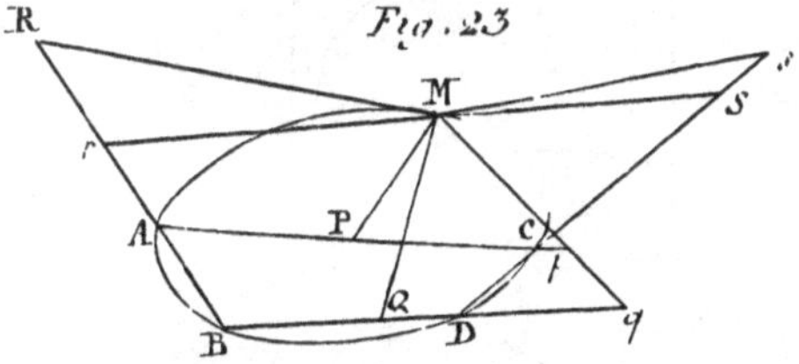

Fig. 30.

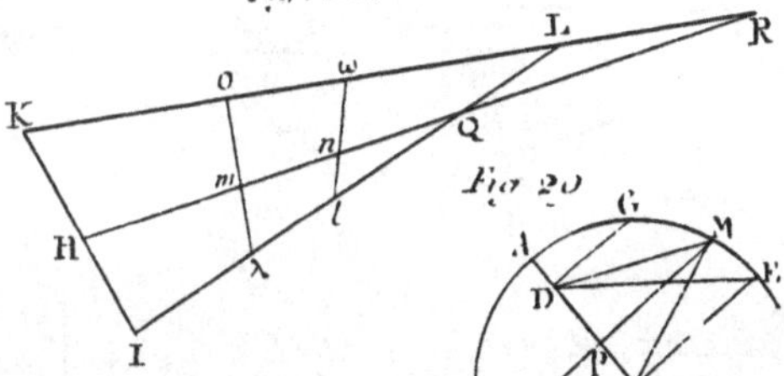

Fig. 20

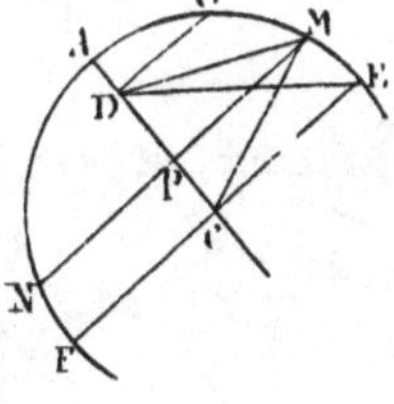

Fig. 32

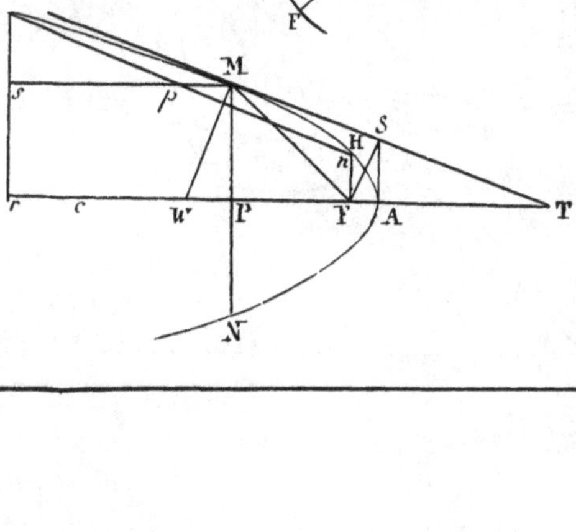

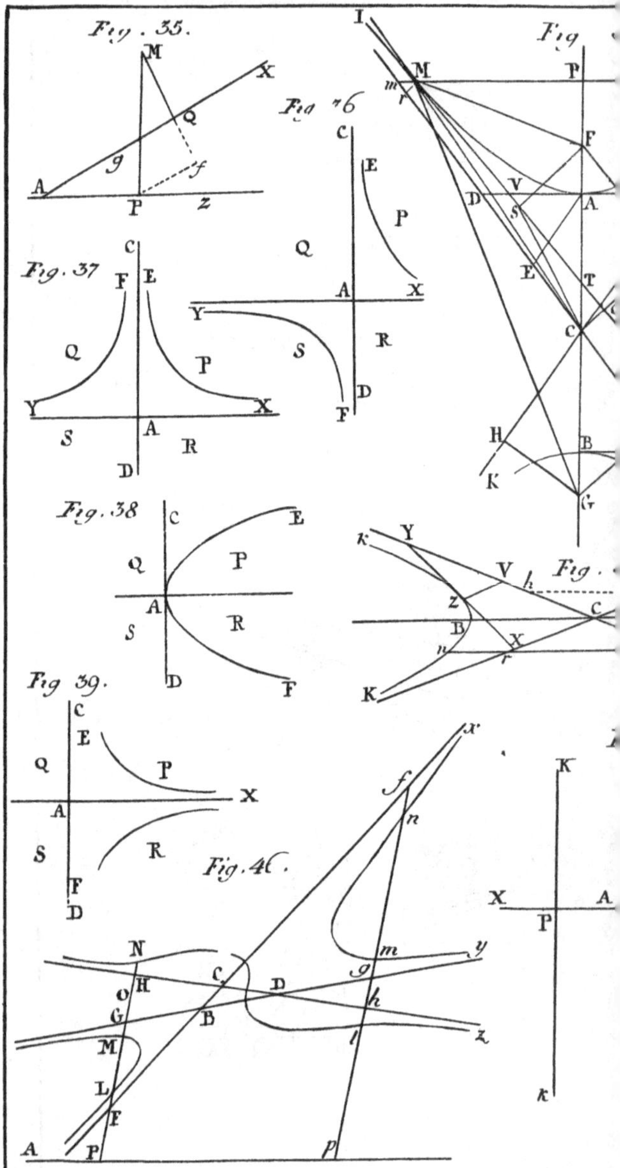
Fig. 35.
Fig. 36
Fig. 37
Fig. 38
Fig. 39.
Fig. 40.

Tab. III.

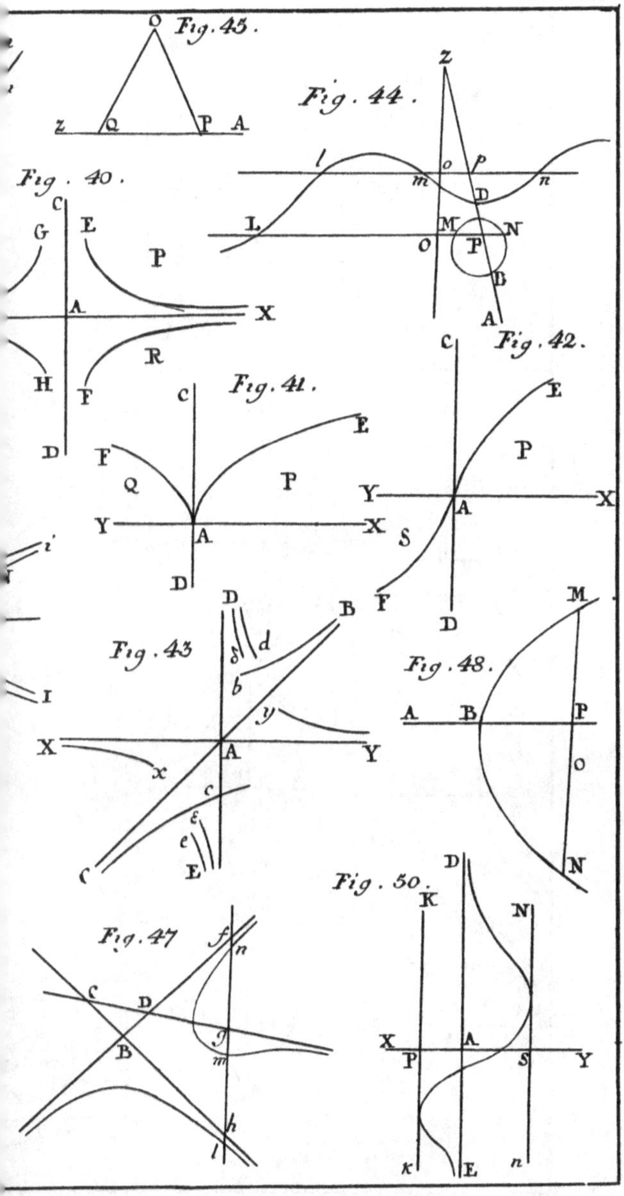

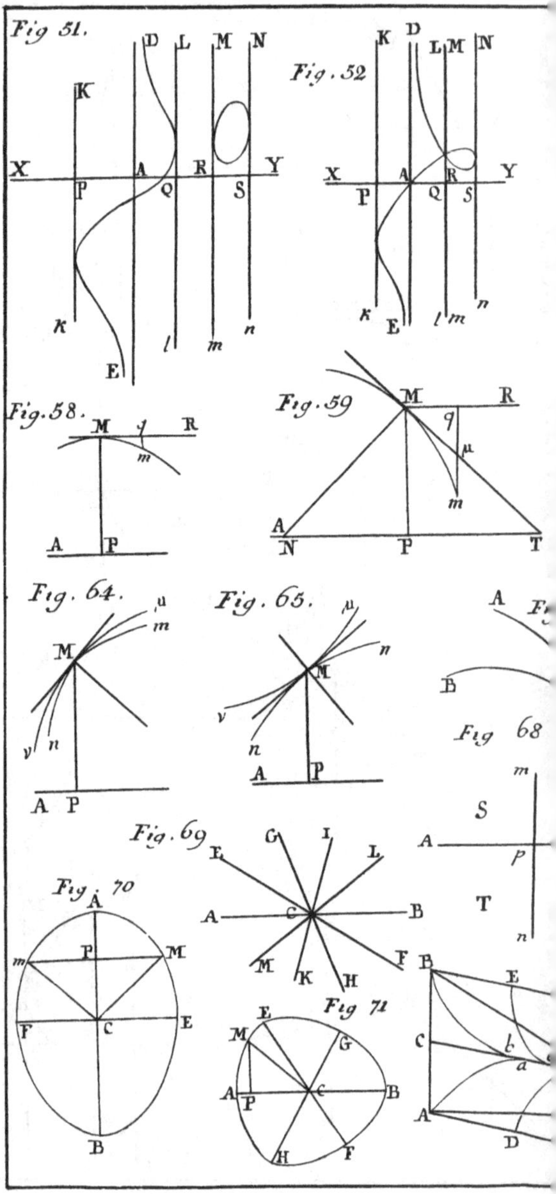
Fig. 51.
Fig. 52
Fig. 58.
Fig. 59
Fig. 64.
Fig. 65.
Fig 68
Fig. 69
Fig. 70
Fig 71

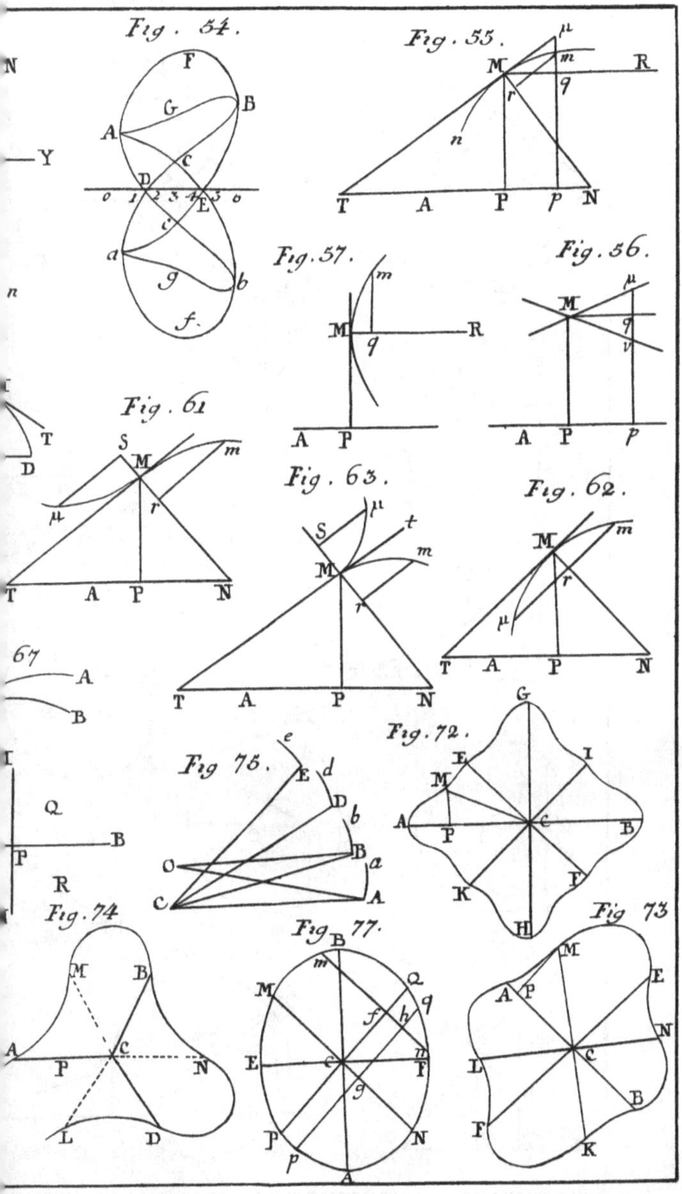
Fig. 54.
Fig. 55.
Fig. 57.
Fig. 56.
Fig. 61
Fig. 63.
Fig. 62.
67
Fig 75.
Fig. 72.
Fig. 74
Fig 77.
Fig 73

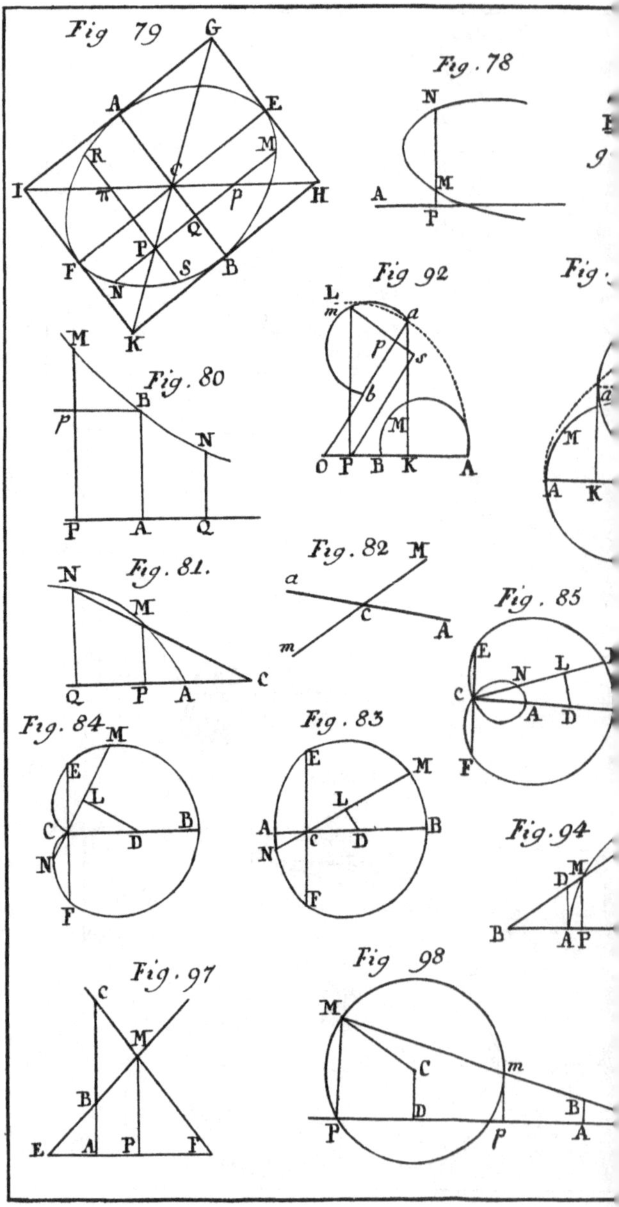
Fig 79
Fig. 78
Fig 92
Fig. 80
Fig. 81.
Fig. 82
Fig. 85
Fig. 84
Fig. 83
Fig. 94
Fig. 97
Fig 98

Tab. V.

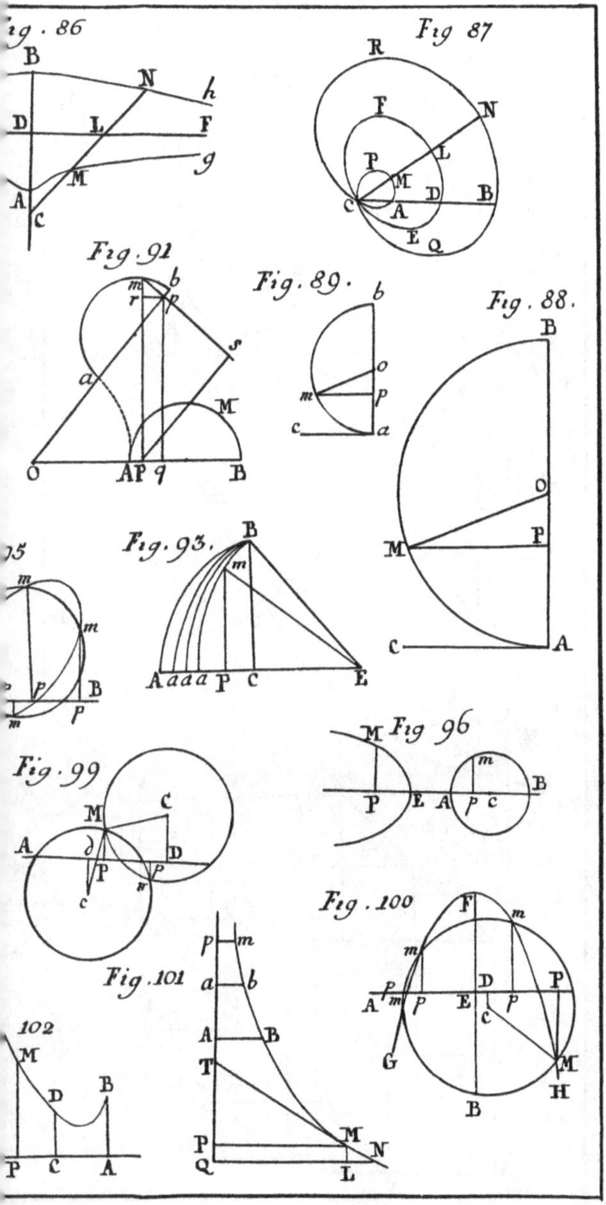
Fig. 86
Fig 87
Fig. 91
Fig. 89.
Fig. 88.
Fig. 93.
Fig 96
Fig. 99
Fig. 100
Fig. 101
102

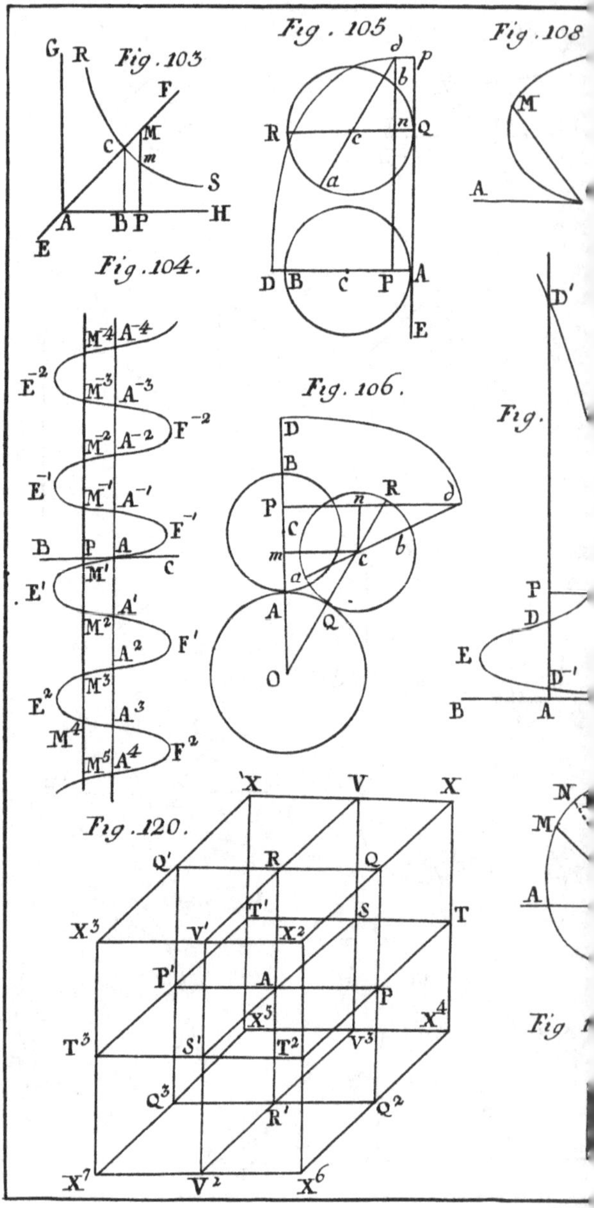

Fig. 103
Fig. 104.
Fig. 105
Fig. 106.
Fig. 108
Fig. 120.

Tab. VI.

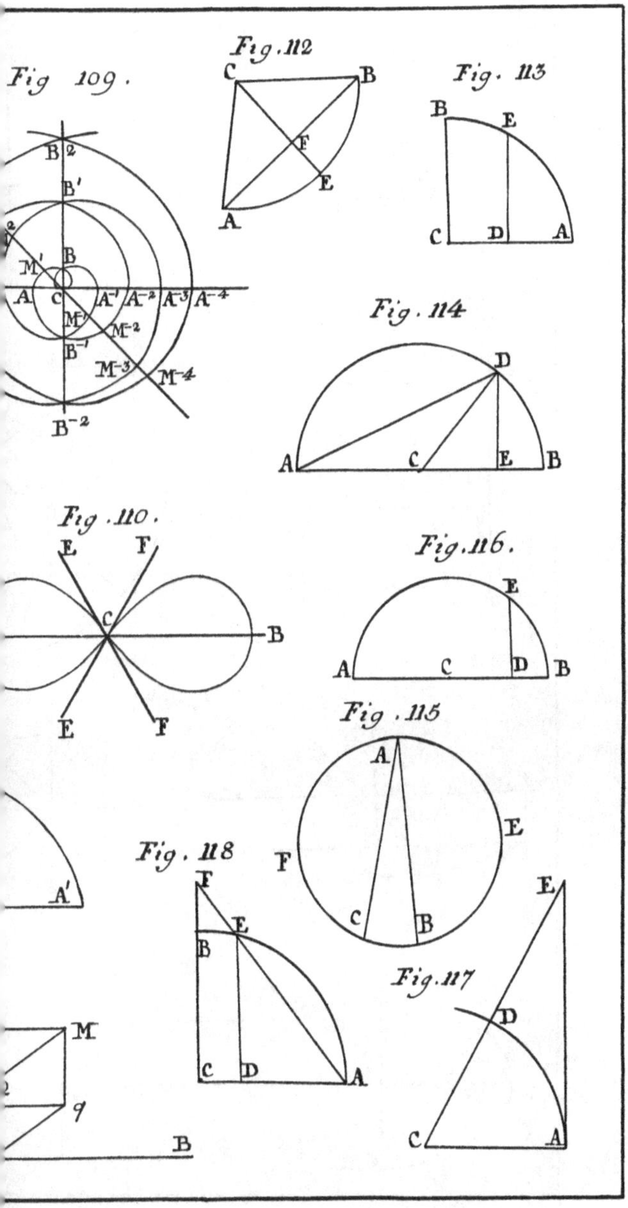

Fig 109.
Fig. 110.
Fig. 112
Fig. 113
Fig. 114
Fig. 115
Fig. 116.
Fig. 117
Fig. 118

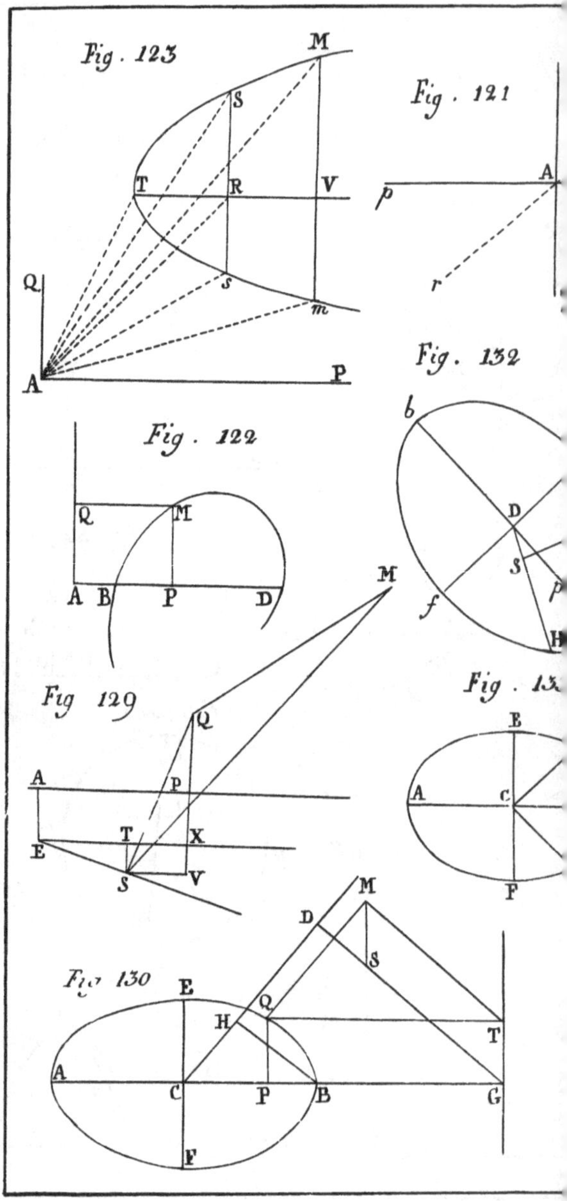

Fig. 123
M
S
T
R
V
s
m
Q
A
P
Fig. 121
A
p
r
Fig. 132
b
D
S
f
H
Fig. 122
Q
M
A
B
P
D
M
Fig 129
Q
A
P
T
X
E
S
V
Fig. 13
E
A
C
F
M
D
S
Fig 130
E
Q
H
T
A
C
P
B
G
F

Tab. VII.

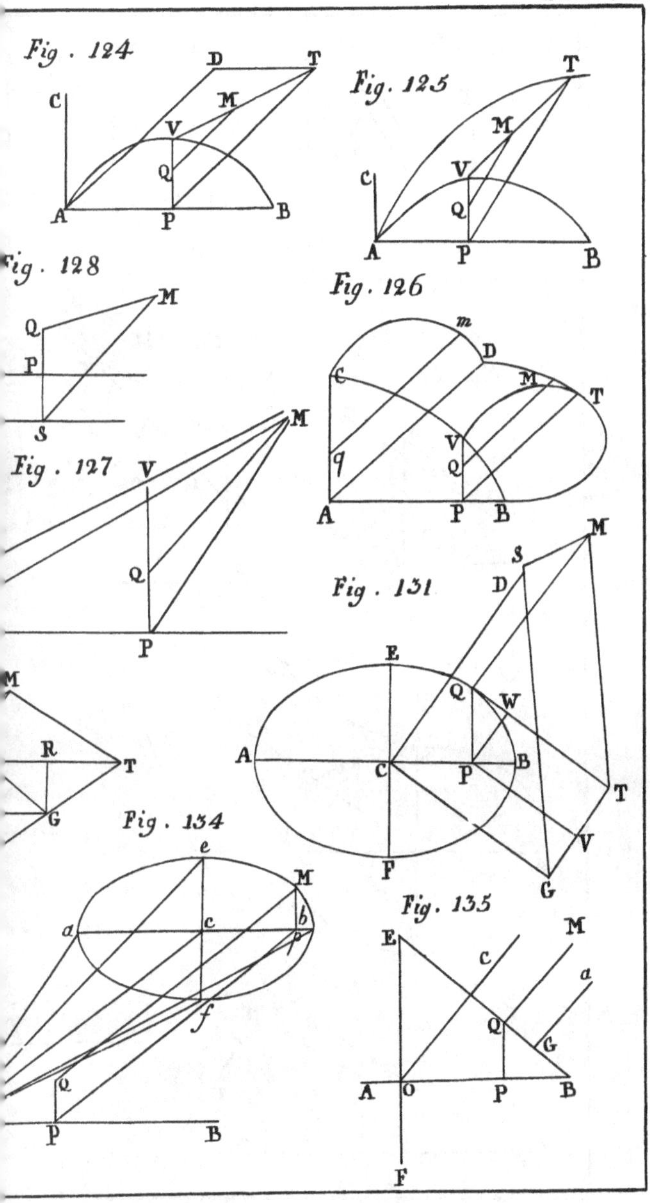

Fig. 136

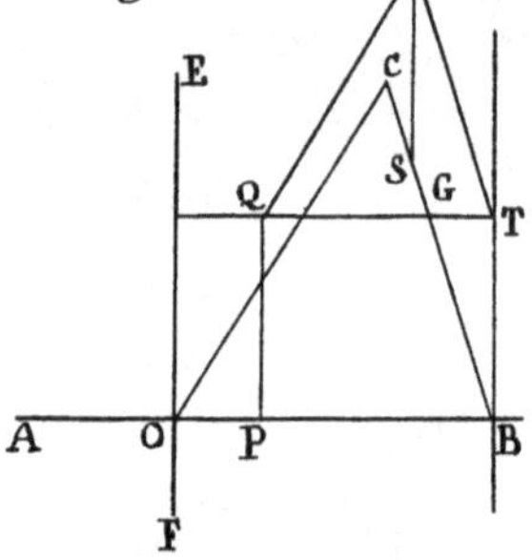

Fig. 137

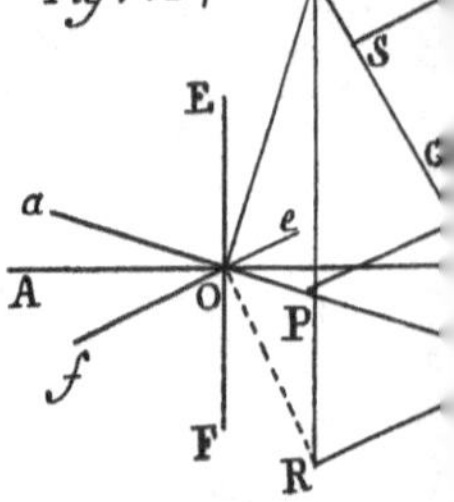

Fig. 142

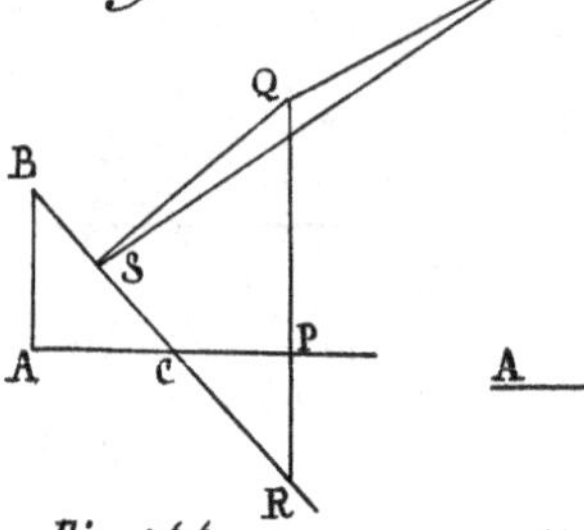

Fig. 141

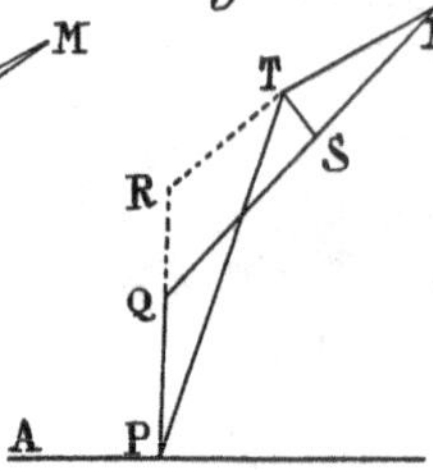

Fig. 144

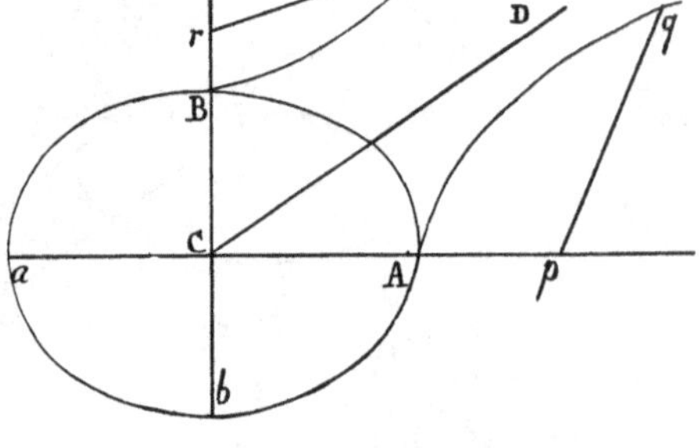

Fig. 148

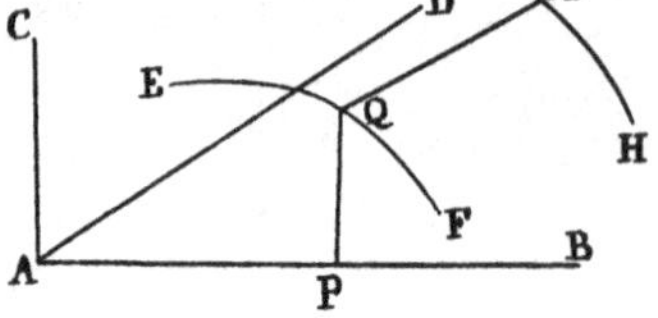

Tab. VIII.

. 138 .

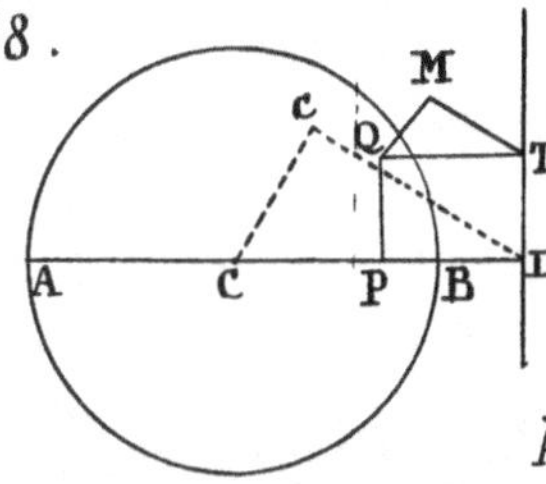

Fig 139 .

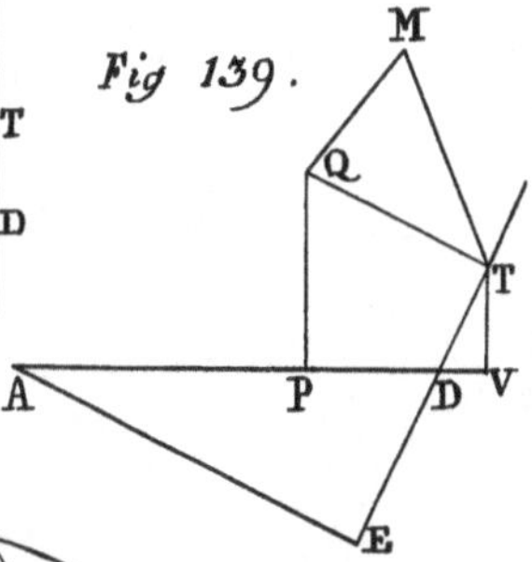

Fig. 143

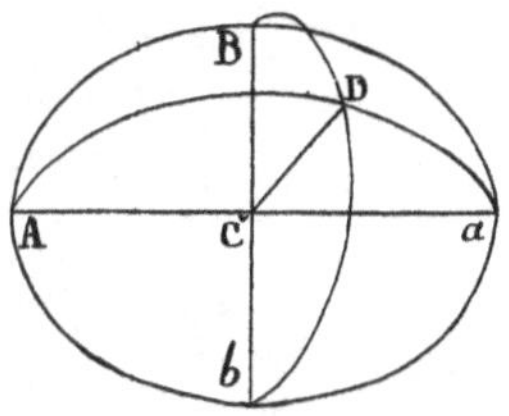

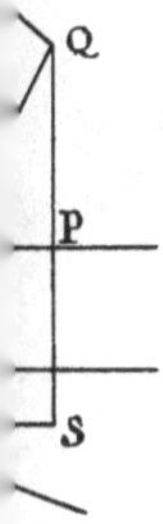

Fig . 145

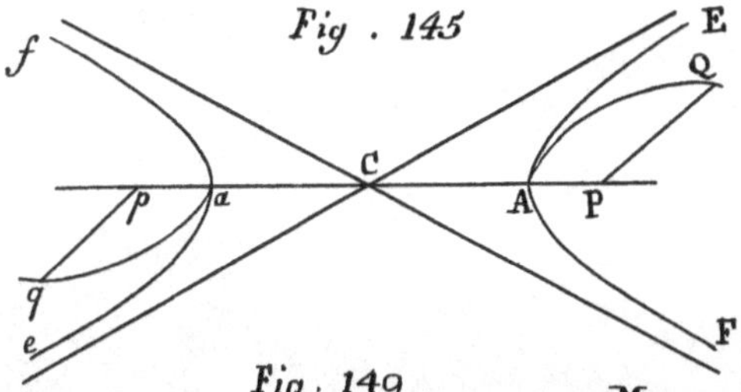

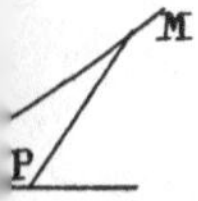

Fig . 149

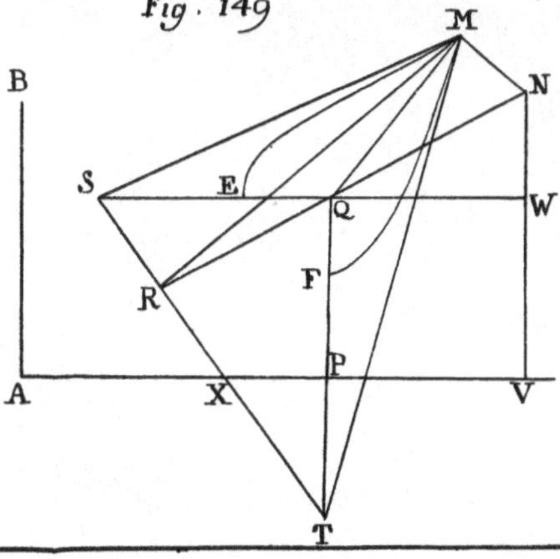

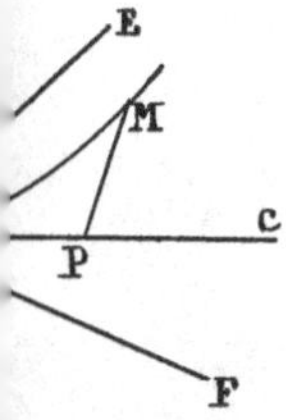

FSC
www.fsc.org
MIX
Papier | Fördert gute Waldnutzung
FSC® C083411

Kolibri 360 GmbH
Ferdinand-Jühlke-Straße 7
99095 Erfurt, Deutschland
produktsicherheit@kolibri360.de